EUL VERLAG

CONTROLLING

Herausgegeben von Prof. Dr. Volker Lingnau, Kaiserslautern, und Prof. Dr. Albrecht Becker, Innsbruck

Band 10
Petra Paeßens
Einzelwirtschaftliche Wertschöpfungseffekte einer Standort-verlagerung
Lohmar – Köln 2008 • 374 S. • € 67,- (D) • ISBN 978-3-89936-740-9

Band 11
Lisa Hubig
Die Universität – Leistungsmessung und -bewertung in einer komplexen Organisation
Lohmar – Köln 2009 • 288 S. • € 59,- (D) • ISBN 978-3-89936-764-5

Band 12
Volker Lingnau (Hrsg.)
Mittelstandscontrolling 2009
Lohmar – Köln 2009 • 376 S. • € 65,- (D) • ISBN 978-3-89936-860-4

Band 13
Anna Bassler
Die Visualisierung von Daten im Controlling
Lohmar – Köln 2010 • 244 S. • € 56,- (D) • ISBN 978-3-89936-939-7

Band 14
Tatiana Villalobos Baum
Organisationales Lernen und Anreizsysteme nach dem Börsengang – Ein verhaltensorientierter Ansatz
Lohmar – Köln 2010 • 248 S. • € 56,- (D) • ISBN 978-3-89936-971-7

Band 15
Jürgen Kantowski
Einsatz von Realoptionen im Investitionscontrolling am Beispiel Biotechnologie
Lohmar – Köln 2011 • 248 S. • € 56,- (D) • ISBN 978-3-8441-0022-8

Band 16
Michael Rademacher
Prozess- und wertorientiertes Controlling von M&A-Projekten
Lohmar – Köln 2011 • 368 S. • € 64,- (D) • ISBN 978-3-8441-0110-2

JOSEF EUL VERLAG

Prozess- und wertorientiertes Controlling von M&A-Projekten

Inaugural-Dissertation
zur Erlangung des akademischen Grades eines Doktors
der Wirtschafts- und Sozialwissenschaften
(Dr. rer. pol.)

der Friedrich-Alexander-Universität Erlangen-Nürnberg

Vorgelegt von: Dipl.-Kfm. Michael Rademacher
Aus: München

Erstreferent:	Prof. Dr. Thomas M. Fischer
Zweitreferent:	Prof. Dr. Harald Hungenberg
Letzte Prüfung:	22.11.2011

Reihe: Controlling · Band 16

Herausgegeben von
Prof. Dr. Volker Lingnau, Kaiserslautern,
und Prof. Dr. Albrecht Becker, Innsbruck

Dr. Michael Rademacher

Prozess- und wertorientiertes Controlling von M&A-Projekten

Mit einem Geleitwort von Prof. Dr. Thomas M. Fischer,
Universität Erlangen-Nürnberg

EUL VERLAG

Bibliografische Information der Deutschen Nationalbibliothek

Die Deutsche Nationalbibliothek verzeichnet diese Publikation in der Deutschen Nationalbibliografie; detaillierte bibliografische Daten sind im Internet über <http://dnb.d-nb.de> abrufbar.

Dissertation, Universität Erlangen-Nürnberg, 2011

ISBN 978-3-8441-0110-2
1. Auflage Dezember 2011

JOSEF EUL VERLAG GmbH
Brandsberg 6
53797 Lohmar
Tel.: 0 22 05 / 90 10 6-6
Fax: 0 22 05 / 90 10 6-88
E-Mail: info@eul-verlag.de
http://www.eul-verlag.de

Bei der Herstellung unserer Bücher möchten wir die Umwelt schonen. Dieses Buch ist daher auf säurefreiem, 100% chlorfrei gebleichtem, alterungsbeständigem Papier nach DIN 6738 gedruckt.

Geleitwort

Mergers und Acquisitions (M&A), d. h. Zusammenschlüsse und Übernahmen von Unternehmen, gelten als bedeutende Maßnahme bei der Verfolgung und Umsetzung unternehmerischer Ziele. Eine Herausforderung stellt hierbei die Messung von Verbesserungen der Unternehmenserfolge nach M&A-Transaktionen dar. Befunde von verschiedenen Studien belegen, dass die Erfolgsquoten von M&A-Projekten niedriger als 50 Prozent sind. Vor diesem Hintergrund ist es besonders bedeutsam, den Erfolg von M&A-Projekten während des gesamten M&A-Prozesses effektiv und effizient zu steuern. Hier setzt die vorliegende Dissertationsschrift von Michael Rademacher an, in der eine Konzeption für das prozess- und wertorientierte Controlling von M&A-Projekten entwickelt und durch Befunde in deutschen börsennotierten Unternehmen empirisch belegt wird.

Anhand einer empirischen Untersuchung von M&A-Projekten deutscher börsennotierter Unternehmen werden verschiedene Implementierungslücken in der Unternehmenspraxis identifiziert. Damit die im Rahmen des M&A-Controlling anfallenden Aufgaben der Informationsversorgung, Planung, Kontrolle, Verhaltenssteuerung und Koordination effizient umgesetzt werden, empfiehlt der Autor verschiedene instrumentelle und institutionelle Gestaltungsoptionen. Die verwendeten Controlling-Instrumente müssen aufgabenbezogen, integrierend und prozessübergreifend gestaltet sein. Bei der Implementierung des Controllings von M&A-Projekten ist eine differenzierte Aufbauorganisation erforderlich, um die Spezifika des jeweiligen M&A-Projekts sowie der daran beteiligten Unternehmen zu berücksichtigen. Insbesondere ist bedeutsam, dass sich das Projekt-Controlling auf alle M&A-spezifischen Werttreiber bezieht und den gesamten M&A-Prozess umfasst. Eine Verbesserung der Erfolgsquote von M&A-Projekten setzt voraus, dass die verwendeten Controlling-Instrumente möglichst frühzeitig in den M&A-Projekten eingesetzt werden.

In der vorliegenden Dissertationsschrift wird eine gleichermaßen interessante und relevante Problemstellung untersucht. Der Autor entwickelt auf der Basis einer Stichprobe von ausgewählten deutschen börsennotierten Unternehmen einen fundierten Bezugsrahmen für das prozess- und wertorientierte Controlling von M&A-Projekten.

Ich wünsche der Dissertationsschrift eine erfolgreiche Aufnahme am Markt und bin sicher, dass hierdurch für die Diskussion zur erfolgreichen Gestaltung von M&A-Transaktionen wichtige neue Impulse gegeben werden.

Nürnberg, im Dezember 2011

Univ.-Prof. Dr. Thomas M. Fischer

Vorwort

Die vorliegende Dissertation entstand berufsbegleitend in den Jahren 2007 bis 2011 während meiner Zeit als externer Doktorand am Lehrstuhl für Betriebswirtschaftslehre, insbesondere Rechnungswesen und Controlling, der Friedrich-Alexander-Universität Erlangen-Nürnberg. Viele Menschen haben mich dabei unterstützt, denen ich an dieser Stelle meinen Dank aussprechen möchte.

Ganz besonderer Dank gilt zunächst meinem Doktorvater, Herrn Prof. Dr. Thomas M. Fischer, für seine Betreuung während der Jahre meiner Dissertationszeit. Auch danke ich sehr herzlich Herrn Prof. Dr. Harald Hungenberg für die Übernahme des Zweitgutachtens und Frau Prof. Dr. Holtz-Bacha für Ihren Einsatz als Drittprüferin. Zudem danke ich allen M&A-Verantwortlichen, die durch ihre Experteninterviews wesentlich zum Ergebnis dieser Arbeit beigetragen haben. Auch mein Arbeitgeber soll nicht unerwähnt bleiben, ohne dessen nachhaltige Unterstützung ich das Promotionsvorhaben sicherlich nicht gewagt hätte.

Vor allem möchte ich mich jedoch bei meiner lieben Frau, Dominique, für Ihr Verständnis und Ihre Geduld – insbesondere in der letzten Phase der Dissertationszeit – bedanken. Nicht weniger möchte ich mich bei meiner weiteren Familie für ihre unermüdliche Unterstützung bedanken: bei meinen Eltern, meiner Großmutter und vor allem meinen Geschwistern, Jens und Carolin, die mich nicht nur beim Korrekturlesen unterstützt haben, sondern mich auch in schwierigen Zeiten zum Durchhalten ermutigt haben.

Auch bin ich meinen Freunden, Mitdoktoranden und Kollegen, Dr. Andreas Bermig, Dr. Sabine Cosack, Dr. Daniel Hohmann, Michaela Müller, Silja Schmidt, Christine Schubert, Dr. Eric Schulze, Dr. Timo Schwickart, Dr. David Sprengel und Dr. Jeannine Sterzel sehr dankbar. Jeder von Ihnen hat mich auf eine sehr eigene Weise in der Arbeit unterstützt und mich durch die Höhen und Tiefen des Doktorandendaseins begleitet.

Widmen möchte ich diese Arbeit meiner Mutter, die mir ein Leben lang zur Seite stand, den Abschluss meiner Promotion jedoch leider nicht mehr erleben durfte.

München, im Dezember 2011 Dr. Michael Rademacher

Inhaltsverzeichnis

Seite

Abbildungsverzeichnis

Tabellenverzeichnis

Abkürzungs- und Symbolverzeichnis

Abb.	Abbildung
AktG	Aktiengesetzbuch
ABl.	Amtsblatt
ÄndVO	Änderungsverordnung
APV	Adjusted Present Value
AV	Added Value
BCF	Brutto-Cashflow
BGB	Bürgerliches Gesetzbuch
BGBl.	Bundesgesetzblatt
BIB	Brutto-Investitionsbasis
BilMoG	Bilanzrechtsmodernisierungsgesetz
BSC	Balanced Scorecard
CAPM	Capital Asset Pricing Model
CFROI	Cash Flow Return On Investment
CVA	Cash Value Added
DAX	Deutscher Aktienindex
ders.	derselbe
DCF	Discounted Cash Flow
DEVA	Discounted Economic Value Added
dies.	dieselbe, dieselben
DIN	Deutsches Institut für Normung e. V.
Div	Dividende
Dr. rer. pol.	doctor rerum politicarum (Doktor der Wirtschafts- und Sozialwissenschaften)
EBIT	Earnings Before Interest and Taxes
EBIAT	Earnings Before Interest After Taxes
EG	Europäische Gemeinschaft
engl.	englisch
EP	Economic Profit
ERIC	Earnings less Riskfree Interest Charge
et al.	et alii (und andere)
EVA	Economic Value Added

EVC	Excess Value Created
FCF	Free Cash Flow
gem.	gemäß
GmbHG	Gesetz betreffend der Gesellschaften mit beschränkter Haftung
GW	Goodwill
h	(absolute) Häufigkeit
HGB	Handelsgesetzbuch
IAS	International Accounting Standard
IC	Invested Capital
IDW	Institut der Wirtschaftsprüfer in Deutschland e. V.
IFRS	International Financial Reporting Standard
insb.	insbesondere
i. V. m.	in Verbindung mit
KA	Kapitalanteil
Kap.	Kapitel
KB	Kapitalbasis (eingesetztes Kapital)
m	Mittelwert (arithmetisches Mittel)
M&A	Mergers and Acquisitions
MDAX	Mid Cap DAX
n	Stichprobenumfang
NOA	Net Operating Assets
NOPAT	Net Operating Profit After Taxes
NOPLAT	Net Operating Profit Less Adjusted Taxes
ÖAB	Ökonomische Abschreibungen
ÖG	Ökonomischer Gewinn
o. Heft	ohne Heft
o. Jg.	ohne Jahrgang
o. O.	ohne Ort
o. S.	ohne Seite
o. V.	ohne Verfasser
r	Mindestverzinsung

RG	Residualgewinn
RGBl.	Reichsgesetzblatt
RÖG	Residualer Ökonomischer Gewinn
ROIC	Return On Invested Capital
S.	Seite
Sp.	Spalte
s_x	Standardabweichuung
SW	Skalenwert
SWOT	Strenghts, Weaknesses, Opportunities, Threats
t	Zeitperiode
Tab.	Tabelle
TecDAX	Technologie DAX
TCF	Total Cash Flow
TRS	Total Return to Shareholders
u. a.	und andere
unveränd.	unverändert
UmwG	Umwandlungsgesetz
USD	US-Dollar
UW	Unternehmenswert
VALCOR	VALue is CORe
VRIO	Value, Rareness, non-Imitability, Organization
WACC	Weighted Average Cost of Capital
y	Erfüllungsgrad

1 Einleitung

Unternehmenszusammenschlüsse und -übernahmen bzw. *Mergers & Acquisitions* (M&A) gelten als bedeutende Maßnahme bei der Verfolgung und Umsetzung unternehmerischer Ziele.[1] Exemplarisch genannt seien hier die Erschließung neuer Märkte, die Vergrößerung der Marktmacht, die Optimierung des Geschäftsportfolios oder auch die Realisierung von Synergien, die allesamt zur Steigerung von Wettbewerbsfähigkeit, Profitabilität oder Wert des Unternehmens beitragen.[2]

Nach einem weltweiten Rückgang der M&A-Transaktionen in Anzahl und Volumen seit dem Jahr 2008 infolge der Subprime-Krise an den Kreditmärkten sowie der weltweiten Finanz- und Wirtschaftskrise deutet sich eine Bodenbildung an.[3] Allerdings kann aufgrund der Entwicklungen der vergangenen Jahre von einer Schwerpunktverlagerung unter den Käuferunternehmen ausgegangen werden.[4] So mag das Engagement von *Private Equity*-Gesellschaften bzw. Finanzinvestoren weiterhin stark eingeschränkt sein. Gleichzeitig sieht es so aus, als blieben – sowohl weltweit als auch in Deutschland – M&A insbesondere für strategische Investoren[5] von herausragender Bedeutung.[6] Eine Reihe von Faktoren können hierzu unterstützend angeführt werden: die anhaltende und durch die Krise verstärkte Bereinigung der Unternehmensportfolios von Unternehmenskonglomeraten,[7] die aktuell vergleichsweise niedrigen Börsenwerte potenzieller Übernahmeobjekte[8] sowie hohe Cash-Reserven strategischer Investoren.[9] Auch scheint es

---

1 Vgl. KOLLER, T./GOEDHART, M./WESSELS, D. (2005), S. 427; LUCKS, K./MECKL, R. (2002), S. 5; WIRTZ, B. W. (2003), S. 94.

2 Vgl. DELOITTE (HRSG.) (2007), S. 10; MECKL, R./HAWRANEK, F. (2006), S. 91.

3 Vgl. O. V. (2009), S. 603; REHM, W./BUCH SIVERTSEN, C. (2010), S. 17.

4 Vgl. hier und im Folgenden SCHNELL, C. (2008), S. 32.

5 Unter strategischen Investoren sind solche Unternehmen zu verstehen, deren M&A-Tätigkeit strategisch motiviert ist und die einen dauerhaften Einfluss bei einem anderen Unternehmen anstreben; vgl. die weiterführenden Erläuterungen in Kap. 2.1.2 dieser Arbeit.

6 Vgl. MELWANI, A./REHM, W. (2010), S. 8f.; SÁNCHEZ, C. M./GOLDBERG, S. R. (2009), S. 3f. Relativierend ist jedoch anzumerken, dass der Schwerpunkt der M&A-Aktivität auch schon in der Vergangenheit bei strategischen Investoren lag, da selbst in Höchstzeiten mindestens drei Viertel aller M&A-Transaktionen durch diese getätigt wurden. Die Aktivität von Finanzinvestoren ist jedoch in den letzten Jahren deutlich zurückgegangen; vgl. ECKER, M. (2008), S. 512.

7 Vgl. FREUDENBERG, T. (2010), S. 20; KÖHLER, P. (2009), S. 22.

8 Vgl. hier und folgend REHM, W./BUCH SIVERTSEN, C. (2010), S. 21.

9 Vgl. HACKHAUSEN, J. (2009), S. 25; SÁNCHEZ, C. M./NOWAK, A./GOLDBERG, S. R. (2010), S. 21; WEIDNER, M. (2010), S. 66.

wieder Finanzierungsmöglichkeiten für hinreichend strukturierte Transaktionen zu geben, die von eigenkapitalstarken strategischen Investoren durchgeführt werden.[10]

Des Weiteren ist festzustellen, dass die Bedeutung von M&A, trotz deutlicher Schwankungen der allgemeinen M&A-Aktivität im Zeitverlauf, nach wie vor zunimmt.[11] Außerdem ist davon auszugehen, dass mit einer erneuten wirtschaftlichen Erholung ein Ansteigen der M&A-Aktivität einhergeht, was sich auch in der Vergangenheit beobachten ließ.[12]

Eine Herausforderung stellt jedoch die erfolgreiche Realisierung und Erzielung von unternehmerischen Erfolgen durch M&A-Transaktionen dar. Hierzu existiert eine sehr große Anzahl an Untersuchungen aus Wissenschaft und Praxis.[13] Vielfach wird hier von einer Misserfolgsquote von mehr als 50 Prozent berichtet, die sich nur langsam zu verbessern scheint.[14] Prominente und in den Medien immer wieder zitierte Beispiele für den Misserfolg von M&A-Transaktionen sind unter anderem Adidas-Salomon, Allianz-Dresdner Bank, AOL-Time Warner, BMW-Rover, Daimler Benz-Chrysler, Deutsche Post-Airborne oder auch Lufthansa-Sky Chefs.[15]

1.1 Problemstellung und Zielsetzung

Das Dilemma zwischen der dargestellten anhaltend hohen Bedeutung von M&A einerseits und der bisher damit offenbar verbundenen geringen Erfolgsquote andererseits ist zentraler Anlass für die beständige und ausführliche wissenschaftliche Auseinandersetzung mit dem Thema M&A.[16] Diese hat insbesondere im angloamerikanischen Raum eine lange Tradition. In der deutschsprachigen Wissenschaft wird sich mit dem Thema

---

10 Vgl. GAUGHAN, P. A. (2010), S. 9; LANDGRAF, R./CÜNNEN, A. (2010), S. 30.

11 Vgl. HERTER, R. N. (2004), S. 92.

12 Vgl. MARTYNOVA, M./RENNEBOOG, L. (2008), S. 2149.

13 Einen einführenden und umfangreichen Überblick bieten hier bspw. BRUNER, R. F. (2004), S. 30ff.; MARTYNOVA, M./OOSTING, S./RENNEBOOG, L. (2007), S. 81ff.; MUELLER, D. C. (1997), S. 664ff.; mit Fokus auf Europa auch CAMPA, J. M./HERNANDO, I. (2004), S. 49ff.

14 Vgl. die Quellenangaben in Fußnote 13 sowie DOBBS, R./GOEDHART, M./SUONIO, H. (2007), S. 9ff.; GELL, J./KENGELBACH, J./ROOS, A. (2008), S. 16; TOWERS PERRIN (HRSG.) (2006). CAPALDO, A./DOBBS, R./SUONIO, H. (2008), S. 10ff., führen zudem eine anhaltend große Variabilität des Erfolges verschiedener M&A-Transaktionen an.

15 Vgl. EBERLE, M. (2008), S. 11; GAUGHAN, P. A. (2007), S. 6; JANSEN, S. A. (2004), S. 109; KLESSE, H.-J. (2009), S. 58.

16 Vgl. auch WEINMANN, M. (2004), S. 8.

M&A jedoch erst seit Beginn der 1980er Jahre intensiver beschäftigt.[17] Vorwiegender Anspruch der M&A-Forschung war und ist es, einen Beitrag zur Verbesserung des Erfolgs von M&A zu leisten.

BOWER äußert zwar: „*We know surprisingly little about mergers and acquisitions, despite the buckets of ink spilled on the topic. In fact, our collective wisdom could be summed up in a few short sentences* (...).“[18] Dennoch kann das über die Jahrzehnte gewonnene Wissen als vielfältig angesehen werden.[19] Was in der Wissenschaft bisher erreicht wurde, ist vor allem eine Systematisierung und Konkretisierung einzelner Forschungsthemen zu M&A.[20] Je nach Forschungsschwerpunkt und Perspektive stehen hierbei finanz- und leistungswirtschaftliche, rechtliche, wettbewerbspolitische, organisatorische oder unternehmenskulturelle Fragestellungen im Vordergrund. In der wirtschaftswissenschaftlichen M&A-Forschung, die deutlich angloamerikanisch geprägt ist,[21] sind grundsätzlich drei Forschungsrichtungen auszumachen: die finanz-, die strategie- und die organisationsorientierte Forschung.[22]

In der finanzorientierten Forschung werden vorrangig die finanzökonomischen Auswirkungen von M&A auf den Marktwert der beteiligten Unternehmen untersucht.[23] Im Mittelpunkt dieser Forschungsrichtung steht die Frage, wie der Kapitalmarkt auf M&A reagiert, d. h., ob und in welchem Ausmaß durch M&A gesamtwirtschaftlicher Mehr-

---

17 Vgl. ACHLEITNER, A.-K./WIRTZ, B. W./WECKER, R. M. (2004), S. 478. Dies ist sicherlich durch die unterschiedliche historische Entwicklung der M&A-Aktivität in den jeweiligen geographischen Regionen bedingt; vgl. hierzu ESCHEN, E. (2002), S. 37; GAUGHAN, P. A. (2007), S. 3; JANSEN, S. A. (2004), S. 65; MARTYNOVA, M./RENNEBOOG, L. (2005), S. 3.

18 BOWER, J. L. (2001), S. 93.

19 Vgl. ESCHEN, E. (2002), S. 3; SCHMIDT, S. L./VOGT, P./SCHRIBER, S. (2005), S. 298; STRAUB, T. (2007), S. 18.

20 Vgl. BÜHNER, R. (2002b), S. 61; MÜLLER-STEWENS, G./SPICKERS, J./DEISS, C. (1999), S. 201.

21 Vgl. SCHMIDT, S. L./VOGT, P./SCHRIBER, S. (2005), S. 298f.; außerdem LANGENSTEIN, K. (2007), S. 167, wonach sich die meisten empirischen Untersuchungen zum Erfolg von M&A, insb. aufgrund der hohen M&A-Tätigkeit, auf die USA beziehen.

22 Vgl. hier und im Folgenden BERGGREN, C. (2003), S. 174; CARTWRIGHT, S./ SCHOENBERG, R. (2006), S. 2ff.; HASPESLAGH, P. C./JEMISON, D. B. (1991), S. 292; STRAUB, T. (2007), S. 19ff. TRACIA, R. (2003), S. 17ff., erweitert diese nicht vollständig überschneidungsfreie Kategorisierung um eine prozess- und wissensorientierte Forschungsrichtung. SCHMIDT, S. L./VOGT, P./SCHRIBER, S. (2005), S. 300ff., differenzieren zwischen sechs Denkschulen: *Capital Market School, Principal Agent School, Industrial Organization School, Organizational Behavior School, Human Resources School* und *Strategic Management School.*

23 Häufig zitierte Beispiele für diese Forschungsrichtung sind die empirischen Studien von CAMPA, J. M./HERNANDO, I. (2004); FINKELSTEIN, S./HALEBLIAN, J. (2002); JARRELL, G. A./BRICKLEY, J. A./NETTER, J. M. (1988); JENSEN, M. C./RUBACK, R. S. (1983); MAGENHEIM, E. B./MUELLER, D. C. (1988).

wert – im Sinne einer höheren Marktkapitalisierung der beteiligten Unternehmen – geschaffen wird und wie sich dieser ggf. auf die beteiligten Unternehmen verteilt.[24] In der strategieorientierten Forschung sind im Gegensatz zur finanzwirtschaftlichen Forschung nicht die Auswirkungen von M&A auf den Gesamtmarkt, sondern die auf das einzelne Unternehmen Gegenstand der Betrachtung.[25] Im Mittelpunkt dieser Forschungsrichtung stehen zum einen die empirisch-induktive Bestimmung exogener und endogener Erfolgsfaktoren von M&A und zum anderen die theoretisch-deduktive Entwicklung von Empfehlungen für das Management von M&A.[26] In der organisationsorientierten Forschung werden schließlich die Auswirkungen von M&A auf Individuen und Organisationen analysiert. Im Fokus stehen hier organisationsbezogene Fragestellungen[27] des Human Resource Managements,[28] der organisationalen Krise[29] sowie der organisationalen und unternehmenskulturellen Kompatibilität[30].

Auffällig ist, dass die bisherigen Forschungsbemühungen zu sehr unterschiedlichen und teils widersprüchlichen Ergebnissen in Bezug auf den Erfolg von M&A[31] und die zugrunde liegenden Erfolgsfaktoren[32] geführt haben. Wesentliche Gründe hierfür liegen in dem Mangel an einer einheitlichen Definition des Erfolgsbegriffs in Verbindung mit den Zielen von M&A[33] sowie einer generell schwierigen Operationalisierung von M&A-Erfolg,[34] was auch eine konsequente Ableitung von Steuerungsansätzen erschwert. Des Weiteren ist festzustellen, dass bisherige wissenschaftliche Untersuchungen häufig nur Einzelaspekte von M&A analysiert haben und aufgrund der zunehmen-

---

24 Vgl. SCHMIDT, S. L./VOGT, P./SCHRIBER, S. (2005), S. 300.

25 Häufig zitierte Beispiele für diese Forschungsrichtung sind die empirischen Studien von CAPRON, L. (1999); HITT, M. A./HARRISON, J. S./IRELAND, R. D. (2001); RAVENSCRAFT, D. J./SCHERER, F. M. (1987); RAMASWAMY, K. (1997); STEINER, P. O. (1975).

26 Vgl. STRAUB, T. (2007), S. 19f. und S. 28.

27 Vgl. die Kategorisierung nach HASPESLAGH, P. C./JEMISON, D. B. (1991), S. 303ff.

28 Vgl. z. B. die Studien von BERGH, D. D. (2001); IVANCEVICH, J. M./SCHWEIGER, D. M./ POWER, F. R. (1987); KRUG, J. A./HEGARTY, W. H. (2001).

29 Vgl. z. B. die Studien von JICK, T. D. (1979); MARKS, M. L. (1982).

30 Vgl. z. B. die Studien von DATTA, D. K. (1991); NAHAVANDI, A./MALEKZADEH, A. R. (1988); SALES, A. L./MIRVIS, P. H. (1984); WEBER, Y. (1996).

31 Vgl. SCHOENBERG, R. (2006), S. 364; WADDOCK, S./GRAVES, S. B. (2006), S. 93.

32 Vgl. BRUNER, R. F. (2002), S. 49, und ders. (2004), S. 31; ESCHEN, E. (2002), S. 3; GUSERL, R. (2002), S. 130; HAWRANEK, F. (2004), S. 43; KING, D. R. et al. (2004), S. 188; SCHMIDT, S. L./VOGT, P./SCHRIBER, S. (2005), S. 309 und S. 315.

33 Vgl. BRUNER, R. F. (2002), S. 49, und ders. (2004), S. 31; GERPOTT, T. J. (1993), S. 18; zum wenig untersuchten Zusammenhang zwischen Zielen und Erfolg von M&A SCHEWE, G./ GERDS, J. (2001), S. 80.

34 Vgl. GATES, S./VERY, P. (2003), S. 168 und S. 179f.; JANSEN, S. A. (2002), S. 266f.

den Spezialisierung der einzelnen Forschungsrichtungen einen weniger integrativen Charakter aufweisen.[35] Zudem beschränken sich die Untersuchungen vorwiegend auf einzelne Phasen des M&A-Prozesses.[36]

Zwar erscheint es folglich schwierig, ex post die Frage nach den Erfolgsfaktoren und dem Erfolg von M&A abschließend zu beantworten,[37] dennoch soll mit dieser Arbeit nach Wegen gesucht werden, den Erfolg von M&A ex ante und über den gesamten M&A-Prozess hinweg bestmöglich zu steuern. In letzter Zeit wurde diesbezüglich im Schrifttum auf eine mögliche Unterstützung durch das Controlling hingewiesen.[38] Ferner liegen erste M&A-bezogene Controlling-Ansätze vor,[39] die jedoch unter anderem mit Blick auf ihre Akzeptanz in der Unternehmenspraxis und die geschilderten Limitierungen der bisherigen Forschung kritisch betrachtet werden müssen.[40]

Im Rahmen dieser Arbeit soll daher der Frage nachgegangen werden, in welcher Form Controlling zum zielorientierten Erfolg von M&A beitragen kann.[41] Ziel ist es, unter Betrachtung des gesamten M&A-Prozesses, ein ganzheitliches und zielorientiertes Controlling zu entwickeln, das strategische Investoren bei M&A-Projekten unterstützen kann. Es wird untersucht, wie das Controlling von M&A-Projekten ausgestaltet werden

---

35 Vgl. hier und folgend SCHMIDT, S. L./VOGT, P./SCHRIBER, S. (2005), S. 315f.

36 Zum M&A-Prozess vgl. die weiterführenden Erläuterungen in Kap. 2.2.2 dieser Arbeit.

37 Vgl. SCHERER, F. M. (2006), S. 327; mit Bezug auf die Steigerung des Unternehmenswertes SEIDENSCHWARZ, W. (2006), S. 8.

38 Vgl. u. a. BIBERACHER, J./WOTSCHOFSKY, S. (2003), S. 24f.; GUSERL, R. (2002), S. 132 und S. 141, sowie ders. (2006), S. 351ff.; MECKL, R./HORZELLA, A. (2010a), S. 314; SEIDENSCHWARZ, W. (2006), S. 9 und S. 16; sowie SELIM, G. M./SUDARSANAM, S./ LAVINE, M. K. (2002), S. 2 und S. 11, die die Unterstützung durch ein *Internal Audit* herausstellen; und SUDARSANAM, S. (2003), S. 558f., der die Notwendigkeit eines *Performance Measurement and Audit* betont. Vgl. ähnlich, jedoch mit Fokus auf *Performance Measurement* auch GATES, S. (2000), S. 10-12.

39 Hier sei z. B. auf COENENBERG, A. G./BIBERACHER, J. (2003); EULERICH, M. (2009); GUSERL, R. (2006); HORZELLA, A. (2010); MEIER, H. (2001); WEINMANN, M. (2004); WEISMÜLLER, A. (2005) verwiesen, die von Arbeiten zum Beteiligungs-, Synergie- oder Integrationscontrolling abzugrenzen sind.

40 Vgl. die Ausführungen zur mangelnden Akzeptanz eines M&A-Controllings in der Praxis bei JANSEN, S. A. (2002), S. 265ff., der von einem *Post Merger Audit* zur Kontrolle von Akquisitionen spricht; zudem KPMG (HRSG.) (1999), S. 7; MECKL, R./SODEIK, N./FISCHER, L.-J. (2006), S. 174ff. Vgl. außerdem zur M&A-Erfolgsmessung ECKER, M./HECKEMÜLLER, C. (2005), S. 424, mit Fokus auf den Mittelstand; anders jedoch GALPIN, T. J./HERNDON, M. (2007), S. 175, die einen Bedarf für *Progress and Results Measurement* in der Praxis feststellen.

41 Vgl. auch COENENBERG, A. G./BIBERACHER, J. (2003), S. 328; sowie WEINMANN, M. (2004), S. 27, nach dem „die Frage nach dem Erfolg von Unternehmenszusammenschlüssen lediglich in Abhängigkeit von den zugrunde gelegten Motiven beurteilt werden kann“.

sollte, um Ansatzpunkte der ex ante zielorientierten Steuerung und Managementunterstützung für M&A-Projekte zu identifizieren.[42]

Hieraus ergeben sich für diese Arbeit folgende Forschungsfragen:

- Wie wird der Erfolg von M&A-Projekten operationalisiert?
  - Wie wird allgemein der Projekterfolg bestimmt?
  - Wie wird der Erfolg von M&A-Projekten, im Sinne der Zielerreichung von M&A-Projekten, konkretisiert?
  - Wie wird die Zielerreichung von M&A-Projekten im Verlauf des M&A-Prozesses gemessen?
- Wie ist das Controlling von M&A-Projekten ausgestaltet?
  - Welcher Bezugsrahmen liegt dem Controlling von M&A-Projekten zugrunde?
  - Welche Instrumente sind für das Controlling von M&A-Projekten geeignet?
  - Wie wird das Controlling von M&A-Projekten aufbauorganisatorisch institutionalisiert?

Dementsprechend werden in dieser Arbeit drei grundlegende Themenfelder miteinander verknüpft: M&A, Erfolg und Controlling (vgl. Abb. 1).

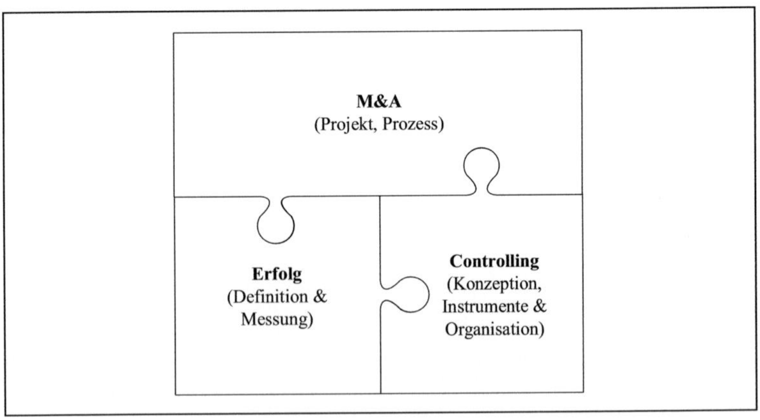

Abb. 1: Abgrenzung des Forschungsgebietes (Quelle: Eigene Darstellung)

---

42 Gegenstand dieser Arbeit sind jedoch weder der ex post Erfolg bzw. Misserfolg von M&A noch dessen Ursachen oder Einflussfaktoren.

1.2 Vorgehensweise und Aufbau

Den genannten Forschungsfragen wird sich im Rahmen dieser Arbeit zum einen theoretisch-deduktiv genähert, indem zu den einzelnen Fragestellungen sowohl Alternativen vorgestellt als auch praktisch-normative Gestaltungsempfehlungen erarbeitet werden. Zum anderen wird jedoch auch versucht, diese Erkenntnisse empirisch-induktiv zu reflektieren und zu erweitern. Folglich besteht diese Arbeit aus einem theoretischen und einem die Theorie unterstützenden empirischen Teil (vgl. Abb. 2 zum Gang der Untersuchung).

Im ersten theoretischen Teil der Arbeit erfolgt, nach dieser einleitenden Schilderung von Problemstellung, Zielsetzung und Vorgehen (vgl. Kap. 1), zunächst eine theoretische Grundlegung zur Abgrenzung zentraler Begriffe im Kontext von M&A sowie die Eingrenzung des Forschungsgegenstandes (vgl. Kap. 2). Anschließend findet eine eingehende Auseinandersetzung mit der Frage nach der Operationalisierung des Erfolgs von M&A-Projekten statt (vgl. Kap. 3). Diese erfolgt in drei Teilschritten. Zuerst wird der Begriff des Projekterfolgs näher definiert. Anschließend wird dieser für M&A-Projekte unter Betrachtung der verschiedenen M&A-Ziele weiter konkretisiert, bevor schließlich Alternativen zur Messung des Erfolgs von M&A-Projekten vergleichend dargestellt werden. Auf diesen Überlegungen aufbauend wird schließlich ein ganzheitliches, prozessorientiertes Controlling für M&A-Projekte entwickelt (vgl. Kap. 4). Zunächst wird hierzu ein Bezugsrahmen für das Controlling von M&A-Projekten gebildet, bevor schließlich Empfehlungen für die Wahl von Controlling-Instrumenten sowie die Institutionalisierung des Controllings von M&A-Projekten erarbeitet werden.

Diesem theoretischen Teil folgend sollen vorhandene Erkenntnislücken der bisherigen Forschung empirisch analysiert werden (vgl. Kap. 5). Um der Komplexität des Controllings von M&A-Projekten angemessen Rechnung zu tragen, weiterführende Erkenntnisse aus der Unternehmenspraxis zu integrieren und die Akzeptanz des entwickelten Controllings in der Unternehmenspraxis zu testen, wurden als empirische Untersuchungsmethode teilstrukturierte Experteninterviews gewählt. Als Experten wurden M&A-Projektverantwortliche in deutschen börsennotierten Unternehmen befragt, welche in den Jahren 2004 bis einschließlich 2008 größere M&A-Projekte in der Rolle von strategischen Investoren durchgeführt haben. Die gewonnenen Erkenntnisse werden zur Auseinandersetzung mit der zentralen Frage nach der Form des Controllings herangezogen, in der Controlling zum Erfolg im Sinne der Zielerreichung von M&A-Projekten beitragen kann.

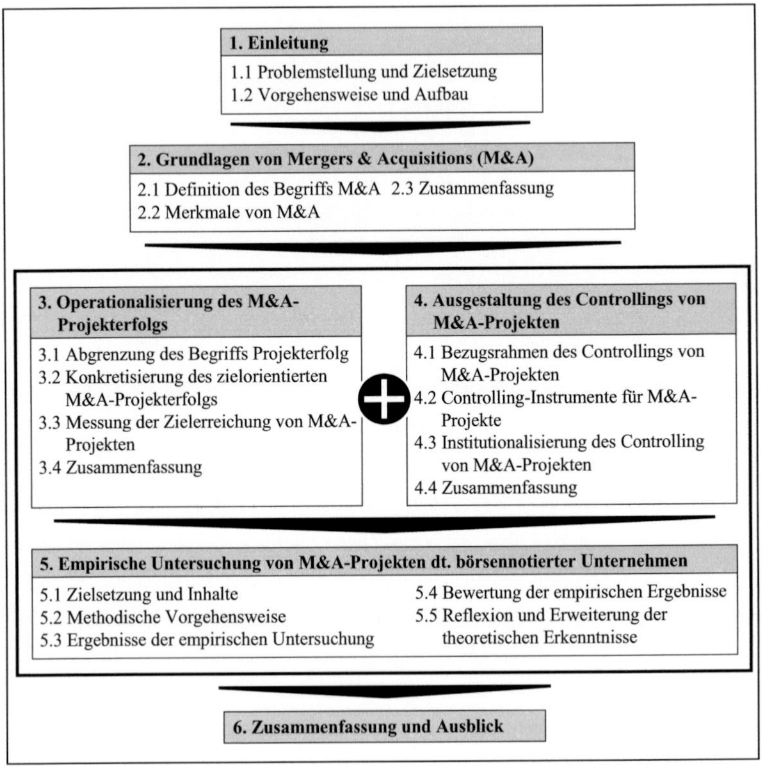

Abb. 2: Gang der Untersuchung
(Quelle: Eigene Darstellung)

Zum Schluss dieser Arbeit werden die zentralen Ergebnisse noch einmal zusammengefasst und kritisch beurteilt sowie Implikationen für die zukünftige Forschung aufgezeigt (vgl. Kap. 6).

2 Grundlagen von Mergers & Acquisitions

Trotz ausgiebiger wissenschaftlicher Beschäftigung mit dem Forschungsgebiet M&A mangelt es bislang an einer geschlossenen Theorie und einem einheitlichen Begriffsverständnis von M&A.[43] Daher wird im Folgenden zunächst durch eine frühzeitige Klärung der Begrifflichkeiten des Themengebietes M&A eine Arbeitsgrundlage geschaffen und somit Untersuchungsgegenstand und -perspektive dieser Arbeit logisch weiter eingegrenzt.

Hierzu werden eine grundlegende Definition des M&A-Begriffs erarbeitet (vgl. Kap. 2.1) sowie Projektstatus und Prozessstruktur als besonders steuerungsrelevante Merkmale von M&A kurz erläutert (vgl. Kap. 2.2). Anschließend werden die erarbeiteten Grundlagen noch einmal kurz zusammengefasst (vgl. Kap. 2.3).

2.1 Definition des Begriffs „M&A“

Das angloamerikanische Begriffspaar „*Mergers & Acquisitions* (M&A)“ findet seit der ersten M&A-Welle Ende des 19. Jahrhunderts in den USA Gebrauch und wurde sowohl von der internationalen als auch der deutschen M&A-Forschung als Arbeitsbegriff übernommen.[44] Allerdings werden dieser Begriff selbst sowie dessen Bestandteile in Wissenschaft und Praxis meist synonym mit einer Vielzahl anderer Termini, wie beispielsweise (Unternehmens-)Transaktion, Zusammenschluss, Fusion, Akquisition, Beteiligung, Übernahme, Erwerb und Verkauf, verwandt.[45] Häufig wird das Begriffspaar auch als Sammelbegriff aufgefasst,[46] unter den gleichermaßen unternehmerische Kooperationsformen, wie z. B. Kartelle, strategische Netzwerke und Allianzen, sowie Joint Ventures subsumiert werden. Die dementsprechende Vieldeutigkeit und Unschärfe des M&A-Begriffs scheint vor allem durch variierende Perspektiven der wissenschaftlichen

---

43 Vgl. ECKHOFF, J. (2006), S. 8; HAWRANEK, F. (2004), S. 14; LUCKS, K./MECKL, R. (2002), S. 23; PICOT, G. (2008), S. 26, die als Ursache auf variierende Perspektiven der wissenschaftlichen Auseinandersetzung mit M&A hinweisen.

44 Vgl. ESCHEN, E. (2002), S. 20; JANSEN, S. A. (2004), S. 44; WIRTZ, B. W. (2003), S. 10.

45 Dies bezieht sich ebenso auf deren englischsprachige Äquivalente und trifft nicht nur auf die deutsche, sondern auch auf die internationale M&A-Forschung zu; vgl. ACHLEITNER, A.-K./ WIRTZ, B. W./WECKER, R. M. (2004), S. 478; GERPOTT, T. J. (1993), S. 18ff.; WIRTZ, B. W. (2003), S. 10.

46 Vgl. HAWRANEK, F. (2004), S. 14; KERLER, P. (1999), S. 11f.; LANGENSTEIN, K. (2007), S. 9; LORENZ, J.-T. (2006), S. 7.

Auseinandersetzung mit dem Themenbereich M&A sowie durch deren jeweils gegebene Abgrenzungserfordernisse bedingt zu sein.[47]

Im Rahmen dieser Arbeit wird auf einen umfassenden Überblick über sämtliche existierende Begriffsauffassungen verzichtet, da hierdurch kein wesentlicher Erkenntnisgewinn erzielt werden kann.[48] Vielmehr wird eine für die Problemstellung dieser Arbeit zweckmäßige Definition erarbeitet. Diese berücksichtigt die bisherigen Schwierigkeiten bei der Begriffsbestimmung[49] und kann als Grundlage für ein Controlling herangezogen werden, welches einer zielorientierten Steuerung und Managementunterstützung im Zusammenhang mit M&A dient.[50] Zunächst werden hierzu Gegenstand und grundlegende Formen von M&A bestimmt (vgl. Kap. 2.1.1), bevor schließlich eine weitere Eingrenzung des M&A-Begriffs anhand des Grades der Einflussnahme erfolgt (vgl. Kap. 2.1.2).

2.1.1 Gegenstand und grundlegende Formen von M&A

In einer weiten begrifflichen Auslegung umfassen M&A all jene Transaktionen, durch die ein Übergang von Leitungs- und Kontrollbefugnissen an Unternehmen bzw. Unternehmensteilen auf andere Unternehmen erreicht werden soll.[51] Hierdurch entsteht eine Bindung zwischen den beteiligten Unternehmen, die demzufolge für mindestens eines dieser Unternehmen eine Einschränkung der Selbstständigkeit bedeutet,[52] für ein anderes jedoch Möglichkeiten der Einflussnahme bei diesem Unternehmen eröffnet. Diese

---

47 Vgl. BAMBERGER, B. (1994), S. 3; ECKHOFF, J. (2006), S. 8; HAWRANEK, F. (2004), S. 14; LUCKS, K./MECKL, R. (2002), S. 23; PICOT, G. (2008), S. 26; REIßNER, S. (1992), S. 15; STEIN, I. (1992), S. 12.

48 Eine überblicksartige Darstellung von Definitionen des M&A-Begriffs einschlägiger deutscher Autoren bietet z. B. WIRTZ, B. W. (2003), S. 11f.

49 Vgl. zu Definitionsproblemen in der bisherigen M&A-Literatur sowie im Folgenden WEINMANN, M. (2004), S. 11ff.

50 Vgl. die Ausführungen in Kap. 1.2 dieser Arbeit.

51 Vgl. ACHLEITNER, A.-K./WIRTZ, B. W./WECKER, R. M. (2004), S. 478; COENENBERG, A. G./SCHULTZE, W. (2005), S. 52, sowie dies. (2007), S. 339; MÜLLER-STEWENS, G./ SPICKERS, J./DEISS, C. (1999), S. 1; VOGEL, D. H. (2002), S. 5. Von einigen Autoren wird auch die Veränderung von Eigentumsrechten als konstituierendes Merkmal von M&A genannt; vgl. hierzu ACHLEITNER, A.-K./DRESIG, T. (2001), Sp. 1559; ACHLEITNER, A.-K./WIRTZ, B. W./WECKER, R. M. (2004), S. 478; MÜLLER-STEWENS, G./SPICKERS, J./DEISS, C. (1999), S. 1; RICHTER, F. (2005a), S. 199. Zum Begriff des Unternehmens vgl. auch BAREIS, P. (1992), Sp. 2063ff. Im Folgenden schließt aus Gründen der besseren Lesbarkeit der Begriff „Unternehmen" auch Unternehmensteile mit ein; vgl. ähnlich DABUI, M. (1998), S. 11; JANSEN, S. A. (2001a), S. 37f.

52 Im Fall des Übergangs von Unternehmensteilen von einem Unternehmen auf ein anderes kann auch von einer Fortführung oder Veränderung der Selbstständigkeit gesprochen werden.

Gegebenheit lässt sich zu einer ersten Abgrenzung von M&A und deren wesentlicher Erscheinungsformen heranziehen (vgl. Abb. 3).

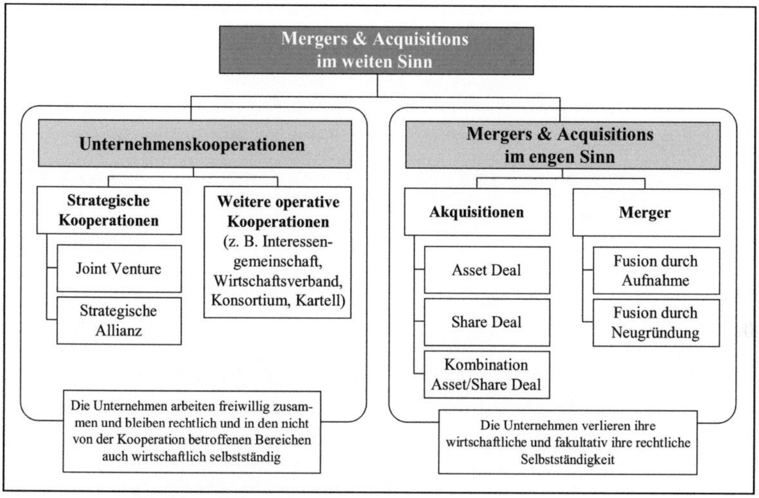

Abb. 3: Wesentliche Erscheinungsformen von M&A
(In Anlehnung an: WIRTZ, B. W. (2003), S. 13)

Bei Unternehmenskooperationen bleiben die rechtliche und wirtschaftliche Selbstständigkeit der beteiligten Unternehmen grundsätzlich erhalten, lediglich in jenen Bereichen, in denen sich die Unternehmen zweckgebunden auf koordiniertes Handeln verpflichten, wird die wirtschaftliche Selbstständigkeit eingeschränkt.[53] Somit ist jedoch auch der Grad der möglichen Einflussnahme, d. h. der aktiven Gestaltung eines anderen Unternehmens begrenzt. Zu den Unternehmenskooperationen zählen vor allem Kartelle, Konsortien, Wirtschaftsverbände und Interessengemeinschaften, aber auch strategische Allianzen und Gemeinschaftsunternehmen bzw. Joint Ventures.[54]

Bei M&A im engen Sinn gibt mindestens eines der beteiligten Unternehmen die wirtschaftliche Selbstständigkeit auf.[55] Unter einer Akquisition wird der Erwerb von Unternehmen verstanden, bei dem das erworbene Unternehmen die rechtliche Selbstständigkeit beibehält. Bei einem Merger handelt es sich um einen Zusammenschluss

---

53 Vgl. hier und folgend PAUSENBERGER, E. (1989), S. 623.

54 Vgl. DIETL, H. M./ROYER, S. (2002), Sp. 2054f.; VOGEL, D. H. (2002), S. 12ff.; WIRTZ, B. W. (2003), S. 13ff.

55 Vgl. hier und folgend ACHLEITNER, A.-K./WIRTZ, B. W./WECKER, R. M. (2004), S. 480.

zweier oder mehrerer bis dahin rechtlich selbständiger Unternehmen, bei dem dagegen mindestens ein beteiligtes Unternehmen auch die rechtliche Selbstständigkeit verliert.[56] Aufgrund umfangreicherer Möglichkeiten der Einflussnahme und somit auch der Steuerung durch ein Controlling stehen M&A im engen Sinn im Fokus dieser Arbeit – nicht jedoch Unternehmenskooperationen.

Je nach Erwerbsform kann zwischen weiteren Formen von M&A unterschieden werden. Der Erwerb einer Akquisition kann in Form eines sog. *Share Deals*, d. h. durch Übertragung von Gesellschaftsanteilen (Rechtskauf gem. § 453 BGB i. V. m. § 433 I 1 BGB), in Form eines sog. *Asset Deals*, d. h. durch Übertragung aller oder bestimmter Wirtschaftsgüter und Verbindlichkeiten eines Akquisitionsobjektes (Sachkauf gem. § 433 I 1 BGB), oder als Kombination dieser beiden Formen erfolgen.[57] Ein Merger bzw. eine Fusion kann durch Aufnahme (§§ 4-35 UmwG), d. h. durch Übertragung von Vermögen und Schulden sowie Integration mindestens eines Unternehmens in ein anderes, oder durch Neugründung (§§ 36-38 UmwG), d. h. durch Schaffung eines neuen Unternehmens, in welches alle beteiligten Unternehmen Vermögen und Schulden einbringen,[58] erfolgen. Die gewählte Erwerbsform hat zwar Auswirkungen auf die bilanzielle und steuerliche Behandlung von M&A,[59] scheint jedoch für die Steuerung bzw. das Management von M&A von untergeordneter Bedeutung zu sein.[60]

2.1.2 Eingrenzung von M&A nach dem Grad der Einflussnahme

Wesentliche Grundlage für das Controlling von M&A im Sinne einer Führungsunterstützung ist nach WEBER das Vorhandensein eines „Führungsproblems".[61] Dieses re-

---

56 Vgl. hier und folgend COENENBERG, A. G./SCHULTZE, W. (2007), S. 340; PAUSENBERGER, E. (1989), S. 624; STRASSER, B. (2000), S. 5f.

57 Vgl. COENENBERG, A. G./SCHULTZE, W. (2005), S. 52; LANGENSTEIN, K. (2007), S. 29ff.; PELLENS, B. et al. (2011), S. 725; PICOT, G. (2004), S. 33f.; RATH, O. (2007), S. 9.

58 Vgl. BAETGE, J./KRUMBHOLZ, M. (1991b), S. 3, die vom Verlust der Identität der beteiligten Unternehmen sprechen.

59 Vgl. weiterführend zu bilanziellen Auswirkungen z. B. PELLENS, B. et al. (2011), S. 726-787; sowie zur steuerlichen Behandlung z. B. CHRISTINER, M. (2007), S. 133ff.

60 Vgl. HAWRANEK, F. (2004), S. 15.

61 Vgl. WEBER, J. (1992), S. 96; hier sowie auch folgend DIECKHAUS, O.-T. (1993b), S. 246. (Unternehmens-)Führung umfasst hier gem. WÖHE, G./DÖRING, U. (2010), S. 47ff., die Aufgaben der Zielbildung, Planung, Entscheidung, Ausführung, Kontrolle, Information und Koordination. Diese erstrecken sich im hier betrachteten Fall von M&A nun aus Perspektive des strategischen Investors auch auf das erworbene Unternehmen.

sultiert im Kontext von M&A – infolge des Übergangs von Leitungs- und Kontrollbefugnissen – aus den Möglichkeiten der Einflussnahme, d. h. der aktiven Gestaltung eines anderen Unternehmens sowie dessen Einbindung in die eigene Unternehmensstrategie. Diese Möglichkeiten der Einflussnahme liegen bei Unternehmenskooperation, wie geschildert, weniger vor.[62] Im Falle eines Mergers scheinen diese indessen gegeben.[63] Für den Fall einer Akquisition müssen allerdings weitere Abgrenzungen vorgenommen werden. Hierzu kann vor allem der sowohl betriebswirtschaftliche als auch juristische Begriff der Beteiligung herangezogen werden.[64]

Aus betriebswirtschaftlicher Sicht kann zwischen strategischen und finanziellen Beteiligungen differenziert werden.[65] Als finanzielle Beteiligung wird eine Finanzinvestition bezeichnet, die in der Regel von Finanzinvestoren, d. h. Kapitalanlagegesellschaften, Beteiligungsgesellschaften, *Private Equity*-Gesellschaften, *Raider*, *Take Over*-Spezialisten oder Arbitrageuren,[66] für einen begrenzten Zeitraum getätigt wird, um vorwiegend einen Gewinn durch Ausschüttungen oder durch Weiterverkauf der Beteiligung zu realisieren.[67] Unter einer strategischen Beteiligung wird dagegen eine Beteiligung verstanden, die auf Dauer angelegt und mit einer strategischen Absicht verbunden ist,[68] was in der Möglichkeit eines dauerhaften Eingriffs in das Management des erworbenen Unternehmens zum Ausdruck kommt. Da bei einer rein finanziellen Beteiligung das Ausmaß der Einflussnahme in der Regel geringer ist, wird diese häufig und auch im Rahmen dieser Arbeit nicht unter den Begriff „M&A“ subsumiert.[69]

---

62 Einen Grenz- und nicht im Fokus dieser Arbeit stehender Sonderfall stellen mehrheitliche Beteiligungen an Equity Joint Ventures dar; vgl. hierzu WURL, H.-J. (2002), Sp. 1256ff.

63 Der Sonderfall eines sog. *Merger of Equals* suggeriert zwar die Gleichberechtigung der beteiligten Unternehmen, allerdings dominiert regelmäßig eines dieser Unternehmen, was z. B. in der Besetzung von Managementpositionen zum Ausdruck kommt. Als prominentestes Beispiel kann der Merger zwischen Daimler Benz und Chrysler genannt werden; vgl. DORFS, J. (2000); JANSEN, S. A. (2004), S. 47f.; sowie METZ, M. (2002), S. 42 und die dort zitierten Quellen.

64 Vgl. BORCHERS, S. (2000), S. 21.

65 Vgl. z. B. BOTTA, V. (1994), S. 27f.; SÁNCHEZ, C. M./GOLDBERG, S. R. (2009), S. 3. Eine einheitliche Definition scheint es allerdings noch nicht zu geben; vgl. WURL, H.-J. (2003), S. 6.

66 Vgl. DIECKHAUS, O.-T. (1993b), S. 107; hier und folgend auch MÜLLER-STEWENS, G./ SPICKERS, J./DEISS, C. (1999), S. 6.

67 Vgl. BALZ, U. (2007), S. 12f.; COOLS, K. et al. (2007), S. 11; hier und folgend auch BOTTA, V. (1994), S. 27f.; WIRTZ, B. W. (2003), S. 12.

68 Vgl. HAWRANEK, F. (2004), S. 14.

69 Vgl. ebenso ACHLEITNER, A.-K./WIRTZ, B. W./WECKER, R. M. (2004), S. 478; BLEX, W./ MARCHAL, G. (1990), S. 87; COENENBERG, A. G./SCHULTZE, W. (2007), S. 339; DIECKHAUS, O.-T. (1993b), S. 4 und S. 107f.; EULERICH, M. (2009), S. 9; GERPOTT, T. J. (1993), S. 23; HAWRANEK, F. (2004), S. 14; JANSEN, S. A. (2004), S. 51; KLEIN-

Im Fall der strategischen Beteiligung lässt sich zudem zwischen einer unternehmerischen und einer wirtschaftlichen Beteiligung differenzieren.[70] Durch eine unternehmerische Beteiligung wird eine aktive Einflussnahme auf die Strategie eines anderen Unternehmens sowie der Einbezug in die eigene Strategiegestaltung lediglich ermöglicht.[71] Bei einer wirtschaftlichen Beteiligung wird sowohl die Möglichkeit der Einflussnahme als auch das Interesse an deren Nutzung vorausgesetzt.[72] Dies kann durch Anspruch auf einen Anteil am Bilanzgewinn der Beteiligung,[73] Übernahme der Haftung für Bilanzverluste bis mindestens zur Höhe der Kapitalanteile[74] oder durch das Recht auf einen Anteil am Liquidationserlös[75] gegeben sein. Die rechtliche Grundlage der Einflussnahme, z. B. Kapitalanteile, Beherrschungsverträge oder andere Formen der Einflussmöglichkeit, spielt beim Begriff der unternehmerischen und der wirtschaftlichen Beteiligung nur eine untergeordnete Rolle.[76] In Anbetracht der Problemstellung dieser Arbeit, ist nicht nur die Möglichkeit der dauerhaften Einflussnahme bzw. aktiven Gestaltung des erworbenen Unternehmens ein wesentliches Element von M&A, sondern auch das Interesse an deren Nutzung. Daher wird im Folgenden ausschließlich die wirtschaftliche Beteiligung betrachtet.[77]

Aus rechtlicher Sicht können Beteiligungen sowohl an Personen- als auch an Kapitalgesellschaften gehalten werden,[78] wobei in der Unternehmenspraxis Kapitalgesellschaften

---

SCHNITTGER, U. (1993), S. 21; METZ, M. (2002), S. 11; SCHEITER, D. (1989), S. 64; VOGEL, D. H. (2002), S. 5; WIRTZ, B. W. (2003), S. 12, schließen rein finanzielle Beteiligungen bzw. Beteiligungen von Finanzinvestoren bei der Definition von M&A aus.

70 Vgl. hier und folgend BURGER, A./ULBRICH, P./AHLEMEYER, N. (2010), S. 7f.; DIECKHAUS, O.-T. (1993b), S. 107f.

71 Vgl. HORVÁTH, P. (1997), S. 82.

72 Vgl. BURGER, A./ULBRICH, P./AHLEMEYER, N. (2010), S. 7.

73 Vgl. SCHMALENBACH, E./BAUER, R. (1966), S. 16f.

74 Vgl. LEUNIG, M. (1970), S. 20f.

75 Vgl. BORCHERS, S. (2000).

76 Vgl. DIECKHAUS, O.-T. (1993b), S. 107; HERZOG, P. W. (1983), S. 15; SCHULTE, C. (1994), S. 5f.; WEBER, J. (1992), S. 96f., und ders. (1993), S. 393. Entsprechend könnten nicht nur M&A im engen Sinn, sondern durchaus auch verschiedene Formen von Unternehmenskooperationen eine solche Beteiligung darstellen; vgl. hierzu BURGER, A./ULBRICH, P./AHLEMEYER, N. (2010), S. 8.

77 Vgl. ähnlich auch BURGER, A./ULBRICH, P./AHLEMEYER, N. (2010), S. 90, die diese begriffliche Abgrenzung mit der Ausrichtung des Controllings auf die Unterstützung von Steuerungsprozessen begründen.

78 Vgl. DIECKHAUS, O.-T. (1993b), S. 104.

regelmäßig dominieren.[79] Beteiligungen werden in § 271 I 1 HGB definiert als „Anteile an anderen Unternehmen, die bestimmt sind, dem eigenen Geschäftsbetrieb durch Herstellung einer dauernden Verbindung zu jenen Unternehmen zu dienen".[80] Des Weiteren kann der Beteiligungsbegriff unter Bezug auf die aktienrechtliche Konzerndefinition (§ 18 AktG) konkretisiert werden,[81] welche durch die im deutschen und internationalen Handels-, Bilanz- und Gesellschaftsrecht geregelte Konzernabschlusspflicht sowie den ebenfalls dort definierten Konsolidierungskreis ergänzt wird. Als Beteiligung gelten demnach solche Unternehmen, die unter sog. „einheitlicher Leitung" eines anderen Unternehmens stehen (§ 18 AktG i. V. m. §§ 16-17 AktG).[82] Die einheitliche Leitung wird zum einen entsprechend der gesellschaftsrechtlichen Grundlage, d. h. Mehrheitsbeteiligung (Faktischer Konzern nach §§ 16-18 AktG), Beherrschungsvertrag bzw. Gewinnabführungsvertrag (Vertragskonzern nach § 291 AktG) oder Eingliederungsvertrag (Eingliederungskonzern nach § 319 AktG), bestimmt (§ 18 I 2 AktG).[83] Zum anderen wird die einheitliche Leitung bei abhängigen Unternehmen, auf die durch ein anderes Unternehmen ein sog. „beherrschender Einfluss" ausgeübt werden kann, vermutet (§ 18 I 3 AktG i. V. m. § 16-17 AktG, § 290 II HGB).[84] Beherrschender Einfluss liegt nach deutschem Handelsrecht (§ 290 II HGB) bei Mehrheit der Stimmrechte, Bestellungsrecht von Finanz- und Geschäftpolitik bestimmenden Organen, Recht zur Bestimmung der Finanz- und Geschäftpolitik aufgrund Vertrag bzw. Satzung oder, im Fall von Zweckgesellschaften, bei Tragen der Mehrheit der Risiken und Chancen vor.[85] Des Weiteren gilt die einheitliche Leitung bei deren tatsächlicher Ausübung, d. h. beispielsweise bei Festlegung von Unternehmenszielen und -politik, Koordination wesentlicher Unternehmens-

---

79 Vgl. BURGER, A./ULBRICH, P./AHLEMEYER, N. (2010), S. 11; LITTKEMANN, J. (2004), S. 46. Auch in dieser Arbeit liegen Kapitalgesellschaften im Fokus der Betrachtung.

80 Das Interesse an der unmittelbaren Einflussnahme ist nicht notwendig, jedoch scheint das Verständnis der Dauerhaftigkeit über eine Halteabsicht beim Anlagevermögen sowie über eine reine Kapitalbeteiligung hinaus zu gehen; vgl. BURGER, A./ULBRICH, P./AHLEMEYER, N. (2010), S. 6; KLEINSCHNITTGER, U. (1993), S. 15.

81 Vgl. hinweisend DREHER, M. (2010), S. 14.

82 Vgl. DABUI, M. (1998), S. 11; WEINMANN, M. (2004), S. 15ff.

83 Vgl. DREHER, M. (2010), S. 15; RATH, O. (2007), S. 5f.; WASSERHESS, J. (2006), S. 19.

84 Vgl. LÜDENBACH, N./FREIBERG, J. (2009), S. 1230.

85 KÜTING, K./SEEL, C. (2010), S. 1459, merken an, dass der Begriff „beherrschender Einfluss" im Gesetz nicht konkretisiert wird. Jedoch könne aufgrund der mit dem Bilanzrechtsmodernisierungsgesetz (BilMoG) beabsichtigenten Annäherung an die internationale Rechnungslegung IAS 27.4 herangezogen werden, wonach unter beherrschendem Einfluss die Möglichkeit zu verstehen ist, die Finanz- und Geschäftspolitik eines Unternehmens dauerhaft bestimmen zu können, um daraus einen Nutzen zu ziehen. Vgl. ähnlich LÜDENBACH, N./FREIBERG, J. (2009), S. 1230.

bereiche, Besetzung von Führungspositionen und Entscheidung über besonders relevante Maßnahmen, als gegeben (§ 18 II AktG). Letztlich deutet das Vorhandensein der einheitlichen Leitung auf den Verlust der wirtschaftlichen Selbständigkeit des übernommenen Unternehmens hin.[86]

Für den Grad der möglichen Einflussnahme ist vor allem die Beteiligungsquote maßgeblich, an die verschiedene rechtliche Folgen knüpfen.[87] Für die Beteiligungsquote sind nach deutschem Handels- und Gesellschaftsrecht insbesondere Kapitalanteile maßgeblich (vgl. Tab. 1). So wird eine Beteiligung bereits ab einem Anteil von über 20 Prozent des Nennkapitals vermutet (§ 271 I 3 HGB i. V. m. § 16 II und IV AktG), allerdings wird dort primär auf die Dauerhaftigkeit und weniger auf die Einflussmöglichkeiten bei der Beteiligung abgestellt.[88] Auch eine Sperrminorität sowie eine paritätische Beteiligung ermöglichen zwar prinzipiell eine Verhinderung besonderer Beschlüsse, erlauben allein jedoch nicht eine Einflussnahme im Sinne einer aktiven Gestaltung der Beteiligung.[89] Erst ab einer Mehrheitsbeteiligung sind in der Regel unternehmerische Gestaltungsmöglichkeiten gegeben.[90]

Bedeutend ist im Zusammenhang zwischen Beteiligungsquote und Einflussmöglichkeit jedoch nicht nur die absolute, sondern auch die relative Beteiligungsquote, d. h. bei Streubesitz die tatsächliche Stimmrechtsvertretung des Kapitals sowie der Abstand zum zweitgrößten Anteilseigner.[91] Des Weiteren ist nach wie vor zu beachten, dass die Einflussnahme auch durch weitere vertragliche Vereinbarungen variieren kann.[92] Eine allgemeingültige Grenze für die zur aktiven Einflussnahme notwendige Beteiligungshöhe

---

86 Vgl. DABUI, M. (1998), S. 11; WEINMANN, M. (2004), S. 15ff.

87 Vgl. BINDER, C. U. (1994), S. 391; BURGER, A./ULBRICH, P./AHLEMEYER, N. (2010), S. 7f. und S. 13ff.; KLEINSCHNITTGER, U. (1993), S. 17. ECKEY, M. (2006), S. 31, merkt an, dass sich die Klassifizierung von Beteiligungen anhand der Beteiligungsquote in der Literatur durchgesetzt hat.

88 Vgl. BORCHERS, S. (2000), S. 21.

89 Vgl. BURGER, A./ULBRICH, P./AHLEMEYER, N. (2010), S. 14f.; KLEINSCHNITTGER, U. (1993), S. 21.

90 Vgl. BAMBERGER, B. (1994), S. 5; HOFFJAN, A./ELTZE, C. (1998), S. 146; MEIER, H. (2001), S. 12f.

91 Vgl. BINDER, C. U. (1994), S. 396; BORCHERS, S. (2000), S. 23; ECKEY, M. (2006), S. 31.

92 Vgl. BAMBERGER, B. (1994), S. 5; BURGER, A./ULBRICH, P./AHLEMEYER, N. (2010), S. 13.

lässt sich daher nicht festlegen.[93] Im Folgenden werden jedoch vereinfachend nur Beteiligungen mit einer Beteiligungsquote von größer als 50 Prozent betrachtet.[94]

Beteiligungsquote	Bezeichnung	Möglichkeit der Einflussnahme
< 5 %	Kleinbeteiligung	Lediglich anteiliges Stimmrecht
5 %	Mindestbeteiligung	Recht auf Einberufung der Hauptversammlung (§ 122 I AktG)
> 5 % - 25 %	Minderheitsbeteiligung	Verhinderung der Eingliederung und des sog. *Squeeze Out* (§§ 320 I, 327a I AktG); ab 10 % Recht auf Einberufung einer Gesellschafterversammlung (§ 50 I GmbHG)
> 25 % - < 50 %	Sperrminderheitsbeteiligung (Sperrminorität)	Verhinderung von Beschlüssen, für die eine Dreiviertelmehrheit notwendig ist (z. B. Satzungsänderungen) (§ 179 II AktG, § 53 II GmbHG)
50 %	Paritätische Beteiligung	Kein positives Beschlussrecht, d. h. jeweils Einigung mit anderen Anteilseignern erforderlich
> 50 % - < 75 %	Mehrheitsbeteiligung	Durchsetzung aller „gewöhnlichen Beschlüsse“, insb. bzgl. personeller Besetzung des Aufsichtsrats (§ 101 AktG i. V. m. § 133 AktG); gilt als verbundenes Unternehmen (§§ 15ff. AktG, § 271 II HGB)
75 % - < 95 %	Qualifizierte Mehrheitsbeteiligung (Dreiviertel-Mehrheitsbeteiligung)	Durchsetzung aller Beschlüsse von besonderer Tragweite, für die eine qualifizierte Mehrheit vorgeschrieben ist, wie bspw. Satzungsänderungen (§ 179 II AktG, § 53 II GmbHG), Kapitalerhöhungen sowie Beherrschungs- und Gewinnabführungsverträge (§§ 291ff. AktG)
95 % - < 100 %	Eingliederungs-/ *Squeeze Out*-Beteiligung	Durchsetzung der Eingliederung und Ausschluss von Minderheitsaktionären (§§ 320 I, 327a I AktG)
100 %	Alleinbeteiligung	Vollständige Beherrschung

Tab. 1: Bedeutsame (Kapital-)Beteiligungsquoten nach deutschem Recht (Erweiterte Darstellung nach: BORCHERS, S. (2000), S. 22; BURGER, A./ULBRICH, P./AHLEMEYER, N. (2010), S. 14; SCHIERENBECK, H./WÖHLE, C. B. (2008), S. 60)

Des Weiteren wird in dieser Arbeit auf eine explizite Differenzierung zwischen Merger und Akquisition verzichtet, da diese vorwiegend juristischer Natur ist und beide Formen in Hinblick auf Ablauf und Steuerung grundsätzlich vergleichbar scheinen.[95] Demnach wird folgend M&A als Sammelbegriff aufgefasst, der auch die deutschen Bezeichnun-

---

93 Vgl. WEINMANN, M. (2004), S. 17.

94 Vgl. ähnlich auch BAMBERGER, B. (1994), S. 5; BRESSMER, C./MOSER, A. C./SERTL, W. (1989), S. 6; BORCHERS, S. (2000), S. 24; DIECKHAUS, O.-T. (1993b), S. 115; ECKHOFF, J. (2006), S. 11f.; HOFFMANN, W. H./FRIEDINGER, A. (1998), S. 20; STRASSER, B. (2000), S. 5; WEINMANN, M. (2004), S. 17; sowie GERPOTT, T. J. (1993), S. 28, und die dort zitierten Quellen. Auf die Betrachtung von Sonderfällen, wie bspw. den Erwerb der Anteilsmehrheit durch mehrere Unternehmen, wird in Rahmen dieser Arbeit verzichtet.

95 Entsprechend HAWRANEK, F. (2004), S. 12; vgl. auch GERDS, J. (2000), S. 11; KERLER, P. (1999), S. 11; PAUSENBERGER, E. (1989), S. 624; REED, S. F./REED LAJOUX, A./ NESVOLD, H. P. (2007), S. 4ff.; SCHÄFER, T. F. (2008), S. 8; SCHWEIZER, L. (2001), S. 9; ähnlich JANSEN, S. A. (2008), S. 92.

gen (Unternehmens-)Zusammenschluss, Fusion, Akquisition, Übernahme und Erwerb umfasst.

Als M&A wird somit in dieser Arbeit der Zusammenschluss zweier Unternehmen verstanden, bei welchem zumindest das erworbene Unternehmen bzw. Übernahmeobjekt die wirtschaftliche Selbstständigkeit verliert und durch das erwerbende Unternehmen aufgrund eines strategischen Interesses ein dauerhafter maßgeblicher Einfluss auf die Führung des Übernahmeobjekts tatsächlich ausgeübt wird.[96] Dies wird vereinfachend angenommen, wenn ein strategischer Investor einen Kapitalanteil von über 50 Prozent an einem Übernahmeobjekt erworben hat.

2.2 Merkmale von M&A

Nach der Erarbeitung einer grundlegenden Definition von M&A werden im Folgenden grundlegende Merkmale von M&A dargestellt, die für die Steuerung bzw. das Controlling von M&A besonders relevant erscheinen. Hierzu wird zunächst der für M&A typische Projektstatus vorgestellt (vgl. Kap. 2.2.1), bevor auch die Prozessstruktur von M&A kurz erläutert wird (vgl. Kap. 2.2.2).

2.2.1 Projektstatus

M&A sind komplexe Vorhaben, die eine Vielzahl verschiedener, teilweise inhaltlich und methodisch besonders herausfordernder Tätigkeiten bedingen.[97] Diese müssen aufeinander abgestimmt, die daran beteiligten internen und externen Personen koordiniert sowie deren unterschiedliche Interessen berücksichtigt werden. Hieraus resultiert ein meist sprunghaft auftretender Managementbedarf,[98] der eine Betrachtung von M&A als Projekte nahe legt. Diese Betrachtung ist vor allem in der Unternehmenspraxis, aber auch in der Wissenschaft verbreitet.[99]

---

96 Im Folgenden wird aus Gründen der besseren Lesbarkeit für das zu erwerbende bzw. erworbene Unternehmen oder auch den Unternehmensteil der Begriff „Übernahmeobjekt“ verwendet.

97 Vgl. ähnlich MECKL, R. (2004), S. 455; MECKL, R./HAWRANEK, F. (2006), S. 91.

98 Vgl. VOLKART, R. (1999), S. 121.

99 Vgl. z. B. AEBERHARD, K. (1992), S. 396; FISCHER, J./WIRTGEN, J. (2000), S. 85ff.; GUTVILLA, C. (1997), S. 39; HAWRANEK, F. (2004), S. 37; KÜBLER, R. (1996), S. 124; LUCKS, K. (2007), S. 43ff.; KÜMPEL, T./FISCHEDICK, N. (2004), S. 48; MECKL, R. (2004), S. 455ff.; MECKL, R./HAWRANEK, F. (2006), S. 91; MEIER, H. (2001), S. 50ff.; METZ, M. (2002), S.

Ebenso wie für den Begriff „M&A" existiert in der Literatur auch für den Begriff „Projekt" eine Vielzahl unterschiedlicher Definitionen,[100] jedoch scheint jene nach DIN-Norm 69901 des Deutschen Instituts für Normung e.V. (DIN) mit der herrschenden Meinung überein zu stimmen.[101] Danach wird ein Projekt definiert als ein „Vorhaben, das im Wesentlichen durch Einmaligkeit der Bedingungen in ihrer Gesamtheit gekennzeichnet ist [wie z. B.] Zielvorgabe, zeitliche, finanzielle, personelle oder andere Begrenzungen, projektspezifische Organisation."[102]

Konstitutive Merkmale eines Projektes, welche zur Abgrenzung desselben von anderen Vorhaben dienen, sind somit Einmaligkeit, Zielvorgabe, zeitliche Begrenzung, Ressourcenbegrenzung und projektspezifische Organisation.[103] Die Einmaligkeit, die als das maßgebliche Abgrenzungsmerkmal anzusehen ist, bezieht sich nicht nur im Sinne von Erstmaligkeit auf den Inhalt des jeweiligen Vorhabens, sondern auch auf die vorhabensindividuellen Bedingungen in der Gesamtheit.[104] Im Fall von M&A ergibt sich die Einmaligkeit nicht nur aus der Transaktion alleine, sondern auch aus der Summe verschiedener Bedingungen, wie z. B. der individuellen Ziele des Vorhabens, der Dauer, der Akquisitionskosten, des benötigten personellen Knowhows, der Organisation des Integrationsteams etc.[105] Jedes Projekt bekommt des Weiteren von seinem Auftraggeber spezifische monetäre und/oder nicht monetäre Ziele vorgegeben, die die gesamte Dauer des Projektes erfassen, sich jedoch im Zeitablauf verändern können.[106] Bei M&A werden diese in der Regel von der Unternehmensführung des übernehmenden Unterneh-

---

41; NABER, G. (1987), S. 45; RÖDL, M. (2002), S. 31; SAUERMANN, S. (2000), S. 1; SELIM, G. M./SUDARSANAM, S./LAVINE, M. K. (2002), S. 20; SODEIK, N. (2009), S. 47ff.; WIRTZ, B. W./SCHILKE, O. (2006), S. 323; WIRTZ, B. W./WECKER, R. M. (2006), S. 714.

100 Vgl. für einen Überblick über verschiedene Begriffsdefinitionen in der Literatur bspw. BALSER, T. H. (1998), S. 116f.; MADAUSS, B. J. (2000), S. 516f.

101 Vgl. MÖRSDORF, M. (1998), S. 50f.; RIEDRICH, T. (2007), S. 41, sowie die dort zitierten Quellen; und z. B. BURGHARDT, M. (2008), S. 22; KRÜGER, A. (2002), Sp. 1582; LANGE, D. (2008), S. 79.

102 DIN DEUTSCHES INSTITUT FÜR NORMUNG E.V. (HRSG.) (2009), S. 11.

103 Vgl. zur begrifflichen Abgrenzung konstitutiver von differenzierenden Merkmalen DÜLFER, E. (1982), S. 7, sowie die weiteren Ausführungen.

104 Vgl. CORSTEN, H./CORSTEN, H./GÖSSINGER, R. (2008), S. 3f.; sowie hier und folgend MÖRSDORF, M. (1998), S. 56.

105 Vgl. zur Einmaligkeit von M&A-Projekten auch HAWRANEK, F. (2004), S. 38; MOROSINI, P. (2001), S. 460; MÜLLER-STEWENS, G./SCHREIBER, K. (1993), S. 277; NABER, G. (1987), S. 45.

106 Vgl. SCHULTE, H./STUMME, G. (1998), S. 230.

mens vorgegeben.[107] Beispiele für solche Ziele sind Unternehmenswertsteigerung, Erzielung operativer Synergien, Verbesserung der Wettbewerbsposition, unternehmerisches Wachstum etc.[108] Das Projektmerkmal der zeitlichen Begrenzung resultiert zum einen aus der inhaltlich begrenzten Aufgabenstellung des Vorhabens, mit deren Erfüllung das Projekt beendet ist.[109] Zum anderen sind in der Regel auch zeitliche Vorgaben selbst Teil der Projektziele. Auf M&A trifft dies ebenfalls zu. Mit der abgeschlossenen Integration des übernommenen Unternehmens ist das M&A-Vorhaben und damit das Projekt zu einem gewissen Zeitpunkt beendet,[110] obwohl unter Umständen – und wie bei Projekten anderer Art auch – einige der anfangs gesetzten Ziele, wie z. B. die Unternehmenswertsteigerung oder die Verbesserung der Wettbewerbsposition, nicht oder nur teilweise erreicht werden konnten.[111] Verbunden mit der Zielvorgabe wird für jedes Projekt eine Ressourcenbegrenzung festgelegt, d. h., die gesetzten Projektziele müssen im Rahmen der zur Verfügung stehenden finanziellen, technischen oder auch personellen Ressourcen erreicht werden.[112] Ebenso wie die zeitliche Begrenzung ist auch die Ressourcenbegrenzung selbst Teil der Projektziele. Im Fall von M&A wird die Ressourcenbegrenzung z. B. im Rahmen der Kaufpreisermittlung in den geplanten Vorbereitungs-, Transaktions- und Integrationskosten berücksichtigt. Das Merkmal der projektspezifischen Organisation bezieht sich anders als die bisher erläuterten Merkmale nicht auf die Aufgabenstellung und deren Begrenzungen, sondern auf deren spezifische aufbau- und ablauforganisatorische Durchführung.[113] Hierbei wird die primäre Unternehmensorgani-

---

107 Die Unternehmensführung hat die Aufgabe unter Beachtung der Ziele verschiedener Stakeholder und unter Herstellung von Zielkonformität die Ziele des Unternehmens festzulegen; vgl. WÖHE, G./DÖRING, U. (2008), S. 59ff.; sowie hier und im Weiteren die Ausführungen in Kap. 3.1 dieser Arbeit. Da die Ziele von M&A aus den Unternehmenszielen abgeleitet werden, kann diese Auffassung auch auf M&A übertragen werden; vgl. die Ausführungen in Kap. 3.2.2 dieser Arbeit.

108 Vgl. ausführlich die Ausführungen zu Zielen von M&A in Kap. 3.2 dieser Arbeit.

109 Vgl. auch hier SCHULTE, H./STUMME, G. (1998), S. 230.

110 Vgl. MEIER, H. (2001), S. 52; sowie HAWRANEK, F. (2004), S. 33, der allerdings kritisch anmerkt, dass Start und Ende eines M&A-Projektes nicht exakt definierbar seien, und unterstützend variierende Annahmen verschiedener Untersuchungen heranzieht.

111 Vgl. RÖDL, M. (2002), S. 33; außerdem hier und folgend auch die weiteren Ausführungen zu Projektzielen in Kap. 3.1.2 sowie Zielen von M&A in Kap. 3.2 dieser Arbeit.

112 Vgl. FIEDLER, R. (2010), S. 3.

113 Vgl. hier und folgend DÜLFER, E. (1982), S. 15f.; PINKENBURG, H. F. W. (1980), S. 110ff. FRESE, E. (2005), S. 512f., führt als Begründung für die Bildung einer projektspezifischen Organisation an, dass Projekte als befristete Vorhaben „ein instabiles Element in ein auf Dauer angelegtes organisatorisches System" bringen und die „Mitwirkung verschiedener Unternehmungsbereiche erfordern".

sation temporär um eine projektspezifische Sekundärorganisation ergänzt.[114] Im Fall von M&A werden z. B. aus aufbauorganisatorischer Sicht temporäre M&A-Projektteams als Matrix-, Stabs- und reine Projektorganisation gebildet.[115] Eine ablauforganisatorische Besonderheit von Projekten ist die Untergliederung des Projektablaufs in einzelne Phasen bzw. Tätigkeiten,[116] die, wie im folgenden Kapitel erläutert wird, auch für M&A typisch ist.[117]

Weitere differenzierende Merkmale von Projekten, wie z. B. Bedeutung, Neuartigkeit, Umfang, Komplexität, Schwierigkeit, Strukturiertheit, Interdisziplinarität, Risiko, Dynamik, Variabilität, Branche, Nationalität, Auftraggeber und Fristigkeit,[118] dienen – neben den beschriebenen konstitutiven Merkmalen – vorwiegend der qualitativen Charakterisierung des Projektvorhabens und der Bildung verschiedener Projektarten.[119] Allerdings ist auffällig, dass die Merkmale zum Teil interdependent sind und sich deren Ausprägungen meist nur relativ anhand von Skalen festlegen lassen. Durch eine Reduzierung und Verdichtung dieser Merkmale können M&A-Projekte weiter definitorisch ab- und eingegrenzt und kann somit letztlich die Grundlage für die Ableitung von Gestaltungsempfehlungen für das Controlling von M&A-Projekten gefestigt werden.

---

114 Vgl. FIEDLER, R. (2010), S. 3; hier und folgend auch LECHLER, T. (1997), S. 37f.; STAEHLE, W. H. (1999), S. 764f. und S. 769ff.

115 Vgl. zur Projektorganisation allgemein FRESE, E. (2005), S. 516ff.; bzgl. M&A GATES, S. (2000), S. 7; KÜBLER, R. (1996), S. 156-172; MECKL, R. (2004), S. 414-422, und derselbe (2006), S. 465ff.; MÜLLER-STEWENS, G./SCHREIBER, K. (1993), S. 275-292; NABER, G. (1987), S. 44-46. Der Grenzfall der Organisation ohne strukturelle Projektausrichtung, wie von FRESE, E. (2005), S. 517-519, für „unbedeutende Projekte geringen Komplexitätsgrades" beschrieben, ist aufgrund der regelmäßig hohen Komplexität von M&A-Projekten für jene nicht möglich.

116 Vgl. z. B. MADAUSS, B. J. (2000), S. 69ff.; MENTE, M. (1995), S. 119ff.; LECHLER, T. (1997), S. 39f. Letzterer weist darauf hin, dass die verschiedenen Projekt-Phasenmodelle inhaltlich auf die vier grundlegenden Phasen Konzeption, Definition, Realisierung und Implementierung zurückgeführt werden können, während die ersten beiden Phasen auch unter einer Planungsphase subsumiert werden können. Vgl. ähnlich auch SODEIK, N. (2009), S. 49ff.

117 Vgl. die Ausführungen in Kap. 2.2.2 dieser Arbeit. Hinzuweisen ist auf die besondere Ähnlichkeit des dreiphasigen M&A-Prozesses mit den in der vorherigen Fußnote vorgestellten Projekt-Phasenmodellen.

118 Vgl. FRESE, E. (2005), S. 514; KUSTER, J. et al. (2006), S. 5ff.; LECHLER, T. (1997), S. 34f.; MÖRSDORF, M. (1998), S. 59ff.; SCHMELZER, H. J. (1992), S. 14-18, sowie die dort jeweils zitierten Quellen.

119 Vgl. DÜLFER, E. (1982), S. 16f.

In einem ersten Schritt wird zur Abgrenzung von M&A-Projekten von sonstigen Projekten der Kategorisierungsansatz von MÖRSDORF (1998) herangezogen,[120] welcher die einzelnen Merkmale den Kategorien Komplexität, Dynamik und Systembeschreibbarkeit zuordnet und aus deren Ausprägung den Koordinationsbedarf eines Projektes ableitet.[121] Aufgrund der Unterschiedlichkeit einzelner M&A-Projekte können für diese allgemein keine eindeutigen, sondern nur indikative Aussagen bezüglich deren Merkmalsausprägung getroffen werden (vgl. Tab. 2). Ersichtlich ist jedoch, dass es sich bei M&A um Projekte mit hoher Komplexität[122] und mittlerer bis hoher Dynamik[123] handelt, deren Systembeschreibbarkeit eher als schlecht einzustufen ist.[124] Hieraus resultiert ein außergewöhnlicher Koordinationsbedarf, welcher nicht vollständig von der bestehenden Organisation des strategischen Investors gedeckt werden kann und eine Führungsunterstützung durch das Controlling indiziert.[125]

In einem zweiten Schritt werden zur weiteren Eingrenzung von M&A-Projekten für die Fragestellung dieser Arbeit als ergänzende Differenzierungsmerkmale die Projektgröße und der Integrationsgrad herangezogen.[126] Hinsichtlich der Größe ist auffällig, dass M&A-Transaktionen mit einem Wert[127] von über einer halben Milliarde US-Dollar gemessen an deren Anzahl meist nicht mehr als zwanzig Prozent aller deutschen Transaktionen[128] darstellen, jedoch mit mehr als 80 Prozent einen bedeutenden Anteil am ge-

---

120 Dieser lehnt sich an die von WEBER, J. (1995), S. 39-41, definierten Einflussfaktoren der Koordinationseffizienz an.

121 Vgl. MÖRSDORF, M. (1998), S. 61ff.

122 Vgl. BAETGE, J. (1997), S. 450; CARTWRIGHT, S./SCHOENBERG, R. (2006), S. S1; EBERL, S. (2009), S. 80; HORZELLA, A. (2010), S. 5; MEIER, H. (2001), S. 50; RÖDL, M. (2002), S. 31.

123 Vgl. ähnlich HERTER, R. N. (2004), S. 92; LUCKS, K. (2007), S. 52; SELIM, G. M./SUDARSANAM, S./LAVINE, M. K. (2002), S. 11.

124 Vgl. EBERL, S. (2009), S. 80; WEISMÜLLER, A. (2005), S. 671.

125 Vgl. ähnlich EULERICH, M. (2009), S. 34; RINZA, P. (1998), S. 9f., die aus zunehmender Komplexität einen erhöhten Koordinationsbedarf ableiten.

126 Andere Differenzierungen von M&A-Projekten, z. B. nach Wertschöpfungsrichtung, Branche, (Inter-)Nationalität, Finanzierungsform, Einstellung des Managements des erworbenen Unternehmens etc., werden vorerst nicht vorgenommen. Falls erforderlich, wird auf für die Fragestellung dieser Arbeit relevante Unterschiede an entsprechender Stelle dieser Arbeit hingewiesen.

127 Der Wert einer M&A-Transaktion bezeichnet nach DEALOGIC (HRSG.) (2008), S. 3, den vom übernehmenden Unternehmen gezahlten Kaufpreis für das übernommene Unternehmen (bzw. den übernommenen Unternehmensteil) inklusive der angenommenen Nettoverbindlichkeiten (*engl. Net Debt Assumed*).

128 Als deutsche Transaktionen werden im Rahmen dieser Arbeit all jene Transaktionen bezeichnet, die von strategischen Investoren mit Sitz in Deutschland durchgeführt werden.

samten Transaktionsvolumen haben.[129] Jene stehen daher im Fokus dieser Arbeit. Auch werden im Rahmen dieser Arbeit nur M&A-Projekte betrachtet, die eine Integration der beteiligten Unternehmen nicht nur auf finanzieller, sondern auch strategischer und operativer Ebene zum Gegenstand haben.[130] Die ausführliche Analyse und Entwicklung eines Controllings von M&A-Projekten erscheint letztlich nur bei einer hinreichenden Größe des M&A-Projektes und einer umfassenden Integration der beteiligten Unternehmen angemessen.[131]

Merkmals-Kategorie	**Einfließende Differenzierungs-merkmale**	**Maßgrößen (exemplarisch)**	**Ausprägung bei M&A-Projekten (indikativ)[132]**
Komplexität			(hoch)
	- Umfang	- Anzahl Tätigkeiten/Aktivitäten und Beteiligte	- hoch
	- Interdisziplinarität	- Anzahl und Unterschiedlichkeit der Fachdisziplinen und Nationen	- mittel bis hoch
	- Fristigkeit	- Projektdauer	- mittel bis lang
Dynamik			(mittel bis hoch)
	- Risiko	- Anzahl neu zu entwickelnder Komponenten	- mittel
	- Unsicherheit	- Begrenztheit der Information	- hoch
	- Variabilität	- Veränderungshäufigkeit des Projektteams, Fluktuationsquote	- mittel bis hoch
Systembe-schreibbarkeit			(mittel bis hoch)
	- Neuartigkeit	- Erfahrung bzgl. Projektaufgabe	- niedrig bis mittel
	- Schwierigkeit	- Organisatorische Barrieren	- mittel bis viele
	- Strukturiertheit	- Umfang der Projektdokumentation	- mittel

Tab. 2: Kategorisierung differenzierender Projektmerkmale von M&A-Projekten (Erweiterte Darstellung nach: MÖRSDORF, M. (1998), S. 62)

Um des Weiteren der generell zunehmenden Bedeutung der externen Rechnungslegung und deren internationalen Standardisierung für das Controlling deutscher Unterneh-

129 Vgl. DEALOGIC (HRSG.) (2009), o. S.

130 Vgl. auch die Ausführungen zur Abgrenzung strategischer und finanzieller Beteiligungen in Kap. 2.1.2 dieser Arbeit. MEIER, H. (2001), S. 220 und S. 222, unterstellt hier in Anlehnung an HASPESLAGH, P. C./JEMISON, D. B. (1991), S. 145ff., einen Bedarf nach strategischen Interdependenzen, welcher nur bei partieller Integration oder vollkommener Übernahme gegeben ist.

131 Vgl. auch die weiterführenden Erläuterungen in Kap. 4 dieser Arbeit.

132 Vgl. zu den einzelnen Merkmalsausprägungen bei M&A z. B. ESCHEN, E. (2002), S. 23; KUSTER, J. et al. (2006), S. 6.; MECKL, R./HAWRANEK, F. (2006), S. 91; sowie HAWRANEK, F. (2004), S. 38, und die dort zitierten Quellen. Vgl. ebenso die bereits in den Fußnoten 122-124 erwähnten Quellen.

men[133] Rechnung zu tragen, werden im Rahmen dieser Arbeit ausschließlich börsennotierte Unternehmen mit Sitz in Deutschland betrachtet.[134]

2.2.2 Prozessstruktur

Eine Besonderheit und gleichzeitig Herausforderung für die Steuerung von M&A-Projekten stellt der M&A-Prozess dar, da sich dessen Anforderungen und Aufgaben im Verlauf von M&A-Projekten verändern.[135] Die besondere Relevanz des M&A-Prozesses unterstreichen z. B. JEMISON, D. B./SITKIN, S. B. (1986) mit der Feststellung: „(…) *the acquisition process itself is a potentially important determinant of acquisition activities and outcomes.*“[136] Dem fügen HASPESLAGH, P. C./JEMISON, D. B. (1987) an: „*By considering how this process affects the results, we believe managers may gain insight into ways to control negative outcomes.*“[137]

Gemäß der M&A-Prozesssichtweise, die sich inzwischen sowohl in der wirtschaftswissenschaftlichen Forschung als auch der Unternehmenspraxis durchgesetzt zu haben scheint,[138] werden M&A-Projekte infolge deren dynamischen Charakters als Abfolge inhaltlicher Tätigkeiten und somit als Prozess mit relativ distinkten Phasen bezeichnet.[139] In der Literatur ist bereits eine Fülle verschiedener M&A-Prozessmodelle zu finden, die je nach Autor zwischen zwei und zehn Phasen umfassen (vgl. die Übersicht in Tab. 3),[140] sich jedoch grundsätzlich sehr ähneln.

---

133 Vgl. GÜNTHER, T./ZURWEHME, A. (2008), S. 101; KÜTING, K./WEBER, C.-P. (2010), S. 1ff.; PELLENS, B. et al. (2011), S. 47ff.; WAGENHOFER, A. (2006), S. 12ff.

134 Dies schließt jedoch nicht aus, dass ein Großteil der Erkenntnisse dieser Arbeit auch auf nicht kapitalmarktorientierte Unternehmen und M&A-Projekte mit einem geringeren Transaktionswert übertragen werden kann.

135 Vgl. MECKL, R. (2004), S. 456, sowie die folgenden Ausführungen.

136 JEMISON, D. B./SITKIN, S. B. (1986), S. 145.

137 HASPESLAGH, P. C./JEMISON, D. B. (1987), S. 53.

138 Vgl. ECKERT, R. (2004), S. 148; MECKL, R. (2004), S. 456, und ders. (2006), S. 408; oder auch COENENBERG, A. G./BIBERACHER, J. (2003), S. 331ff., die von einem „klassischen Phasenmodell einer Akquisition“ sprechen.

139 Vgl. HAWRANEK, F. (2004), S. 35.

140 Diese Übersicht soll lediglich einen ersten Überblick über in der deutschsprachigen Literatur zitierte M&A-Prozessmodelle ermöglichen. Es handelt sich hierbei lediglich um eine Auswahl von Modellen ohne Anspruch auf Vollständigkeit.

Phasen	Autoren
Zwei	GERDS, J. (2000), S. 12; METZ, M. (2002), S. 18
Drei	BÖCKLI, M.-A. (2003), S. 74-77; BÜHNER, R. (2002a), Sp. 41ff.; CLEVER, H. (1993a), S. 124ff.; COENENBERG, A. G./BIBERACHER, J. (2003), S. 331ff.; DABUI, M. (1998), S. 20 ff.; EBERL, S. (2009), S. 80ff.; GRUBE, R./TÖPFER, A. (2002), S. 46; GUT-VILLA, C. (1997), S. 38f.; HESSELMANN, C./KUNATH, O. (2009), S. 7; HOFFJAN, A./ELTZE, C. (1998), S. 148; JANSEN, S. A. (2001a), S. 164, und derselbe (2008), S. 249; JUNG, H. (1993), S. 22; LANGENSTEIN, K. (2007), S. 15; LUCKS, K./ MECKL, R. (2002), S. 43; MECKL, R. (2004), S. 456f.; MIDDELMANN, U. (2000), S. 113; NADLER, D. A./LIMPERT, T. M. (1994), S. 75; PICOT, G. (2008), S. 22; RICHTER, F. (2005a), S. 204; SOMMER, S. (1996), S. 34; STRASSER, B. (2000), S. 10; KROGH, G. v. (1994), S. 307f.; UNGER, M. (2007), S. 878; WEINMANN, M. (2004), S. 25f.; WEISMÜLLER, A. (2005), S. 671
Vier	BACHMANN, C. W. R. (2001), S. 113; BAETGE, J./KRUMBHOLZ, M. (1991b), S. 16; COENENBERG, A. G./SAUTTER, M. T. (1988), S. 694ff.; ECKERT, R. (2004), S. 148f.; QUAH, P./YOUNG, S. (2005), S. 66f.
Fünf	BARK, C. (2002), S. 25; BARK, C./KÖTZLE, A. (2001), S. 339; BINDER, P. M. (2006), S. 47ff.; ESCHEN, E. (2002), S. 29; GOMEZ, P./WEBER, B. (1990), S. 198; HASE, S. (2002), S. 21f.; HORNUNG, F. A. (1998), S. 47; SAUERMANN, S. (2000), S. 42ff.; SELIM, G. M./SUDARSANAM, S./LAVINE, M. K. (2002), S. 14
Sechs	COENENBERG, A. G./JACOBY, S. (2000), S. 180; GALPIN, T. J./HERNDON, M. (2007), S. 8ff.; GATES, S. (2000), S. 4; GOMEZ, P. (1989), S. 450; GOMEZ, P./WEBER, B. (1989a), S. 16; HAGEMANN, S. (1996), S. 84ff.; KERLER, P. (1999), S. 231ff.; THOMMEN, J.-P./SAUERMANN, S. (1999), S. 318f.; WEBER, B./SIEGERT, T./ GOMEZ, P. (2007), S. 213
Sieben	BECK, R./VERA, A. (2003), S. 36
Neun	BLEX, W./MARCHAL, G. (1990), S. 86f.
Zehn	DEPAMPHILIS, D. (2001), S. 136ff.; GOMEZ, P./WEBER, B. (1989b), S. 70

Tab. 3: Literaturübersicht zu M&A-Prozessmodellen
(Quelle: Eigene Darstellung)

Die dominierende Einteilung des M&A-Prozesses aus Käuferperspektive in drei Hauptphasen[141] wird auch für die vorliegende Arbeit übernommen. Dementsprechend wird im Folgenden zwischen einer Vorbereitungs-, einer Transaktions- und einer Integrationsphase unterschieden (vgl. Abb. 4).[142] Der M&A-Prozess umfasst somit sämtliche Tätigkeiten, die der Planung und eigentlichen Durchführung von M&A-Projekten sowie der Integration des Übernahmeobjektes dienen. Die analytisch erschlossenen Phasen und Tätigkeiten innerhalb dieser Phasen, sind dabei nicht als streng chronologisch, sondern

141 Vgl. EBERL, S. (2009), S. 80. ACHLEITNER, A.-K./WECKER, R. M./WIRTZ, B. W. (2004), S. 1504, sprechen hier auch von einer dreiphasigen „übergeordneten Gliederungslogik“, in die sich die verschiedenen Darstellungen des M&A-Prozesses einfügen. Gem. HAWRANEK, F. (2004), S. 32; SCHOLZ, J. (2000), S. 25ff., verläuft der M&A-Prozess aus Verkäufersicht grundsätzlich parallel zu den Aktivitäten des Käufers, weshalb hier auf eine ausführlichere Darstellung verzichtet werden soll.

142 BURGER, A./ULBRICH, P./AHLEMEYER, N. (2010), S. 8ff.; DIECKHAUS, O.-T. (1993b), S. 148; SCHUMACHER, T. (2005), S. 103, sprechen auch von einem Beteiligungslebenszyklus, der zusätzlich zu den genannten drei Phasen auch die eigentliche Beteiligungs- sowie eine mögliche Desinvestitionsphase umfasst. Dieser ist allerdings nicht Gegenstand dieser Arbeit.

eher als integrativ anzusehen.[143] Zwischen den einzelnen Phasen und Tätigkeiten bestehen Beziehungen und Wechselwirkungen,[144] die zum einen den Gesamtprozesszusammenhang gewährleisten und zum anderen zusätzliche Anforderungen an die Steuerung von M&A-Projekten stellen. Die einzelnen Phasen und Tätigkeiten sind folglich nicht isoliert zu betrachten. Der M&A-Prozess ist vielmehr als ganzheitlicher Vorgang anzusehen,[145] der eine übergreifende Steuerung verlangt.[146]

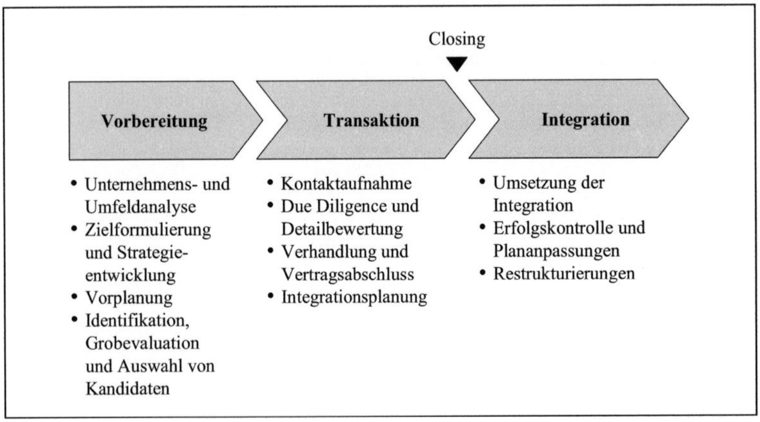

Abb. 4: Idealtypischer M&A-Prozess
(Erweiterte Darstellung nach: GALPIN, T. J./HERNDON, M. (2007), S. 9; LUCKS, K./ MECKL, R. (2002), S. 54)

Auch wenn der dargestellte idealtypische Verlauf etwas von dem realen M&A-Geschehen abweicht,[147] so erlaubt dieser dennoch eine zweckmäßige Strukturierung.[148] Grundsätzlich werden sämtliche Phasen und deren inhaltliche Tätigkeiten bei jedem M&A-

---

143 Vgl. hier und folgend COENENBERG, A. G./SCHULTZE, W. (2007), S. 343; JANSEN, S. A. (2008), S. 249; JUNG, H. (1993), S. 21f.; KEITZ, I. v. (2007), S. 42; MÜLLER-STEWENS, G./ SCHREIBER, K. (1993), S. 276f.

144 Vgl. CLEVER, H. (1993b), S. 29; GUT-VILLA, C. (1997), S. 39; KIRCHNER, M. (1991), S. 255; sowie auch folgend GALPIN, T. J./HERNDON, M. (2007), S. 19.

145 Vgl. JUNG, H. (1993), S. 23; PICOT, G. (2008), S. 20.

146 Vgl. ähnlich HAWRANEK, F. (2004), S. 43; MECKL, R./HAWRANEK, F. (2006), S. 91; METZ, M. (2002), S. 19; sowie hier und folgend auch MECKL, R. (2006), S. 413f.

147 Vgl. GOMEZ, P./WEBER, B. (1989b), S. 70; ROCKHOLTZ, C. (1999), S. 30ff.; SCHMIDT, M. (2001), S. 95; SOMMER, S. (1996), S. 46f.; sowie hier und folgend HASE, S. (2002), S. 21f.

148 Vgl. WEINMANN, M. (2004), S. 25 und S. 275; zur Notwendigkeit der Komplexitätsreduktion auch BLEX, W./MARCHAL, G. (1990), S. 87.

Projekt durchlaufen.[149] Situationsspezifische Unterschiede können sich jedoch hinsichtlich Inhalt, Dauer und Reihenfolge der Tätigkeiten ergeben, da der Ablauf von M&A-Projekten keinen festen Regeln unterliegt und Resultat der jeweiligen situativen Gegebenheiten und widerstreitenden Interessen der beteiligten Unternehmen ist.[150] So werden M&A in einigen Fällen nicht nur aktiv von Käuferunternehmen geplant, sondern auch von Verkäuferunternehmen initiiert, welche beispielsweise im Rahmen des Portfoliomanagements oder sogar einer Insolvenz ganze Unternehmen oder Unternehmensteile veräußern möchten.[151] Im Folgenden liegt der Fokus indessen auf dem Standardfall der vom Käuferunternehmen geplanten M&A-Projekte.

In der Vorbereitungsphase werden grundlegende Parameter des M&A-Projektes bestimmt.[152] Zunächst wird eine umfassende Unternehmens- und Umfeldanalyse durchgeführt, die notwendige Informationen für die Festlegung bzw. Veränderung der eigenen allgemeinen Unternehmensziele und -strategien liefert.[153] Im Verlauf des strategischen Planungsprozesses wird das Ausmaß der tatsächlichen und unter gegebenen Bedingungen möglichen unternehmerischen Gesamtzielerreichung untersucht und überprüft, inwieweit eine strategische Lücke besteht und ob diese durch M&A als strategische Handlungsoption geschlossen werden kann.[154] Ist dies der Fall, werden M&A in die neue Unternehmensstrategie eingebunden und Ziele für das einzelne M&A-Projekt definiert.[155] Diese M&A-Projektziele wiederum dienen als Grundlage zur Bestimmung eines Anforderungsprofils mit dessen Hilfe potenzielle Übernahmeobjekte identifiziert, grob evaluiert und vorläufig ausgewählt werden können.[156] Letzteres findet in der Regel in einem mehrstufigen Verfahren statt, in dem anhand verschiedener strategischer und

---

149 Vgl. STRASSER, B. (2000), S. 10f.; sowie hier und folgend HAWRANEK, F. (2004), S. 22. BECK, R./VERA, A. (2003), S. 35, merken kritisch an, dass dies in der unternehmerischen Praxis nicht immer der Fall sei.

150 Vgl. LANGENSTEIN, K. (2007), S. 14; PICOT, G. (2008), S. 30. Vgl. ausführlicher KEITZ, I. v. (2007), S. 41f., die auf eine größere Anzahl von zum Teil interdependenten Faktoren verweist, welche den Ablauf von M&A bestimmen.

151 Vgl. zum M&A-Prozess bei Insolvenzen z. B. THIEDE, W. W. (2009), S. 80f.

152 Vgl. GRUBE, R./TÖPFER, A. (2002), S. 44.

153 Vgl. hier und folgend ACHLEITNER, A.-K./WECKER, R. M./WIRTZ, B. W. (2004), S. 1505; LUCKS, K./MECKL, R. (2002), S. 74ff.

154 Vgl. CLEVER, H. (1993b), S. 30; SCHOLZ, J. (2000), S. 26.

155 Vgl. BÜHNER, R. (2002a), Sp. 42.

156 Vgl. GOMEZ, P./WEBER, B. (1989a), S. 44f.; SOMMER, S. (1996), S. 38.

finanzieller, aber auch unternehmenskultureller Kriterien[157] die Liste potenzieller Übernahmeobjekte schrittweise verkürzt wird.[158] Mit Fortschreiten dieses Verfahrens nimmt die Evaluierung der Übernahmeobjekte einen höheren Detailgrad an, d. h., es werden unter Umständen im Rahmen einer Vorfeldsondierung über Kontakt zu den Verkäuferunternehmen bzw. den Übernahmeobjekten zusätzliche Informationen gewonnen sowie Integrationssimulationen und Grobbewertungen durchgeführt.[159] Des Weiteren werden Vorplanungen aufgenommen, in denen sich mit der Erstellung eines vorläufigen Führungskonzeptes für das neue Unternehmen sowie mit Fragen der Dealstrukturierung und Projektorganisation bzw. -planung befasst wird.[160] Aus rechtlicher Sicht erfolgt zusätzlich die Prüfung der kartell- und sonstigen wirtschaftsrechtlichen Genehmigungsfähigkeit.[161]

Die Transaktionsphase ist durch erste und umfassendere Interaktion zwischen den möglichen M&A-Partnern gekennzeichnet und hat die Transaktionsabwicklung zum Gegenstand.[162] Nach erster Kontaktaufnahme mit dem Verkäuferunternehmen bzw. Übernahmeobjekt und möglichen Vertraulichkeitserklärungen, dem sog. *Confidentiality Agreement* oder *Statement of Non-Disclosure*, und einer Absichtserklärung, dem sog. *Letter of Intent*,[163] wird versucht, ausführlichere Informationen zum Übernahmeobjekt zu erlangen, die eine hinreichend sichere Beurteilung der Risiken und möglichen Zielerreichung durch das M&A-Projekt zulassen.[164] Wesentliche Determinante dieser Phase ist die Kooperationsbereitschaft des Managements des Verkäuferunternehmens bzw. Übernahmeobjekts, welche die tatsächliche Informationsversorgung bestimmt[165] – im

---

157 Vgl. JUNG, H. (1993), S. 162ff., die hier auch von einem strategischen, finanziellen und kulturellen Fit als Auswahlkriterien spricht.

158 In diesem Zusammenhang wird auch von der Erstellung einer sog. *Long List* und einer sog. *Short List* als Zwischenergebnisse dieses Filterprozesses gesprochen; vgl. ACHLEITNER, A.-K./ WECKER, R. M./WIRTZ, B. W. (2004), S. 1505.

159 Vgl. HAWRANEK, F. (2004), S. 23ff.

160 Vgl. PICOT, G. (2008), S. 29.

161 Vgl. LUCKS, K. (2003), S. 8.

162 Vgl. auch MECKL, R. (2004), S. 458. Hier ist lediglich der Ablauf einer gängigen Transaktionsphase mit nur einem Bieterunternehmen dargestellt. Für einen Überblick zum (beschränkten) Bietungs- und Auktionsverfahren vgl. PICOT, G. (2008), S. 31ff.

163 Vgl. hierzu JANSEN, S. A. (2008), S. 272-274; LANGENSTEIN, K. (2007), S. 23f.

164 Dies kann durch Befragungen der Stakeholder des Übernahmeobjekts, Gespräche mit dessen Management und Analyse der über einen sog. *Data Room* zur Verfügung gestellten, unternehmensinternen Informationen erfolgen; vgl. z. B. BÜHNER, R. (2002a), Sp. 43.

165 Vgl. HAWRANEK, F. (2004), S. 25; sowie hier und folgend STRASSER, B. (2000), S. 2f. und S. 19ff.

Fall einer feindlichen Übernahme ist diese beispielsweise regelmäßig stark eingeschränkt.[166] Mittels der sog. *Due Diligence* (dt. gebührende Sorgfalt), einem ausführlichen, systematischen Prüfungsverfahren,[167] wird untersucht, inwieweit das Übernahmeobjekt den Erwartungen in strategischer, finanzieller, rechtlicher, steuerlicher, personeller und kultureller Hinsicht[168] entspricht und die festgelegten Ziele des M&A-Projektes erreicht werden können.[169] Nach anschließender Erstellung des sog. *Memorandum of Understanding*, in dem wesentliche Aspekte des M&A-Projektes gegenüber dem Verkäuferunternehmen konkretisiert werden, erfolgt ggf. eine detaillierte Unternehmensbewertung und Kaufpreisermittlung, bevor schließlich Verhandlungen bezüglich des Übernahmeobjektes aufgenommen werden.[170] Diese haben die Formulierung des Kaufvertrages sowie weiterer Übernahmemodalitäten zum Gegenstand und werden mit dem sog. *Signing* abgeschlossen.[171] Parallel zu den geschilderten Tätigkeiten wird ein Finanzierungskonzept und ein vorläufiger Integrationsplan erstellt, in dem bereits funktionenbezogene Integrationsmaßnahmen definiert werden.[172] Nach der kartellrechtlichen und anderen behördlichen Genehmigungen erfolgt schließlich mit dem sog. *Closing* der formale Abschluss der M&A-Transaktion und damit auch die formale Übertragung der Leitungs- und Kontrollbefugnisse am Übernahmeobjekt.[173]

Die Integrationsphase beginnt mit der Fertigstellung des Integrationsplans, der zum einen auf Richtigkeit der Annahmen und Realisierbarkeit der M&A-Ziele überprüft sowie zum anderen auf weitere Detailebenen heruntergebrochen wird.[174] Da eine Integration jedoch grundsätzlich nicht bis ins Detail planbar ist und sich Integrationsfragestellungen teils evolutorisch ergeben,[175] wird dieser Plan während der Umsetzung der Integration laufend angepasst. Zudem wird das häufig schon in früheren Phasen aufgestellte Inte-

166 Vgl. METZ, M. (2002), S. 15.

167 Vgl. z. B. ausführlich die Werke von BERENS, W./BRAUNER, H. U./STRAUCH, J. (2008b); LIEKEFETT, K. H. (2005).

168 Vgl. zu den verschiedenen möglichen Prüfungsfeldern der Due Diligence GINTENREITER, P./ KHINAST-SITTENTHALER, C. (2002), S. 342; LANGENSTEIN, K. (2007), S. 36ff.; LUCKS, K./MECKL, R. (2002), S. 165ff.

169 Vgl. hier und folgend BÜHNER, R. (2002a), Sp. 43.

170 Vgl. BLEX, W./MARCHAL, G. (1990), S. 97ff.

171 Vgl. BERENS, W./MERTES, M./STRAUCH, J. (2008), S. 56f.; GOMEZ, P./WEBER, B. (1989a), S. 67ff.

172 Vgl. LUCKS, K./MECKL, R. (2002), S. 111f.

173 Vgl. LANGENSTEIN, K. (2007), S. 32f.; RICHTER, F. (2005a), S. 204.

174 Vgl. hier und im Folgenden HAWRANEK, F. (2004), S. 29.

175 Vgl. HASPESLAGH, P. C./JEMISON, D. B. (1991), S. 15.

grationsteam vervollständigt, welches die Umsetzung der Integration auf unterschiedlichen Ebenen koordiniert.[176] Diese findet auf sehr unternehmens- und transaktionsspezifische Art und Weise statt, umfasst jedoch in der Regel Aspekte der Organisation, Information und Marktorientierung.[177] Im Rahmen der organisatorischen Integration werden strukturelle Veränderungen der Aufbau- und Ablauforganisation vorgenommen sowie Unternehmenskultur und Personalmanagement harmonisiert. Die informationsorientierte Integration umfasst neben der Anpassung von Informations- und Kommunikationstechnologie auch Themen der Informations- und Kommunikationspolitik sowie des Wissensmanagements. Unter marktorientierter Integration werden Marken- und Kundenmanagement gefasst. Ein weiteres wesentliches Element der Integrationsphase stellen Integrations- und Erfolgskontrolle dar, mittels derer sowohl Integrationsfortschritt und -erfolg als auch der Gesamterfolg des M&A-Vorhabens überprüft werden.[178] Ggf. werden Plananpassungen vorgenommen, die auch zu zusätzlichen, über die bisherige Planung hinausgehenden Folgerestrukturierungen führen können.[179]

2.3 Zusammenfassung

In diesem Kapitel zwei der Arbeit wurden M&A als Zusammenschluss zweier Unternehmen definiert, bei welchem zumindest das erworbene Unternehmen bzw. Übernahmeobjekt die wirtschaftliche Selbstständigkeit aufgibt und durch das erwerbende Unternehmen bzw. den strategischen Investor aufgrund eines strategischen Interesses ein dauerhafter maßgeblicher Einfluss auf die Führung des Übernahmeobjekts tatsächlich ausgeübt wird.

Des Weiteren wurden der Projektstatus und die Prozessstruktur als besonders steuerungsrelevante Merkmale von M&A herausgearbeitet. Dabei konnte aufgezeigt werden, dass es sich bei M&A um Projekte handelt, die durch eine hohe Komplexität, besondere Dynamik und eingeschränkte Systembeschreibbarkeit charakterisiert sind. Entsprechend der Fragestellungen dieser Arbeit wurden als Betrachtungsgegenstand solche M&A-Projekte deutscher börsennotierter Unternehmen gewählt, die eine besondere Größe auf-

176 Vgl. hier und folgend STRASSER, B. (2000), S. 17f.

177 Vgl. hier und im Folgenden ACHLEITNER, A.-K./WECKER, R. M./WIRTZ, B. W. (2004), S. 1506f.; WIRTZ, B. W. (2003), S. 112f.

178 Vgl. LANGENSTEIN, K. (2007), S. 167ff.

179 Vgl. HAWRANEK, F. (2004), S. 32.

weisen und zu einer tatsächlichen Integration der beteiligten Unternehmen auf strategischer und operativer Ebene führen. Die Prozessstruktur von M&A-Projekten wurde anhand eines dreiphasigen Prozessschemas erläutert, welches M&A-Projekte in die Projektphasen Vorbereitung, Transaktion und Integration gliedert. Es wurde gezeigt, dass M&A-Projekte eine differenzierte, aber nicht zuletzt aufgrund der vielfältigen Interdependenzen zwischen den verschiedenen Projektphasen und einzelnen Tätigkeiten auch eine übergreifende Steuerung verlangen.

3 Operationalisierung des M&A-Projekterfolgs

Eine bekannte Controllerweisheit, die Peter F. Drucker zugeschrieben wird, besagt: „Nur was man messen kann, kann man auch steuern."[180] Zur Beantwortung der zentralen Frage, in welcher Form Controlling zum M&A-Projekterfolg beitragen kann, muss daher zunächst dieser Erfolg näher definiert und messbar gemacht werden. Erst auf Basis einer zweckmäßigen Operationalisierung des Erfolgs von M&A-Projekten können Möglichkeiten für dessen Steuerung erarbeitet werden.[181]

Daher wird sich im Folgenden der Operationalisierung des Erfolgs von M&A-Projekten in drei Teilschritten genähert. Zuerst wird der Begriff des Projekterfolgs genauer abgegrenzt (vgl. Kap. 3.1). Anschließend wird dieser für M&A-Projekte unter Betrachtung der verschiedenen M&A-Ziele weiter konkretisiert (vgl. Kap. 3.2), bevor verschiedene Alternativen zur Messung des M&A-Projekterfolgs vergleichend dargestellt werden (vgl. Kap. 3.3). Abschließend erfolgt eine kurze Zusammenfassung der zentralen Erkenntnisse (vgl. Kap. 3.4).

3.1 Abgrenzung des Begriffs „Projekterfolg"

In der wirtschaftswissenschaftlichen Literatur existiert bekanntermaßen eine Vielzahl verschiedener Begriffsverständnisse nicht nur bezüglich des Erfolgs von M&A-Projekten im Speziellen, sondern auch bezüglich des Erfolgs eines Projektes im Allgemeinen oder noch grundsätzlicher bezüglich des allgemeinen unternehmerischen Erfolgs.[182] Die begriffliche Eingrenzung von M&A-Projekterfolg kann nur durch eine deduktive, stufenweise Ableitung aus dem jeweils übergeordneten Erfolgsbegriff erfolgen.[183] Dadurch wird ein Rahmen geschaffen, der eine weitere inhaltliche Konkretisierung des M&A-Projekterfolgs ermöglicht. Die folgenden Ausführungen werden daher dazu genutzt,

---

180 Im Original: „*If you can't measure it, you can't manage it.*" Dieses Zitat wird regelmäßig Peter F. Drucker zugeschrieben; vgl. z. B. LOOSLEY, C. (2007), o. S. Vgl. den gleichen Wortlaut aber auch bei KAPLAN, R. S./NORTON, D. P. (1996), S. 21.

181 Vgl. unterstützend auch BORGHESE, R. J./BORGESE, P. F. (2002), S. 120; DELOITTE (HRSG.) (2007), S. 11; EULERICH, M. (2009), S. 27; PENZEL, H.-G. (2000), S. 31.

182 Vgl. SUNDARAM, A. K./INKPEN, A. C. (2004), S. 350; WEBER, B./SIEGERT, T./GOMEZ, P. (2007), S. 15.

183 Weitgehende Einigkeit ist z. B. bezüglich der Grundaussage anzunehmen, dass aus normativer Sicht M&A-Projekte kein Selbstzweck sind, sondern der Verfolgung gesamtunternehmerischer Zielsetzungen dienen sollen; vgl. BARK, C. (2002), S. 67; DELOITTE (HRSG.) (2007), S. 11.

dieser Arbeit sowohl eine Definition des allgemeinen unternehmerischen Erfolgs (vgl. Kap. 3.1.1) als auch des damit verbundenen Projekterfolgs (vgl. Kap. 3.1.2) zugrunde zu legen.

3.1.1 Definition des allgemeinen unternehmerischen Erfolgs

Allgemein wird Erfolg als Ausmaß der Erreichung von Zielen definiert,[184] wobei ein Ziel einen zukünftigen und erstrebenswerten Zustand darstellt.[185] Diese grundsätzliche Auffassung wird sowohl in der betriebswirtschaftlichen Forschung kontinuierlich vertreten,[186] als auch des Öfteren insbesondere für die M&A-Forschung herangezogen.[187]

Ziele stellen zuvorderst Orientierungs- und Richtgrößen dar, auf die im betriebswirtschaftlichen Kontext das unternehmerische Handeln ausgerichtet ist.[188] Daher werden Ziele auch als „Maßstäbe, an denen unternehmerisches Handeln gemessen werden kann“, [189] bezeichnet. Allerdings sind Ziele keine von vornherein vorgegebene, feste Größen, sondern regelmäßig das Ergebnis eines Zielbildungs- bzw. Zielentscheidungsprozesses, in dem die multiplen Interessen verschiedener Anspruchsgruppen eines Unternehmens zum Ausgleich gebracht werden.[190] Um die übergreifenden, unternehmerischen Ziele bestimmen zu können, müssen daher zunächst die Ziele und Interessen der relevanten Anspruchsgruppen in einen Ordnungsrahmen gebracht werden. In den Wirtschafts- und Sozialwissenschaften kommt dies durch die bereits Jahrzehnte andau-

---

184 Vgl. BROCKHAUS ENZYKLOPÄDIE ONLINE (2009), „Erfolg“, o. S.; sowie die im Folgenden zitierten Quellen.

185 Vgl. auch HAHN, D. (1995), S. 60; HAUSCHILDT, J. (1980), Sp. 2419; HEINEN, E. (1966), S. 45; KUPSCH, P. (1979), S. 15f.

186 Vgl. z. B. BIERICH, M. (1988), S. 43; KIRSCH, W. (1990), S. 205; MACHARZINA, K./WOLF, J. (2010), S. 208.

187 Vgl. z. B. BACHMANN, C. W. R. (2001), S. 124f.; BAMBERGER, B. (1994), S. 8f.; GLAUM, M./LINDEMANN, J./FRIEDRICH, N. (2006), S. 296; HAWRANEK, F. (2004), S. 39; JUNG, H. (1993), S. 4.; SCHEITER, D. (1989), S. 55.

188 Vgl. BLEICHER, K. (1994), S. 16; MACHARZINA, K./WOLF, J. (2010), S. 211, die auch von einer Steuerungs- und Koordinations-, Legitimations- sowie Konfliktlösungsfunktion von Zielen sprechen. Vgl. noch ausführlicher WELGE, M. K./AL-LAHAM, A. (2008), S. 200. An dieser Stelle soll zudem darauf hingewiesen werden, dass der Zielbegriff in der theoretischen Zielforschung nicht einheitlich verwendet wird und es an einer genauen Abgrenzung zu ähnlichen Begriffen, wie z. B. Motiv, Zweck, Aufgabe, Gebot, Grundsatz etc., mangelt. Vgl. hierzu MACHARZINA, K./WOLF, J. (2008, MACHARZINA, K./WOLF, J. (2010), S. 207.

189 WÖHE, G./DÖRING, U. (2010), S. 69. Vgl. hier und folgend auch HUNGENBERG, H. (2011), S. 27.

190 Vgl. ANSOFF, H. I. (1965), S. 33f.; MACHARZINA, K./WOLF, J. (2010), S. 209; SCHIERENBECK, H./WÖHLE, C. B. (2008), S. 71.

ernde Diskussion des Primats von Shareholder versus Stakeholder Value zum Ausdruck,[191] welche in den letzten Jahren durch den sog. *Corporate Sustainability*-Ansatz erweitert wurde[192] und nicht zuletzt in Folge der aktuellen, weltweiten Finanz- und Wirtschaftskrise neue Impulse erhalten hat.[193]

Beim Shareholder Value-Konzept stehen die Interessen der Unternehmenseigentümer (*engl. Shareholder*), insbesondere die Verbesserung von deren Einkommens- und Vermögenslage, im Vordergrund.[194] Primäres Ziel ist hier vereinfacht die Steigerung des Marktwertes des Eigenkapitals (*engl. Shareholder Value*).[195] Als Kritikpunkte am Shareholder Value-Konzept werden vorwiegend dessen vermeintliche Eindimensionalität, d. h. die ausschließliche Orientierung an den Interessen der Eigentümer bei Vernachlässigung der Interessen anderer wichtiger Anspruchsgruppen des Unternehmens,[196] sowie Kurzfristorientierung[197] genannt.[198] Allerdings wurde durch verschiedene empirische Untersuchungen gezeigt, dass in der Unternehmenspraxis eine Orientierung am Shareholder Value nicht per se zu einer Vernachlässigung der Interes-

---

191 Vgl. BÜHNER, R. (2002b), S. 54; ROSE, C. (2004), S. 77ff.; SUNDARAM, A. K./INKPEN, A. C. (2004), S. 351f.; WÖHE, G./DÖRING, U. (2010), S. 49ff.

192 Vgl. z. B. die grundlegenden Arbeiten von CARROLL, A. B. (1991); ELKINGTON, J. (1999); PORTER, M. E./KRAMER, M. R. (2007). Das Konzept der *Corporate Sustainability* (dt. unternehmerische Nachhaltigkeit) baut auf den drei Zieldimensionen Ökonomie, Soziales und Ökologie, der sog. *Triple Bottom Line*, auf. Es bezeichnet „das Prinzip der simultanen Einbeziehung ökonomischer, ökologischer und sozialer Einflussgrößen in das unternehmerische Handeln mit dem Ziel der Ressourcenerhaltung für künftige Generationen" (QUICK, R./ KNOCINSKI, M. (2006), S. 616).

193 Vgl. FOCKENBROCK, D. (2008), S. 19.

194 Vgl. zum Shareholder Value-Konzept die grundlegende Arbeit von RAPPAPORT, A. (1986); aber auch COPELAND, T. E./KOLLER, T./MURRIN, J. (1990); DAY, G. S./FAHEY, L. (1990); LEWIS, T. G./LEHMANN, S. (1992); STEWART, G. B. (1991); sowie für einen Überblick hier und folgend WÖHE, G./DÖRING, U. (2008, WÖHE, G./DÖRING, U. (2010), S. 49ff.

195 Eine Verbesserung der Einkommens- und Vermögenslage der Unternehmenseigentümer bemisst sich eigentlich an dem sog. Total Shareholder Return (TRS), der neben Kurssteigerungen auch Dividenden, Bezugsrechte etc. berücksichtigt. Jedoch können die den Eigentümern potenziell ausschüttbaren Beträge durch Free Cashflows approximiert werden, für deren Diskontierung Kapitalkosten entsprechend alternativer Anlagemöglichkeiten der Eigentümer herangezogen werden. Damit wird die Ebene der Eigentümer vereinfachend in das Unternehmen hineingeholt, und es können daher Ausschüttungen unberücksichtigt bleiben; vgl. z. B. SCHULTZE, W./ HIRSCH, C. (2005), S. 126.

196 Vgl. BRUNE, J. W. (1995), S. 197-201; JANISCH, M. (1993), S. 105ff.; SCHMID, S. (1998), S. 229.

197 Vgl. LÖHNERT, P. (1996), S. 103f.; sowie WELLNER, K.-U. (2001), der dieses Argument jedoch entkräftet.

198 Vgl. außerdem STADLER, C. et al. (2006), S. 42, und die dort zitierten Quellen. Auf die Ermittlungsproblematik des Shareholder Values wird an dieser Stelle nicht weiter eingegangen. Vgl. dazu vielmehr die weiterführenden Erläuterungen in Kap. 3.3 dieser Arbeit.

sen anderer Anspruchsgruppen führt.[199] Des Weiteren ist das Shareholder Value-Konzept grundsätzlich langfristig ausgelegt, was nicht zuletzt durch Berücksichtigung zukünftiger Perioden bei der Berechnung des Shareholder Value zum Ausdruck kommt.[200] Letztlich handelt es sich beim Shareholder Value-Konzept um eine operationale Darstellung der Unternehmenssituation.[201] In Theorie und Unternehmenspraxis hat sich das Shareholder Value-Konzept mittlerweile weitgehend durchgesetzt.[202]

Beim Stakeholder Value-Konzept wird das Unternehmen als Koalition verschiedener Anspruchsgruppen (*engl. Stakeholder*) des Unternehmens interpretiert.[203] Als Stakeholder werden alle Individuen oder Gruppen bezeichnet, „*who can affect or [are] affected by the achievement of the organization's objectives*" (FREEMAN, R. E. (1984), S. 46).[204] Ziel ist es hier, deren kollektiven Nutzen (*engl. Stakeholder Value*), d. h. die Differenz aus Anreizen und Beiträgen aller Stakeholder, zu steigern. Somit steht dem vermeintlich eindimensionalen Ziel des Shareholder Value-Konzeptes ein pluralistisches Zielsystem gegenüber, welches die verschiedenen Interessen der Stakeholder parallel berücksichtigt.[205] Wesentlicher Kritikpunkt am Stakeholder Value-Konzept ist dessen mangelnde Operationalisierbarkeit, welche unter anderem durch dessen Multidimensionalität und schwierige Quantifizierung sowie Priorisierung von Anreizen und Beiträgen der verschiedenen Stakeholder zum Ausdruck kommt.[206] Schließlich ist eine

---

199 Vgl. bspw. KOLLER, T./GOEDHART, M./WESSELS, D. (2005), S. 19f. Zudem gehen die Vertreter des Shareholder Value-Konzeptes davon aus, dass die Interessen der übrigen Stakeholder, mit Ausnahme der Eigentümer, bereits durch spezifische, vorwiegend vertraglich vereinbarte Zahlungen, wie z. B. Zinszahlungen, Lohn- und Gehaltszahlungen etc., berücksichtigt sind. Vgl. hierzu z. B. FAUL, K. (2005), S. 66; HUNGENBERG, H./WULF, T. (2011), S. 57f.

200 Vgl. HEINEMANN, B./GRÖNIGER, B. (2005), S. 238; MATTHES, J. (2000), S. 13f.; NEUS, W. (1998), S. 11.

201 Vgl. EBERHARDT, S. (1998), S. 186; HUNGENBERG, H. (2011), S. 31.

202 Vgl. COENENBERG, A. G./SALFELD, R. (2007), S. 3; HUNGENBERG, H. (2011), S. 29; HUNGENBERG, H./WULF, T. (2011), S. 57; PAPE, U. (2000), S. 711; SCHULTZE, W./ WEILER, A. (2007), S. 134; oder auch die empirischen Studien in deutschen Unternehmen von ACHLEITNER, A.-K./BASSEN, A. (2002), S. 619ff.; BÜHNER, R./STILLER, P./TUSCHKE, A. (2004), S. 721; HANSMANN, K.-W./KEHL, M. (2000), S. 11ff.; PELLENS, B./ TOMASZEWSKI, C./WEBER, N. (2000), S. 13f.; RUHWEDEL, F./SCHULTZE, W. (2002), S. 620.

203 Vgl. zum Stakeholder Value-Konzept die grundlegenden Arbeiten von FREEMAN, R. E. (1984); FREEMAN, R. E./REED, D. L. (1983); JANISCH, M. (1993); POST, J. E./PRESTON, L. E./ SACHS, S. (2002b).

204 Für eine Übersicht zu verschiedenen Abgrenzungs- und Definitionsansätzen von Stakeholdern vgl. MITCHELL, R. K./AGLE, B. R./WOOD, D. J. (1997), S. 855ff.

205 Vgl. auch SKRZIPEK, M. (2005), S. 74.

206 Vgl. EBERHARDT, S. (1998), S. 181ff.; HUNGENBERG, H. (2011), S. 30; HUNGENBERG, H./WULF, T. (2011), S. 58f.; WALL, F./SCHRÖDER, R. W. (2009), S. 8f.

vollständige Berücksichtigung der Interessen aller Stakeholder nicht möglich, da die grundsätzlich unlimitierten Ansprüche dem Grundsatz der Ressourcenknappheit gegenüberstehen.[207] Dieser Kritik zur Folge wird dem Stakeholder Value-Konzept in der Unternehmenspraxis eine zwar wichtige, aber untergeordnete Bedeutung zugemessen.[208]

Allerdings kann argumentiert werden, dass die Konzepte des Shareholder Value und des Stakeholder Value keinesfalls in einem grundsätzlichen Widerspruch zueinander stehen, sich langfristig nicht in einem konfliktären, sondern vielmehr komplementären Verhältnis befinden.[209] So kann der Fortbestand und die Weiterentwicklung des Unternehmens, was im wesentlichen Interesse aller Stakeholder liegt und daher auch als Idealziel des Unternehmens bezeichnet werden kann,[210] letztlich nur durch die langfristige Sicherung des Unternehmenswertes gewährleistet werden.[211] Ebenso kann der Unternehmenswert langfristig lediglich unter Berücksichtigung bzw. Kompensation der expliziten und impliziten Ansprüche aller Stakeholder maximiert werden,[212] da die Stakeholder zu einer Leistung von Beiträgen für das Unternehmen bereit sein müssen.[213] Eine teilweise Zusammenführung beider Konzepte – aus deren Extrempositionen heraus – bietet sich demnach an.[214] Bemerkenswerterweise lassen sich insbesondere in der europäischen

---

207 Vgl. FIGGE, F./SCHALTEGGER, S. (2000), S. 12.

208 Vgl. auch die in Fußnote 202 angegebenen Quellen.

209 Vgl. z. B. FIGGE, F./SCHALTEGGER, S. (2000), S. 14ff.; HEINEMANN, B./GRÖNIGER, B. (2005), S. 236; MOIR, L./KENNERLEY, M./FERGUSON, D. (2007), S. 388ff.; SKRZIPEK, M. (2005), S. 122ff.; hier und folgend SUNDARAM, A. K./INKPEN, A. C. (2004), S. 353f.; WELGE, M. K./AL-LAHAM, A. (2008), S. 271; sowie die weiteren Ausführungen. MILLS, R./ WEINSTEIN, B. (2000), S. 86, weisen auch darauf hin, dass die Ausrichtung des Shareholder Value-Konzeptes eine eher quantitativ-finanzielle und die des Stakeholder Value-Konzeptes eine qualitativ-politische ist.

210 Vgl. HAHN, D. (1995), S. 61; HAHN, D./HUNGENBERG, H. (2001), S. 99; MEIER-SCHERLING, P. (1996), S. 106; RÖDL, K. (2006), S. 39; SCHRÖDER, R. W. (2009), S. 370; ähnlich WELGE, M. K./AL-LAHAM, A. (2008), S. 213, und die dort zitierten Quellen.

211 Vgl. HAHN, D. (2006), S. 37f.; VOGEL, J. (1998), S. 9.

212 Vgl. zu dieser eher instrumentellen Interpretation des Stakeholder Value-Konzeptes BIRCHARD, B. (1995), S. 49; BISCHOFF, J. (1994), S. 178ff.; FAUL, K. (2005), S. 67f.; GÖRLITZ, J. (2007), S. 412ff.; HUNGENBERG, H. (2011), S. 31f.; JENSEN, M. C. (2001), S. 304; LATTWEIN, J. (2002), S. 115; MILLS, R./WEINSTEIN, B. (2000), S. 89-91; POST, J. E./PRESTON, L. E./ SACHS, S. (2002a), S. 8; SPREMANN, K./PFEIL, O. P./WECKBACH, S. (2001), S. 336; WEINMANN, M. (2004), S. 284.

213 Vgl. EBERHARDT, S. (1998), S. 37f., und die dort zitierten Quellen zur sog. Anreiz-Beitrags-Theorie; sowie HINTERHUBER, H. H./FRIEDRICH, S. A. (1999), S. 990.

214 Vgl. GOMEZ, P./WUNDERLIN, G. (2000), S. 426ff.; MOIR, L./KENNERLEY, M./FERGUSON, D. (2007), S. 388ff.; WELGE, M. K./AL-LAHAM, A. (2008), S. 272. Ähnlich HILL, W. (1996), S. 420, der bemerkt, dass zwar Spannungen zwischen beiden Konzepten bestehen, es sich

und deutschen Unternehmenspraxis sowohl Elemente des Shareholder Value als auch des Stakeholder Value finden. Hier ist beispielsweise auf der einen Seite auf die Dominanz unternehmenswertorientierter Erfolgsmaße[215] sowie auf der anderen Seite auf die Regelungen zur betrieblichen Mitbestimmung im Rahmen der Corporate Governance[216] hinzuweisen.

Des Weiteren betont JENSEN, M. C. (2001) die praktische Notwendigkeit eines alleinigen Oberziels für ein Unternehmen,[217] um zielgerichtetes und rationales unternehmerisches Handeln sicherstellen und die Ansprüche der verschiedenen Stakeholder priorisieren zu können. Dies unterstreicht auch den grundsätzlichen Anspruch der Betriebswirtschaftslehre als angewandter Wissenschaft, durch die versucht wird, Handlungsempfehlungen zu geben.[218] Zudem verweisen SCHIERENBECK, H./WÖHLE, C. B. (2008) darauf, dass ein Unternehmen in erster Linie ein Wirtschaftsbetrieb ist und in dieser Eigenschaft vorrangig ökonomische Ziele verfolgt.[219] Soziale und ökologische Ziele stellen daher lediglich Randbedingungen bzw. Restriktionen dar.

Den vorangegangenen Ausführungen folgend wird dieser Arbeit die langfristige Unternehmenswertsteigerung als primäre Zielsetzung oder als Oberziel eines Unternehmens zugrunde gelegt.[220] Der Unternehmenserfolg wird als Ausmaß der Erreichung dieses Oberziels interpretiert (vgl. zusammenfassend Abb. 5).

---

jedoch nicht um ein „Entweder/Oder" handelt. Erste Integrationsversuche unternehmen mit ihren Arbeiten bspw. BRINK, A. (2000) zum „Holistischen Shareholder-Value-Management"; EBERHARDT, S. (1998) zum „Modifizierten Stakeholder-Value-Ansatz"; SKRZIPEK, M. (2005) zu einem synthetisierenden Ansatz für Österreich; WELLNER, K.-U. (2001) zum *„Market Adapted Shareholder Value Approach"*.

215 Vgl. COENENBERG, A. G./SALFELD, R. (2007), S. 3; PELLENS, B./TOMASZEWSKI, C./ WEBER, N. (2000), S. 13f.; mit Einschränkungen auch DROSTE, V. et al. (2006), S. 26-28.

216 Vgl. GOERGEN, M./MANJON, M. C./RENNEBOOG, L. (2008), S. 175 und S. 190, die Stakeholder Value-Maximierung als Effizienzkriterium für Corporate Governance in Deutschland bezeichnen. Vgl. ähnlich MATZLER, K. et al. (2005), S. 6; ROSE, C. (2004), S. 78.

217 Vgl. hier und folgend JENSEN, M. C. (2001), S. 300ff.; sowie SUNDARAM, A. K./INKPEN, A. C. (2004), S. 354f.

218 Vgl. WÖHE, G./DÖRING, U. (2010), S. 69.

219 Vgl. hier und folgend SCHIERENBECK, H./WÖHLE, C. B. (2008), S. 76; ähnlich HAHN, D. (1995), S. 77ff.; LATTWEIN, J. (2002), S. 115.

220 Vgl. auch KOLLER, T./GOEDHART, M./WESSELS, D. (2005), S. 4f. und S. 19ff.

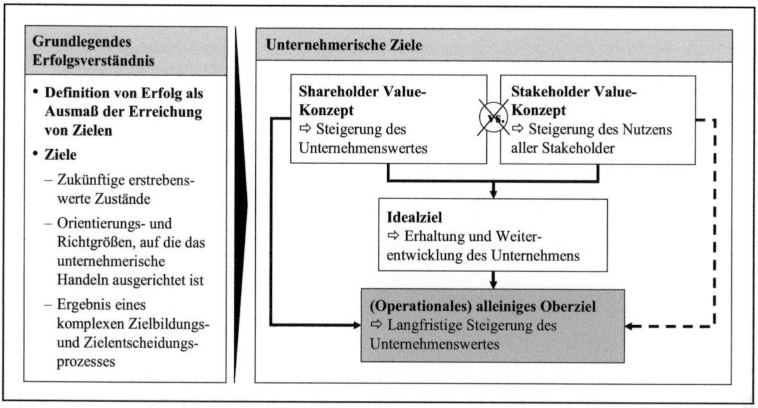

Abb. 5: Fundierung des allgemeinen unternehmerischen Erfolgsbegriffs (Quelle: Eigene Darstellung)

Anzumerken bleibt, dass, diesem Ansatz folgend, bei Erfolgsschaffung die verschiedenen Stakeholderinteressen zwar zielorientiert und damit erfolgsoptimal berücksichtigt sein mögen, die Frage der „gerechten" Erfolgsverteilung an die verschiedenen Stakeholder jedoch nicht endgültig geklärt ist.[221] Diese Frage kann allerdings weder Gegenstand dieser Arbeit noch durch die betriebswirtschaftliche Forschung allein zu beantworten sein.

3.1.2 Zusammenhang zwischen Unternehmenserfolg und Projekterfolg

Wie bereits erwähnt, sind die Unternehmensziele, als deren Erreichung Unternehmenserfolg definiert wurde, Ergebnis eines multiplen Zielbildungs- bzw. -entscheidungsprozesses. An diesem Prozess sind zwar verschiedene Stakeholder des Unternehmens beteiligt, jedoch dominiert regelmäßig das Top-Management des Unternehmens.[222] Dieses handelt grundsätzlich nicht nur im Namen des Unternehmens, sondern auch im Auftrag dessen Eigentümer, und hat die Aufgabe unter Beachtung der Ziele verschiedener Stakeholder und unter Herstellung von Zielkonformität die Unternehmensziele festzulegen sowie deren Erreichung zu steuern.[223] Des Weiteren ist das Top-Management als

221 Vgl. HAHN, D. (1995), S. 72.

222 Vgl. hier und folgend MACHARZINA, K./WOLF, J. (2010), S. 212.

223 Vgl. auch WÖHE, G./DÖRING, U. (2008), S. 59ff., die auch zwischen eigentümer- und managementgeführten Unternehmen unterscheiden; sowie WIRTZ, B. W. (2003), S. 131.

zentraler Entscheidungsträger auch Träger von Projekten besonderer unternehmerischer Relevanz, wie z. B. M&A-Projekten im Sinne dieser Arbeit, und ist ebenso für die Festlegung der Ziele dieser Projekte verantwortlich.[224] Es ist somit auch Aufgabe des Top-Managements sicherzustellen, dass die Projektziele mit den übergeordneten Unternehmenszielen vereinbar sind bzw. deren Erreichung und somit der Projekterfolg gleichsam zur Erreichung der Unternehmensziele und somit zum Unternehmenserfolg beiträgt.[225] Die Projektziele müssen folglich dem im Rahmen dieser Arbeit bereits bestimmten Oberziel eines Unternehmens, d. h. der langfristigen Steigerung des Unternehmenswertes, entsprechen.[226]

Der unternehmerischen Zielforschung folgend, lassen sich Projektziele in Sach- und Formalziele unterscheiden.[227] Mit der Erreichung der Sachziele gilt ein Projekt lediglich als beendet, wohingegen die Formalziele der Beurteilung des Ausmaßes der Gesamtzielerreichung dienen. Sachziele nehmen eine eher instrumentelle Funktion ein und unterstützen die Erreichung der Formalziele eines Projektes, welche die grundsätzliche Ausrichtung des projektbezogenen Handelns bestimmen. Während Sachziele die Frage nach dem, „was" getan werden soll, beantworten, adressieren Formalziele die Frage nach dem, „warum und nach welchen Regeln" etwas getan werden soll. Im Zusammenhang mit den Zielen eines Projektes wird auch vom sog. magischen Dreieck (*engl. Triple Constraint*) des Projektmanagements gesprochen, das letztlich aus den Sach- und Formalzielen gebildet wird (vgl. Abb. 6).[228]

Als Sachziel von Projekten wird regelmäßig die Erfüllung der übergreifenden Projektaufgabe bezeichnet, aus der sämtliche zur Realisierung notwendigen Teilaufgaben abgeleitet werden können. Beispielsweise stellt bei einem M&A-Projekt die Durchführung des gesamten M&A-Vorhabens die übergreifende Projektaufgabe dar, währenddessen

---

224 Vgl. allg. auch zur Festlegung der Ziele durch den Projektträger DÜLFER, E. (1982), S. 9.

225 Den vorherigen Ausführungen folgend wird auch der Erfolg eines Projektes als Ausmaß der Erreichung von dessen Zielen definiert; vgl. z. B. SCHLAGHECK, B. (2000), S. 140. Zur Verbindung zwischen Projekt- und Unternehmenserfolg vgl. auch BAMBERGER, B. (1994), S. 9; PINKENBURG, H. F. W. (1980), S. 108; SCHRECKENEDER, B. C. (2005), S. 61f.

226 Vgl. auch EULERICH, M. (2009), S. 102.

227 Vgl. hier und folgend CORSTEN, H./CORSTEN, H./GÖSSINGER, R. (2008), S. 4f.; DÜLFER, E. (1982), S. 9 und S. 17ff.; sowie zur grundsätzlichen Unterscheidung zwischen Sach- und Formalzielen GROCHLA, E. (1978), S. 17f.; HAUSCHILDT, J. (1980), Sp. 2424-2427; KOSIOL, E. (1978), S. 54 und S. 223ff.; WÖHE, G./DÖRING, U. (2010), S. 73.

228 Vgl. hierzu bspw. BURGHARDT, M. (2008), S. 39; LECHLER, T. (1997), S. 43; MADAUSS, B. J. (2000), S. 238; ROSENAU, M. D./GITHENS, G. D. (2005), S. 38ff.

die Vorbereitung, eigentliche Transaktion sowie Integration der beteiligten Unternehmen als Teilaufgaben bezeichnet werden, aus denen wiederum kleinere Teilaufgaben, wie z. B. Unternehmensanalysen, Vertragsverhandlungen und Integrationsplanung, abgeleitet werden können.[229]

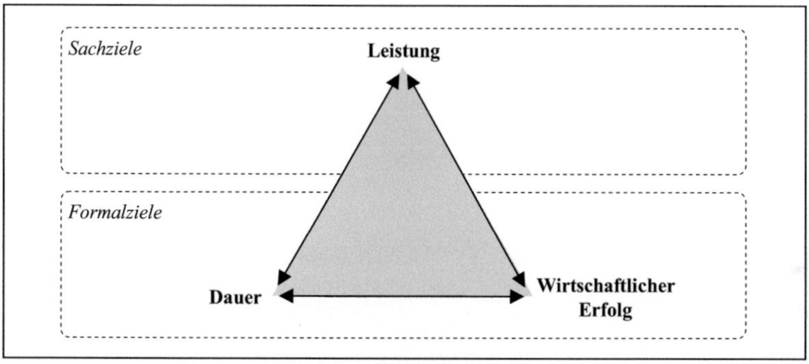

Abb. 6: „Magisches Dreieck" des Projektmanagements
(Erweiterte Darstellung nach: FIEDLER, R. (2010), S. 8)

Als Formalziele von Projekten werden häufig Termin- und Kostenziele genannt,[230] die im Fall von Projekten besonderer unternehmerischer Relevanz allerdings als primäre Orientierungs- und Richtgrößen nicht ausreichen und um weitere wirtschaftliche Ziele, wie beispielsweise Erlösziele, erweitert werden müssen. Übertragen auf den Fall eines M&A-Projektes, wären somit beispielsweise nicht nur das zeitgerechte Erreichen des Closings oder der Integration sowie die Einhaltung der geplanten Erwerbs- und Integrationskosten, sondern auch die Erzielung von Synergien als Formalziele zu bezeichnen.

Der Projekterfolg im Sinne dieser Arbeit ist, den bisherigen Ausführungen folgend, nicht bei Erreichen der Sachziele gegeben, sondern muss vielmehr an dem Ausmaß der Erreichung der übergeordneten Formalziele des einzelnen Projektes und dem daraus folgenden Beitrag zur Erreichung des Oberziels des Unternehmens gemessen werden (vgl. zusammenfassend Abb. 7). Das Oberziel des Unternehmens kann selbst wiederum als Formalziel bezeichnet werden. Für den Fall eines M&A-Projektes bedeutet dies, dass selbiges durch Abschluss von Vorbereitung, Transaktion oder Integration der beteiligten Unternehmen nicht zwangsläufig als erfolgreich zu betrachten, sondern der

229 Vgl. die Ausführungen zu Phasen und Tätigkeiten des M&A-Prozesses in Kap. 2.2.2 dieser Arbeit.

230 Vgl. SCHRECKENEDER, B. C. (2005), S. 66; sowie hier und folgend FIEDLER, R. (2010), S. 8; MICHEL, R. M. (1996), S. 17.

Projekterfolg vielmehr anhand des Beitrags des Projektes zur langfristigen Steigerung des Unternehmenswertes zu beurteilen ist. Diese Überlegung ist im folgenden Kapitel dieser Arbeit genauer zu analysieren.

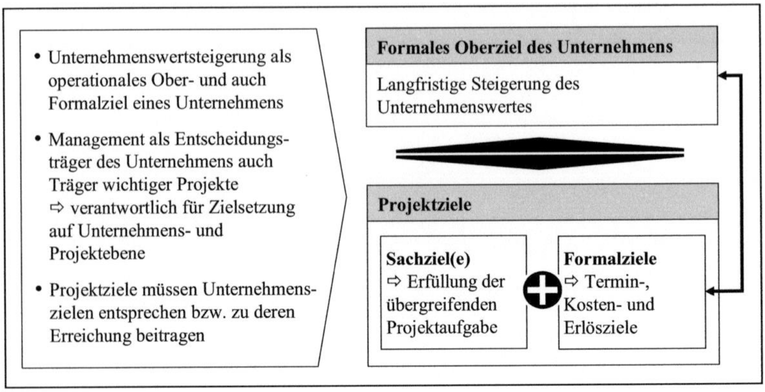

Abb. 7: Zusammenhang zwischen Unternehmens- und Projekterfolg (Quelle: Eigene Darstellung)

3.2 Konkretisierung des zielorientierten M&A-Projekterfolgs

Den vorherigen Ausführungen zufolge lässt sich der Erfolg von M&A-Projekten in Abhängigkeit von den zugrunde gelegten Zielen beurteilen.[231] So wird der Erfolg von M&A(-Projekten) z. B. von BACHMANN, C. W. R. (2001) als „Bewahrheitung *a posteriori* der anhand von Motiven verfolgten Ziele des Unternehmenszusammenschlusses“[232] oder von DIECKHAUS, O.-T. (1993b) als „Erreichen gesteckter Ziele mit definiertem Ressourceneinsatz innerhalb einer festgelegten Zeitspanne“[233] bezeichnet. Ziele dienen jedoch nicht nur als Erfolgsmaßstab für M&A-Projekte, sondern können, wie bereits angedeutet, auch Ausgangspunkt für das Controlling von M&A-Projekten sein.[234] Des Weiteren können Ziele an sich auch als Erfolgsfaktor von M&A-Projekten

231 Vgl. auch GLAUM, M./LINDEMANN, J./FRIEDRICH, N. (2006), S. 296; KÜMPEL, T./ FISCHEDICK, N. (2004), S. 48; SCHÄFER, M. (2001), S. 31; SCHEITER, D. (1989), S. 32; SEWING, N. (1996), S. 82; WEINMANN, M. (2004), S. 27; sowie BAMBERGER, B. (1994), S. 9, der ebenso von einem Beitrag zur Erreichung der Unternehmensziele spricht.

232 BACHMANN, C. W. R. (2001), S. 124.

233 DIECKHAUS, O.-T. (1993b), S. 3, mit Bezug auf Unternehmensbeteiligungen im Allgemeinen.

234 Vgl. ähnlich COENENBERG, A. G./BIBERACHER, J. (2003), S. 328, die die Identifikation der Transaktionsziele als Ausgangspunkt eines Akquisitionscontrollings betrachten.

angesehen werden.[235] So bemerkt BALZ, U. (2007), dass „Klarheit über die Ziele zwar keine hinreichende, aber zumindest eine notwendige Bedingung für den späteren Erfolg“[236] sei.

Im Folgenden werden zunächst die Ergebnisse bisheriger M&A-Zielforschung genauer betrachtet (vgl. Kap. 3.2.1), bevor der Versuch einer Systematisierung und Priorisierung von M&A-Zielen vorgenommen wird (vgl. Kap. 3.2.2). Anschließend wir kurz diskutiert, ob diese Ziele um andere projektbezogene Aspekte erweitert werden müssen (vgl. Kap. 3.2.3).

3.2.1 Ergebnisse bisheriger M&A-Zielforschung

Ziele von M&A waren bereits Gegenstand zahlreicher deskriptiver Untersuchungen in Wissenschaft und Praxis mit häufig widersprüchlichen empirischen Befunden.[237] Das Ergebnis bisheriger Untersuchungen sind zum einen umfangreiche, teilweise geordnete empirische Zielkataloge sowie zum anderen geschlossene, vorwiegend monokausale Motivtheorien.[238]

In Zielkatalogen werden die verschiedenen durch M&A verfolgten Ziele meist listenförmig, teils nach Inhalt oder Bedeutung geordnet, zusammengefasst. Diese Kataloge sind häufig Resultat von Unternehmensbefragungen[239] oder Ausdruck der gesammelten Erfahrung einiger Unternehmenspraktiker,[240] zum Teil jedoch auch lediglich Zusammenfassungen bestehender Literatur.[241] Vielfach fehlt den darin abgebildeten Zielen eine klare Struktur, Zuordenbarkeit und Vergleichbarkeit, was sich vorwiegend auf eine

---

235 Vgl. z. B. CORDING, M./CHRISTMANN, P./KING, D. R. (2008), S. 759. JANSEN, S. A. (2004), S. 83; SCHEWE, G./GERDS, J. (2001), S. 80, weisen darauf hin, dass der Zusammenhang zwischen Zielsetzung und Erfolg von M&A(-Projekten) bisher verhältnismäßig wenig Beachtung in der M&A-bezogenen Forschung gefunden hat.

236 BALZ, U. (2007), S. 11, der auch auf die notwendige Operationalisierung von Zielen hinweist.

237 Vgl. PAUSENBERGER, E. (1997), S. 368.

238 Vgl. auch SCHÄFER, M. (2001); WALTER, G. A./BARNEY, J. B. (1990), S. 79; sowie die weiteren Ausführungen.

239 Vgl. z. B. BARK, C./KÖTZLE, A. (2003), S. 139-141; BIBERACHER, J./WOTSCHOFSKY, S. (2003), S. 22; BROUTHERS, K. D./HASTENBURG, P. v./VEN, J. v. d. (1998), S. 349; DELOITTE (HRSG.) (2007), S. 10; ERNST & YOUNG (HRSG.) (2006), S. 15; PELLENS, B./TOMASZEWSKI, C./WEBER, N. (2000), S. 14f.; REIßNER, S. (1992), S. 94; bezogen auf den Mittelstand ECKER, M./HECKEMÜLLER, C. (2005), S. 422.

240 Vgl. z. B. ACHLEITNER, P. (2000), S. 96; BINDER, P. M. (2006), S. 21.

241 Vgl. z. B. BACHMANN, C. W. R. (2001), S. 102f.; GERPOTT, T. J. (1993), S. 63; MÖLLER, W.-P. (1983), S. 159f.

unscharfe definitorische Abgrenzung oder Klassifizierung sowie eine mangelnde empirische und theoretische Begründung der Ziele zurückführen lässt.[242] Dennoch geben diese Kataloge erste Anhaltspunkte zu den Zielen von M&A-Projekten (vgl. das Beispiel in Abb. 8).

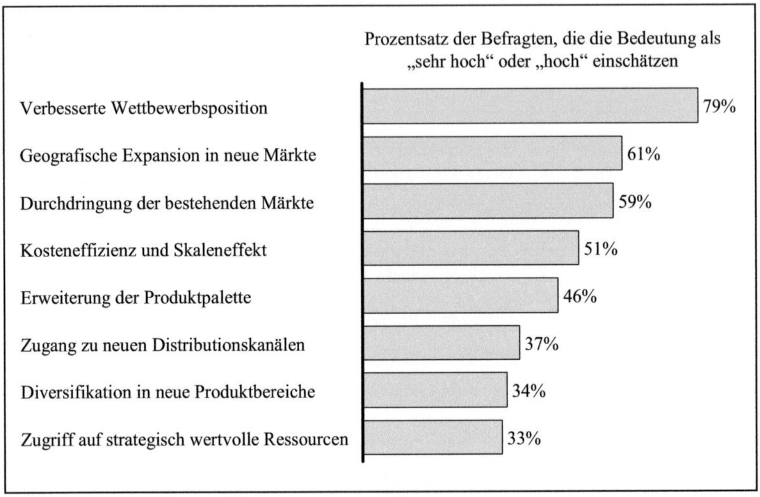

Abb. 8: Empirischer M&A-Zielkatalog[243]
(In Anlehnung an: DELOITTE (HRSG.) (2007), S. 10)

Neben Zielkatalogen wird sich vor allem in der theoretischen M&A-Zielforschung mit sog. M&A-Motivtheorien beschäftigt. Anhand dieser wird versucht, M&A vorwiegend monokausal, d. h. unter Annahme einer einzigen zugrunde gelegten Zielsetzung, zu erklären.[244] KERLER, P. (1999) beispielsweise kategorisiert diese M&A-Motivtheorien anhand des Kriteriums der Entscheidungsrationalität, d. h. nach Motiven, die auf rationale Entscheidungen zurückzuführen sind, und solchen, die nicht auf rationalen Entscheidungen beruhen und daher als irrational bezeichnet werden (vgl. die Übersicht in

---

242 Vgl. BACHMANN, C. W. R. (2001), S. 103; GERPOTT, T. J. (1993), S. 63.

243 Ergebnisse einer Befragung von 150 M&A-erfahrenen Führungskräften vorwiegend deutscher Unternehmen im Zeitraum August bis Dezember 2007; vgl. ausführlicher DELOITTE (HRSG.) (2007), S. 39ff., in Zusammenarbeit mit der Deutschen Gesellschaft für Managementforschung.

244 Vgl. JANSEN, S. A. (2004), S. 123; WEINMANN, M. (2004), S. 27.

Abb. 9).[245] Folgend werden die in der einschlägigen Literatur am häufigsten diskutierten M&A-Motivtheorien kurz erläutert.

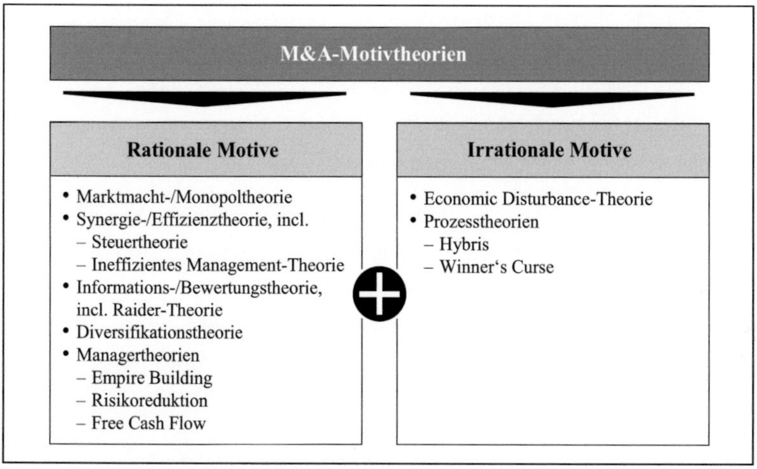

Abb. 9: Übersicht zu M&A-Motivtheorien
(Erweiterte Darstellung nach: KERLER, P. (1999), S. 37)

Nach der Marktmacht- oder auch Monopoltheorie ist das wichtigste Motiv von M&A die Erlangung einer marktbeherrschenden, monopolartigen Stellung und der damit verbundenen Preissetzungsmöglichkeiten auf Absatz- und Faktormärkten.[246] Diese Stellung kann im Rahmen von M&A z. B. durch interne Quersubventionierung von Produkten, einen kollusiven Marktauftritt oder den Aufbau von Markteintrittsbarrieren erreicht werden.[247] Die Marktmacht- oder auch Monopoltheorie konnte durch verschiedene empirische Untersuchungen jedoch nicht ausreichend bekräftigt werden.[248]

Der Synergie- bzw. Effizienztheorie folgend wird mit M&A primär das Ziel der Realisierung von Synergiepotenzialen bzw. der Steigerung der unternehmerischen Effizienz

245 In der Literatur existiert eine Vielzahl anderer Kategorisierungen, deren Vorstellung im Rahmen dieser Arbeit jedoch keinen relevanten Erkenntnisgewinn darstellen würde. Vgl. hierzu z. B. BACHMANN, C. W. R. (2001), S. 103; GREGORIOU, G. N./RENNEBOOG, L. (2007), S. 5ff.; GUSERL, R. (2002), S. 116; MARTYNOVA, M./RENNEBOOG, L. (2005), S. 17ff.; TICHY, G. (2001), S. 347.

246 Vgl. LINDSTÄDT, H. (2006), S. 69f.; PAUSENBERGER, E. (1993), Sp. 4442; STRAUB, T. (2007), S. 43.

247 Vgl. BACHMANN, C. W. R. (2001), S. 106; hier und folgend außerdem ESCHEN, E. (2002), S. 95ff.; GAUGHAN, P. A. (2007), S. 147-152.

248 Vgl. z. B. die Studien von ECKBO, B. E. (1983); LINDQVIST, T./STENNEK, J. (2005); SHAHRUR, H. (2005); STILLMAN, R. (1983).

verfolgt.[249] Dies kann unter anderem durch die Nutzung von Skaleneffekten (*engl. Economies of Scale)* und Verbundeffekten (*engl. Economies of Scope*) oder auch durch die Einsparung von Transaktionskosten erreicht werden. Die Synergie- bzw. Effizienztheorie wird in der Praxis sehr häufig zur Legitimation von M&A-Vorhaben herangezogen und gilt meist auch in der M&A-Forschung als tragfähigster Erklärungsansatz für M&A.[250] Jedoch werden durch verschiedene empirische Untersuchungen Zweifel an der tatsächlichen Realisierung der Synergien begründet.[251]

Unter die Synergie- und Effizienztheorie werden in der Literatur zum Teil auch die Steuer- sowie die Ineffizientes Management-Theorie subsumiert.[252] Im Rahmen der Steuertheorie wird auf potenzielle Steuervorteile durch die Nutzung von z. B. stillen Reserven, einem ungenutzten Verlustvortrag oder auch der zusätzlichen Abzugsfähigkeit von Zinsaufwand bei Fremdkapitalfinanzierung hingewiesen.[253] Allerdings scheint diese Theorie als umfassender Erklärungsansatz eher nicht geeignet, weshalb dieser empirisch auch nur eine geringe Bedeutung beigemessen wird.[254] Entsprechend der Ineffizientes Management-Theorie kann allein durch den Austausch eines suboptimal agierenden Managements des übernommenen Unternehmens eine Unternehmenswertsteigerung erreicht werden.[255] Kritisch anzumerken ist jedoch, dass ein solches Management meist auch auf andere Art und Weise ausgetauscht werden könnte, weshalb auch diese M&A-Motivtheorie als Erklärungsansatz selten auszureichen scheint.[256]

Die Informations- bzw. Bewertungstheorie basiert auf der Grundannahme eines Informationsdefizits des Kapitalmarkts bzw. des Verkäufers sowie unterschiedlicher Analy-

---

249 Vgl. hier und folgend BARK, C. (2002), S. 54-56; PAUSENBERGER, E. (1997), S. 368f.

250 Vgl. KERLER, P. (1999), S. 40f.; LECHNER, H./MEYER, A. (2003), S. 367; sowie z. B. die Studien von KIYMAZ, H./BAKER, H. K. (2008); MUKHERJEE, T. K./KIYMAZ, H./BAKER, H. K. (2004); SETH, A./SONG, K. P./PETTIT, R. (2000).

251 Vgl. z. B. KÜRSTEN, W. (2003), S. 240f.; PAUSENBERGER, E. (1993), S. 4443; TRAUTWEIN, F. (1990), S. 285, und die dort zitierten Quellen.

252 Vgl. KERLER, P. (1999), S. 45-47; TRAUTWEIN, F. (1990), S. 284.

253 Vgl. GAUGHAN, P. A. (2005), S. 67; JANSEN, S. A. (2004), S. 90f.; sowie hier und folgend JARRELL, G. A./BRICKLEY, J. A./NETTER, J. M. (1988), S. 56; WEINMANN, M. (2004), S. 50ff., und die dort zitierten Quellen.

254 Vgl. z. B. BARK, C. (2002), S. 56; HUEMER, F. (1991), S. 19f., und die dort zitierten Quellen.

255 Vgl. hier und folgend GAUGHAN, P. A. (2005), S. 73f.; ROLL, R. (1988), S. 246; sowie die Studien von DODD, P./RUBACK, R. (1977), insb. S. 371; DODD, P./WARNER, J. B. (1983); MARTIN, K. J./MCCONNELL, J. J. (1991).

256 Vgl. auch KERLER, P. (1999), S. 47; zur empirischen Evidenz auch TICHY, G. (1990), S. 441.

sefähigkeiten der am M&A-Vorhaben beteiligten Unternehmen.[257] Als primäres Motiv für M&A wird hier die mögliche Realisierung von Arbitragegewinnen angeführt, die aus der Differenz zwischen der Bewertung am ineffizienten Kapitalmarkt oder durch den Verkäufer auf der einen Seite und der höheren Bewertung aufgrund dem Käufer vorliegender Informationen auf der anderen Seite resultieren. Trotz des offensichtlichen Widerspruchs zur Kapitalmarkttheorie[258] und der geringen Plausibilität eines relativen Informationsdefizits auf Verkäuferseite[259] sowie ablehnender empirischer Untersuchungen,[260] wird die Informations- bzw. Bewertungstheorie in Praxis und Forschung nicht gänzlich abgelehnt.[261]

Unter die Informations- bzw. Bewertungstheorie kann auch die *Raider*-Theorie subsumiert werden.[262] Gemäß dieser wird durch M&A ein Vermögenstransfer von den bisherigen Eigentümern zum Käufer (*engl. Raider* bzw. dt. Plünderer) beabsichtigt.[263] Letzterer versucht beispielsweise auch unter Ausnutzung oder sogar Vortäuschung von Informationsasymmetrien durch die Androhung einer feindlichen Übernahme, der Absetzung des bisherigen Managements und der Zerschlagung des Unternehmens sowie durch das Angebot einer Prämie an die Eigentümer Bewertungsdifferenzen zu erzeugen und auszunutzen.[264] Auch wenn dieser M&A-Motivtheorie in Öffentlichkeit und Praxis besondere Aufmerksamkeit zuteil wurde, wird diese in der wissenschaftlichen Literatur als unlogisch angesehen und aufgrund mangelnder empirischer Evidenz verworfen.[265]

---

257 Vgl. hier und folgend z. B. GRINBLATT, M./TITMAN, S. (2002), S. 670; PENROSE, E. T. (1995), S. 160; RAVENSCRAFT, D. J./SCHERER, F. M. (1987), S. 8-10; STEINER, P. O. (1975), S. 129ff.

258 Vgl. PORTER, M. E. (1987), S. 51; RODERMANN, M. (1999), S. 58, die anmerken, dass nach der Theorie effizienter Kapitalmärkte in modernen Volkswirtschaften eine Unterbewertung kaum möglich sei.

259 Vgl. ESCHEN, E. (2002), S. 85f.

260 Vgl. z. B. die Studie von BRADLEY, M./DESAI, A./KIM, E. H. (1983); sowie HALPERN, P. (1983), S. 309.

261 Vgl. KERLER, P. (1999), S. 50; TRAUTWEIN, F. (1990), S. 287. Anzumerken ist zudem, dass derartige M&A-Vorhaben nicht unter die Definition von M&A im Sinne dieser Arbeit zu fassen sind; vgl. Kap. 2.1.2 dieser Arbeit.

262 Vgl. WEINMANN, M. (2004), S. 56.

263 Vgl. hier und folgend SCHMIDT, S. L./SCHETTLER, M. A. (1999), S. 314; STRAUB, T. (2007), S. 45f.; TRAUTWEIN, F. (1990), S. 289f.

264 Vgl. auch die Ausführungen von BRESSMER, C./MOSER, A. C./SERTL, W. (1989), S. 26f., zum sog. „*Greenmailing*".

265 Vgl. JENSEN, M. C. (1984), S. 112f.; RODERMANN, M. (1999), S. 58; sowie zur empirischen Evidenz z. B. die Studie von HOLDERNESS, C. G./SHEEHAN, D. P. (1985).

Nach der Diversifikationstheorie, die auf der Portfoliotheorie[266] basiert, wird durch M&A primär versucht, das Risiko des Gesamtunternehmens durch Diversifikation zu verringern und damit den Unternehmenswert zu steigern.[267] So wird durch den Erwerb unverwandter Geschäfte versucht, strukturelle, saisonale und konjunkturelle Risiken auszugleichen.[268] Die Diversifikationstheorie wurde durch zahlreiche Untersuchungen überprüft, jedoch durch fast ebenso viele als realitätsfern angesehen.[269] Auch in der Praxis gilt Diversifikation bereits seit einiger Zeit nicht mehr als bedeutendes Motiv für M&A.[270]

Zu den Managertheorien zählt eine Vielzahl verschiedener M&A-Motivtheorien, wie z. B. die Empire Building-, die Risikoreduktions- und die *Free Cash Flow*-Theorie.[271] Grundlage dieser Motivtheorien ist die Agency-Theorie,[272] gemäß derer infolge der Trennung zwischen Eigentum und Kontrolle eines Unternehmens die Entscheidungsträger, d. h. das Top-Management, einen Handlungsspielraum erhalten, der es ihnen erlaubt, nicht notwendigerweise im Interesse der Unternehmenseigentümer, sondern im Eigeninteresse zu handeln. Gemäß der *Empire Building*-Theorie strebt das Top-Management durch M&A eine Vergrößerung des Unternehmens an, die mit der Vermehrung von Macht, Ansehen und Einkommen des Top-Managements verbunden ist.[273] Bei der Risikoreduktionstheorie wird davon ausgegangen, dass das Top-Management insbesondere diversifizierende M&A durchführt, um das eigene Beschäftigungsrisiko zu senken.[274] Der *Free Cash Flow*-Theorie folgend versucht das Top-Management zur Er-

---

266 Vgl. zur Portfoliotheorie die grundlegende Arbeit von MARKOWITZ, H. (1952).

267 Vgl. hier und folgend z. B. AMIHUD, Y./LEV, B. (1981), S. 605ff.; sowie ESCHEN, E. (2002), S. 74ff., und die dort zitierten Quellen.

268 Vgl. auch JANSEN, S. A. (2004), S. 88.

269 Vgl. LUBATKIN, M. H./LANE, P. J. (1996), S. 23; sowie z. B. die Studien von BERGER, P. G./ OFEK, E. (1995); LANG, L. H. P./STULZ, R. M. (1994); LUBATKIN, M. H./CHATTERJEE, S. (1991); SERVAES, H. (1996).

270 Vgl. GAUGHAN, P. A. (2007), S. 136; KERLER, P. (1999), S. 51.

271 Vgl. WEINMANN, M. (2004), S. 34ff.; anders jedoch BACHMANN, C. W. R. (2001), S. 108ff.; STRAUB, T. (2007), S. 48f., die beide auch die Hybris-Theorie zu den Managertheorien zählen. Abgrenzend ist jedoch festzustellen, dass gem. der Hybris-Theorie das Verhalten des Käufermanagements nicht absichtlich einer Wertorientierung entgegensteht; vgl. ROLL, R. (1986), S. 213f.; sowie die weiteren Ausführungen.

272 Vgl. zur Agency-Theorie die grundlegende Arbeit von JENSEN, M. C./MECKLING, W. H. (1976).

273 Vgl. z. B. MALATESTA, P. H. (1983), S. 157; MUELLER, D. C. (1969), S. 644ff.; RAVENSCRAFT, D. J./SCHERER, F. M. (1987), S. 211.

274 Vgl. grundlegend AMIHUD, Y./LEV, B. (1981), S. 605ff.; sowie JANSEN, S. A. (2004), S. 101f., der auf die perspektivische Abgrenzung zur Diversifikationstheorie hinweist.

haltung oder auch Ausweitung von Einfluss und Einkommen, freie finanzielle Ressourcen anderweitig für M&A zu verwenden, anstatt diese z. B. in Form von Dividenden den Unternehmenseigentümern zukommen zu lassen.[275] Auffällig ist, dass die verschiedenen Managertheorien nicht klar voneinander abzugrenzen sind. Theoretisch zwar plausibel und in der Literatur häufig angenommen, sind die Managertheorien empirisch jedoch nur schwer direkt nachzuweisen, da unter anderem die persönlichen Motive des Top-Managements grundsätzlich schwer zu erforschen sind.[276]

Im Rahmen der *Economic Disturbance*-Theorie werden M&A auf makroökonomische Störungen (*engl. Economic Disturbances*), wie tiefgreifende technologische Veränderungen z. B. durch das Internet, zurückgeführt.[277] Diese verursachen Änderungen der individuellen Erwartungen, welche wiederum zu Bewertungsdifferenzen und zunehmender allgemeiner Unsicherheit und damit erhöhter M&A-Aktivität führen.[278] Die *Economic Disturbance*-Theorie ist jedoch weitreichender Kritik ausgesetzt und empirisch kaum zu belegen.[279]

Unter den Begriff der Prozesstheorien werden mehrere M&A-Motivtheorien subsumiert, gemäß derer M&A als Ergebnis eines begrenzt rationalen strategischen Entscheidungsprozesses interpretiert werden.[280] Die begrenzte Rationalität gilt hierbei als durch die begrenzte individuelle Fähigkeit der Informationsverarbeitung, organisatorische Routinen sowie organisationspolitische Machtverteilungen gegeben.[281] Nach der am meisten zitierten Prozesstheorie, der Hybristheorie, führt Selbstüberschätzung des Käufermanagements nicht nur in Bezug auf die eigenen Bewertungsfähigkeiten, sondern auch in Bezug auf die eigene Führungs- und Problemlösungsfähigkeit sowie Inte-

---

275 Vgl. die grundlegende Arbeit von JENSEN, M. C. (1986), insb. S. 323.

276 Vgl. STRAUB, T. (2007), S. 49; TRAUTWEIN, F. (1990), S. 288; WEINMANN, M. (2004), S. 42; sowie z. B. die Studien von BERKOVITCH, E./NARAYANAN, M. P. (1993); LANE, P. J./ CANNELLA, A. A./LUBATKIN, M. H. (1998), insb. S. 564ff.; SETH, A./SONG, K. P./PETTIT, R. (2000); und dies. (2002); die alle den Managertheorien eine Bedeutung im Sinne einer Koexistenz neben der Synergietheorie zuweisen.

277 Vgl. hier und folgend die grundlegende Arbeit von GORT, M. (1969).

278 Vgl. auch STRAUB, T. (2007), S. 51ff.

279 Vgl. BACHMANN, C. W. R. (2001), S. 110f.; KERLER, P. (1999), S. 58f.; TRAUTWEIN, F. (1990), S. 290.

280 Vgl. hier und folgend WEINMANN, M. (2004), S. 30-33.

281 Vgl. BACHMANN, C. W. R. (2001), S. 110; TRAUTWEIN, F. (1990), S. 288f.

grationskompetenz zur Überbewertung eines Übernahmeobjektes.[282] Eine ähnliche Überbewertung kann gemäß der *Winner's Curse*-Theorie aus der Fehlinterpretation im Rahmen eines Bieterwettbewerbs abgegebener Angebote als zusätzliche bewertungsrelevante Information resultieren.[283] Auch wenn die Prozesstheorien im Vergleich zu anderen M&A-Motivtheorien noch nicht weit entwickelt sind, gibt es durchaus empirische Untersuchungen, durch die die Prozesstheorien zwar nicht als dominant, aber als relevant bestätigt werden.[284]

Zusammenfassend ist festzuhalten, dass in Theorie und Praxis bisher kein einheitliches und umfassendes Verständnis von den mit M&A verfolgten Zielen existiert.[285] Zwar dominiert die Synergie- und Effizienztheorie als Erklärungsansatz für M&A strategischer Investoren und werden die Prozess- und Managertheorien als durchaus relevant angesehen. Nichtsdestotrotz scheint keine der dargestellten M&A-Motivtheorien für sich alleine zu überzeugen, weshalb eine allgemeingültige monokausale Begründung für jede Art von M&A-Projekten als nicht möglich betrachtet werden kann.[286] Vielmehr muss von einer Vielzahl und Verschiedenheit der Ziele ausgegangen werden,[287] welche sich nicht gegenseitig ausschließen lassen, sondern eher gleichzeitig zu existieren scheinen[288] und bei jedem M&A-Projekt spezifisch ausgeprägt sind.[289] Damit scheint für jedes M&A-Projekt ein individuelles, multiples Zielsystem erforderlich, das in das Ziel-

---

282 Vgl. die grundlegende Arbeit von ROLL, R. (1986); zudem TICHY, G. (1990), S. 455f.; WIRTZ, B. W. (2003), S. 69f.

283 Vgl. die grundlegende Arbeit von VARAIYA, N. P. (1988); zudem GAUGHAN, P. A. (2005), S. 79ff.; KLEIN, C. (2009), S. 88f.

284 Vgl. STRAUB, T. (2007), S. 51; TRAUTWEIN, F. (1990), S. 289; sowie z. B. die empirischen Untersuchungen von BERKOVITCH, E./NARAYANAN, M. P. (1993); KIYMAZ, H./BAKER, H. K. (2008); ROLL, R. (1986); SETH, A./SONG, K. P./PETTIT, R. (2000). BOONE, A. L./ MULHERIN, J. H. (2008), S. 18, verneinen dies jedoch für die *Winner's Curse*-Theorie.

285 Vgl. HALEBLIAN, J. et al. (2009), S. 478 und S. 489; JANSEN, S. A. (2004), S. 83; PAUSENBERGER, E. (1989), S. 373.; sowie die weiteren Ausführungen.

286 Vgl. ebenso BARK, C. (2002), S. 67; JANSEN, S. A. (2008), S. 140 und S. 167; MARTYNOVA, M./RENNEBOOG, L. (2005), S. 36; TICHY, G. (1990), S. 456; TRAUTWEIN, F. (1990), S. 283.

287 Vgl. BORGHESE, R. J./BORGESE, P. F. (2002), S. 9; HALEBLIAN, J. et al. (2009), S. 476; KÜRSTEN, W./MECKL, R./KROSTEWITZ, A. (2007), S. 158.

288 Vgl. BERKOVITCH, E./NARAYANAN, M. P. (1993), S. 348; ROLL, R. (1988), S. 243; WALTER, G. A./BARNEY, J. B. (1990), S. 84; mit Bezug auf grenzüberschreitende M&A SETH, A./SONG, K. P./PETTIT, R. (2002), S. 937f. Eine eindeutige Systematisierung von M&A-Zielen konnte durch die bisherige M&A-bezogene Zielforschung noch nicht entwickelt werden.

289 Vgl. DIETL, H. M./ROYER, S. (2002), Sp. 2062.

system des Unternehmens eingebettet ist, wobei dessen Inter- und Intradependenzen bisher noch nicht vollständig wissenschaftlich erschlossen sind.[290]

3.2.2 Systematisierung und Priorisierung von M&A-Zielen

Die dargestellte bisherige M&A-Zielforschung ist vergangenheitsbezogen und vorwiegend deskriptiver Natur. Im Fokus steht dabei die ex post-Beantwortung der Frage, aus welchen Gründen M&A-Projekte durchgeführt bzw. welche Ziele mit M&A-Projekten verfolgt wurden. Auch wenn es der bisherigen, überwiegend deskriptiven Forschung nach wie vor an einem einheitlichen Verständnis von M&A-Zielen mangelt und ein solches auch zukünftig aufgrund der generellen Unterschiedlichkeit von M&A-Projekten nicht zu erlangen sein mag, so dienen die identifizierten Ziele einer ersten Orientierung und können zur weiteren Operationalisierung von M&A-Erfolg systematisiert und priorisiert werden. Hierzu bietet sich eine Erweiterung der Betrachtung um die eher normative ex ante-Fragestellung an, welche Ziele mit M&A-Projekten grundsätzlich verfolgt werden sollten. Dem schließt sich die Fragestellung dieser Arbeit an, wie die Erreichung dieser Ziele und damit der Erfolg von M&A-Projekten ex ante gemessen und gesteuert werden kann.

Aus normativer Sicht ist weitgehende Einigkeit bezüglich der Grundaussage anzunehmen, dass M&A kein Selbstzweck sein, sondern der Erreichung gesamtunternehmerischer Ziele dienen sollten.[291] Als Oberziel des Unternehmens wurde in dieser Arbeit bereits die langfristige Steigerung des Unternehmenswertes definiert.[292] Daher sollte auch der Erfolg eines M&A-Projektes anhand dessen Beitrags zur Erreichung dieses unternehmerischen Oberziels beurteilt werden. Folglich sollte die langfristige Steigerung des Unternehmenswertes auch als übergeordnetes Ziel jedes M&A-Projektes ange-

290 Vgl. auch GLAUM, M./LINDEMANN, J./FRIEDRICH, N. (2006), S. 296f. Der Begriff „Intradependenzen" bezeichnet hier Abhängigkeiten zwischen den einzelnen Zielen. Der Begriff „Interdependenzen" bezieht sich auf mögliche Zielveränderungen (in Art und Intensität) in Abhängigkeit von Internationalität der Transaktion, Branche der beteiligten Unternehmen, Fortschritt im M&A-Prozess sowie Unternehmens- und Transaktionsspezifika; vgl. auch die Ausführungen in Kap. 3.2.3 dieser Arbeit.

291 Vgl. z. B. BARK, C. (2002), S. 67; DELOITTE (HRSG.) (2007), S. 11; KIRCHNER, M. (1991), S. 74f.; WIRTZ, B. W. (2003), S. 129.

292 Vgl. die Ausführungen in Kap. 3.1.1 dieser Arbeit.

sehen werden. Da diese Auffassung auch weitgehende Unterstützung von der jüngeren M&A-Forschung erhält,[293] wird diese im Folgenden dieser Arbeit zugrunde gelegt.

Anhand des erschlossenen normativen Primats der Unternehmenswertsteigerung können die erläuterten M&A-Motivtheorien[294] systematisiert und aus Sicht des Käufers bzw. strategischen Investors in zwei Kategorien eingeteilt werden – wertorientierte und nicht wertorientierte M&A-Motivtheorien (vgl. den Überblick in Abb. 10).[295] Die wertorientierten M&A-Motivtheorien versuchen einen Erklärungsbeitrag für die Steigerung des Unternehmenswertes durch M&A zu leisten. Zu diesen können die Marktmacht- bzw. Monopoltheorie, die Synergie- bzw. Effizienztheorien, die Informations- bzw. Bewertungstheorien und die Diversifikationstheorie gezählt werden. Im Gegensatz dazu stehen die nicht wertorientierten M&A-Motivtheorien in einem neutralen oder auch konfliktären Verhältnis zur Ausrichtung auf das Ziel der Unternehmenswertsteigerung. Zu diesen sind die *Economic Disturbance*-Theorie, die Prozesstheorien sowie die Managertheorien zu zählen.

Die wertorientierten Motivtheorien geben Aufschluss über den Unternehmenswert beeinflussende Zielsetzungen, die vereinfachend unter dem Oberziel der langfristigen Unternehmenswertsteigerung zusammengefasst werden können.[296] Dies erlaubt eine zweckmäßige Operationalisierung des Erfolgs von M&A-Projekten, unabhängig von den dem einzelnen M&A-Projekt zugrunde liegenden wertorientierten Zielen, und schafft somit die Grundlage für eine integrierte wertorientierte Steuerung von M&A-Projekten. Die nicht wertorientierten Motivtheorien können demgegenüber zwar keinen direkten Beitrag zur wertorientierten Steuerung von M&A-Projekten leisten, zeigen jedoch mögliche Problembereiche auf, die als Nebenbedingungen der Zielerreichung be-

---

293 Vgl. z. B. COENENBERG, A. G./BIBERACHER, J. (2003), S. 337; EULERICH, M. (2009), S. 27f. und S. 102; GALPIN, T. J./HERNDON, M. (2007), S. 2; GLAUM, M./LINDEMANN, J./FRIEDRICH, N. (2006), S. 297; KÜRSTEN, W./MECKL, R./KROSTEWITZ, A. (2007), S. 158; MECKL, R./HORZELLA, A. (2010a), S. 314; PFAFF, D./SCHULTZE, W. (2006), S. 125; RICHTER, F. (2005a), S. 199; WIRTZ, B. W. (2003), S. 132.

294 Vgl. auch die grundlegende Abb. 9 zu M&A-Motivtheorien im vorangegangenen Kapitel 3.2.1.

295 Eine ähnliche Systematisierung nutzen auch BÜHNER, R. (1989), S. 158-160; HALPERN, P. (1983), S. 299; NAPIER, N. K. (1989), S. 273; SCHMIDT, S. L./SCHETTLER, M. A. (1999), S. 314-316; WEINMANN, M. (2004), S. 28.

296 Vgl. ähnlich EULERICH, M. (2009), S. 118f.; WIRTZ, B. W. (2003), S. 126; die beide sogar von in großen Teilen identischen Zielsetzungen sprechen; zudem BIBERACHER, J./WOTSCHOFSKY, S. (2003), S. 22; KÜRSTEN, W./MECKL, R./KROSTEWITZ, A. (2007), S. 158.

rücksichtigt werden können.[297] So kann auf Seiten des Managements bzw. der M&A-Entscheidungsträger zum einen irrationales Verhalten, das durch die *Economic Disturbance*-Theorie oder die Prozesstheorien versucht wird zu erklären, vermieden werden, indem der Erfolg von M&A-Projekten nicht nur definiert, sondern auch grundsätzlich gemessen und gesteuert wird. Zum anderen kann eigennütziges Verhalten, auf das die Managertheorien hinweisen, auf das Ziel der Unternehmenswertsteigerung ausgerichtet werden, indem die Erfolgsmessung und -steuerung anreizkompatibel ausgestaltet wird.

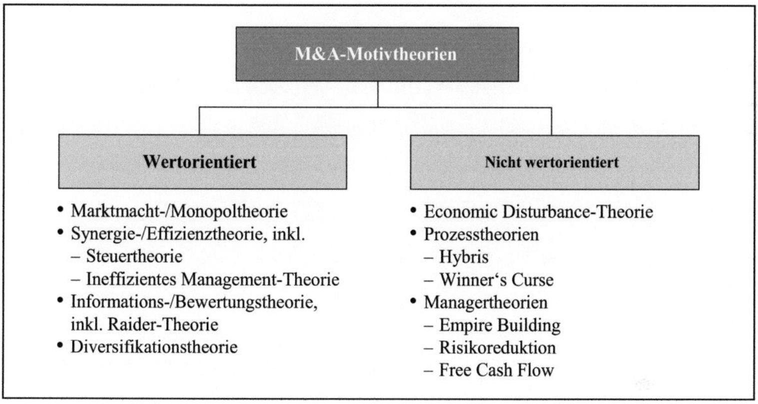

Abb. 10: Systematisierung von M&A-Motivtheorien
(Erweiterte Darstellung nach: BÜHNER, R. (1989), S. 158-160; HALPERN, P. (1983), S. 299; NAPIER, N. K. (1989), S. 273; SCHMIDT, S. L./SCHETTLER, M. A. (1999), S. 314-316; WEINMANN, M. (2004), S. 28)

3.2.3 Notwendige prozessorientierte Erweiterungen des Erfolgsbegriffs

Den bisherigen Ausführungen folgend, dient primär die Unternehmenswertsteigerung zur Beurteilung des Ausmaßes der Gesamtzielerreichung bzw. des Erfolgs von M&A-Projekten und bestimmt dadurch die grundsätzliche Ausrichtung des M&A-projektbezogenen Handelns. Daher kann die Unternehmenswertsteigerung als das übergeordnete Formalziel von M&A-Projekten bezeichnet werden.

Wie bereits erläutert,[298] sind neben Formalzielen jedoch auch Sachziele wesentlicher Bestandteil von Projektzielen. Daher ist die Frage zu stellen, inwieweit jene ebenfalls

---

297 Vgl. ähnlich WEINMANN, M. (2004), S. 44f.

298 Vgl. hier und folgend auch die entsprechenden Ausführungen in Kap. 3.1.2 dieser Arbeit.

zur Messung der Gesamtzielerreichung und damit des Erfolgs von M&A-Projekten herangezogen werden sollten. Sachziele haben die Erfüllung der eigentlichen Projektaufgabe zum Gegenstand und unterstützen die Erreichung der Formalziele eines Projektes. Sachziele nehmen somit nicht nur eine instrumentelle Funktion ein, sondern deren Erreichung stellt auch die notwendige Voraussetzung zur Erreichung der Formalziele eines Projektes dar. So können beispielsweise nur durch Planung und Durchführung von Integrationsmaßnahmen Synergien identifiziert und realisiert und in der Folge der Unternehmenswert gesteigert werden. Da das übergreifende Sachziel von M&A-Projekten, d. h. die Realisierung des M&A-Vorhabens, eine besonders komplexe Erfüllung verschiedenster interdependenter Teilaufgaben erfordert,[299] scheint eine gesonderte Berücksichtigung der Sachzielerreichung in Form von sachzielbezogenen Prozesszielen geboten. Da jedoch M&A und die damit verbundenen Aufgaben kein Selbstzweck sind, kann dies, ebenso wie in Bezug auf nicht wertorientierte Ziele von M&A-Projekten, nur in Form einer Nebenbedingung der Gesamtzielerreichung erfolgen.

Zusammenfassend ist festzuhalten, dass ausschließlich das übergreifende Formalziel der Unternehmenswertsteigerung zur Messung der Gesamtzielerreichung und damit des Erfolgs von M&A-Projekten herangezogen wird. Die im Zusammenhang mit den M&A-Motivtheorien beschriebenen untergeordneten wertorientierten Ziele, die nicht wertorientierten Ziele und Sachziele von M&A-Projekten sind jedoch im Rahmen eines umfassenden Controllings von M&A-Projekten zu berücksichtigen.[300]

3.3 Messung der Zielerreichung von M&A-Projekten

Nachdem der Begriff des M&A-Projekterfolgs im Sinne einer Zielerreichung festgelegt, vom allgemeinen Unternehmens- und Projekterfolg abgegrenzt und auf Grundlage der bisherigen M&A-Zielforschung und normativer Überlegungen als Unternehmenswertsteigerung inhaltlich konkretisiert wurde, stellt sich die Frage nach der effektiven Messung des M&A-Projekterfolgs. Nur diese erlaubt letztlich eine zielorientierte Steuerung bzw. ein Controlling von M&A-Projekten.[301]

---

299 Vgl. die Ausführungen zu den Merkmalen von M&A in Kap. 2.2 dieser Arbeit.

300 Vgl. hierzu die weiterführenden Erläuterungen in Kap. 4 dieser Arbeit.

301 Vgl. BORGHESE, R. J./BORGESE, P. F. (2002), S. 120; PENZEL, H.-G. (2000), S. 31.

Es besteht eine Vielzahl an Möglichkeiten, den M&A-Projekterfolg zu messen, wovon sich aufgrund unterschiedlicher Betrachtungsweisen, der Verschiedenheit von M&A-Projekten und deren Zielsetzungen sowie methodeninhärenter Schwierigkeiten nach wie vor kein bestimmter Ansatz in Forschung oder Unternehmenspraxis durchgesetzt hat.[302] Bisher existieren auch nur wenige empirische Untersuchungen, die Aufschluss über die Messung des M&A-Projekterfolgs in der Unternehmenspraxis geben.[303] Jedoch konnte vereinzelt gezeigt werden, dass nur wenige Unternehmen, die den M&A-Projekterfolg auch tatsächlich messen, sich dabei direkt an der Steigerung des Unternehmenswertes orientieren,[304] was nach den bisherigen Ausführungen dieser Arbeit geboten wäre.

Im Folgenden werden die vorwiegend in der Forschung, aber auch in der Unternehmenspraxis gängigen Messkonzepte (vgl. Kap. 3.3.1), verschiedene Messgrößen (vgl. Kap. 3.3.2), mögliche Zeitpunkte und -räume der Messung (vgl. Kap. 3.3.3) sowie alternative Maßstäbe zur vergleichenden Messung (vgl. Kap. 3.3.4) für die Zielerreichung von M&A-Projekten kurz beschrieben und gegenübergestellt. Daraus wird schließlich eine Empfehlung entwickelt, wie strategische Investoren die Zielerreichung und damit den M&A-Projekterfolg messen und steuern können (vgl. Kap. 3.3.5).

3.3.1 Messkonzepte

Die Auseinandersetzung mit dem Erfolg von M&A-Projekten und dessen Messung fand bislang in wirtschaftswissenschaftlicher Forschung und Unternehmenspraxis auf sehr unterschiedliche Weise statt. Der Schwerpunkt der bisherigen Forschung war primär die ex post Ableitung von Erfolgsfaktoren auf Basis einer vorwiegend externen (*engl. outside in*) Erfolgsanalyse einer größeren Anzahl von M&A-Projekten. Mit der Messung des Erfolgs eines einzelnen M&A-Projektes zum Zweck der Managementunterstützung bzw. Steuerung dieses M&A-Projektes wird sich erst in jüngerer Zeit mit Bezug auf die Unternehmenspraxis stärker beschäftigt. Im Folgenden werden zunächst die traditionellen, vorwiegend externen Messkonzepte der wirtschaftswissenschaftlichen Forschung vorgestellt und hinsichtlich deren Eignung für die interne M&A-Erfolgsmes-

---

302 Vgl. GATES, S./VERY, P. (2003), S. 168; JANSEN, S. A. (2004), S. 110f.; STRAUB, T. (2007), S. 92f.; ZOLLO, M./MEIER, D. (2008), S. 55; sowie die weiteren Ausführungen.

303 Vgl. auch BAMBERGER, B. (1994), S. 133; JANSEN, S. A. (2002), S. 266.

304 Vgl. BARK, C./KÖTZLE, A. (2003), S. 141f.; GATES, S. (2000), S. 12 und S. 17; mit Bezug auf den Mittelstand ECKER, M./HECKEMÜLLER, C. (2005), S. 424.

sung analysiert (vgl. Kap. 3.3.1.1), bevor darauf aufbauend schließlich praxisorientiertere Konzepte für die interne M&A-Erfolgsmessung vorgestellt werden (vgl. Kap. 3.3.1.2).

3.3.1.1 Traditionelle Konzepte der wirtschaftswissenschaftlichen Forschung zur vorwiegend externen M&A-Erfolgsmessung

In der sehr umfangreichen wirtschaftswissenschaftlichen Literatur zum Erfolg von M&A werden grundsätzlich vier verschiedene Messkonzepte unterschieden, welche zum Teil miteinander verbunden werden: die Erfolgsmessung erstens anhand von Börsenkursentwicklungen, zweitens auf Basis von Jahresabschlusszahlen, drittens durch Befragung von Managern, Mitarbeitern oder auch internen/externen Experten sowie viertens mit Hilfe von Ersatzindikatoren bzw. Ereignissen.[305] Unter Bezug auf die Zieldimensionen Inhalt, Zeitraum und Ausmaß [306] variieren diese Messkonzepte des Weiteren nach der analysierten Erfolgsgröße, dem betrachteten Zeitpunkt und -raum sowie dem herangezogenen Vergleichsmaßstab (vgl. für einen ersten Überblick Abb. 11).[307]

Das inzwischen in der M&A-Forschung am häufigsten verwendete Messkonzept ist die kapitalmarktorientierte Erfolgsmessung anhand von Börsenkursentwicklungen.[308] Untersuchungen, denen dieses Messkonzept zugrunde liegt, werden auch als Ereignisstudien (*engl. Event Studies*) bezeichnet, da diese Studien die Wirkungen von spezifischen Einzelereignissen wie M&A-Transaktionen auf den Kapitalmarkt analysieren.[309]

---

305 Für eine kurze und vergleichende Einführung sei auf BRUNER, R. F. (2004), S. 33ff.; DÖRR, T. (2000), S. 65ff.; KERLER, P. (1999), S. 85ff., verwiesen. BRUNER, R. F. (2004), S. 34f. und S. 60f., unterscheidet ein weiteres Messkonzept – die Erfolgsmessung im Rahmen von sog. *Clinical Studies*. Dieses Konzept basiert auch auf der Befragung verschiedener qualifizierter Auskunftspersonen, hat jedoch eher die Form einer oder weniger explorativer Fallstudien.

306 Vgl. KUPSCH, P. (1979), S. 15ff.; MACHARZINA, K./WOLF, J. (2010), S. 210. Inhalt bezeichnet die sachliche Festlegung dessen, was angestrebt wird. Ausmaß ist der Grad der Zielerreichung, der für das Unternehmen festzulegen ist. Der Zeitraum bezeichnet die zeitliche Spanne, innerhalb derer ein Ziel erreicht werden soll.

307 Die daraus resultierenden Varianten der Messkonzepte werden in den folgenden Kap. 3.3.2 bis 3.3.4 dieser Arbeit näher erläutert.

308 Vgl. auch OOGHE, H./LAERE, E. V./LANGHE, T. D. (2006), S. 224; ZOLLO, M./MEIER, D. (2008), S. 71.

309 Begründet wurden die Ereignisstudien durch den Beitrag von FAMA, E. F. et al. (1969). Für einen umfassenden Überblick zu bisherigen Untersuchungen und deren Ergebnissen vgl. BRUNER, R.

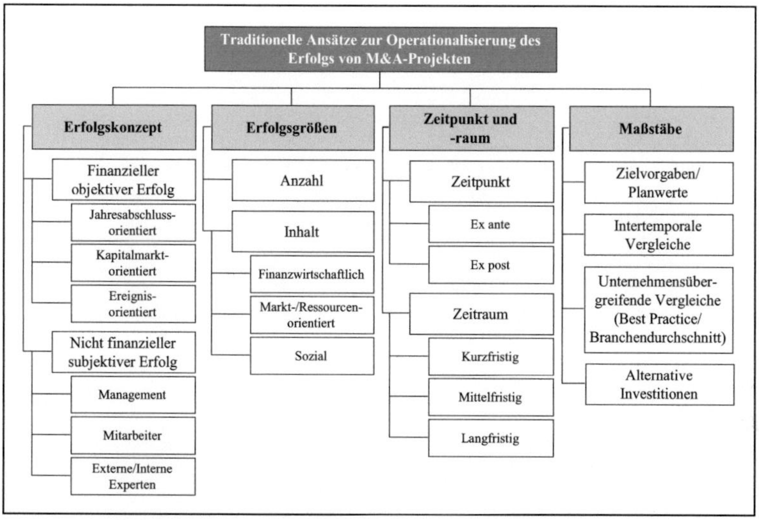

Abb. 11: Traditionelle Ansätze zur Operationalisierung des Erfolgs von M&A-Projekten (Erweiterte Darstellung nach: GERPOTT, T. J. (1993), S. 190)

Dem Shareholder Value-Konzept folgend stehen hier die Interessen der Unternehmenseigner und somit deren Vermögenssteigerung im Vordergrund.[310] Erfolg wird demzufolge regelmäßig als die Erzielung einer sog. kumulierten abnormalen Rendite (*engl. Cumulated Abnormal Return*) definiert.[311] Diese abnormale Rendite stellt eine M&A-transaktionsbedingte, von der allgemeinen Marktentwicklung abweichende Veränderung der Börsenkurse[312] von erwerbendem und/oder erworbenem Unternehmen in einem bestimmten Zeitraum vor und/oder nach formaler Ankündigung einer M&A-Transaktion dar.[313] Das kapitalmarktorientierte Messkonzept orientiert sich – insbesondere im Vergleich zu den übrigen drei vorwiegend externen Messkonzepten – weitestgehend am normativen Primat der Unternehmenswertsteigerung und ist verhältnismäßig einfach

F. (2004), S. 36-47; MARTYNOVA, M./RENNEBOOG, L. (2008), S. 2154ff. und S. 2160ff.; SUDARSANAM, S. (2003), S. 71-76.

310 Vgl. BACHMANN, C. W. R. (2001), S. 128; LANGENSTEIN, K. (2007), S. 178; SALTER, M. S./WEINHOLD, W. A. (1979), S. 116ff.

311 Vgl. hier und folgend BRUNER, R. F. (2004), S. 33. Vgl. zu alternativen Messgrößen kapitalmarktorientierter Messkonzepte auch SCHÄFER, M. (2001), S. 84f.

312 Unter Berücksichtigung von Dividendenausschüttungen; vgl. auch LANGENSTEIN, K. (2007), S. 180.

313 Vgl. auch BRUNER, R. F. (2002), S. 49; WEINMANN, M. (2004), S. 194.

anzuwenden. Es ist jedoch auch einiger Kritik ausgesetzt.[314] So kann dieses Konzept lediglich bei börsennotierten Unternehmen und nur eingeschränkt bei nicht börsennotierten Unternehmen oder Unternehmensteilen angewandt werden.[315] Des Weiteren handelt es sich bei der Analyse von Börsenkursentwicklungen um eine ex ante-Betrachtung, die statt tatsächlich realisierter Erfolge primär Erfolgserwartungen des Marktes, welche auf Basis öffentlich verfügbarer Informationen gebildet wurden, zum Gegenstand hat.[316] Außerdem besteht das Problem der verursachungsgerechten Abgrenzung zwischen M&A-transaktionsbedingten Effekten und sonstigen Effekten auf den Börsenkurs eines Unternehmens, wie z. B. die Umsetzung weiterer unternehmerischer Strategien oder auch Veränderungen von marktlichen oder regulatorischen Rahmenbedingungen.[317] Auch erschwert der hohe Aggregationsgrad des Börsenwertes eine verursachungsgerechte Zuordnung von Maßnahmen zu deren Erfolgswirkungen und damit ebenso die Steuerung von M&A-Projekten. Zur internen Messung und Steuerung von M&A-Projekterfolgen scheint dieses Messkonzept folglich nur bedingt geeignet.[318]

Bei der jahresabschlussorientierten Erfolgsmessung werden erfolgsrelevante Informationen zur Vermögens-, Finanz- und Ertragslage aus der externen Rechnungslegung des erwerbenden und/oder erworbenen Unternehmens bezogen.[319] Untersuchungen, denen dieses Messkonzept zugrunde liegt, werden daher auch als *Accounting Studies* oder *Operating Performance Studies* bezeichnet.[320] Der Erfolg wird hierbei auf Basis verschiedener jahresabschlussorientierter, meist relativer Kennzahlen und deren Vergleich

---

314 Hier und in den Kap. 3.3.2 bis 3.3.4 dieser Arbeit zu Erfolgsgrößen, Zeitpunkt und -raum sowie Vergleichsmaßstäben der Messung werden nur die für die Betrachtung dieser Arbeit wesentlichen Kritikpunkte an den gängigen Messkonzepten kurz vorgestellt. Für eine umfangreichere Darstellung und Diskussion wird auf die im Weiteren angegebenen Literaturquellen verwiesen.

315 Vgl. JAKOBY, S. (2000), S. 54; KIRCHNER, M. (1991), S. 98; ROCKHOLTZ, C. (1999), S. 53f. Im Rahmen dieser Arbeit werden jedoch nur börsennotierte Unternehmen betrachtet.

316 Vgl. JANSEN, S. A. (2004), S. 112f.; WIRTZ, B. W. (2003), S. 401; sowie hier und folgend HALEBLIAN, J. et al. (2009), S. 493.

317 Vgl. JAKOBY, S. (2000), S. 62; JUNG, H. (1993), S. 9; zu konjunkturellen Effekten auch BÖHMER, E./LÖFFLER, Y. (1999), 310f.

318 Vgl. auch SCHÄFER, M. (2001), S. 90.

319 Vgl. ALBRECHT, S. (1994), S. 57; KIRCHNER, M. (1991), S. 92; WEINMANN, M. (2004), S. 191.

320 Vgl. BRUNER, R. F. (2004), S. 34; PODDIG, T./VARMAZ, A. (2005), S. 210f. Für einen umfassenden Überblick zu bisherigen Untersuchungen und deren Ergebnissen vgl. BRUNER, R. F. (2004), S. 47-56; MARTYNOVA, M./RENNEBOOG, L. (2008), S. 2165ff.; SUDARSANAM, S. (2003), S. 77-82.

mit anderen Zeitperioden oder Vergleichsobjekten bzw. -gruppen ermittelt.[321] Im Fokus dieser Untersuchungen steht vorwiegend die Ermittlung des gewinn- und cashflow-orientierten Erfolgs, auf dessen Basis indirekt jedoch auch die Veränderung des Unternehmenswertes bestimmt werden kann.[322] Im Gegensatz zur kapitalmarktorientierten Erfolgsmessung stellt bei der jahresabschlussorientierten Erfolgsmessung lediglich die Publizitätspflicht, nicht jedoch die Börsennotierung eine Anwendungsvoraussetzung dar.[323] Allerdings schränken implizite rechnungslegungsbezogene Manipulationsspielräume, die nicht zuletzt durch grundsätzliche regulatorische oder integrationsbedingte Veränderungen in der Rechnungslegung der beteiligten Unternehmen noch erweitert werden können, die Aussagekraft und Vergleichbarkeit der betrachteten Kennzahlen ein.[324] Zudem handelt es sich bei diesem Messkonzept lediglich um eine ex post-Betrachtung zum Stichtag des Jahresabschlusses,[325] welcher zeitlich nicht notwendigerweise mit der Identifikation von M&A-projektbedingten Erfolgspotenzialen oder deren Realisierung zusammenfällt. Auch bei diesem Messkonzept besteht das Problem der verursachungsgerechten Abgrenzung M&A-projektbedingter von sonstigen Effekten auf die betrachteten jahresabschlussorientierten Kennzahlen.[326] Zudem erschwert der hohe Aggregationsgrad der verwendeten Kennzahlen eine kausale Zuordnung von Maßnahmen zu Erfolgswirkungen und somit die Steuerung von M&A-Projekten.[327] Aufgrund der umfangreichen Kritik kann auch hier festgehalten werden, dass dieses Messkonzept zur Beurteilung und Steuerung von M&A-Projekterfolgen nur unzureichend geeignet ist.

Zu den in der M&A-Forschung weniger häufig angewendeten Messkonzepten zählt die Erfolgsmessung anhand von Ersatzindikatoren bzw. Ereignissen.[328] Als solche Ersatzindikatoren, die sich nicht direkt am Unternehmenserfolg orientieren, gelten beispiels-

---

321 Vgl. GERPOTT, T. J. (1993), S. 193; JUNG, H. (1993), S. 10f.; KERLER, P. (1999), S. 103; LANGENSTEIN, K. (2007), S. 171-176.

322 Vgl. auch BRUNER, R. F. (2002), S. 51; OOGHE, H./LAERE, E. V./LANGHE, T. D. (2006), S. 225.

323 Vgl. WEINMANN, M. (2004), S. 191.

324 Vgl. BRUNER, R. F. (2004), S. 35; WIRTZ, B. W. (2003), S. 398; YOOK, K. C. (2004), S. 69.

325 Vgl. JUNG, H. (1993), S. 11; OOGHE, H./LAERE, E. V./LANGHE, T. D. (2006), S. 224; SUDARSANAM, S. (2003), S. 77.

326 Vgl. JUNG, H. (1993), S. 12; VOGEL, D. H. (2002), S. 280f.

327 Vgl. HALEBLIAN, J. et al. (2009), S. 493; LANGENSTEIN, K. (2007), S. 172.

328 Vgl. BAMBERGER, B. (1994), S. 117.

weise die Desinvestitionsrate oder auch die Mitarbeiterfluktuation.[329] Bei der Erfolgsmessung mittels der Desinvestitionsrate wird davon ausgegangen, dass nur erfolgreich erworbene Unternehmen im erwerbenden Unternehmen bzw. Unternehmensverbund verbleiben.[330] Jedoch ist kritisch anzumerken, dass eine Desinvestition aus einer Vielzahl verschiedener Gründe durchgeführt werden kann und nicht notwendigerweise Ausdruck eines erfolglosen M&A-Projektes ist.[331] Auch lässt sich dieser Ersatzindikator aufgrund seines Vergangenheitsbezugs und seiner lediglich dichotomen Ausprägung nicht für die Steuerung eines einzelnen M&A-Projektes nutzen.[332] Als weiterer Ersatzindikator wird die Mitarbeiterfluktuation bezogen auf die Führungskräfte, Leistungs- und/oder Wissensträger eines Unternehmens verwendet.[333] Allerdings stellt die Fluktuation weniger einen Indikator als eine Determinante des M&A-Projekterfolgs dar.[334] Fluktuation kann außerdem z. B. zur Vermeidung von Doppelbesetzung im Rahmen einer Integration oder zur Ermöglichung organisationaler Veränderungen sogar gewünscht sein.[335] Als alleiniges Beurteilungskriterium erscheinen somit die genannten Ersatzindikatoren grundsätzlich wenig sinnvoll, sondern stellen allenfalls eine Ergänzung zu anderen Messkonzepten dar.[336]

Ein weiteres Messkonzept ist die Erfolgsmessung mittels weitgehend standardisierter mündlicher oder schriftlicher Befragung von qualifizierten Auskunftspersonen, d. h. Managern, Mitarbeitern, internen und/oder externen Experten, die über ein umfangreiches M&A-projektspezifisches Wissen verfügen.[337] Der Erfolg eines M&A-Projektes

---

329 Vgl. SCHÄFER, M. (2001), S. 95 und S. 98. Vereinzelt finden auch andere Ersatzindikatoren, wie z. B. die akquisitionsbedingte Veränderungen der Marktposition oder die internationale Wettbewerbsfähigkeit, Anwendung; vgl. BAMBERGER, B. (1994), S. 120 und S. 170ff.

330 Vgl. JUNG, H. (1993), S. 14; WEINMANN, M. (2004), S. 189f.; sowie z. B. die Untersuchungen von BERGH, D. D. (1997); KAPLAN, S. N./WEISBACH, M. S. (1992); MONTGOMERY, C. A./WILSON, V. A. (1986); PORTER, M. E. (1987).

331 Vgl. ALBRECHT, S. (1994), S. 194; KERLER, P. (1999), S. 106; KIRCHNER, M. (1991), S. 99; außerdem zu den möglichen Gründen für eine Desinvestition MARKIDES, C. C./BERG, N. A. (1992), S. 13; WESTON, J. F. (1989), S. 69ff.

332 Vgl. LANGENSTEIN, K. (2007), S. 205f.; WIRTZ, B. W. (2003), S. 402; außerdem GERPOTT, T. J. (1993), S. 207, der dies als „Schwarz-Weiß-Erfolgsmessung" bezeichnet.

333 Vgl. BACHMANN, C. W. R. (2001), S. 131f.; sowie z. B. die Untersuchungen von CROUCH, A./ WIRTH, A. (1989); MARTIN, K. J./MCCONNELL, J. J. (1991); WALSH, J. P. (1989).

334 Vgl. CANNELLA JR., A. A./HAMBRICK, D. C. (1993), S. 149; SCHÄFER, M. (2001), S. 99.

335 Vgl. SEWING, N. (1996), S. 87.

336 Vgl. BAMBERGER, B. (1994), S. 120; GERPOTT, T. J. (1993), S. 209; WIRTZ, B. W. (2003), S. 403.

337 Vgl. BARK, C. (2002), S. 71; LANGENSTEIN, K. (2007), S. 207f.; SEWING, N. (1996), S. 87f.; sowie hier und folgend GERPOTT, T. J. (1993), S. 211ff.

wird hier aus der Erfolgseinschätzung der befragten Personen ermittelt, wobei teilweise die Erreichung vorab definierter, spezifischer M&A-Projektziele als Erfolgsmaßstab herangezogen wird. Vermutlich aufgrund der schwierigen und aufwendigen Informationsbeschaffung liegen hierzu nur verhältnismäßig wenige empirische Untersuchungen vor.[338] Die Anwendung dieses Messkonzeptes ist nicht auf börsennotierte oder publizitätspflichtige Unternehmen beschränkt und erlaubt eine differenzierte Beurteilung von M&A-Projekten, da dieses Messkonzept nicht wie die anderen bereits erläuterten Konzepte ausschließlich auf extern verfügbaren Informationen beruht.[339] Des Weiteren kann hier der M&A-Projekterfolg sowohl ex ante als auch ex post beurteilt werden, was die Steuerungsmöglichkeiten erweitert.[340] Hauptkritikpunkte an dieser Erfolgsmessung sind die teilweise eingeschränkte Informationsbereitschaft und -fähigkeit sowie Subjektivität der Befragten bei der Beurteilung des M&A-Projekterfolgs,[341] was gemäß der Agency-Theorie der Orientierung am Shareholder Value entgegenstehen kann.[342] Daraus möglicherweise resultierende Verzerrungen können zwar durch die Auswahl der Befragungsgruppe reduziert,[343] jedoch vermutlich nicht in ausreichendem Maß eliminiert werden. Nun erscheint auch dieses Messkonzept für sich genommen zur Messung und Steuerung des M&A-Projekterfolgs nicht ausreichend geeignet, sondern kann andere Messkonzepte lediglich ergänzen.[344]

Die bisherigen Ausführungen haben gezeigt, dass die Messung von M&A-Projekterfolgen aus externer Perspektive aufgrund vielfältiger methodeninhärenter Schwächen sehr schwierig ist. Dies lässt ZOLLO, M./MEIER, D. (2008) schlussfolgern: „*...acquisition performance is by its nature an extremely complex concept – a concept that can*

338 Vgl. auch BAMBERGER, B. (1994), S. 120; sowie z. B. die Untersuchungen von BROCK, D. M. (2005); BROUTHERS, K. D./HASTENBURG, P. v./VEN, J. v. d. (1998); KITCHING, J. (1967); VERY, P. et al. (1997); ZOLLO, M./MEIER, D. (2008).

339 Vgl. DATTA, D. K. (1991), S. 288; JUNG, H. (1993), S. 12; SCHÄFER, M. (2001), S. 105; SCHOENBERG, R. (2006), S. 362.

340 Vgl. LANGENSTEIN, K. (2007), S. 208; WIRTZ, B. W. (2003), S. 404.

341 Vgl. KERLER, P. (1999), S. 104; MÖLLER, W.-P. (1983), S. 43-51; ZOLLO, M./MEIER, D. (2008), S. 63; sowie SCHOENBERG, R. (2006) und die dort jeweils zitierten Quellen.

342 Vgl. auch BAMBERGER, B. (1994), S. 120f.; BRUNER, R. F. (2004), S. 35; WEINMANN, M. (2004), S. 189.

343 Anzunehmen ist u. a., dass die Auskunft von Experten weniger durch persönliche Zielsetzungen, begrenzte Erfahrung und eingeschränkte kognitive Fähigkeiten verzerrt ist als die von Managern oder sonstigen Mitarbeitern; vgl. ähnlich GERPOTT, T. J. (1993), S. 227; WIRTZ, B. W. (2003), S. 404f. Zu den Ursachen für die Verzerrungen vgl. auch PERIN, S. (1996), S. 55f.

344 Vgl. LANGENSTEIN, K. (2007), S. 209; WIRTZ, B. W. (2003), S. 405.

certainly be approached in different ways, but for which no individual way seems to suffice."[345] HALEBLIAN, J. et al. (2009) ergänzen: „*...there is no perfect measure of acquisition performance...*"[346] Auch haben einzelne Untersuchungen, die die verschiedenen Messkonzepte miteinander vergleichen, ergeben, dass der Erfolgsausweis je nach genutztem Messkonzept variieren kann.[347] Verschiedentlich wird daher auch eine Kombination von Einzelaspekten der dargestellten vorwiegend externen Messkonzepte gefordert.[348]

3.3.1.2 Praxisorientierte Konzepte der internen M&A-Erfolgsmessung

Die interne Erfolgsmessung fand in der Unternehmenspraxis bisher vorwiegend unter Bezug auf einzelne traditionelle gewinnorientierte Größen und Cashflows statt und beschränkte sich zeitlich auf die Integrationsphase von M&A-Projekten.[349] Zwar kann davon ausgegangen werden, dass die zur Erfolgsmessung genutzten Informationen eher dem internen als dem externen Rechnungswesen entstammen und somit im Regelfall eine detailliertere und realitätsgetreuere Beurteilung der wirtschaftlichen Lage der beteiligten Unternehmen erlauben, jedoch besteht nach wie vor das Problem der im Verlauf des M&A-Prozesses beschränkten Verfügbarkeit erfolgsrelevanter Informationen.[350] Nicht zuletzt auch aufgrund einer schwierigen Abgrenzung M&A-projektbezogener von sonstigen Erfolgswirkungen sowie begrenzter zeitlicher und personeller Ressourcen wurde in der Unternehmenspraxis der M&A-Projekterfolg intern in eher rudimentärer Form und teilweise überhaupt nicht gemessen.[351] Auch wenn einzelne Einflussgrößen des Unternehmenswertes gemessen wurden, so kann grundsätzlich nicht von einer kon-

---

345 ZOLLO, M./MEIER, D. (2008), S. 73.

346 HALEBLIAN, J. et al. (2009), S. 494.

347 Vgl. z. B. SCHOENBERG, R. (2006), S. 368; ZOLLO, M./MEIER, D. (2008), S. 70ff.

348 Vgl. z. B. EPSTEIN, M. J. (2005), S. 46; HALEBLIAN, J. et al. (2009), S. 494; MARKELEVICH, A. (2003), S. 3f.; SCHOENBERG, R. (2006), S. 368; ZOLLO, M./MEIER, D. (2008), S. 72.

349 Vgl. BARK, C./KÖTZLE, A. (2003), S. 141f.; ERNST & YOUNG (HRSG.) (2006), S. 21; GATES, S. (2000), S. 17; GATES, S./VERY, P. (2003), S. 183; SCHEITER, D. (1989), S. 56.

350 Vgl. zur Verfügbarkeit von Informationen auch FUNK, J. (1995), S. 503; HOFMANN, E. (2005), S. 484; STRASSER, B. (2000), S. 19ff.; WEISMÜLLER, A. (1997), S. 903, und ders. (2005), S. 673.

351 Vgl. auch GATES, S./VERY, P. (2003), S. 181; JANSEN, S. A. (2002), S. 266f.; KPMG (HRSG.) (1999), S. 7; PELLENS, B./TOMASZEWSKI, C./WEBER, N. (2000), S. 25.

sequenten Orientierung an der Unternehmenswertsteigerung als primärer Zielsetzung gesprochen werden.

Eine konsequente Wertorientierung bei der internen Erfolgsmessung von M&A-Projekten wird inzwischen allerdings vor allem in der Forschung fast einheitlich gefordert.[352] Mit der Entwicklung erster wertorientierter Ansätze zur M&A-Erfolgsmessung und -steuerung wird dieser Forderung auch Rechnung getragen.[353] Diesen Ansätzen zur Folge wird ein M&A-Projekt nur dann als erfolgreich bezeichnet, wenn dadurch der Unternehmenswert gesteigert wird.[354] Um die Steigerung des Unternehmenswertes zu ermitteln, kann sich unter anderem verschiedener Methoden der Unternehmensbewertung bedient werden.[355] Die Ermittlung des Unternehmenswertes anhand der Börsenkurse wie beim kapitalmarktorientierten Messkonzept tritt hierbei jedoch in der Regel aufgrund der beschriebenen Schwächen zugunsten genauerer interner Methoden in den Hintergrund, kann jedoch insbesondere zu Beginn des M&A-Prozesses oder zum Zweck des Vergleichs und der Plausibilisierung eines anderweitig ermittelten Wertes herangezogen werden.[356] Eine vollständige Unternehmensbewertung findet nach wie vor in der Unternehmenspraxis regelmäßig nur zur Kaufpreisermittlung für ein potenzielles Übernahmeobjekt statt.[357] Nach Erwerb eines Unternehmens erfolgen im Rahmen des gemäß den Vorschriften der internationalen Rechnungslegung (IAS 36) mindestens jährlich durchzuführenden Werthaltigkeitstests (*engl. Impairment Test*) Bewertungen der zahlungsmittelgenerierenden Einheiten (ZGEs) (*engl. Cash Generating*

---

352 Vgl. z. B. KÜRSTEN, W./MECKL, R./KROSTEWITZ, A. (2007), S. 158; RICHTER, F. (2005b), S. 321f.; WEINMANN, M. (2004), S. 71; für die Praxis auch WEISMÜLLER, A. (1997), S. 897.

353 Vgl. z. B. BIBERACHER, J./WOTSCHOFSKY, S. (2003), S. 25; COENENBERG, A. G./BIBERACHER, J. (2003), S. 337ff.; MEIER, H. (2001), S. 30ff.; ROCKHOLTZ, C. (1999), S. 127ff.; WEINMANN, M. (2004), S. 274ff.

354 Vgl. auch die Ausführungen zur Unternehmenswertsteigerung als normativer Zielsetzung von M&A-Projekten in Kap. 3.2.2 dieser Arbeit.

355 Vgl. für eine Übersicht zu Methoden der Unternehmensbewertung im Rahmen von M&A z. B. COENENBERG, A. G./SCHULTZE, W. (2006), S. 476ff., und dies. (2007), S. 347ff. Deren jeweilige Vor- und Nachteile werden in Kap. 3.3.2.4 dieser Arbeit diskutiert.

356 Vgl. EULERICH, M. (2009), S. 30; MEIER, H. (2001), S. 315; SCHÄFER, M. (2001), S. 89.

357 Vgl. z. B. WIRTZ, B. W. (2003), S. 201ff.; hier und folgend auch HACHMEISTER, D. (2009), S. 64.

Units (*CGUs*)).[358] Vereinzelt wird sich vereinfachend wertorientierter Kennzahlen bedient, anhand derer versucht wird, eine Unternehmenswertsteigerung abzubilden.[359]

Um den M&A-Projekterfolg über den gesamten M&A-Prozess hinweg effektiv messen und somit auch steuern zu können, bietet sich eine Verknüpfung der externen mit der internen M&A-Erfolgsmessung an. Vereinzelt wurde bereits in der Forschung darauf hingewiesen, dass sich die erläuterten vorwiegend externen Messkonzepte sowie deren Erkenntnisse auch für die interne M&A-Erfolgsmessung nutzen lassen.[360] Nicht zuletzt scheint eine solche Verknüpfung auch notwendig, da der strategische Investor bei der Beurteilung des aktuellen und zu erwartenden Erfolgs eines M&A-Projektes vor der Herausforderung von im Verlauf des M&A-Prozesses zwar zunehmender, jedoch begrenzt verfügbarer Informationen steht.[361] Durch die Kombination extern und intern verfügbarer Informationen zur Wertschaffung kann der Erfolg von M&A-Projekten sowohl ex ante als auch ex post über den gesamten Verlauf des M&A-Prozesses hinweg so detailliert und realitätsgetreu wie möglich beurteilt werden und bildet somit die verlässlichste Basis für die Erfolgssteuerung.

3.3.2 Messgrößen der Zielerreichung

Nach einer kurzen Erläuterung und Beurteilung der grundlegenden Konzepte zur Messung von M&A-Projekterfolgen ist nun darauf aufbauend die Frage zu beantworten, welche Messgrößen für die Messung der Zielerreichung von M&A-Projekten geeignet sind. Hierzu werden zunächst grundlegende Arten von Messgrößen differenziert (vgl. Kap. 3.3.2.1), der Grundsatz der Wertorientierung näher illustriert (vgl. Kap. 3.3.2.2) sowie weitere Anforderungen an wertorientierte Messgrößen formuliert (vgl. Kap. 3.3.2.3). Darauf aufbauend werden relevante Messgrößen miteinander verglichen. Dazu werden verschiedene Methoden der dynamischen Unternehmensbewertung (vgl. Kap. 3.3.2.4), statische wertbeitragsorientierte Kennzahlen (vgl. Kap. 3.3.2.5) und schließlich

---

358 Vgl. EPSTEIN, R./PELLENS, B./RUHWEDEL, P. (2005), S. 6; sowie zur jährlichen Durchführung IAS 36.96 und zur ggf. unterjährigen Durchführung IAS 36.12.

359 Vgl. SUDARSANAM, S. (2003), S. 560; ähnlich WEISMÜLLER, A. (2005), S. 685.

360 Vgl. hierzu WEINMANN, M. (2004), S. 188ff.; sowie auch im Folgenden die empirische Untersuchung von BARK, C./KÖTZLE, A. (2003), S. 141ff.

361 Vgl. MEIER, H. (2001), S. 75; WEISMÜLLER, A. (1997), S. 903; sowie ausführlich zu Informationsasymmetrien bei M&A auch STRASSER, B. (2000), S. 19ff.

das Konzept des residualen ökonomischen Gewinns (vgl. Kap. 3.3.2.6) kurz vorgestellt und deren Eignung für die Messung der Zielerreichung im Rahmen von M&A-Projekten überprüft.

3.3.2.1 Grundlegende Arten von Messgrößen

Inhaltlich lassen sich M&A-projektbezogene Messgrößen grundsätzlich in finanzwirtschaftliche, markt- und ressourcenorientierte, soziale und prozessuale Messgrößen differenzieren.[362] Finanzwirtschaftliche Messgrößen, wie beispielsweise gewinn- und wertorientierte Kennzahlen, dienen der Beurteilung des finanziellen M&A-Projekterfolgs. Markt- und ressourcenorientierte Messgrößen, wie z. B. Marktanteile, Technologien und Produkte, geben Aufschluss über die Marktposition und Wettbewerbsfähigkeit der beteiligten Unternehmen. Mit Hilfe sozialer und ökologischer Messgrößen, wie unter anderem Personalfluktuation, Ausfallzeiten und Schadstoffemissionen, werden die Auswirkungen von M&A-Projekten auf Mitarbeiter und unternehmensexterne Anspruchsgruppen bemessen. Prozessuale Messgrößen, z. B. in Form von Projektmeilensteinen wie dem Abschluss der Due Diligence oder auch der Erstellung von Integrationsplänen, ermöglichen schließlich die Messung des M&A-Projektfortschritts, d. h. der Sachzielerreichung von M&A-Projekten.

Die geforderte konsequente Orientierung an der Steigerung des Unternehmenswertes als primärer Zielsetzung von M&A-Projekten kann auf oberster Betrachtungsebene jedoch nur durch die Verwendung finanzwirtschaftlicher Messgrößen gewährleistet werden. Unter diesen ist dem Unternehmenswert und den wertorientierten Kennzahlen gegenüber den traditionellen gewinnorientierten Kennzahlen der Vorzug zu gewähren, da letztere nur bedingt in der Lage sind, Veränderungen des Unternehmenswertes angemessen abzubilden.[363] Als Kritik an traditionellen gewinnorientierten Kennzahlen werden in der einschlägigen Literatur vor allem folgende Aspekte hervorgehoben:[364] die

---

362 Vgl. hier und folgend GERPOTT, T. J. (1993), S. 229-231; SCHEITER, D. (1989), S. 56-58. Deren Kategorisierung wurde aufgrund der besonderen Bedeutung von Prozesszielen um prozessuale Messgrößen erweitert. Vgl. zu Letzterem auch die Ausführungen in Kap. 3.2.3 dieser Arbeit.

363 Vgl. FAUPEL, C./RÖPKE, H.-J./SCHÜMER, O. (2010), S. 55; hier und folgend auch GOMEZ, P./WEBER, B. (1990), S. 184ff.; MEIER, H. (2001), S. 242-244.

364 Vgl. z. B. auch BAUM, H.-G./COENENBERG, A. G./GÜNTHER, T. (2007), S. 281f.; BÜHNER, R. (1990), S. 16-22; RAPPAPORT, A. (1999), S. 15ff.

Bewertungsspielräume bei der Gewinnermittlung, die mangelnde Korrelation zwischen regelmäßig genutzten jahresabschlussorientierten Kennzahlen und der Wertentwicklung am Kapitalmarkt, die unzureichende Berücksichtigung von Risiken sowie des Zeitwertes des Geldes, die Vergangenheitsorientierung, die Kurzfristigkeit und der Periodenbezug der Betrachtung sowie die fehlende Abbildung des Kapitalbedarfs zur Wachstumsfinanzierung.

3.3.2.2 Grundsatz der Wertorientierung

Die effektive Messung der Steigerung des Unternehmenswertes als primärer Zielsetzung von M&A-Projekten erfordert eine weitere perspektivische Abgrenzung. Zur Bestimmung des Unternehmenswertes bzw. dessen Veränderung besteht nämlich nicht nur eine Vielzahl an Alternativen, sondern es können sich je nach Bewertungsperspektive auch unterschiedliche Werte ergeben.

So wird im Allgemeinen zwischen einem objektiven, objektivierten und subjektiven Unternehmenswert sowie dem Marktpreis eines Unternehmens unterschieden.[365] Der objektive Unternehmenswert basiert auf der Vorstellung, dass sich der Wert eines Unternehmens allein aus dessen immanenten Eigenschaften ergibt, d. h. unabhängig von den Interessen des Bewertenden – z. B. eines bestimmten Käufers oder des Verkäufers – und situativer Rahmenbedingungen ist, und damit als allgemeingültig betrachtet werden kann.[366] Aufgrund dieser theoretischen und idealisierten Vorstellung entbehrt der objektive Unternehmenswert allerdings auch einer praktischen Existenz.[367] Der Begriff des objektivierten Unternehmenswertes entstammt der Wirtschaftsprüfungspraxis[368] und bezeichnet einen Unternehmenswert aus Sicht eines fiktiven „normalen“ Käufers oder Verkäufers mit „normalen“ Zukunftserwartungen.[369] Allerdings bleiben auch hier subjektive und individuelle Wert- und Nutzenvorstellungen des Bewertenden sowie auch potenzielle Wertsteigerungspotenziale unberücksichtigt, womit der Aussagegehalt die-

---

365 Vgl. hier und folgend COENENBERG, A. G./SCHULTZE, W. (2007), S. 360; PEEMÖLLER, V. H. (2009), S. 4ff.

366 Vgl. SERFLING, K./PAPE, U. (1995), S. 811.

367 Vgl. ACHLEITNER, P. (2000), S. 97; BECK, P. (1996), S. 73; WEINMANN, M. (2004), S. 64.

368 Vgl. hierzu insb. den Bewertungsstandard IDW S 1 (2008) des Instituts der Wirtschaftprüfer in Deutschland e. V. (IDW).

369 Vgl. hier und folgend COENENBERG, A. G./SCHULTZE, W. (2006), S. 474f.

ses Unternehmenswertes für die Zwecke dieser Arbeit stark eingeschränkt ist.[370] Der subjektive Unternehmenswert basiert hingegen auf den subjektiven Wert- und Nutzenvorstellungen des Bewertenden und bezieht explizit dessen individuelle Planungen mit in die Bewertung ein.[371] Von diesem subjektiven Unternehmenswert ist der Marktpreis eines Unternehmens, d. h. dessen Börsenkapitalisierung, abzugrenzen.[372] Der Marktpreis basiert unter anderem auf lediglich öffentlich verfügbaren Informationen sowie auf dem Verhalten und den Erwartungen der verschiedenen Marktteilnehmer und kann daher lediglich grobe Anhaltspunkte für den Wert eines Unternehmens liefern.[373] Folglich kann nur der subjektive Unternehmenswert der dieser Arbeit zugrunde gelegten Perspektive des strategischen Investors entsprechen und für jenen mess- bzw. steuerungsrelevant sein.

Bei der subjektiven Unternehmensbewertung im Rahmen von M&A-Projekten ist zu beachten, dass eine Ermittlung des eigenständigen (*engl. stand alone*) Wertes des Übernahmeobjektes nicht ausreichend ist. Planungen bezüglich der Integration und gemeinsamen Geschäftsentwicklung der beteiligten Unternehmen müssen ebenfalls berücksichtigt werden (vgl. Abb. 12).

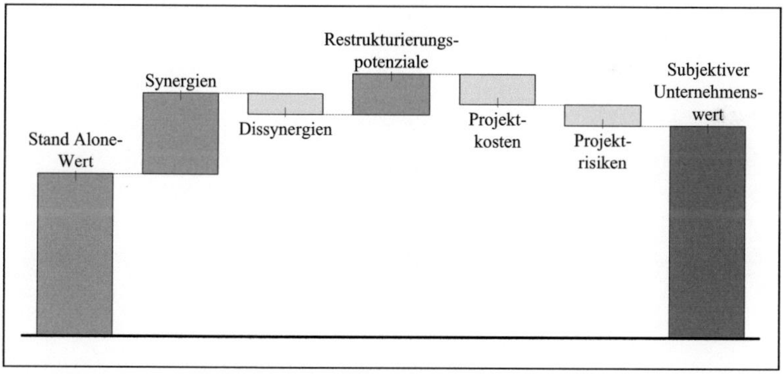

Abb. 12: M&A-spezifische Komponenten des Unternehmenswertes (Quelle: Eigene Abbildung)

---

370 Vgl. ähnlich GINTENREITER, P./KHINAST-SITTENTHALER, C. (2002), S. 323; KERLER, P. (1999), S. 193f.

371 Vgl. COENENBERG, A. G./SCHULTZE, W. (2007), S. 360; SCHOLZ, J. (2000), S. 75ff.

372 Vgl. hier und folgend auch RICHTER, F. (2005b), S. 327ff.

373 Vgl. BALLWIESER, W. (2001), S. 12; BÖCKING, H.-J./NOWAK, K. (2000), S. 17ff.; HEBERTINGER, M. (2002b), S. 68f.

Daher ist der sog. *Stand Alone*-Wert noch um M&A-projektspezifische Komponenten zu erweitern, d. h., der Wert möglicher Synergien oder auch Dissynergien, Restrukturierungspotenziale, Projektkosten und Risiken des M&A-Projektes müssen in die Berechnung aufgenommen werden.[374] Da zum einen dementsprechend sowohl auf Seiten des Käuferunternehmens als auch auf Seiten des Übernahmeobjektes Wert geschaffen oder auch vernichtet werden kann und zum anderen eine isolierte Betrachtung beider Unternehmen über den gesamten M&A-Prozess hinweg aufgrund der Integration des gekauften Unternehmens in der Regel nur schwer möglich ist, muss ein gemeinsamer bzw. kombinierter Unternehmenswert in das Kalkül einbezogen werden.[375] Zu folgen ist jedoch weiterhin der Perspektive des Käuferunternehmens, welche in dieser Arbeit eingenommen wird. Es ist daher unerlässlich, die Wertschaffung für die Eigentümer des Käuferunternehmens von jener für die Eigentümer des Verkäuferunternehmens zu trennen (vgl. Abb. 13).

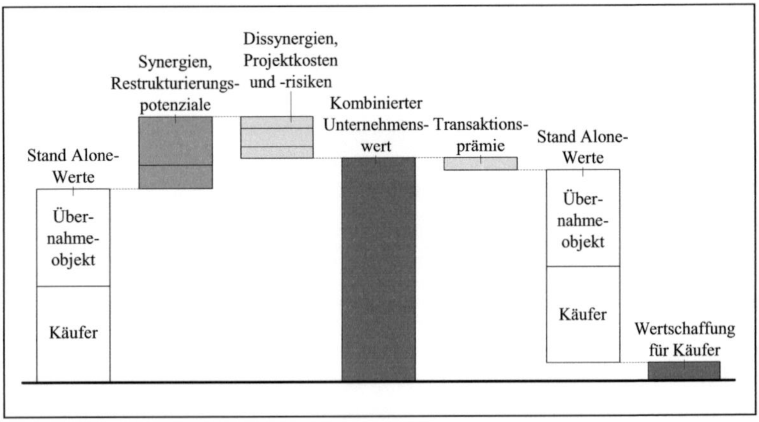

Abb. 13: Unternehmenswertsteigerung bei M&A aus Käuferperspektive (Quelle: Eigene Abbildung)

Letztere entspricht der Transaktionsprämie, die sich als Differenz zwischen dem gezahlten Kaufpreis und dem *Stand Alone*-Wert des Übernahmeobjektes ergibt.[376]

[374] Vgl. KÜTING, K. (1981), S. 186; SCHULTE, C. (1994), S. 9f.; WEISMÜLLER, A. (2005), S. 677; WIRTZ, B. W. (2003), S. 202f.

[375] Vgl. ähnlich BAETGE, J. (1997), S. 451; EULERICH, M. (2009), S. 32; JANSEN, S. A. (2002), S. 268; WEISMÜLLER, A. (2005), S. 687.

[376] Vgl. HUNGENBERG, H. (2011), S. 522; SODEIK, N. (2009), S. 28; WEINMANN, M. (2004), S. 127f.

Werden diese Transaktionsprämie sowie die *Stand Alone*-Werte beider beteiligten Unternehmen von deren kombiniertem Unternehmenswert abgezogen, so erhält man die Wertschaffung für das Käuferunternehmen bzw. dessen Eigentümer.[377]

3.3.2.3 Weitere Anforderungen an wertorientierte Messgrößen

Um den Unternehmenswert zu steigern, müssen sowohl ex ante diejenigen Entscheidungen identifiziert werden, die wertsteigernd sind, als auch ex post kontrolliert werden, dass geplante Wertsteigerungen auch tatsächlich realisiert werden.[378] Mit Hilfe von Messgrößen muss daher der Erfolg von M&A-Projekten nicht nur gemessen werden können, sondern Messgrößen müssen auch eine effektive und effiziente Steuerung im Sinne einer Planung und Kontrolle von M&A-Projekten ermöglichen. Daher können die hier als Messgrößen bezeichneten Größen auch als Steuerungsgrößen aufgefasst werden. Gemäß COENENBERG, A. G./FISCHER, T. M./GÜNTHER, T. (2009) ergeben sich grundsätzlich die Anforderungen an Steuerungsgrößen aus deren Zweck der Planung, Kontrolle und Leistungsbeurteilung sowie dem Prinzip der Wirtschaftlichkeit.[379] Als grundlegende Anforderungen an Steuerungsgrößen werden deren Entscheidungsrelevanz, Kontrollrelevanz und Wirtschaftlichkeit genannt (vgl. Abb. 14).

Eine Messgröße ist entscheidungsrelevant, wenn durch diese im Rahmen der Planung verschiedene Handlungsalternativen und deren Konsequenzen bewertet werden und somit die Entscheidungsfindung unterstützt werden kann.[380] Zur angemessenen Bewertung muss die Messgröße alle zukünftigen aus der Entscheidung resultierenden Konsequenzen, Periodeninterdependenzen und den Zeitwert des Geldes berücksichtigen (Zukunftsorientierung).[381] Um bei der Entscheidung auch Unsicherheiten in der künftigen Entwicklung Rechnung zu tragen, müssen daneben alle relevanten unternehmensinternen und -externen Risiken berücksichtigt werden (Risikoorientierung).

---

377 Vgl. ähnlich BIBERACHER, J./WOTSCHOFSKY, S. (2003), S. 25; JANSEN, S. A. (2001b), S. 12; RICHTER, F. (2005b), S. 326; WEISMÜLLER, A. (2000), S. 198.

378 Vgl. COENENBERG, A. G./MATTNER, G./SCHULTZE, W. (2003), S. 4; COENENBERG, A. G./SCHULTZE, W. (2002), S. 611.

379 Vgl. hier und im Folgenden COENENBERG, A. G./FISCHER, T. M./GÜNTHER, T. (2009), S. 758ff.; sowie ausführlich auch COENENBERG, A. G. (1995), S. 2080ff.; SIEFKE, M. (1999), S. 53-69. Zu den Aufgaben des Controllings, wie Planung und Kontrolle, vgl. ausführlich die Erläuterungen in Kap. 4.1.4 dieser Arbeit.

380 Vgl. auch SCHULTZE, W./HIRSCH, C. (2005), S. 16.

381 Vgl. hier und folgend auch COENENBERG, A. G./MATTNER, G./SCHULTZE, W. (2003), S. 4.

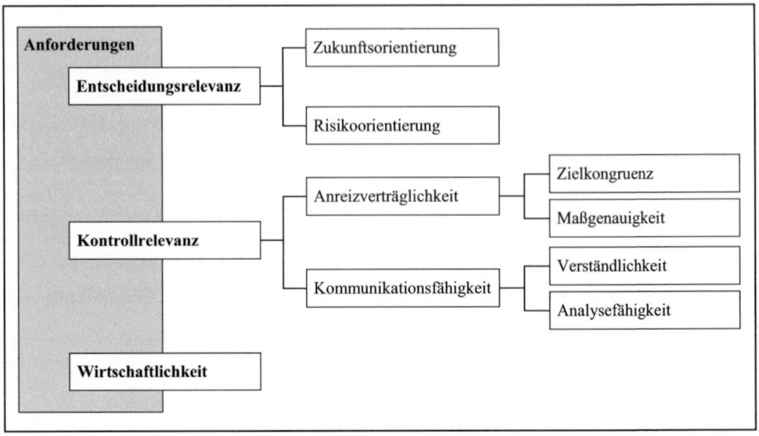

Abb. 14: Grundsätzliche Anforderungen an Mess- und Steuerungsgrößen (In Anlehnung an: COENENBERG, A. G./FISCHER, T. M./GÜNTHER, T. (2009), S. 760)

Eine Messgröße ist kontrollrelevant, wenn durch diese das Verhalten der Entscheidungsträger zielorientiert gesteuert werden kann.[382] Um potenzielle Interessenkonflikte und Informationsasymmetrien im Unternehmen zu überwinden und zu zielorientiertem Verhalten zu motivieren, müssen messgrößenbezogene Leistungsanreize geschaffen werden. Voraussetzung hierfür ist die Anreizverträglichkeit einer Messgröße. Um anreizverträglich zu sein, muss eine Messgröße nicht nur in sachlich logischem Zusammenhang mit dem hier übergeordneten Ziel der Unternehmenswertsteigerung stehen und somit zielkongruent sein.[383] Eine Messgröße muss auch maßgenau sein, d. h., es muss ein genau zu ermittelnder, manipulationsresistenter Zusammenhang zwischen dem individuellen Verhalten der Entscheidungsträger und der Ausprägung der Messgröße bestehen, um somit eine leistungsbezogene Belohnung zu ermöglichen.[384] Um das Verhalten der Entscheidungsträger mit Hilfe einer Messgröße steuern zu können, muss diese auch kommunikationsfähig sein. Dies bedeutet, dass die Messgröße für die Entscheidungsträger verständlich, d. h. möglichst einfach und nachvollziehbar, und analysefähig sein muss.[385] Analysefähig ist eine Messgröße, wenn nicht nur die Abweichung

---

[382] Vgl. hier und folgend auch SCHULTZE, W./HIRSCH, C. (2005), S. 17ff.

[383] Vgl. auch WEBER, J. et al. (2004), S. 85.

[384] Vgl. auch KAJÜTER, P. (2007), S. 443.

[385] Vgl. auch LIEBETRUTH, T./OTTO, A. (2006), S. 15.

von Zielgrößen, sondern auch deren Ursachen transparent gemacht und in der Folge ggf. korrigierende Maßnahmen eingeleitet werden können.

Eine Messgröße ist schließlich wirtschaftlich, wenn die Kosten der Entwicklung, Einführung und Verwendung der Messgröße in einem angemessenen Verhältnis zu deren Nutzen stehen.[386] D. h. mittelfristig, spätestens jedoch langfristig sollte der mit der Messgröße verbundene Nutzen deren Kosten übersteigen.[387]

Eine ideale Mess- und Steuerungsgröße, die alle erläuterten Anforderungen vollständig erfüllt, kann es nicht geben, da die Erfüllung der Anforderungen nicht nur voneinander abhängig ist, sondern teilweise auch in einem konfliktären Verhältnis steht.[388] Dennoch können durch den Vergleich des Erfüllungsgrades der verschiedenen Anforderungen Tendenzaussagen zur grundsätzlichen und relativen Steuerungseignung einzelner Messgrößen getroffen werden. Im Folgenden werden daher die kurz erläuterten Anforderungen zum Vergleich verschiedener Messgrößen herangezogen, um daraus Gestaltungsempfehlungen für die Steuerung von M&A-Projekten abzuleiten.

3.3.2.4 Methoden der Unternehmensbewertung

Den Unternehmenswert bzw. dessen Veränderung als Messgröße der Zielerreichung von M&A-Projekten zu nutzen, erscheint naheliegend,[389] da die Steigerung des Unternehmenswertes die normative Zielsetzung von M&A-Projekten im Sinne dieser Arbeit darstellt. Zur Bestimmung des Unternehmenswertes sind aufgrund verschiedener Bewertungszwecke insbesondere in der Unternehmenspraxis eine Reihe unterschiedlicher Methoden der Unternehmensbewertung entwickelt worden (vgl. Abb. 15).[390] Die heute in der Praxis dominierenden Gesamtbewertungsverfahren stellen auf ein Unternehmen

---

386 Vgl. hier und folgend SCHULTZE, W./HIRSCH, C. (2005), S. 28.

387 KAJÜTER, P. (2007), S. 443, und WEBER, J. et al. (2004), S. 87, merken an, dass sich in der Unternehmenspraxis Nutzen und Kosten einzelner Kennzahlen nicht genau quantifizieren lassen.

388 Vgl. auch HEBERTINGER, M. (2002b), S. 6 und S. 59ff.; SCHULTZE, W./HIRSCH, C. (2005), S. 29f.

389 Vgl. ähnlich HEBERTINGER, M. (2002b), S. 92.

390 Neben den im Folgenden kurz dargestellten Bewertungsverfahren bestehen zum einen Mischverfahren, die einzelne Verfahren kombinieren, sowie spezialisierte Verfahren, wie z. B. Realoptionsansätze, auf die in dieser Arbeit nicht näher eingegangen werden kann. Zu Realoptionsansätzen vgl. z. B. RÖDL, M. (2002), S. 175ff. Die Begriffe „Methode“ und „Verfahren“ werden in Bezug auf die Unternehmensbewertung im Folgenden synonym verwendet, da eine trennscharfe begriffliche Abrenzung hier nicht als wesentlich betrachtet wird und in der einschlägigen Literatur ebenfalls vernachlässigt wird.

als ganze Bewertungseinheit ab und nicht wie die substanzorientierten Einzelbewertungsverfahren auf die Summe der einzelnen Vermögensgegenstände abzüglich der Schulden.[391] Vergleichswertverfahren ermitteln mit Hilfe von Multiplikatoren Vergleichswerte für ein ganzes Unternehmen. Zukunftserfolgswertverfahren ermitteln den Unternehmenswert auf der Grundlage der erwarteten, den Eigentümern zukünftig zufließenden Zukunftserfolge. Die verschiedenen Methoden der Unternehmensbewertung eignen sich allerdings nicht alle gleichermaßen zur Verwendung im Rahmen von M&A-Projekten.

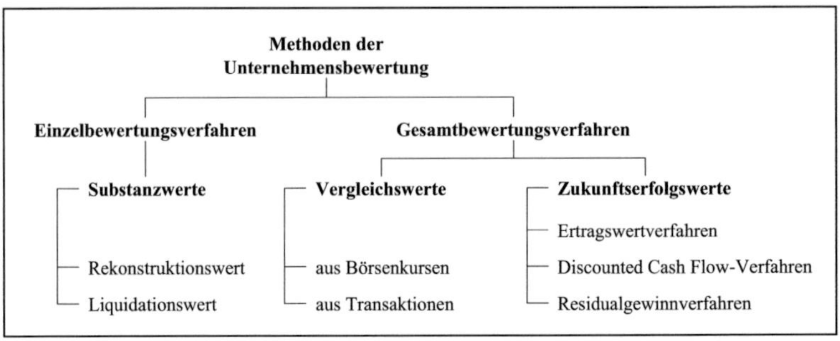

Abb. 15: Grundlegende Methoden der Unternehmensbewertung
(In Anlehnung an: COENENBERG, A. G./SCHULTZE, W. (2006), S. 476)

Zu den Einzelbewertungs- bzw. Substanzwertverfahren gehören die Ermittlung des Rekonstruktionswertes und des Liquidationswertes.[392] Der Rekonstruktionswert basiert auf der theoretischen Annahme der vollständigen Rekonstruktion eines existierenden Unternehmens und wird aus der Summe der einzelnen zu Wiederbeschaffungskosten bewerteten Vermögensgegenstände abzüglich der Verbindlichkeiten des Unternehmens ermittelt.[393] Beim Liquidationswert wird dagegen von der Zerschlagung des zu bewertenden Unternehmens ausgegangen. Der Unternehmenswert ergibt sich hier aus der Summe der einzelnen, erzielbaren Veräußerungserlöse von Vermögensgegenständen abzüglich der Schulden des Unternehmens und zusätzlich für die Zerschlagung anfallenden Kosten.[394]

[391] Vgl. hier und folgend z. B. auch COENENBERG, A. G./SCHULTZE, W. (2006), S. 476.

[392] Vgl. ausführlich z. B. SIEBEN, G./MALTRY, H. (2005), S. 377ff.

[393] Vgl. HEBERTINGER, M. (2002a), Sp. 2330.

[394] Vgl. SERFLING, K./PAPE, U. (1995), S. 816.

Der Liquidationswert stellt damit aus Käuferperspektive lediglich eine Art Wertuntergrenze des Unternehmens dar,[395] berücksichtigt jedoch nicht die Nutzenvorstellungen eines strategischen Investors, der grundsätzlich an einer Unternehmensfortführung interessiert ist.[396] Bei den erläuterten Verfahren mangelt es offensichtlich an einer Zukunfts- und Risikoorientierung, weshalb diese als nicht entscheidungsrelevant bezeichnet werden können.[397] Als primäre Bewertungsmethode im Rahmen von M&A-Projekten scheiden die Einzelbewertungs- bzw. Substanzwertverfahren daher aus und können allenfalls eine Hilfs- bzw. Plausibilisierungsfunktion einnehmen.[398]

Bei Vergleichswertverfahren, auch Multiplikatorverfahren genannt, erfolgt die Unternehmensbewertung auf Basis eines Vergleichs des Bewertungsobjekts mit anderen vergleichbaren Unternehmen oder M&A-Transaktionen.[399] Hierbei werden Börsenwerte vergleichbarer Unternehmen (Marktwerte) oder realisierte Kaufpreise von vergleichbaren M&A-Transaktionen (Vergleichswerte) mit Hilfe von Multiplikatoren (*engl. Multiples*) auf das Bewertungsobjekt übertragen.[400]

Zwar sind diese Verfahren verhältnismäßig einfach anzuwenden und ermöglichen eine Bewertung auch bei nur eingeschränkt verfügbaren Informationen,[401] dennoch sind diese in der Regel mit erheblichen Ungenauigkeiten verbunden,[402] die einer Nutzung als

---

395 Vgl. BAETGE, J./KRUMBHOLZ, M. (1991b), S. 25; BARTKE, G. (1981), S. 400.

396 Vgl. auch die Ausführungen zu strategischen Investoren in Kap. 2.1.2 dieser Arbeit. Für weiterzuveräußernde Unternehmensteile erscheint eine solche Bewertung jedoch sinnvoll; vgl. auch BECK, P. (1996), S. 109.

397 Vgl. ähnlich HACHMEISTER, D. (2009), S. 65; WEINMANN, M. (2004), S. 80.

398 Vgl. auch COENENBERG, A. G./SCHULTZE, W. (2006), S. 478, und dies. (2007), S. 349; GÜNTHER, T. (1997), S. 91.

399 Der Begriff der Vergleichbarkeit kann weit gefasst sein und z. B. bedeuten, dass die Unternehmen der gleichen Branche angehören, ähnliche Wachstumsraten oder Risikostrukturen aufweisen; vgl. auch BHOJRAJ, S./LEE, C. M. C. (2002), S. 408ff.; LÖHNERT, P. G./BÖCKMANN, U. J. (2009), S. 570.

400 Vgl. GAUGHAN, P. A. (2007), S. 550f.; KLEIN, K.-G./JONAS, M. (2008), S. 169; MADRIAN, J./KRÖBER, T./JAIS, S.-D. (2005), S. 360f.; RICHTER, F. (2005b), S. 348. Als Multiplikatoren dienen bspw. das Kurs-Gewinn-Verhältnis (*Price/Earnings-Multiple*), Kurs-Cashflow-Verhältnis (*Price/Cash Flow-Multiple*) oder auch verschiedene Umsatz-Gewinn-Verhältnisse (*Sales/EBIT-* oder *Sales/EBITDA-Multiple*).

401 Vgl. BARTHEL, C. W. (1996), S. 149ff.; DAMODARAN, A. (2001), S. 252; YOO, Y. K. (2006), S. 109.

402 Vgl. GÜNTHER, T. (1997), S. 93-95; WIRTZ, B. W. (2003), S. 209f.; sowie COENENBERG, A. G./SCHULTZE, W. (2002), S. 603, die anmerken, dass nur im Fall der Identität aller bewertungsrelevanten Parameter bei Vergleichs- und Bewertungsobjekt eine richtige und einfache Anwendung der Multiplikatormethode möglich ist. Ist dies nicht der Fall, können umfangreiche Anpassungen notwendig sein, womit der Vorteil der Einfachheit dieser Methode entfällt.

primärer Bewertungsmethode im Rahmen von M&A-Projekten entgegenstehen.[403] Vergleichswertverfahren können daher nur für eine erste Grobbewertung zu Beginn des M&A-Prozesses und zur Plausibilitätsprüfung und Intervallbestimmung möglicher Unternehmenswerte genutzt[404] und somit im Rahmen der Messung und Steuerung von M&A-Projekten anderen Verfahren bestenfalls zur Seite gestellt werden.

Im Rahmen von Zukunftserfolgswertverfahren ergibt sich der Unternehmenswert als Barwert durch risikoadjustierte Diskontierung der künftig mit dem Unternehmen erzielbaren Erfolge.[405] Bewertungsrelevant sind dabei alle vom Unternehmen zu erwartenden Rückflüsse an die Eigner.[406] Als Zukunftserfolge werden daher unter anderem aus Ertragsüberschüssen abgeleitete Ausschüttungen, Cashflows sowie Residualgewinne betrachtet und demzufolge mehrere Zukunftserfolgswertverfahren unterschieden: das Ertragswertverfahren, das *Discounted Cash Flow*-Verfahren und das Residualgewinnverfahren.[407]

Nach dem traditionellen Ertragswertverfahren, das dem Netto- oder auch *Equity*-Ansatz folgt,[408] wird der Unternehmenswert als Barwert der zukünftigen Nettoausschüttungen des Unternehmens an die Eigentümer ermittelt.[409] Diese Nettoausschüttungen werden aus den Ertragsüberschüssen abzüglich Steuern und aller Zahlungen an die Fremdkapitalgeber abgeleitet und entsprechen regelmäßig unter Annahme der Vollaus-

---

Alternativ weist z. B. YOO, Y. K. (2006), S. 120, auf die Möglichkeit hin, verschiedene Multiplikatoren simultan zur Bewertung heranzuziehen, um deren Genauigkeit zu erhöhen.

403 JONAS, M. (2009), S. 541, S. 543 und S. 546, weist zusätzlich auf mögliche Fehlinterpretationen durch einfache Bewertungsverfahren, wie z. B. dem Multiplikatorverfahren, insb. in sich krisenhaft verändernden Märkten hin.

404 Vgl. ähnlich COENENBERG, A. G./SCHULTZE, W. (2007), S. 351; GÜNTHER, T. (1997), S. 95; HESSELMANN, C./KUNATH, O. (2009), S. 11.

405 Vgl. COENENBERG, A. G./SCHULTZE, W. (2006), S. 482. Diese Methode entspricht der investitionstheoretischen Kapitalwertmethode.

406 Vgl. hier und folgend GÜNTHER, T. (1997), S. 78.

407 Daneben bestehen noch weitere Methoden bzw. Varianten der hier vorgestellten Methoden, wie z. B. das *Dividend Discount Model*. An dieser Stelle sollen jedoch nur die für diese Arbeit wesentlichen Methoden kurz vorgestellt werden.

408 Bei dem Netto- bzw. *Equity*-Ansatz wird der Unternehmenswert bzw. Wert des Eigenkapitals direkt ermittelt und nicht wie im Fall des Brutto- bzw. *Entity*-Ansatzes durch nachträglichen Abzug des Fremdkapitals. Vgl. hierzu z. B. BEHRINGER, S. (1999), S. 806; HACHMEISTER, D. (2009), S. 65-69; WEIßENBERGER, B. E. (2009), S. 43.

409 Vgl. hier und folgend COENENBERG, A. G./SCHULTZE, W. (2006), S. 488f., und dies. (2007), S. 356; DIRRIGL, H. (1994), S. 411. Als Ertragswert und Diskontierungszinssatz können auch alternative Größen dienen; vgl. PEEMÖLLER, V. H./KUNOWSKI, S. (2005), S. 208ff. So kann letztlich auch das *Discounted Cash Flow*-Verfahren als Variante des Ertragswertverfahrens im weiten Sinne bezeichnet werden.

schüttung dem Periodenerfolg bzw. Bilanzgewinn gemäß Jahresabschluss.[410] Der Barwertermittlung dient ein Diskontierungszinssatz, der aus Sicht der Anteilseigner der Rendite einer sicheren Alternativanlage zuzüglich eines unternehmensspezifischen Risikozuschlags entspricht.[411]

Allerdings ist das traditionelle Ertragswertverfahren insbesondere aufgrund dessen vereinfachter Anwendung in der Bewertungspraxis einiger Kritik ausgesetzt.[412] So unterliegen jahresabschlussorientierte Erfolgsgrößen regelmäßig bilanzpolitischen Spielräumen. Zudem wird nicht berücksichtigt, dass die Verfügbarkeit zukünftiger Unternehmenserfolge von geplanten Investitionen und Kapitaldiensten abhängig ist. Durch eine eher pauschale Ermittlung von Risikozuschlägen ist eine Risikoorientierung nur eingeschränkt möglich. Auch besteht bei der Verwendung grundsätzlich vergangenheitsbezogener Jahresabschlussgrößen die Gefahr einer Fortschreibung von Vergangenheitswerten anstatt einer notwendigen Zukunftsorientierung. Die erläuterten Einschränkungen der Risiko- und Zukunftsorientierung führen zu einer nur eingeschränkten Entscheidungsrelevanz. Das traditionelle Ertragswertverfahren erscheint daher nicht als primäre Bewertungsmethode im Rahmen von M&A-Projekten geeignet.[413]

Das *Discounted Cash Flow* (DCF)-Verfahren unterscheidet sich vom traditionellen Ertragswertverfahren dadurch, dass die zukünftig möglichen Ausschüttungen aus den erwarteten Zahlungsüberschüssen, d. h. den Cashflows, ermittelt werden und der Diskontierungszinssatz differenzierter und kapitalmarktbezogen – bspw. auf Basis des sogenannten *Capital Asset Pricing*-Modells (CAPM)[414] – ermittelt wird.[415] Der Unternehmenswert im Sinne des Wertes des Eigenkapitals kann hierbei sowohl nach dem Brutto- als auch nach dem Nettoansatz bestimmt werden.[416] Je nach gewähltem Ansatz, Abgrenzung der erwarteten Cashflows, verwendetem Diskontierungszinssatz sowie Be-

---

410 Vgl. COENENBERG, A. G./SCHULTZE, W. (2002), S. 604; HACHMEISTER, D. (2009), S. 66.

411 Vgl. BALLWIESER, W. (2011), S. 81.

412 Vgl. hier und im Folgenden KERLER, P. (1999), S. 201f.; WEINMANN, M. (2004), S. 86-91.

413 Vgl. ebenso HAFNER, R. (1989), S. 9-15; SIEBEN, G. (1993), Sp. 4327; WEINMANN, M. (2004), S. 88.

414 Vgl. zum CAPM die grundlegende Arbeit von SHARPE, W. F. (1964); erläuternd auch BARK, C. (2011), S. 65ff.

415 Vgl. MADRIAN, J./KRÖBER, T. (2005), S. 459; WEINMANN, M. (2004), S. 92f. und S. 98ff.

416 Vgl. COENENBERG, A. G./SCHULTZE, W. (2007), S. 356. Im Rahmen des Bruttoansatzes wird zunächst der Wert des Gesamtkapitals ermittelt, wovon anschließend der Wert des Fremdkapitals abgezogen wird. Im Rahmen des Nettoansatzes wird dagegen direkt der Wert des Eigenkapitals ermittelt.

rücksichtigung von Kapitalstrukturveränderungen im Zeitablauf werden grundsätzlich vier verschiedene Varianten unterschieden: der *Weighted Average Cost of Capital* (WACC)-, der *Adjusted Present Value* (APV)-Ansatz und der *Total Cash Flow* (TCF)-als Bruttoansätze sowie der *Equity*-Ansatz als Nettoansatz.[417]

Auch wenn die DCF-Verfahren nicht zuletzt aufgrund deren deutlicher Entscheidungsrelevanz, Zielkongruenz und Analysefähigkeit inzwischen in Theorie und Unternehmenspraxis die größte Akzeptanz erfahren,[418] so sind auch diese einiger Kritik ausgesetzt. So stellt sich z. B. die Prognose zukünftiger Cashflows unter Unsicherheit grundsätzlich schwierig dar.[419] Des Weiteren ist der Anteil des Restwertes, der den Wert der nach dem Planungszeitraum realisierbaren Cashflows ausdrückt und je nach Ermittlung und zugrunde liegenden Annahmen stark variieren kann, am Unternehmenswert erheblich.[420] Zusammengenommen führt dies zu einer eingeschränkten Maßgenauigkeit. Auch den Anforderungen der Verständlichkeit und Wirtschaftlichkeit kann das DCF-Verfahren nicht vollständig entsprechen, da es sich um ein eher komplexes und eingeschränkt praktikables Verfahren handelt.[421] So weisen Cashflows keine unmittelbare Verbindung zu herkömmlichen, allgemein verständlichen Steuerungsgrößen, wie z. B. Umsatz und Jahresüberschuss, auf. Des Weiteren besteht in Wissenschaft und Unternehmenspraxis erschwerend eine Vielzahl unterschiedlichster Cashflow-Definitionen.[422] Außerdem ist die Ermittlung des DCF mit großem Aufwand verbunden, da neben Plan-Bilanz sowie Plan-Gewinn- und Verlustrechnung auch eine Plan-Kapitalflussrechnung über den Betrachtungs- und Prognosezeitraum aufgestellt werden muss.[423] Die DCF-Verfahren erscheinen somit zwar zur Unterstützung der Entscheidungsfindung sehr gut, zur Kontrolle und Verhaltenssteuerung jedoch weniger geeignet.

---

417 Für eine ausführliche Gegenüberstellung der Varianten des DCF-Verfahrens vgl. z. B. BAETGE, J./NIEMEYER, K./KÜMMEL, J. (2005), S. 269ff.; BALLWIESER, W. (2011), S. 132ff.

418 Vgl. WEINMANN, M. (2004), S. 110. Vgl. zur Dominanz der DCF-Verfahren in der Unternehmenspraxis auch LORENZ, M. (2009), S. 12-14; PELLENS, B./TOMASZEWSKI, C./ WEBER, N. (2000), S. 17ff.

419 Vgl. hier und folgend PENMAN, S. H./SOUGIANNIS, T. (1998), S. 367.

420 Vgl. BORCHERS, S. (2000), S. 187; COENENBERG, A. G./SCHULTZE, W. (2002), S. 606. LUCKS, K./MECKL, R. (2002), S. 181f., weisen darauf hin, dass der Restwert bis zu 80 Prozent des Unternehmenswertes umfassen kann. HENSELMANN, K. (2000), S. 151f., weist auf einen noch höheren möglichen Restwert hin.

421 Vgl. HOSTETTLER, S. (1997), S. 3.

422 Vgl. SCHULTZE, W./HIRSCH, C. (2005), S. 36.

423 Vgl. LITTKEMANN, J./MICHALIK, C. (2004), S. 159.

Beim Residualgewinnverfahren (*engl. Residual Income Model*) wird versucht, das normative Primat der langfristigen Wertorientierung mit der traditionellen Gewinnorientierung zu verbinden.[424] Der Unternehmenswert wird hier mit Hilfe des Barwerts zukünftiger Residualgewinne ermittelt. Der Residualgewinn stellt den Übergewinn dar, der als Überschuss des Periodengewinns eines Unternehmens über die risikoadäquate Verzinsung des eingesetzten Kapitals den Investoren zukommt.[425] Der Unternehmenswert lässt sich hierbei sowohl nach dem Brutto- als auch nach dem Nettoansatz ermitteln,[426] wobei ersterer aufgrund seiner Finanzierungsunabhängigkeit für die Steuerung dezentraler Unternehmenseinheiten, welche in der Regel keinen Einfluss auf die Finanzierung haben, besser geeignet ist.[427] Danach ergibt sich der Unternehmenswert aus der Addition des Barwerts der Residualgewinne und des investierten Kapitals abzüglich des Fremdkapitals. Diesem Bruttoansatz folgen auch die wohl bekanntesten Varianten des Residualgewinnverfahrens, im Rahmen derer eine Bewertung mit Hilfe von *Economic Value Added* (EVA)™, *Economic Profit* (EP) oder *Cash Value Added* (CVA) als jeweilige Residualgewinngröße erfolgt.[428]

Aufgrund der Konzeption als Zukunftserfolgsverfahren und der expliziten Berücksichtigung des Risikos bei der Diskontierung, ist es unstrittig, dass alle Residualgewinnverfahren zukunfts- und risikoorientiert sind und somit als entscheidungsrelevant zu bezeichnen sind. Außerdem führen grundsätzlich bei Gültigkeit des sog. Preinreich-

---

424 Vgl. MEIER, H. (2001), S. 323. Zur Entstehung des Residualgewinnkonzeptes und folgend vgl. auch FRANCIS, J./OLSSON, P./OSWALD, D. R. (2000), S. 49f.

425 Vgl. COENENBERG, A. G./SCHULTZE, W. (2006), S. 492; SCHULTZE, W./HIRSCH, C. (2005), S. 36.

426 Zur grundlegenden Berechnung vgl. z. B. auch COENENBERG, A. G./SCHULTZE, W. (2002), S. 606.

427 Vgl. BAUM, H.-G./COENENBERG, A. G./GÜNTHER, T. (1999), S. 286; hier und folgend COENENBERG, A. G./SCHULTZE, W. (2007), S. 359. COENENBERG, A. G./MATTNER, G./ SCHULTZE, W. (2003), S. 7, verweisen darauf, dass die Finanzierungsstruktur häufig zentral vorgegeben wird und daher auf operativer Ebene nicht beeinflusst werden kann.

428 Hierbei ergibt sich der Gesamtunternehmenswert (d. h. inkl. Fremdkapital) durch Addition des Barwerts zukünftiger Residualgewinne mit einer konzeptspezifischen Kapitalgröße. Für eine ausführliche Beschreibung dieser Residualgewinnkonzepte vgl. die grundlegenden Werke deren Begründer: zum EVA, markenrechtlich eingetragen von Stern Stewart & Co., STEWART, G. B. (1991), S. 44ff.; zum EP nach McKinsey & Company erstmalig COPELAND, T. E./KOLLER, T./ MURRIN, J. (1994), S. 55f.; sowie zum CVA nach The Boston Consulting Group LEWIS, T. G. (1995), S. 109ff. Eine neuere, jedoch weniger bekannte Variante stellt jene auf Basis der Earnings Less Riskfree Interest Charges (ERIC) nach KPMG dar; vgl. VELTHUIS, L. J./WESNER, P. (2005), S. 42ff.; sowie die Ausführungen in Kap. 3.3.2.5 dieser Arbeit.

Lücke-Theorems[429] die Residualgewinnverfahren zum selben Ergebnis wie die DCF-Verfahren,[430] weshalb auch für die Residualgewinnverfahren eine vollständige Zielkongruenz bestätigt werden kann. Zwar besteht auch für zukünftige Residualgewinne das Problem der Prognoseunsicherheit, jedoch sind Residualgewinnverfahren in der praktischen Anwendung als wesentlich transparenter als die DCF-Verfahren anzusehen, da der Zusammenhang zwischen Rentabilität und Kapitalkosten durch die Darstellung als Überrendite deutlich erkennbar ist.[431] Zur erhöhten Transparenz der Annahmen und zur Plausibilität trägt auch der häufig geringere Anteil des Restwertes am Unternehmenswert[432] bei, was insbesondere im Fall begrenzt verfügbarer Informationen von besonderem Vorteil ist. Dementsprechend sind Residualgewinnverfahren als etwas maßgenauer als DCF-Verfahren anzusehen.[433] Ebenso wie beim DCF-Verfahren können auch beim Residualgewinnverfahren auf der einen Seite die Einflussgrößen auf den Unternehmenswert genau analysiert werden. Auf der anderen Seite wird jedoch die Bewertung durch Nutzung eines Barwerts prognostizierter Zukunftsgrößen komplex und weniger verständlich.[434] Hinsichtlich der Wirtschaftlichkeit ist festzustellen, dass die Kosten von Residualgewinnverfahren trotz teilweise notwendiger Anpassungen bzw. Konversionen in der Regel geringer sind als jene von DCF-Verfahren, welche eine umfassendere Erfolgs- und Finanzplanung erfordern.[435]

Für die Planung und damit Entscheidungsunterstützung ist es unstrittig, dass sich eine Unternehmenswertsteigerung am besten durch die Verfahren der Unternehmensbewer-

---

429 Das Preinreich-Lücke-Theorem nach sowohl LÜCKE, W. (1955), S. 313ff.; als auch PREINREICH, G. A. D. (1937), S. 220, besagt, dass der Barwert der Cashflows dem Barwert der Residualgewinne entspricht. Voraussetzungen hierfür sind der Abzug kalkulatorischer Zinsen vom Periodenerfolg und die Gültigkeit des sog. Kongruenz- bzw. *Clean Surplus*-Prinzips, nach dem in der Totalperiode die Summe der Periodenerfolge gleich der Summe der Cashflows sein muss. Vgl. hierzu ausführlicher auch HEBERTINGER, M. (2002b), S. 73-75, und die dort zitierten Quellen.

430 Vgl. KLOOCK, J. (1981), S. 877; SCHULTZE, W./HIRSCH, C. (2005), S. 50. Unterschiedliche Unternehmenswerte können sich in der Bewertungspraxis lediglich durch abweichende Vereinfachungen und Planungsannahmen ergeben; vgl. FRANCIS, J./OLSSON, P./OSWALD, D. R. (2000), S. 46; HACHMEISTER, D. (2009), S. 65.

431 Vgl. hier und folgend COENENBERG, A. G./SCHULTZE, W. (2002), S. 609.

432 Vgl. PENMAN, S. H./SOUGIANNIS, T. (1998), S. 367, die darauf hinweisen, dass bei Residualgewinnverfahren Investitionsauszahlungen über die Nutzungsdauer verteilt werden, wohingegen beim DCF-Verfahren entsprechende Rückflüsse erst relativ spät ins Kalkül eingehen und zu einem relativ hohen Anteil des Residualwerts am Gesamtunternehmenswert führen.

433 Vgl. hier und folgend SCHULTZE, W./HIRSCH, C. (2005), S. 95-97.

434 Vgl. MENSCH, G. (1999), S. 447.

435 Vgl. SCHULTZE, W./HIRSCH, C. (2005), S. 96f., die hiervon jedoch die Verwendung des CVA als Residualgewinn ausschließen.

tung abbilden lässt, da hier sowohl Zukunfts- und Risikoorientierung als auch Zielkongruenz bestmöglich gewährleistet werden können (vgl. für eine zusammenfassende Beurteilung der Eignung der Methoden der Unternehmensbewertung Tab. 4).[436] Allerdings scheinen sich diese dynamischen, periodenübergreifenden Verfahren nicht für die Kontrolle und anreizkompatible Verhaltenssteuerung zu eignen.[437] Durch den Zukunftsbezug können beispielsweise Planrevisionen in die Erfolgsbeurteilung einbezogen und diese unter Umständen manipuliert werden.[438] Auch ist die Kommunikationsfähigkeit im Sinne der Verständlichkeit bei komplexeren Bewertungsverfahren durchaus eingeschränkt. Der mit einer vollständigen Unternehmensbewertung einhergehende Aufwand lässt zudem auf eine eingeschränkte Wirtschaftlichkeit schließen[439] – insbesondere dann, wenn eine Bewertung auch unterjährig bzw. unabhängig von quasi obligatorischen Bewertungsanlässen wie der Kaufpreisermittlung oder dem in der Regel jährlichen Werthaltigkeitstest durchgeführt werden soll. Im Folgenden wird daher auch die Eignung statischer wertbeitragsorientierter Kennzahlen überprüft.

Anforderungen an Mess- und Steuerungsgrößen	**Methoden der Unternehmensbewertung**				
	Substanzwert-verfahren	Vergleichswert-verfahren	Ertragswert-verfahren	DCF-Verfahren	Residualgewinn-verfahren
Zukunftsorientierung	--	0	0	++	++
Risikoorientierung	--	0	0	++	++
Zielkongruenz	--	-	0	++	++
Maßgenauigkeit	0	--	-	-	0
Verständlichkeit	0	+	0	-	-
Analysefähigkeit	0	--	0	+	+
Wirtschaftlichkeit	--	+	0	-	0

Tab. 4: Zusammenfassende Beurteilung von Methoden der Unternehmensbewertung für die wertorientierte Steuerung von M&A-Projekten[440]
(Quelle: Eigene Darstellung)

436 Vgl. hier und folgend COENENBERG, A. G./SCHULTZE, W. (2002), S. 613f.; SCHULTZE, W./ HIRSCH, C. (2005), S. 103.

437 Vgl. auch KAJÜTER, P. (2007), S. 437; PFAFF, D./SCHULTZE, W. (2006), S. 130.

438 Vgl. hier und folgend auch COENENBERG, A. G./MATTNER, G./SCHULTZE, W. (2003), S. 17f.; HEBERTINGER, M. (2002b), S. 93.

439 Vgl. MEIER, H. (2001), S. 322.

440 Die Zeichen in den Zellen dieser Tabelle weisen auf den Erfüllungsgrad der einzelnen Anforderung durch die jeweilige Methode der Unternehmensbewertung hin. Der Erfüllungsgrad wird dabei durch Ausprägungen gar nicht erfüllt (--), eher nicht erfüllt (-), eingeschränkt erfüllt (0), eher erfüllt (+) und besonders erfüllt (++) angezeigt.

3.3.2.5 Wertbeitragsorientierte Kennzahlen

Im Gegensatz zu den dynamischen, mehrperiodigen Verfahren der Unternehmensbewertung erscheinen statische, periodenbezogene Kennzahlen, die den Wertbeitrag einer Periode zum Ausdruck bringen, als weniger komplex und besser für Kontrollzwecke geeignet. Aufgrund des offensichtlichen Einperioden- und Vergangenheitsbezugs können statische Kennzahlen allerdings nicht zur Entscheidungsfindung herangezogen werden,[441] auch wenn diesen durch die Anreizwirkung Einfluss auf die Entscheidungsfindung zuzuschreiben ist.[442]

Periodenbezogene Cashflows sind prinzipiell nicht dazu geeignet, die erzielte Wertsteigerung einer Periode abzubilden.[443] Hierzu müssten unter anderem erwartete und realisierte Cashflows unter Berücksichtigung von Planungsänderungen miteinander verglichen werden, was nicht nur zu einem hohen Aufwand durch diverse Nachrechnungen, sondern auch zu einem erweiterten Manipulationsspielraum führen würde.[444] Zudem handelt es sich bei Cashflows um liquiditäts- und nicht erfolgsorientierte Kennzahlen, die grundsätzlich schwer verständlich sind und deren Veränderungen sowie jenen zugrunde liegende Ursachen nur schwer zu beurteilen sind.[445] Die Anforderungen der Anreizverträglichkeit, Kommunikationsfähigkeit und Wirtschaftlichkeit sind im Fall von periodenbezogenen Cashflows somit nur unzureichend erfüllt.[446]

Es ist zu überprüfen, inwieweit residualgewinnbasierte Wertbeitragskennzahlen die verschiedenen Anforderungen an Mess- und Steuerungsgrößen für M&A-Projekte erfüllen. Zu den residualgewinnbasierten Wertbeitragskennzahlen zählen *Economic Value Added* (EVA), *Economic Profit* (EP), *Cash Value Added* (CVA), *Added Value* (AV) und *Earnings Less Riskfree Interest Charges* (ERIC). Grundsätzlich ist festzustellen, dass durch Residualgewinne die in einer Periode erzielte Wertsteigerung nicht unmittelbar bemessen wird, da der Barwert des für diese Periode geplanten Residualgewinns bereits

---

441 Vgl. SCHULTZE, W./WEILER, A. (2010), S. 771.

442 Vgl. PFAFF, D./SCHULTZE, W. (2006), S. 131.

443 Vgl. FAUPEL, C./RÖPKE, H.-J./SCHÜMER, O. (2010), S. 60.

444 Vgl. hier und folgend COENENBERG, A. G./MATTNER, G./SCHULTZE, W. (2003), S. 5f.; COENENBERG, A. G./SCHULTZE, W. (2002), S. 612f.

445 Vgl. auch die Ausführungen im vorhergehenden Kap. 3.3.2.4 zu DCF-Verfahren der Unternehmensbewertung.

446 Vgl. COENENBERG, A. G./FISCHER, T. M./GÜNTHER, T. (2009), S. 821.

im Unternehmenswert enthalten ist.[447] Die zusätzliche Wertsteigerung in einer Periode ergibt sich vielmehr aus der Differenz zwischen geplantem und tatsächlich realisiertem Residualgewinn, welche jedoch durch Planungsänderungen sehr manipulationsanfällig und somit zur anreizorientierten Verhaltenssteuerung nicht geeignet ist.[448] Vielfach wird daher in der Unternehmenspraxis die periodische Veränderung eines Residualgewinns betrachtet.[449] Um Anreizverzerrungen zu vermeiden, muss diese jedoch in Abhängigkeit des genutzten Residualgewinn-Konzepts angepasst werden, was zu einer schlechteren Verständlichkeit und Wirtschaftlichkeit führt.[450] Eine genauere Beurteilung kann sich jedoch nur aus der folgenden detaillierteren Betrachtung der einzelnen residualgewinnbasierten Wertbeitragskonzepte erschließen.

Der *Economic Value Added* (EVA) wurde von dem Beratungsunternehmen Stern Stewart & Co. entwickelt[451] und stellt sowohl das in der Theorie meist diskutierte als auch das in der Unternehmenspraxis meist verbreitete Residualgewinnkonzept dar.[452] Der Bruttomethode folgend kann der EVA auf zwei verschiedene Arten ermittelt werden.[453] Zum einen ergibt sich der EVA nach der sog. *Capital Charge*-Formel aus der Differenz zwischen dem Betriebsergebnis vor Zinsen und nach Steuern, dem *Net Operating Profit After Taxes* (NOPAT), und den kalkulatorischen Kapitalkosten, die wiederum durch Multiplikation des Nettobetriebsvermögens zu Periodenbeginn, den *Net Operating Assets* (NOA), mit einem durchschnittlichen Gesamtkapitalkostensatz, dem *Weighted Average Cost of Capital* (WACC), ermittelt werden.[454] Zum anderen wird der EVA nach der sog. *Value Spread*-Formel durch die Multiplikation des Nettobetriebsvermögens zu Periodenbeginn (NOA) mit der betrieblichen Überrendite, die auch als *Spread* oder Residualrendite bezeichnet wird und sich durch Abzug der durch-

---

447 Vgl. hier und im Folgenden SCHULTZE, W./HIRSCH, C. (2005), S. 69ff.

448 Vgl. hier und folgend auch STRACK, R./VILLIS, U. (2001), S. 70.

449 Vgl. COENENBERG, A. G./MATTNER, G./SCHULTZE, W. (2003), S. 3 und S. 16; MEIER, H. (2001), S. 329; STRACK, R./VILLIS, U. (2001), S. 70.

450 Vgl. COENENBERG, A. G./FISCHER, T. M./GÜNTHER, T. (2009), S. 845, sowie die Erläuterung der einzelnen Wertbeitragskennzahlen weiter unten in diesem Kapitel der Arbeit.

451 Vgl. auch im Folgenden die grundlegende Arbeit von STEWART, G. B. (1991).

452 Zur Verbreitung der Residualgewinnmodelle in der Praxis vgl. z. B. die Untersuchungen von ADERS, C. et al. (2003), S. 720f.; SCHULTZE, W./STEEGER, L./SCHABERT, B. (2009), S. 18f.

453 Vgl. hier und im Folgenden auch SCHUSTER, P./JAMESON, M. (2003), S. 43.

454 Vgl. STEWART, G. B. (1991), S. 137 und folgend S. 136f.

schnittlichen Gesamtkapitalkosten (WACC) von der erzielten Vermögensrendite ergibt, berechnet.

Kritisch anzumerken ist, das der EVA aufgrund möglicher Anreizverzerrungen durch Abschreibungen nach dem Tragfähigkeitsprinzip angepasst werden muss,[455] was zum einen zwar eine starke Zielkongruenz gewährleistet, jedoch zum anderen die Kenntnis bzw. Prognose des Cashflow-Profils voraussetzt und zu einem Mehraufwand sowie einer erhöhten Komplexität führt. Da die genutzten Ergebnis- und Vermögensgrößen vorwiegend auf der externen Rechnungslegung basieren, werden diese zur Erhöhung der Aussagekraft ebenfalls verschiedenen spezifischen Anpassungsmaßnahmen bzw. Konversionen unterzogen, um damit zu einer der wirtschaftlichen Realität eher entsprechenden Sichtweise zu gelangen.[456] Neben der erwähnten Prognose des Cashflow-Profils eröffnet dies einen gewissen Manipulationsspielraum, der allerdings durch eine transparente und konsistente Umsetzung der Anpassungen hinreichend begrenzt und somit die Maßgenauigkeit des EVA gewährleistet werden kann.[457] Trotz der genannten Anpassungen ermöglichen die Komponenten der *Capital Charge*- und der *Value Spread*-Formel zur Berechnung des EVA eine verhältnismäßig einfache Ableitung beeinflussbarer Werttreiber, was die Analysefähigkeit und auch Verständlichkeit des EVA bestätigt.[458] Die Größen zur Ermittlung des EVA sind in der Regel aus dem Informationssystem des Unternehmens bzw. Projektes zu erhalten.[459] Deren Anpassung durch Konversionen ist lediglich in der Implementierungsphase mit einem erhöhten Aufwand

---

455 Hiernach wird die Summe der Belastungen durch Abschreibungen und kalkulatorische Zinsen proportional zu den erzielten Cashflows auf die Perioden verteilt. Es werden somit bei einem Projekt mit positivem Kapitalwert nur positive Residualgewinne ausgewiesen. Vgl. dazu und zu möglichen Anreizverzerrungen BALDENIUS, T./FUHRMANN, G./REICHELSTEIN, S. (1999), S. 58; COENENBERG, A. G./SCHULTZE, W. (2002), S. 613.

456 Vgl. FISCHER, T. M. (1999), S. 6ff.; FISCHER, T. M./WENZEL, J. (2000), S. 10ff.; sowie HOSTETTLER, S. (1997), S. 97ff., der die bis zu 164 möglichen Anpassungsmaßnahmen oder auch Konversionen in vier Gruppen unterteilt: *operating, funding, shareholder* und *tax conversions*. Anzumerken ist jedoch, dass in der Praxis je nach Unternehmen gem. STEWART, G. B. (1994), S. 73f., nur 20-25 Maßnahmen relevant sind, wovon wiederum lediglich 5-10 tatsächlich umgesetzt werden. Vgl. ähnlich WEIßENBERGER, B. E. (2009), S. 47, sowie die dort zitierten empirischen Studien.

457 Vgl. SCHULTZE, W./HIRSCH, C. (2005), S. 73f., und die dort im Einzelnen zitierten Quellen.

458 Vgl. zur Analysefähigkeit BURGER, A./ULBRICH, P./AHLEMEYER, N. (2010), S. 560; zur leichten Verständlichkeit STERN, J. M./SHIELY, J. S./ROSS, I. (2001), S. 15; WURL, H.-J./ KUHNERT, M./HEBELER, C. (2001), S. 1369.

459 Vgl. FISCHER, T. M. (2001), S. 170.

verbunden.[460] Somit kann auch die Wirtschaftlichkeit dieser Steuerungsgröße als gegeben betrachtet werden.[461] Da folglich der EVA die Anforderungen der Kontrollrelevanz und Wirtschaftlichkeit durchaus erfüllt, kann dieser zur Kontrolle und Verhaltenssteuerung im Rahmen von M&A-Projekten herangezogen werden.

Der von dem Beratungsunternehmen McKinsey & Company entwickelte *Economic Profit* (EP)[462] weist eine große Ähnlichkeit zum EVA auf.[463] So kann dieser auf dieselben zwei Arten wie der EVA ermittelt werden, lediglich die Vermögensgröße wird erkennbar anders abgegrenzt.[464] Als Vermögensgröße dient beim EP-Konzept das *Invested Capital* (IC), das dem zu Buchwerten bewerteten investierten Kapital abzüglich nicht betrieblicher Komponenten entspricht. Weitere Anpassungen bzw. Konversionen der Vermögensgröße wie beim EVA unterbleiben hier. Als Ergebnisgröße wird hier der *Net Operating Profit Less Adjusted Taxes* (NOPLAT) herangezogen, der sich aus den *Earnings Before Interest and Taxes* (EBIT) abzüglich adaptierter Steuerzahlungen ergibt und mit dem NOPAT des EVA-Konzeptes vergleichbar ist.[465] Die schließlich genutzte Vermögensrendite, der *Return On Invested Capital* (ROIC), resultiert aus der Division der Ergebnisgröße NOPLAT durch die Vermögensgröße IC.[466]

Aufgrund der hohen Ähnlichkeit von EP und EVA kann angenommen werden, dass beide Residualgewinnkonzepte sich gleichermaßen für die Kontrolle und Verhaltenssteuerung bei M&A-Projekten eignen.[467] Allerdings könnte ein je nach konkretem Anwendungsfall geringerer Anpassungsaufwand beim EP einer höheren Maßgenauigkeit beim EVA gegenüberstehen. Zudem könnte aufgrund der allgemein größeren Bekannt-

---

460 Vgl. auch FISCHER, T. M. (1999), S. 24.

461 Vgl. LITTKEMANN, J./MICHALIK, C. (2004), S. 160; SCHULTZE, W./HIRSCH, C. (2005), S. 77f.

462 Vgl. erstmalig COPELAND, T. E./KOLLER, T./MURRIN, J. (1994), S. 55f.; sowie hier und im Folgenden KOLLER, T./GOEDHART, M./WESSELS, D. (2005), S. 116-119 und S. 165-176.

463 Vgl. BEHRINGER, S. (1999), S. 808; SCHUSTER, P./JAMESON, M. (2003), S. 50.

464 Vgl. SCHULTZE, W./HIRSCH, C. (2005), S. 47.

465 Vgl. zur Vergleichbarkeit von NOPLAT und NOPAT HOSTETTLER, S. (1997), S. 56. Im Gegensatz zum NOPAT des EVA-Konzeptes wird der NOPLAT gem. dem EP-Konzept nicht aus der Bilanz abgeleitet, sondern basiert auf Free Cash Flows; vgl. SCHUSTER, P./JAMESON, M. (2003), S. 44.

466 Vgl. KOLLER, T./GOEDHART, M./WESSELS, D. (2005), S. 164.

467 Zur Beurteilung der Eignung sei daher auf die unmittelbar vorangehenden Ausführungen zum EVA verwiesen. Vgl. ähnlich zur Eignung für eine wertorientierte Unternehmenssteuerung FAUPEL, C./RÖPKE, H.-J./SCHÜMER, O. (2010), S. 60; SCHULTZE, W./HIRSCH, C. (2005), S. 81.

heit und stärkeren Verbreitung des EVA-Konzeptes[468] im Vergleich zum EP-Konzept dem EVA unter Umständen eine höheres Verständnis zugeschrieben und somit gegenüber dem EP der Vorzug eingeräumt werden.

Der *Cash Value Added* (CVA) wurde vom Beratungsunternehmen The Boston Consulting Group entwickelt[469] und weist im Vergleich zu den bisher dargestellten Residualgewinnkonzepten eine stärkere Zahlungsorientierung auf.[470] Die grundlegende Berechnung des CVA erfolgt analog zur *Value Spread*-Formel des EVA, wonach sich der Residualgewinn durch die Multiplikation der Vermögensgröße mit der Differenz aus Vermögensrendite und durchschnittlichen Gesamtkapitalkosten ermitteln lässt. [471] Allerdings unterscheidet sich die Definition der zugrunde liegenden Größen wesentlich vom EVA. So werden die durchschnittlichen Kapitalkostensätze nicht unternehmens-, sondern länderspezifisch ermittelt.[472] Die Vermögensrendite gemäß dem CVA-Konzept, der *Cash Flow Return On Investment* (CFROI), wird vorwiegend statisch aus dem Verhältnis zwischen nachhaltigem Cashflow und der spezifischen Vermögensgröße, der Brutto-Investitionsbasis (BIB), abgeleitet.[473] Der nachhaltige Cashflow stellt dabei den Brutto-Cashflow (BCF), d. h. den Zahlungsüberschuss vor Investitionsauszahlungen, abzüglich ökonomischer Abschreibungen (ÖAB) für Ersatzinvestitionen, dar. Letztlich stellt der CVA auch einen Residualgewinn dar, der dem periodenspezifischen Cashflow entspricht, welcher um einen konstanten Kapitaldienst – in Höhe der ökonomischen Abschreibungen zuzüglich der Kapitalkosten auf die BIB – gemindert wird.[474]

Dieser konstante Kapitaldienst kann, trotz eines insgesamt wertsteigernden Projektes, bei in der Realität schwankenden Cashflows zu einem negativen CVA führen und somit

---

468 Vgl. auch die Quellenangaben in Fußnote 452.

469 Vgl. hier und im Folgenden die grundlegende Arbeit von LEWIS, T. G. (1995), S. 109ff.

470 Vgl. FRANZ, K.-P./WINKLER, C. (2006), S. 418; ROOS, A./STELTER, D. (1999), S. 304.

471 Vgl. hier und im Folgenden zur Berechnung LEWIS, T. G. (1995), S. 125ff. i. V. m. S. 40ff.; oder auch COENENBERG, A. G./FISCHER, T. M./GÜNTHER, T. (2009), S. 835ff.

472 Vgl. SCHUSTER, P./JAMESON, M. (2003), S. 45.

473 Vgl. auch zur Dominanz der statischen Berechnung KAJÜTER, P. (2007), S. 449. Daneben besteht auch eine dynamische Variante der CFROI-Berechnung auf Basis der internen Zinsfußmethode, welche allerdings mit Berechnungsschwierigkeiten verbunden ist. Vgl. hierzu z. B. COENENBERG, A. G./MATTNER, G./SCHULTZE, W. (2003), S. 10-12.; CRASSELT, N./ PELLENS, B./SCHREMPER, R. (2000), S. 205f., die auf eine eingeschränkte Barwertkompatibilität hinweisen. Diese wird durch Wiederanlage der Cashflows bei Ungleichheit von internem Zins und Kapitalkosten begründet.

474 Vgl. HEBERTINGER, M. (2002b), S. 171.

Anreizverzerrungen verursachen.[475] Von einer Zielkongruenz des CVA kann daher nicht ausgegangen werden. Ein Vorteil des CVA liegt in der Unabhängigkeit seiner Komponenten von bilanzpolitischen Einflüssen,[476] was auf eine bessere Maßgenauigkeit hinweist. Diese kann jedoch z. B. durch die Nutzung pauschaler länderbezogener Kapitalkosten wieder nivelliert werden.[477] Da die grundlegende Ermittlung des CVA und deren Komponenten anderen Residualgewinnkonzepten ähnlich sind, kann der CVA als analysefähig betrachtet werden. Hingegen ist beim CVA die Ermittlung dieser Komponenten und insbesondere des CFROI nicht nur durch eine hohe Komplexität gekennzeichnet,[478] sondern auch mit einem erheblichen Aufwand verbunden, was wiederum der Wirtschaftlichkeit des CVA abträglich ist.[479] Auch die Verwendung von Cashflows statt Gewinngrößen schränkt, wie bereits an anderer Stelle erläutert, die Verständlichkeit zusätzlich ein.[480] Insgesamt ist der CVA zur Kontrolle und Verhaltenssteuerung im Rahmen von M&A-Projekten unzureichend geeignet.

Der *Added Value* (AV) resultiert aus Forschungsarbeiten der London Business School[481] und unterscheidet sich von anderen Residualgewinnkonzepten vor allem durch die Anpassung der Vermögensgröße.[482] Analog zur *Capital Charge*-Formel des EVA ergibt sich der AV aus der Differenz zwischen operativem Gewinn und Kapitalkosten, die wiederum durch Multiplikation des Kapitalkostensatzes mit dem betriebsnotwendigen Vermögen berechnet werden.[483] Zur Abgrenzung und Bewertung des betriebsnotwendigen Vermögens (*engl. Capital Employed*) bestehen verschiedene Möglichkeiten. So können sowohl das Gesamtkapital (*engl. Total Capital*), als auch Sachanlagen und Vorräte (*engl. Operating Capital*) oder das Reinvermögen (*engl. Shareholder's Equity*)

---

475 Vgl. HEBERTINGER, M. (2002b), S. 171; hier und folgend auch SCHULTZE, W./HIRSCH, C. (2005), S. 78.

476 Vgl. KAJÜTER, P. (2007), S. 452.

477 Vgl. ähnlich SCHUSTER, P./JAMESON, M. (2003), S. 50.

478 Vgl. BURGER, A./ULBRICH, P./AHLEMEYER, N. (2010), S. 567.

479 Vgl. WEBER, J. et al. (2004), S. 101.

480 Vgl. auch die Erläuterung zum DCF-Verfahren bzw. zur Verwendung von CF-basierten Größen in Kap. 3.3.2.4.

481 Vgl. die grundlegende Arbeit von DAVIS, E./KAY, J. (1990).

482 Vgl. BEHRINGER, S. (1999), S. 809. Des Weiteren ist anzumerken, dass der AV im Gegensatz zu anderen bisher vorgestellten Residualgewinnen grundsätzlich nur zur Messung des Periodenerfolgs, nicht jedoch für die Unternehmensbewertung genutzt wird; vgl. SCHUSTER, P./ JAMESON, M. (2003), S. 43.

483 Vgl. zur Berechnung und Abgrenzung verwendeter Größen hier und im Folgenden DAVIS, E./ FLANDERS, S./STAR, J. (1991), S. 23ff.; DAVIS, E./KAY, J. (1990), S. 13; sowie in etwas modifizierter Form RÖTTGER, B. (1994), S. 38ff.

als Vermögensgröße dienen. Zur Bewertung können entweder Wiederbeschaffungswerte herangezogen oder alternativ auch historische Anschaffungskosten verwendet werden, die pauschal anhand von Inflationsrate und allgemeiner Abschreibungsquote angepasst werden.[484] Als Kapitalkostensatz wird aus Vereinfachungsgründen ein risikoloser Zinssatz langfristiger Staatsanleihen genutzt, eine zusätzliche Risikoadjustierung in beliebiger Form aber freigestellt.[485] Die Definition der Gewinngröße muss der gewählten Abgrenzung des betriebsnotwendigen Vermögens entsprechen, um eine konsistente Anwendung des AV-Konzeptes zu gewährleisten (vgl. Tab. 5).[486]

Fokus	Vermögensgröße	Gewinngröße
Wertsteigerung bezogen auf alle Aktiva	Gesamtkapital	Inklusive Zinsertrag, exklusive Zinsaufwand
Wertsteigerung im operativen Bereich	Sachanlagen und Vorräte	Exklusive Zinsertrag, exklusive Zinsaufwand
Bewertung des Eigenkapitalgeberbezogenen Wertzuwachses	Reinvermögen	Inklusive Zinsertrag, inklusive Zinsaufwand
Gegenwärtige Opportunitätskosten	Wiederbeschaffungswert	Inklusive Zuschreibungen
Historische Opportunitätskosten	Historische Anschaffungskosten inklusive evtl. Zuschreibungen	Inklusive evtl. Zuschreibungen
	Historische Anschaffungskosten exklusive evtl. Zuschreibungen	Exklusive evtl. Zuschreibungen

Tab. 5: Mögliche Definitionen von Vermögens- und Gewinngröße nach dem Added Value-Konzept
(Quelle: FAUPEL, C./RÖPKE, H.-J./SCHÜMER, O. (2010), S. 58)

Von einer Zielkongruenz kann im Fall des AV nicht ausgegangen werden, da bei der Berechnung der Kapitalkosten nach dem ursprünglichen AV-Konzept keinerlei Risikoadjustierung vorgesehen ist.[487] Auch die Maßgenauigkeit des AV ist eingeschränkt, was nicht nur auf den bilanzpolitischen Spielraum, sondern auch auf die Nutzung einer pauschalen Inflationsrate[488] sowie den möglichen Einbezug von nicht betriebsnotwendigem Vermögen und des außerordentlichen Ergebnisses in die Berechnung zurückzuführen

484 Die Inflationsrate basiert dabei auf dem Verbraucherpreisindex des Landes, in dem sich der Sitz des Unternehmens befindet. Die Abschreibungsquote resultiert aus dem Verhältnis von Abschreibungen zum Buchwert des betriebsnotwendigen Vermögens; vgl. FAUPEL, C./RÖPKE, H.-J./SCHÜMER, O. (2010), S. 58.

485 Vgl. DAVIS, E./KAY, J. (1990), S. 13.

486 Vgl. DAVIS, E./FLANDERS, S./STAR, J. (1991), S. 23-25. Eine Übersicht zu möglichen Kombinationen von Kapital- und Gewinngröße findet sich bei FAUPEL, C./RÖPKE, H.-J./ SCHÜMER, O. (2010), S. 58.

487 Vgl. RICHTER, F. (1999), S. 241; RÖTTGER, B. (1994), S. 34.

488 Vgl. SCHUSTER, P./JAMESON, M. (2003), S. 44.

ist.[489] Der AV kann ähnlich dem CVA zwar als durchaus analysefähig und einigermaßen verständlich betrachtet werden, jedoch ist die Neubewertung des Vermögens mit zusätzlichem Aufwand verbunden.[490] Folglich ist die Anwendbarkeit des AV im Fall eines konkreten M&A-Projektes erheblich eingeschränkt.[491]

Die Kennzahl *Earnings Less Riskfree Interest Charges* (ERIC) nach KPMG stellt das jüngste Residualgewinnkonzept dar,[492] das anders als die übrigen Konzepte grundsätzlich auch alle nicht operativen Komponenten in der Ergebnis- und der Vermögensgröße berücksichtigt.[493] Der ERIC wird ebenso wie EVA, EP und AV nach der *Capital Charge*-Formel als Differenz aus Ergebnisgröße und dem mit dem Kapitalkostensatz multiplizierten investierten Kapital berechnet. Als Ergebnisgröße dient hier der *Earnings Before Interest After Taxes* (EBIAT), der explizit auch außerordentliche Erträge und Aufwendungen umfasst. Zur Bestimmung der Kapitalkosten wird ein zwar als risikolos bezeichneter Kapitalkostensatz genutzt,[494] der mindestens so hoch wie die durchschnittlichen aktuellen Fremdkapitalkosten des Unternehmens ist, jedoch um spezifische Risikozuschläge erhöht wird. Dem investierten Kapital entspricht das anhand von Buchwerten bestimmte bilanzielle Gesamtkapital, das – analog zum EVA-Konzept – anhand spezifischer Konversionen angepasst wird.[495]

Die Vorteile des ERIC-Konzeptes bestehen vor allem in dessen einfacher Anwendung, Analysefähigkeit und Verständlichkeit. So werden z. B. die verwendeten Ergebnis- und Vermögensgrößen direkt aus der externen Rechnungslegung abgeleitet.[496] Dies ist jedoch auch mit einem bilanzpolitischen Spielraum verbunden, der ähnlich wie bei anderen Residualgewinnkonzepten durch verschiedene Anpassungen begrenzt wird. Zusätzlich wird die Maßgenauigkeit des ERIC, ähnlich wie auch bereits beim AV-Konzept, durch den Einbezug nicht betriebsnotwendigen Vermögens und außerordentlicher

---

489 Vgl. FAUPEL, C./RÖPKE, H.-J./SCHÜMER, O. (2010), S. 58, die anmerken, dass das Management nicht notwendigerweise für die Erträge und Aufwendungen nicht betriebsnotwendigen Vermögens verantwortlich ist.

490 Vgl. BEHRINGER, S. (1999), S. 809.

491 Vgl. ähnlich MEIER, H. (2001), S. 331.

492 Vgl. hierzu grundlegend und im Folgenden VELTHUIS, L. J. (2004); VELTHUIS, L. J./ WESNER, P. (2005), insb. S. 42ff.

493 Vgl. FAUPEL, C./RÖPKE, H.-J./SCHÜMER, O. (2010), S. 59.

494 Vgl. hier und folgend FAUPEL, C./RÖPKE, H.-J./SCHÜMER, O. (2010), S. 59.

495 Vgl. KUNZ, H./TEUSCHER, T. (2007), S. 59. Im Gegensatz zum EVA-Konzept finden *Operating Conversions* jedoch keine Anwendung.

496 Vgl. WEBER, J./SCHÄFFER, U. (2011), S. 185.

Ergebniskomponenten negativ beeinträchtigt.[497] Da der ermittelte Kapitalkostensatz grundsätzlich geringer als der risikoadjustierte Kapitalkostensatz anderer Steuerungskonzepte ist, was ceteris paribus zum Ausweis eines höheren Wertbeitrags führt,[498] und der Kapitalkostensatz aufgrund der entsprechenden Zinskostenkalkulation im Zeitverlauf ansteigt, was eine kurzfristige Orientierung verstärkt,[499] entstehen des Weiteren Fehlanreize, die einer Zielkongruenz entgegenstehen. Somit erscheint auch das ERIC-Konzept nicht für die Kontrolle und Verhaltenssteuerung im Rahmen von M&A-Projekten geeignet.

Zusammenfassend ist festzustellen, dass sich der EVA im Vergleich zu allen anderen Wertbeitragskennzahlen besonders gut für die Kontrolle und Verhaltenssteuerung im Rahmen von M&A-Projekten eignet (vgl. für eine zusammenfassende Beurteilung der Eignung der wertbeitragsorientierten Kennzahlen Tab. 6). Ähnliches trifft aufgrund der nur marginalen Unterschiede zum EVA auch auf den EP zu. Aufgrund der besonderen Bekanntheit und Verbreitung des EVA in der Unternehmenspraxis wäre die Nutzung des EVA gegenüber der des EP grundsätzlich zu bevorzugen. Welcher Wertbeitragskennzahl in der praktischen Anwendung jedoch präferiert wird, ist im Einzelfall vor dem Hintergrund notwendiger Anpassungsmaßnahmen sowie der damit einhergehenden Maßgenauigkeit und Wirtschaftlichkeit zu entscheiden.[500] Keine dieser Wertbeitragskennzahlen eignet sich aufgrund des offensichtlichen Einperioden- und Vergangenheitsbezugs allerdings direkt für die Planung bzw. Entscheidungsunterstützung, weshalb eine Verknüpfung mit dem jeweils korrespondierenden dynamischen residualgewinnbasierten Verfahren der Unternehmensbewertung angeraten ist.[501] Nicht zuletzt aus Wirtschaftlichkeitsgründen scheint eine Vereinheitlichung genutzter Informationen und Methoden für die Planung, Kontrolle und anreizorientierte Verhaltenssteuerung im Rahmen von M&A-Projekten, aber auch darüber hinaus geboten.

---

497 VELTHUIS, L. J./WESNER, P. (2005), S. 44, begründen dieses Vorgehen zwar mit dem Argument, dass das Management auch nicht operative Bereiche eines Unternehmens wertorientiert führen sollte. Dennoch unterliegen diese Bereiche anderen Einflussmöglichkeiten durch das Management, weshalb eine differenziertere Betrachtung angemessen wäre.

498 Vgl. WEBER, J./SCHÄFFER, U. (2011), S. 186.

499 Vgl. KESTEN, R. (2005), S. 9f.

500 Hierbei ist zu beachten, dass im Fall von lediglich begrenzt vorliegenden Informationen nicht alle nach dem EVA-Konzept notwendigen Anpassungsmaßnahmen vorgenommen werden können.

501 Vgl. hier und folgend COENENBERG, A. G./SCHULTZE, W. (2002), S. 616.

Anforderungen an Mess- und Steuerungsgrößen	Wertbeitragsorientierte Kennzahlen				
	EVA	EP	CVA	AV	ERIC
Zukunftsorientierung	--	--	--	--	--
Risikoorientierung	--	--	--	--	--
Zielkongruenz	+	+	0	0	-
Maßgenauigkeit	+	+	+	0	0
Verständlichkeit	+	(+)	0	0	+
Analysefähigkeit	+	+	+	+	+
Wirtschaftlichkeit	+	+	0	0	+

Tab. 6: Zusammenfassende Beurteilung von wertbeitragsorientierten Kennzahlen für die wertorientierte Steuerung von M&A-Projekten[502]
(Quelle: Eigene Darstellung)

3.3.2.6 Residualer ökonomischer Gewinn

Einen Ansatz zur Vereinheitlichung genutzter Informationen und Methoden für die wertorientierte Planung, Kontrolle und anreizorientierte Verhaltenssteuerung stellt das Konzept des sog. residualen ökonomischen Gewinns (RÖG) (*engl. Residual Ecomomic Income*) dar.[503] Dieses Konzept erweitert das Residualgewinnkonzept durch die Kombination statischer und dynamischer Komponenten und ermöglicht damit nicht nur die Abbildung der geplanten Wertschaffung, sondern auch die Kontrolle der Wertrealisation einer Periode.[504] Zudem ermöglicht die Verbindung des RÖG mit spezifischen Anreizsystemen eine zielkongruente Verhaltenssteuerung unter Berücksichtigung unterschiedlicher Zeit- und Risikopräferenzen, die zwischen Unternehmenseigentümern und dem Management häufig vorliegen.[505] Die genannten Besonderheiten und Zusammenhänge des RÖG werden im Folgenden näher erläutert.

Konzeptioneller Ausgangspunkt des RÖG-Konzepts ist die Steigerung des Shareholder Values aus Eigentümerperspektive, ausgedrückt durch den *Total Return to Shareholders*

---

502 Die Zeichen in den Zellen dieser Tabelle weisen auf den Erfüllungsgrad der einzelnen Anforderung durch die jeweilige wertbeitragsorientierte Kennzahl hin. Der Erfüllungsgrad wird dabei durch Ausprägungen gar nicht erfüllt (--), eher nicht erfüllt (-), eingeschränkt erfüllt (0), eher erfüllt (+) und besonders erfüllt (++) angezeigt.

503 Vgl. hier und im Folgenden grundlegend SCHULTZE, W./HIRSCH, C. (2005), S. 126ff.

504 Vgl. SCHULTZE, W./WEILER, A. (2007), S. 148.

505 Vgl. zu letzterem SCHULTZE, W./WEILER, A. (2007), S. 137.

(TRS), d. h. die Vermögenssteigerung der Eigentümer durch Ausschüttungen (Div) und Veränderungen des Marktwertes des Unternehmens (ΔUW^M) in einer Periode (t):

(3.1) $TRS_t = Div_t + \Delta UW_t^M$.[506]

Dieser TRS lässt sich für Steuerungszwecke auch unternehmensintern als sog. ökonomischer Gewinn (ÖG) (*engl. Economic Income*) abbilden.[507] Hierzu werden bei residualer Ausschüttungspolitik, d. h. Annahme der Vollausschüttung der *Free Cash Flows* (FCF) an die Unternehmenseigentümer, die Ausschüttungen (Div) durch die FCF ersetzt. Zudem wird auf Basis der FCF abstrahierend ein fundamentaler DCF-Unternehmenswert (UW^{DCF}) ermittelt, welcher sich theoretisch und idealer Weise auf einem effizienten Kapitalmarkt ergeben würde. Die Summe aus der Veränderung dieses Unternehmenswerts und dem FCF ergibt schließlich den ÖG einer Periode:

(3.2) $ÖG_t = FCF_t + \Delta UW_t^{DCF}$.

Gemäß dem kapitaltheoretischen Gewinnbegriff wird der ÖG definiert als Veränderung des Erfolgskapitals zuzüglich Entnahmen und abzüglich Einlagen, wobei das Erfolgskapital den Gegenwartswert des Unternehmens auf der Grundlage der Zukunftserfolge oder des Erfolgspotenzials darstellt.[508] Ein positiver ökonomischer Gewinn resultiert aus Managementleistungen, aus dem Fortschreiten des Betrachtungszeitpunktes um eine Periode[509] und aus in einer Periode zusätzlich veranlassten Investitionen mit positivem Kapitalwert.[510]

Für den Zweck der Kontrolle ist jedoch nicht der gesamte ÖG relevant, sondern nur jener Teil, der die Kapitalkosten übersteigt. Werden die Kapitalkosten abgezogen, so wird der Zeiteffekt eliminiert und damit die Erfolgserwirtschaftung von in der Vergangenheit eingeleiteten Investitionen kontrolliert, indem diese als Mindestanforderung definiert wird. Ein positiver Wert entsteht danach nur, wenn besondere, d. h. über den Erwartungen der Kapitalgeber liegende Managementleistungen erbracht oder zusätzliche Investitionen mit positiven Kapitalwert initiiert werden, deren Überschüsse im Unternehmens-

---

506 Vgl. auch SCHULTZE, W./WEILER, A. (2010), S. 772.

507 Vgl. hier und folgend auch SCHULTZE, W./WEILER, A. (2007), S. 141.

508 Vgl. COENENBERG, A. G./HALLER, A./SCHULTZE, W. (2009), S. 1262.

509 Vgl. HEBERTINGER, M. (2002b), S. 82.

510 Vgl. KÜPPER, H.-U. (2008), S. 282f.; PELLENS, B./CRASSELT, N./SELLHORN, T. (2002), S. 147.

wert noch nicht antizipiert worden sind.[511] Zur Überwindung des Zeiteffekts und zur Kontrolle der geplanten Wertsteigerung sind folglich die Mindestverzinsung (r) des eingesetzten Kapitals (KB) ebenso wie die des Mehrwertes (Goodwill, GW) als Kapitalkosten vom ÖG abzusetzen.[512] Hieraus ergibt sich der residuale ökonomische Gewinn (RÖG):

(3.3) $R\ddot{O}G_t = FCF_t + \Delta UW_t \; - r \cdot (KB_{t-1} + GW_{t-1}) \qquad \text{mit } KB_{t-1} + GW_{t-1} = UW_{t-1}.$

Die Manipulationsanfälligkeit des RÖG, insbesondere aufgrund des Einflusses von Planungsänderungen auf den Unternehmenswert, kann durch eine zeitliche Zuordnung der Komponenten des RÖG eingegrenzt werden.[513] So lässt sich bei Gültigkeit des Kongruenz- bzw. *Clean Surplus*-Prinzips der RÖG ebenfalls auf Basis des Residualgewinns (RG) und des Goodwills (GW^{RG}), der dem Barwert zukünftiger RG entspricht,[514] errechnen:

(3.4) $R\ddot{O}G_t = RG_t + \Delta GW_t^{RG} - r \cdot GW_{t-1}^{RG}.$[515]

Der residualgewinnbasierte RÖG und dessen Komponenten sind einer unmittelbaren Interpretation zugänglich.[516] So stellt der Residualgewinn einer Periode (RG_t) als kurzfristige Komponente die Überrenditen dar, die in den Vorperioden geplant und in der aktuellen Periode realisiert wurden. Veränderungen des Goodwills (ΔGW_t) ergeben sich dagegen zum einen als langfristige Komponente aus dem Kapitalwert der in der Periode zusätzlich veranlassten Investitionen, die jedoch erst in der Zukunft zu entsprechenden RG führen, und zum anderen aus Goodwill-Abschreibungen aufgrund der realisierten RG. Nach Abzug der Kapitalkosten auf den Goodwill ($r \cdot GW_t$) gibt der RÖG schließlich an, ob Unternehmenswert in einer Periode neu geschaffen (RÖG > 0) wurde, lediglich

511 Vgl. auch ARNEGGER, M./FELDHAUS, C. (2007), S. 210.

512 Vgl. auch PFAFF, D./SCHULTZE, W. (2006), S. 132.

513 Vgl. PFAFF, D./SCHULTZE, W. (2006), S. 133.

514 Vgl. ELLIS, M. (2001), S. 106.

515 Vgl. zur Herleitung SCHULTZE, W./WEILER, A. (2007), S. 144f.; alternativ auch ARNEGGER, M./FELDHAUS, C. (2007), S. 209f. Zum Kongruenz- bzw. *Clean Surplus*-Prinzips vgl. die Anmerkungen in Fußnote 429. Alternativ kann der RÖG auch über das Konzept des sog. *Excess Value Created* (EVC) von O'HANLON, J./PEASNELL, K. (2002) hergeleitet werden. Der EVC stellt ein Maß für die gesamte Wertschaffung dar und setzt sich aus originärem und realisiertem Goodwill zusammen; vgl. O'HANLON, J./PEASNELL, K. (2002) S. 232-235. Die Veränderung des EVC unter Eliminierung des Zeiteffekts bemisst ebenfalls die Wertsteigerung einer Periode und kann in den RÖG übergeleitet werden; vgl. SCHULTZE, W./WEILER, A. (2007), S. 141f., und dies. (2010), S. 774.

516 Vgl. hier und im Folgenden PFAFF, D./SCHULTZE, W. (2006), S. 133.

die geplante Wertsteigerung realisiert (RÖG = 0) oder sogar Wert vernichtet (RÖG < 0) wurde. Der RÖG bemisst somit nicht nur die periodenbezogene Wertschaffung, sondern auch die Planeinhaltung. Die Nutzung des RÖG-Konzepts bietet sich folglich nicht nur ex ante zur Planung von Wertsteigerungen, sondern auch ex post zur Plan-Ist-Abweichungskontrolle an.

Der RÖG ist nur dann positiv, wenn besondere Managementleistungen erbracht oder zusätzliche Investitionen mit positivem Kapitalwert veranlasst werden.[517] Dieser nach einem Residualgewinnverfahren ermittelte Kapitalwert ist sowohl zukunfts- als auch risikoorientiert, womit die Entscheidungsrelevanz des RÖG als gegeben betrachtet werden kann.[518] Auch kann die Zielkongruenz bestätigt werden, da ein positiver RÖG sowohl die Wertschaffung als auch die tatsächliche Wertrealisation in einer Periode angibt.[519] Sofern beides separat incentiviert und die Entlohnung durch eine Gutschrift und zeitversetzte Auszahlung erfolgt, kann nicht nur eine längerfristige Orientierung gewährleistet, sondern auch das Problem einer möglichen Planmanipulation behoben werden, welches bei jedem zukunftsorientierten Konzept gegeben ist.[520] Eine unmittelbare Entlohnung der Wertschaffung kann zu einer kurzfristigen Orientierung und zu Planmanipulationen durch die verantwortlichen Mitarbeiter führen, eine ausschließliche Belohnung der Wertrealisation zusätzliche Wertschaffung nur unzureichend fördern. Für den Fall des Wechsels der verantwortlichen Mitarbeiter, insbesondere bei in der Regel mehrere Jahre andauernden M&A-Projekten, kann durch eine Gutschrift und zeitversetzte Auszahlung, z. B. über eine Bonusbank, auch langfristig eine zielorientierte Verhaltenssteuerung der Mitarbeiter gewährleistet werden.[521] Die Manipulationsanfälligkeit des RÖG ist zusätzlich durch Nutzung von Residualgewinnen statt Cashflows eingeschränkt.[522] Die Anforderung der Maßgenauigkeit kann somit als erfüllt angesehen werden. Im Vergleich zu den umfassenden Anpassungen, die zur Gewährleistung einer

---

517 Vgl. ARNEGGER, M./FELDHAUS, C. (2007), S. 209; ähnlich SCHULTZE, W./WEILER, A. (2010), S. 780, die hier auch vom Aufbau von Wettbewerbsvorteilen sprechen.

518 Vgl. ähnlich LAUX, H. (2006), S. 441.

519 Vgl. ähnlich ARNEGGER, M./FELDHAUS, C. (2007), S. 210.

520 Vgl. hier und folgend SCHULTZE, W./WEILER, A. (2007), S. 149f.

521 Vgl. ausführlicher zum Konzept der Bonusbank ebenso SCHULTZE, W./WEILER, A. (2007), S. 150ff.

522 Vgl. PFAFF, D./SCHULTZE, W. (2006), S. 133; ebenso die Ausführungen zum Residualgewinnverfahren der Unternehmensbewertung in Kap. 3.3.2.4 sowie zu den Vorteilen residualgewinnbasierter Wertbeitragskennzahlen gegenüber Cashflows in Kap. 3.3.2.5 dieser Arbeit.

längerfristigen Orientierung beim EVA-Konzept notwendig sind,[523] stellt sich das RÖG-Konzept einfacher dar.[524] Zwar ist die differenzierte Betrachtung des Goodwills komplexer als die des Residualgewinns, jedoch ist das RÖG-Konzept als Ergänzung zum bereits bekannten Residualgewinnkonzept und anknüpfend an die mögliche Veränderung des Goodwills in Folge des mindestens jährlich durchzuführenden Werthaltigkeitstests relativ verständlich vermittelbar.[525] Trotz der notwendigen differenzierteren Betrachtung des Goodwills kann grundsätzlich auch von der Analysefähigkeit des RÖG ausgegangen werden, da letztlich Residualgewinne die Grundlage des RÖG-Konzeptes bilden.[526] Die Wirtschaftlichkeit des RÖG ist nur dann gegeben, wenn dieser konsequent auf Basis von Residualgewinnen und nicht neben anderen Steuerungsgrößen genutzt wird. So können die Informationen zum Goodwill, die im Rahmen des mindestens jährlich durchzuführenden Werthaltigkeitstest benötigt werden, auch hier genutzt werden.[527] Allerdings ist einschränkend zu bemerken, dass es sich bei dem gemäß RÖG-Konzept betrachteten Goodwill (vgl. Formel 3.4) ausschließlich um nicht bilanzierten, d. h. originären, selbst geschaffenen Goodwill handelt und der bilanzierte, derivative, über den Kaufpreis entgeltlich erworbene Goodwill bereits Bestandteil des eingesetzten Kapitals ist.[528] Für Steuerungszwecke kann daher der Goodwill, wie dieser nach den Vorschriften der externen Rechnungslegung und in Folge des Impairment Tests ausgewiesen wird, nicht einfach übernommen werden,[529] da dessen Veränderungen auf multiple, nicht notwendigerweise durch die Managementleistung bedingte Ursachen zurückzuführen sind.[530] Es ist daher sinnvoll und notwendig, die verschiedenen Arten

---

523 Vgl. hierzu die Ausführungen zum EVA in Kap. 3.3.2.5 dieser Arbeit.

524 Vgl. hier und folgend SCHULTZE, W./HIRSCH, C. (2005), S. 143.

525 Vgl. ähnlich auch ARNEGGER, M./FELDHAUS, C. (2007), S. 210.

526 Vgl. die vorangegangenen Ausführungen zur Analysefähigkeit der einzelnen residualgewinnbasierten Wertbeitragkennzahlen in Kap. 3.3.2.5 dieser Arbeit.

527 Vgl. SCHULTZE, W./HIRSCH, C. (2005), S. 143; SOMMER, U./KLAMAR, N. (2009), S. 493. SCHULTZE, W./WEILER, A. (2010), S. 772, merken zusätzlich an, dass nicht nur eine Planung und Steuerung auf Gesamtunternehmensebene, sondern auch auf Bereichsebene ermöglicht wird, da mögliche Veränderungen des Goodwills auf der Ebene einzelner sog. *Cash Generating Units* (CGU) ermittelt werden.

528 Vgl. SCHULTZE, W./HIRSCH, C. (2005), S. 137.

529 Vgl. BRÖSEL, G./KLASSEN, T. R. (2006), S. 471; HACHMEISTER, D. (2009), S. 74.

530 Vgl. für eine Übersicht ARNEGGER, M./FELDHAUS, C. (2007), S. 207f.; PFAFF, D./ SCHULTZE, W. (2006), S. 137; SCHULTZE, W./HIRSCH, C. (2005), S. 152.

des Goodwills intern zu trennen und separat zu- bzw. abzuschreiben[531] sowie einige Anpassungen vorzunehmen.[532] Insgesamt ist festzustellen, dass der RÖG die Anforderungen an Mess- und Steuerungsgrößen durchaus erfüllt und somit grundsätzlich sowohl zur Planung als auch zur Steuerung von M&A-Projekten geeignet erscheint.

3.3.3 Zeitpunkt und -raum der Messung

Bisher wurden die verschiedenen Messkonzepte und Messgrößen kurz vorgestellt und hinsichtlich der Eignung für die Erfolgssteuerung von M&A-Projekten beurteilt. Nun ist zu klären, über welchen Zeitraum, zu welchen Zeitpunkten und damit in welcher Regelmäßigkeit die Zielerreichung von M&A-Projekten gemessen werden sollte, um eine effektive und effiziente Steuerung des M&A-Projekterfolgs zu gewährleisten.

In Forschung und Unternehmenspraxis wurden bisher, wie bereits vereinzelt angedeutet, je nach Messkonzept und individueller Perspektive sehr unterschiedliche Messzeitpunkte und -räume gewählt.[533] So wurden z. B. bei der kapitalmarktorientierten Erfolgsmessung in der traditionellen M&A-Forschung Zeiträume von wenigen Tagen bis zu mehreren Jahren betrachtet und der Börsenwert der beteiligten Unternehmen zu verschiedenen Zeitpunkten sowohl vor Ankündigung einer M&A-Transaktion als auch danach ermittelt.[534] Ähnliches gilt für die jahresabschlussorientierte Erfolgsmessung, die in der Regel zum Zeitpunkt des Unternehmenskaufs begann und sich über eine unterschiedliche Anzahl von Monaten und Jahren erstreckte.[535] Auch bei der Erfolgsmessung anhand von Ersatzindikatoren, wie z. B. Desinvestitionsrate oder Mitarbeiterfluktuation, sowie anhand der Befragung von qualifizierten Auskunftspersonen unterlag die Wahl von Messzeitraum und -punkten dem individuellen Ermessen desjenigen, der den Erfolg untersuchte, und konnte daher stark variieren. Über den Zeitraum und die Zeitpunkte der internen Erfolgsmessung in der Unternehmenspraxis bestehen bisher nur wenige Erkenntnisse. Es ist anzunehmen, dass sich die Erfolgsmessung vorwiegend und explizit

---

531 Vgl. ARNEGGER, M./FELDHAUS, C. (2007), S. 211; PFAFF, D./SCHULTZE, W. (2006), S. 133.

532 Vgl. zu den Anpassungen SCHULTZE, W./WEILER, A. (2010), S. 777-779; ergänzend BLOME, M./REUTER, M. (2009), S. 633f.; SOMMER, U./KLAMAR, N. (2009), S. 493.

533 Vgl. die grundlegenden Erläuterungen zu den verschiedenen Messkonzepten in Kap. 3.3.1 dieser Arbeit sowie hier und im Folgenden auch GERPOTT, T. J. (1993), S. 232ff.

534 Vgl. auch KERLER, P. (1999), S. 99-101.

535 Vgl. auch WEINMANN, M. (2004), S. 193.

auf die Integrationsphase von M&A-Projekten beschränkt,[536] implizit jedoch auch durch die Unternehmensbewertung im Rahmen der Kaufpreisermittlung und somit in der Transaktionsphase von M&A-Projekten Anwendung findet.

Da aber der Erfolg von M&A-Projekten durch verschiedene Entscheidungen und deren Umsetzung während des gesamten M&A-Prozesses beeinflusst werden kann,[537] sollte dieser auch über die gesamte Laufzeit von M&A-Projekten gemessen und in der Folge gesteuert werden. So kann im Rahmen der Erfolgsmessung eine erste Grobbewertung potenzieller M&A-Projekte erfolgen und mit zunehmender Information das Ausmaß M&A-spezifischer Komponenten des Unternehmenswertes, wie z. B. Synergien oder M&A-Projektkosten, bestimmt werden. Des Weiteren kann die Wertschaffung zum Kaufzeitpunkt ermittelt und anschließend deren geplante Realisierung bis zur vollständigen Integration schrittweise überprüft werden. Die genauen Zeitpunkte und der benötigte Zeitraum der Messung sind vom individuellen M&A-Projekt bzw. dem meilensteinbezogenen Fortschreiten und der Dauer des M&A-Prozesses abhängig.[538] Die schrittweise Kontrolle der Wertrealisierung während der Integrationsphase von M&A-Projekten sollte jedoch mindestens jährlich, aber ergänzend auch unterjährig erfolgen, damit ggf. notwendige Steuerungsmaßnahmen noch rechtzeitig ergriffen werden können.[539]

Mit zunehmender Länge des Messzeitraums bzw. mit Fortschreiten des M&A-Prozesses sind auf der einen Seite zwar die Schaffung und Realisierung der M&A-projektbedingten Wertsteigerungen zu erwarten,[540] auf der anderen Seite besteht aber auch die Gefahr einer Überlagerung der Wertentwicklung durch andere, nicht M&A-projektbedingte Einflüsse.[541] Vom M&A-Projekt unabhängige Ereignisse oder Entwicklungen, wie z. B. eine kapitalmarktbedingte Verteuerung von Fremdkapital, ein Absatzrückgang aufgrund einer konjunkturellen Konsumzurückhaltung oder sogar ein weiteres M&A-Projekt, können schließlich mit fortlaufender Zeit, d. h. während des M&A-Prozesses, ebenso

---

536 Vgl. GATES, S./VERY, P. (2003), S. 178.

537 Vgl. ähnlich DIECKHAUS, O.-T. (1993b), S. 3.

538 Vgl. ähnlich GATES, S. (2000), S. 10; GATES, S./VERY, P. (2003), S. 168; hier und folgend WEISMÜLLER, A. (2005), S. 684.

539 Vgl. ähnlich GERPOTT, T. J. (1993), S. 234; HOFFJAN, A./ELTZE, C. (1998), S. 156.

540 Vgl. SCHOENBERG, R. (2006), S. 368.

541 Vgl. GERPOTT, T. J. (1993), S. 232; WEISMÜLLER, A. (2005), S. 686.

den Unternehmenswert beeinflussen.[542] Für eine effektive Erfolgsmessung sind vom M&A-Projekt unabhängige Veränderungen des Unternehmenswertes möglichst zu separieren. Dies ist in der Regel jedoch nicht auf Gesamtunternehmensebene, sondern lediglich auf der Ebene einzelner Unternehmensbereiche oder sogar Maßnahmen möglich.[543]

3.3.4 Maßstäbe zur vergleichenden Messung

Die Messung der Zielerreichung von M&A-Projekten setzt nicht nur die Definition des zu erreichenden Ziels – hier die Steigerung des Unternehmenswertes – voraus, sondern erfordert auch eine Festlegung des Ausmaßes dieser Zielerreichung und somit die Bestimmung der Höhe der Unternehmenswertsteigerung. In den vorangegangenen Ausführungen wurde ein M&A-Projekt pauschal als erfolgreich bezeichnet, sofern durch dieses der Unternehmenswert aus Käuferperspektive gesteigert wird.[544] Eine Steigerung des Unternehmenswertes und somit des Eigentümervermögens liegt jedoch nur vor, wenn aus investitionstheoretischer Sicht durch ein M&A-Projekt mehr als die Kapitalkosten verdient werden.[545] Durch die vergleichende Betrachtung mit den Kapitalkosten, die neben den Fremdkapitalkosten auch die risikoadjustierten Eigenkapitalkosten enthalten, erfolgt quasi ein Vergleich mit einer Alternativrendite, welche hier somit als impliziter Vergleichsmaßstab dient. Naheliegend wäre auch ein Vergleich mit anderen potenziellen Investitions- bzw. M&A-Projekten, beispielsweise anhand von vergleichbaren, wertorientierten Rentabilitätskennzahlen und *Multiples*.[546]

Außerdem kann das Ausmaß der Zielerreichung auch auf Basis individueller Zielvorgaben oder Planwerte, z. B. hinsichtlich zu realisierender synergiebedingter Wertsteigerungen oder eines angestrebten Marktanteils, bestimmt werden, welche zu Beginn eines M&A-Projektes oder zum Datum der M&A-Transaktion vom Management des strate-

---

542 Vgl. mit Bezug auf die kapitalmarkt- und jahresabschlussorientierte Erfolgsmessung SCHÄFER, M. (2001), S. 88; SUDARSANAM, S. (2003), S. 68; WEINMANN, M. (2004), S. 193; WIRTZ, B. W. (2003), S. 399 und S. 401.

543 Vgl. die weiterführenden Erläuterungen zu Controlling-Instrumenten für M&A-Projekte in Kap. 4.2 sowie insb. zum Wertsteigerungsmodell in Kap. 4.2.4 dieser Arbeit.

544 Vgl. die entsprechenden Ausführungen in Kap. 3.2.2 dieser Arbeit.

545 Vgl. SCHULTZE, W./WEILER, A. (2007), S. 141.

546 Vgl. zu Multiples auch die Ausführungen zum Vergleichswertverfahren der Unternehmensbewertung in Kap. 3.3.2.4 dieser Arbeit.

gischen Investors als monetäre und nicht-monetäre Sollgrößen formuliert werden.[547] Ebenso können intertemporale Vergleiche zur Bestimmung des Ausmaßes der Zielerreichung dienen. Hierbei wird die Veränderung einer Zielgröße innerhalb einer Periode betrachtet, wobei die Betrachtungsperiode durch einen bestimmten Zeitpunkt vor dem Closing von M&A-Transaktionen und einen anderen danach begrenzt wird. Darüber hinaus kommen projektübergreifende Vergleiche, d. h. interne oder externe Benchmarks, in Frage, wobei sich auf im weiten Sinne vergleichbare Projekte als Referenzobjekte bezogen wird. Mit Hilfe dieser meist synergiebezogenen Benchmarks werden in der Regel keine spezifischen Zielwerte, sondern Wertintervalle als Vergleichsmaßstab für die Zielerreichung bestimmt.

3.3.5 Gestaltungsempfehlungen

In den bisherigen Ausführungen wurden verschiedene Möglichkeiten zur Erfolgsmessung aufgezeigt und hinsichtlich der Eignung zur wertorientierten Steuerung von M&A-Projekterfolg untersucht. Daraus werden zusammenfassend erste Gestaltungsempfehlungen für die Unternehmenspraxis abgeleitet.

Festzuhalten ist, dass der Erfolg von M&A-Projekten über den gesamten M&A-Prozess hinweg gemessen und in der Folge gesteuert werden sollte. Durch die Herausforderung, von im Verlauf von M&A-Projekten für den strategischen Investor zwar zunehmender, jedoch insbesondere zu Beginn des M&A-Prozesses begrenzt verfügbarer Informationen, wird eine Verknüpfung von externer und interner Erfolgsmessung notwendig.[548] So ist es nicht zu vermeiden, dass zu Beginn des M&A-Prozesses die erwartete Veränderung des Unternehmenswertes nur auf Basis von frei verfügbaren Kapitalmarktdaten oder Informationen der externen Rechnungslegung zu ermitteln ist. Daher erscheint zu einem frühen Zeitpunkt, d. h. noch in der Vorbereitungsphase von M&A-Projekten, die Anwendung von Vergleichswertverfahren durchaus legitim.[549] Hierbei werden Börsenwerte vergleichbarer Unternehmen (Marktwerte) oder realisierte Kaufpreise von vergleichbaren M&A-Transaktionen (Vergleichswerte) mit Hilfe von *Multiples*, wie z. B.

---

547 Vgl. WEISMÜLLER, A. (2005), S. 684f.; hier und im Folgenden GERPOTT, T. J. (1993), S. 234ff. Vgl. zudem die Ausführungen zu Zielen von M&A-Projekten in Kap. 3.2 dieser Arbeit.

548 Vgl. auch die Ausführungen in Kap. 3.3.1.2 dieser Arbeit.

549 Vgl. auch SCHMIDT, M. (2001), S. 96, der von einer gestuften Unternehmensbewertung spricht.

dem Kurs-Gewinn-Verhältnis, auf das M&A-Objekt übertragen.[550] In der Transaktionsphase sollte jedoch auf das Residualgewinnverfahren auf Basis des EVA zurückgegriffen werden, auch wenn hierfür zunächst verschiedene Vereinfachungen und Annahmen zu treffen sind.[551] Im Verlauf der Transaktionsphase und insbesondere durch eine Due Diligence sollten die Vereinfachungen möglichst reduziert und die Annahmen weitestgehend validiert werden,[552] so dass zum Zeitpunkt der Kaufpreisermittlung eine umfassende und hinreichend genaue Ermittlung der erwarteten Wertsteigerung möglich ist. Bereits hier kann das Residualgewinnverfahren zum RÖG-Konzept erweitert werden, welches bis zum Ende der Integrationsphase eine effektive und effiziente Planung und Steuerung des M&A-Projekterfolgs gewährleistet.[553] Wird das RÖG-Konzept darüber hinaus nicht nur auf Gesamtunternehmensebene, sondern auch auf Bereichsebene genutzt, so können nicht-M&A-projektbedingte Wirkungen auf den Unternehmenswert zwar nicht eliminiert, jedoch zumindest teilweise separiert werden.

3.4 Zusammenfassung

In diesem Kapitel drei der Arbeit wurde zunächst Erfolg ganz allgemein als das Ausmaß der Erreichung von Zielen definiert. Anschließend konnte die langfristige Steigerung des Unternehmenswerts als formales Oberziel eines Unternehmens begründet werden, zu welchem alle Projekte eines Unternehmens grundsätzlich beizutragen haben bzw. welchem die Ziele der einzelnen Projekte entsprechen müssen. Auf Grundlage der Erkenntnisse bisheriger M&A-Zielforschung sowie normativer Überlegungen wurde letztlich M&A-Projekterfolg aus Sicht von strategischen Investoren als Erreichung des Ziels einer langfristigen Unternehmenswertsteigerung inhaltlich konkretisiert.

---

550 Vgl. auch die Ausführungen zum Vergleichswertverfahren der Unternehmensbewertung in Kap. 3.3.2.4 dieser Arbeit.

551 Notwendig sind diese Vereinfachungen und Annahmen nicht nur aufgrund eingeschränkter Verfügbarkeit von Informationen, sondern auch aufgrund unsicherer Zukunftserwartungen und nicht zuletzt des Gebots der Wirtschaftlichkeit. Vgl. BAECKER, P. N./GLEIßNER, W./ HOMMEL, U. (2007), S. 123.

552 Einschränkend ist anzumerken, dass dies grundsätzlich und je nach M&A-Projekt in unterschiedlichem Ausmaß möglich ist. So ist z. B. der Wert von Synergien regelmäßig erst nach einer genaueren Analyse während der Integrationsphase zu bestimmen; vgl. auch die entsprechenden Ausführungen zur Quantifizierung von Synergien in Kap. 4.2.2 dieser Arbeit.

553 Vgl. hier und folgend SCHULTZE, W./WEILER, A. (2010), S. 780 i. V. m. S. 772.

Zur effektiven Messung der Zielerreichung von M&A-Projekten wurde zunächst aufgrund der nur begrenzt verfügbaren Informationen die Notwendigkeit einer Verknüpfung externer und interner Konzepte der Erfolgsmessung aufgezeigt. Anschließend erfolgte auf Basis definierter Anforderungen an wertorientierte Mess- und Steuerungsgrößen ein Vergleich verschiedener Methoden der Unternehmensbewertung sowie wertbeitragorientierter Kennzahlen. Der residuale ökonomische Gewinn (RÖG) auf Basis des Economic Value Added (EVA) wurde schließlich als geeignete Messgröße für die wertorientierte Steuerung von M&A-Projekten vorgeschlagen. Anhand dieser Messgröße sollte der M&A-Erfolg über den gesamten M&A-Prozess hinweg – sowohl in festen Zeitintervallen als auch meilensteinbezogen – gemessen und ebenso gesteuert werden. Aufgrund der allerdings zu Anfang des M&A-Prozesses nur begrenzt zur Verfügung stehenden Informationen wurde eine Unterstützung durch einfache Verfahren der Unternehmensbewertung, wie Vergleichswertverfahren, als notwendig und deren informationsbedingte Ablösung durch ein EVA-basiertes Residualgewinnverfahren als angebracht angesehen, bevor schließlich das RÖG-Konzept vollständig zur Anwendung kommt.

Damit nicht nur eine Erfolgsmessung, sondern auch eine umfassende Steuerung von M&A-Projekten erfolgen kann, bedarf die Operationalisierung von M&A-Erfolg der Ergänzung durch ein M&A-projektbezogenes Controlling. Jenes ist Gegenstand der weiteren Ausführungen.

4 Ausgestaltung des Controllings von M&A-Projekten

Eine zweckmäßige Operationalisierung der Ziele und der Zielerreichung dient, wie bereits angedeutet, als Basis für Planung, Kontrolle und Steuerung von M&A-Projekten.[554] Dies sind allgemein wesentliche Bestandteile eines Controllings, das gemäß COENENBERG, A. G. et al. (2009) eine „zielorientierte Steuerung durch Information, Planung und Kontrolle“[555] ermöglicht und als betriebswirtschaftliche Unterstützung zur Erreichung der Unternehmensziele bezeichnet werden kann.[556] Durch das Einrichten beziehungsweise Anpassen eines solchen Controllings zur Nutzung im Rahmen von M&A-Projekten könnte die vorwiegend in der wirtschaftswissenschaftlichen Forschung wiederholt geforderte Professionalisierung und Objektivierung des M&A-Managements erreicht werden.[557] Dies scheint nicht zuletzt aufgrund des Projektcharakters sowie der besonderen unternehmerischen Bedeutung und Komplexität von M&A-Vorhaben geboten.[558]

Im Folgenden wird zunächst ein grundlegender Bezugsrahmen für das Controlling von M&A-Projekten entwickelt (vgl. Kap. 4.1), bevor ausführlicher auf die Controlling-Instrumente für M&A-Projekte (vgl. Kap. 4.2) und schließlich die Institutionalisierung des Controllings von M&A-Projekten (vgl. Kap. 4.3) eingegangen wird.

4.1 Bezugsrahmen des Controllings von M&A-Projekten

Trotz umfangreicher Beschäftigung mit dem Gegenstand und der Abgrenzung des Controllings in der betriebswirtschaftlichen Lehre und Praxis besteht bis heute kein einheit-

---

554 Vgl. BORGHESE, R. J./BORGESE, P. F. (2002), S. 120; DELOITTE (HRSG.) (2007), S. 11.

555 COENENBERG, A. G. et al. (2009), S. 9.

556 Vgl. BAUM, H.-G./COENENBERG, A. G./GÜNTHER, T. (2007), S. 4; SCHULTZE, W./ HIRSCH, C. (2005), S. 12. Erstere sprechen davon, dass Controlling eine „Hilfsfunktion des Managements“ übernimmt.

557 Vgl. unter anderem BIBERACHER, J./WOTSCHOFSKY, S. (2003), S. 24; BURGER, A./ ULBRICH, P./AHLEMEYER, N. (2010), S. 77f.; COENENBERG, A. G./SCHULTZE, W. (2002), S. 611; GUSERL, R. (2002), S. 132 und S. 141; JANSEN, S. A. (2001b), S. 30, und ders. (2002), S. 265ff.; SEIDENSCHWARZ, W. (2006), S. 9; WEINMANN, M. (2004), S. 276; WIRTZ, B. W. (2003), S. 166.

558 Vgl. BAETGE, J. (1997), S. 450; EULERICH, M. (2009), S. 34; WEISMÜLLER, A. (2005), S. 671; sowie die Ausführungen zum Projektstatus von M&A in Kap. 2.2.1 dieser Arbeit. GUSERL, R. (2006), S. 353, macht den Bedarf an Managementunterstützung durch ein M&A-Controlling vom Grad der Komplexität des Geschäftsmodells der beteiligten Unternehmen sowie von der Komplexität der M&A-Transaktion abhängig.

liches Controlling-Verständnis.[559] PREIßLER, P. R. (2007) bekundet sogar: „Jeder hat seine eigene Vorstellung darüber, was Controlling bedeutet oder bedeuten soll, nur jeder meint etwas anderes, wenn er von Controlling spricht."[560] Dies liegt nicht nur an einer ungenügenden begrifflichen Präzisierung des Controlling-Begriffs,[561] sondern vor allem an der Koexistenz verschiedener Controlling-Konzeptionen,[562] die zudem relativ abstrakte und allgemeine Konstrukte darstellen.[563] Von einer Verschärfung dieser Problematik ist nicht nur bei dem Controlling von Projekten im Allgemeinen,[564] sondern insbesondere im Fall von M&A-Projekten[565] auszugehen.

Um der geschilderten Problematik angemessen zu begegnen und außerdem den Besonderheiten von M&A Rechnung zu tragen, wird im Folgenden ein Bezugsrahmen für das Controlling von M&A-Projekten entwickelt. Hierzu werden zunächst die Anforderungen an das Controlling von M&A-Projekten formuliert (vgl. Kap. 4.1.1) sowie der konzeptionelle Aufbau des Controllings vorgestellt (vgl. Kap. 4.1.2). Demgemäß wird anschließend eine Controlling-Konzeption erarbeitet, indem zum einen die Zielsetzung des Controllings von M&A-Projekten festgelegt wird (vgl. Kap. 4.1.3) und zum anderen die grundlegenden Controlling-Aufgaben im Rahmen von M&A-Projekten abgeleitet werden (vgl. Kap. 4.1.4). Abschließend werden die gewonnenen Erkenntnisse in Form von Gestaltungsempfehlungen zusammengefasst (vgl. Kap. 4.1.5).

4.1.1 Anforderungen

Damit ein Controlling zur Zielerreichung von M&A-Projekten beitragen kann, sind durch dieses die Besonderheiten von M&A-Projekten zu berücksichtigen. Letztere stellen damit grundlegende Anforderungen an die Ausgestaltung des Controllings von M&A-Projekten dar. Als Besonderheiten von M&A-Projekten sind bereits die wesent-

559 Vgl. KÜPPER, H.-U. (2008), S. 1; WEBER, J./SCHÄFFER, U. (2011), S. 1. WALL, F. (2008), S. 463f., konstatiert daher auch ein fehlendes gemeinsames Selbstverständnis des Fachs „Controlling" in der betriebswirtschaftlichen Forschung.

560 PREIßLER, P. R. (2007), S. 14.

561 Vgl. LANGENSTEIN, K. (2007), S. 147; ZIEGLER, M. (2000), S. 217.

562 Vgl. PIETSCH, G./SCHERM, E. (2001), S. 206f.

563 Vgl. WEBER, J. et al. (2006), S. 39.

564 Vgl. MÖRSDORF, M. (1998), S. 111ff.

565 Vgl. auch WEINMANN, M. (2004), S. 276.

lichen Merkmale von M&A, d. h. der Projektstatus und die Prozessstruktur, sowie die grundsätzliche Wertorientierung von M&A hervorgehoben worden.[566]

Die Vorbereitung und Durchführung von M&A-Transaktionen sowie die Integration der beteiligten Unternehmen stellen äußerst komplexe und sehr dynamische Projekte dar, die eines umfassend und flexibel unterstützenden Controllings bedürfen.[567] Ein nicht zuletzt aufgrund hoher unternehmerischer Relevanz umfangreicher Informations-, Planungs- und Kontrollbedarf steht dabei begrenzt verfügbaren Informationen über das Übernahmeobjekt und einem sich dynamisch verändernden Verhältnis zwischen den beteiligten Unternehmen sowie deren Umfeld gegenüber.

Die Prozessstruktur von M&A-Projekten weist auf die Vielzahl, Unterschiedlichkeit und Interdependenz zu erfüllender Aufgaben hin, die einer konsistenten, den gesamten M&A-Prozess umfassenden, prozessbezogenen Steuerung durch das Controlling bedürfen.[568] So sind sachliche und formale Prozessziele festzulegen und konsequent nachzuhalten, die den Prozesszusammenhang und -fortschritt gewährleisten und damit die Erreichung formaler Ergebnisziele unterstützen.

Der formulierte Grundsatz der Wertorientierung legt eine konsequente Ausrichtung von M&A-Projekten sowie deren Controlling auf das Ziel der Unternehmenswertsteigerung fest. Die Wertsteigerung stellt demnach zwar das formale Oberziel von M&A-Projekten dar, das Controlling von M&A-Projekten muss jedoch darüber hinaus auch andere wertbeeinflussende, formale Ergebnisziele berücksichtigen,[569] welche nicht notwendigerweise auch monetarisierbar sind.[570]

Trotz des skizzierten Umfangs des Controllings von M&A-Projekten ist sicherzustellen, dass die beteiligten Unternehmen bzw. das neue integrierte Unternehmen nicht durch ein solches Controlling und damit einhergehende Berichtspflichten insgesamt negativ

---

566 Vgl. hier und im Folgenden auch die detaillierten Ausführungen zu den Merkmalen von M&A in Kap. 2.2 und zur Wertorientierung von M&A in den Kap. 3.1 und 3.2 dieser Arbeit.

567 Vgl. auch die Ausführungen zum aus den M&A-Projektmerkmalen abgeleiteten Steuerungsbedarf in Kap. 2.2.1 dieser Arbeit.

568 Vgl. auch BISHOP, O./MARTENS, K. (2006), S. 1049; HORZELLA, A. (2010), S. 5f. und S. 101ff.; SEIDENSCHWARZ, W. (2006), S. 16; WIRTZ, B. W. (2003), S. 166.

569 Vgl. auch die Ausführungen zur Priorisierung von M&A-Zielen in den Kap. 3.2.2 und 3.2.3 dieser Arbeit.

570 Vgl. WEISMÜLLER, A. (2005), S. 697.

beeinträchtigt werden.[571] Die Zielerreichung von M&A-Projekten und damit auch des strategischen Investors soll durch das Controlling unterstützt und nicht durch eine erhöhte Komplexität und zusätzlichen Aufwand vermindert werden.[572]

4.1.2 Konzeptioneller Aufbau

Die theoretische Grundlage des Controllings bildet vorwiegend die Systemtheorie, anhand derer prinzipiell versucht wird, das komplexe System des Unternehmens ganzheitlich zu beschreiben und zu erklären.[573] Entsprechend der Systemtheorie wird zwischen dem Ausführungssystem und dem Führungssystem unterschieden, wobei Letzterem die Strukturierung und Koordination des Ersteren obliegt.[574] Des Weiteren kann das Führungssystem in verschiedene Subsysteme, wie das Informations-, Planungs-, Kontroll-, Personalführungs- und Organisationssystem, zerlegt werden.[575] Für die Entwicklung eines grundlegenden Controlling-Verständnisses und eines Controllings von M&A-Projekten im Sinne einer Steuerungs- bzw. Führungsunterstützung sind prinzipiell alle diese Subsysteme relevant.[576] Um aufzuzeigen, wie und in welchem Umfang diese Subsysteme im M&A-Prozess zusammenwirken und somit die erfolgsorientierte Steuerung von M&A-Projekten ermöglichen, wird eine strukturierte, mehrstufige Betrachtung durchgeführt (vgl. Abb. 16).

Demzufolge müssen zunächst die grundsätzlichen Ziele sowie die wesentlichen Aufgaben des Controllings bestimmt und somit auf funktionaler Ebene eine grundlegende Controlling-Konzeption erarbeitet werden.[577] Hierdurch wird zum einen ein theoreti-

---

571 Vgl. auch BURGER, A./ULBRICH, P./AHLEMEYER, N. (2010), S. 70; KITCHING, J. (1967), S. 97.

572 Vgl. auch DIECKHAUS, O.-T. (1993b), S. 246.

573 Vgl. zur Systemtheorie grundlegend ULRICH, H. (1970); hier und im Folgenden COENENBERG, A. G./FISCHER, T. M./GÜNTHER, T. (2009), S. 33f.; METZ, M. (2002), S. 48; SCHLAGHECK, B. (2000), S. 93.

574 Vgl. GROCHLA, E. (1976), S. 623.

575 Vgl. derart KÜPPER, H.-U. (2008), S. 30.

576 Vgl. COENENBERG, A. G./FISCHER, T. M./GÜNTHER, T. (2009), S. 34, bezogen auf ein grundlegendes Controlling-Verständnis.

577 Vgl. ein ähnliches Vorgehen bei BARK, C. (2002), S. 136; MEIER, H. (2001), S. 24ff. Vgl. hier und im Folgenden zur Differenzierung einer funktionalen, instrumentalen und institutionalen Ebene des Controllings auch KÜPPER, H.-U./WEBER, J./ZÜND, A. (1990), S. 283; OSSADNIK, W. (2009), S. 33; WALL, F. (2008), S. 465.

scher Ordnungsrahmen geschaffen und zum anderen die praktische Ausgestaltung des Controllings im Unternehmens- und M&A-Projektkontext begründet.[578]

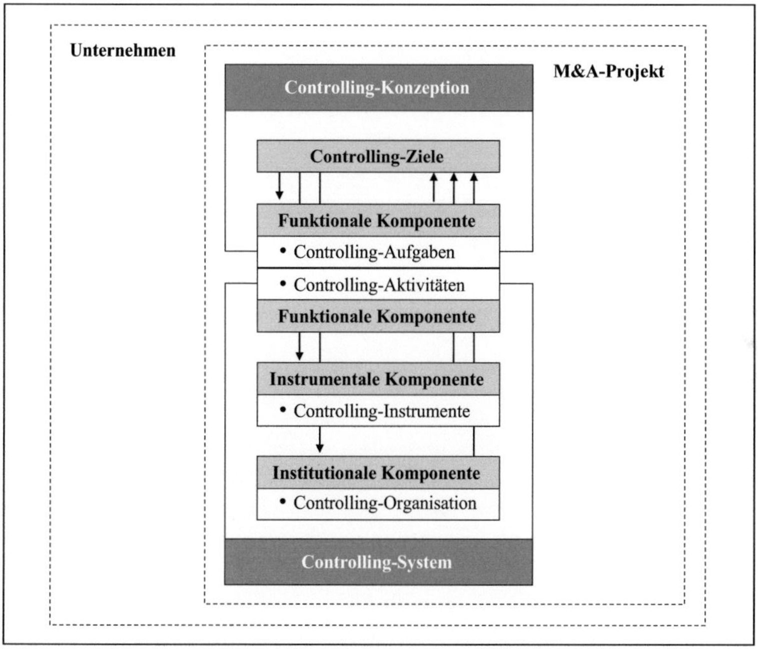

Abb. 16: Ansatz zur Entwicklung eines Controllings von M&A-Projekten (Erweiterte Darstellung nach: MEIER, H. (2001), S. 25)

Die Controlling-Konzeption stellt daher auch den Ausgangspunkt für die Entwicklung eines Controlling-Systems für M&A-Projekte in funktionaler, instrumentaler und institutionaler Hinsicht dar.[579] So lassen sich auf funktionaler Ebene aus den wesentlichen Controlling-Aufgaben M&A-prozessbezogene Controlling-Aktivitäten ableiten.[580] Diese Aktivitäten dienen in den einzelnen Phasen von M&A-Projekten der Erfüllung der übergreifenden Controlling-Aufgaben. Auf instrumentaler Ebene werden dementsprechend die Controlling-Instrumente, d. h. Hilfsmittel, Methoden, Modelle, Verfahren

578 WEBER, J./SCHÄFFER, U. (2006), S. 2f., sprechen hier auch von der Controlling-Konzeption als Mittler zwischen Theorie und Praxis. WALL, F. (2008), S. 469, merkt an, dass dazu eine Controlling-Konzeption einerseits theoretisch fundiert sein und andererseits die Controlling-Praxis widerspiegeln muss.

579 Vgl. ähnlich BURGER, A./ULBRICH, P./AHLEMEYER, N. (2010), S. 83.

580 Vgl. hier und folgend MEIER, H. (2001), S. 28.

etc., bestimmt, die der bestmöglichen Wahrnehmung der Controlling-Aufgaben und -Aktivitäten dienen.[581] Schließlich wird auf institutionaler Ebene die organisatorische Ausgestaltung und Verankerung des Controllings von M&A-Projekten in der Unternehmensorganisation festgelegt, die die Wahrnehmung der Controlling-Aufgaben bzw. -Aktivitäten mit Hilfe der notwendigen Instrumente aus organisatorischer Perspektive ermöglicht.[582]

Der Unternehmens- und der M&A-Projektkontext sind, wie bereits angedeutet, als Rahmenbedingungen für die Entwicklung eines Controllings von M&A-Projekten anzusehen.

4.1.3 Zielsetzung

Die Zielsetzung des Controllings bestimmt ganz allgemein, in welcher Beziehung Controlling und Unternehmensführung stehen.[583] Die Kenntnis der Controlling-Ziele bildet auch die notwendige Voraussetzung zur Bestimmung der Art und des Umfangs der Controlling-Aufgaben und stellt somit Grundlage und Ursache für den Aufbau eines Controlling-Systems dar.[584]

Das Oberziel des Unternehmens und des M&A-Projektes, d. h. die Steigerung des Unternehmenswertes, kann selbst nicht unmittelbar auch Ziel des Controllings von M&A-Projekten sein, da das Controlling nicht ohne weiteres mit Führung oder Management gleichzusetzen ist und nur einen anteiligen und zudem keinen unmittelbaren Beitrag zur Erreichung des Oberziels leisten kann.[585] Die grundsätzliche Zielsetzung des Controllings von M&A-Projekten ist jedoch, die Führung bzw. das Management bei der Erreichung dieses Oberziels während des gesamten M&A-Prozesses zu unterstützen (vgl. Abb. 17).[586]

---

581 Vgl. exemplarisch KÜPPER, H.-U. (2008), S. 39ff.; sowie die weiterführenden Erläuterungen in Kap. 4.2 dieser Arbeit.

582 Vgl. ähnlich allg. HORVÁTH, P. (1995), Sp. 224.

583 Vgl. hier und folgend KLEINSCHNITTGER, U. (1993), S. 7.

584 Vgl. insb. zu letzterem KÜPPER, H.-U. (1988), S. 164; REICHMANN, T. (2011), S. 4.

585 Vgl. METZ, M. (2002), S. 53.

586 Vgl. KLEINSCHNITTGER, U. (1993), S. 8 und S. 36f.; ebenso MEIER, H. (2001), S. 27, der dies jedoch lediglich als indirektes Ziel des Controllings bezeichnet. Vgl. ähnlich HOFFJAN, A./ ELTZE, C. (1998), S. 146; PFAFF, D./SCHULTZE, W. (2006), S. 124.

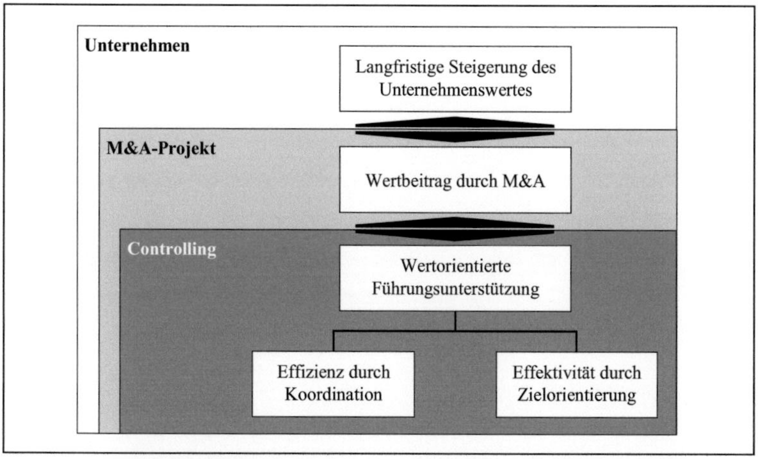

Abb. 17: Ziele des Controllings von M&A-Projekten im Unternehmens- und M&A-Projektkontext
(Quelle: Eigene Darstellung)

Ziel des Controllings ist daher zum einen, die Effizienz der Führung zu gewährleisten, indem es die verschiedenen Führungssubsysteme koordiniert.[587] Dies ist bei M&A-Projekten von besonderer Relevanz, da M&A-Projekte von einer hohen Komplexität und Dynamik gekennzeichnet sind und folglich einen umfangreichen Koordinationsbedarf aufweisen.[588] Zum anderen ist es Ziel des Controllings, die Effektivität und somit die Ziel- bzw. Wertorientierung der Führung sicherzustellen.[589] Nur so kann letztlich eine konsequente Ausrichtung des gesamten M&A-projektbezogenen Handelns am Oberziel der Unternehmenswertsteigerung gewährleistet und damit zum Erfolg des M&A-Projektes beigetragen werden.

---

587 Vgl. MEIER, H. (2001), S. 26f. METZ, M. (2002), S. 53, spricht hier auch von einer Metaführungsfunktion des Controllings. Vgl. auch die allgemeinen koordinationsorientierten Controlling-Konzeptionen von HORVÁTH, P. (2009), S. 127ff.; KÜPPER, H.-U. (2008), S. 28ff.; OSSADNIK, W. (2009), S. 34ff.

588 Vgl. auch die Ausführungen zu den Merkmalen von M&A-Projekten in Kap. 2.2.1 dieser Arbeit.

589 Vgl. ergänzend auch die führungsorientierten Controlling-Konzeptionen von DELLMANN, K. (1992), S. 120f.; KRÜGER, W. (1979), S. 158ff.; SIEGWART, H. (1986), S. 109.

4.1.4 Grundlegende Aufgaben

Unter einer Controlling-Aufgabe[590] ist eine Leistung zur Erfüllung der Controlling-Ziele zu verstehen.[591] Demnach sind Controlling-Aufgaben aus den Controlling-Zielen abzuleiten und konkretisieren jene weiter. In der Literatur ist es weitgehend unbestritten, dass Controlling im Rahmen der zielorientierten Führungsunterstützung allgemein die Aufgaben der Informationsversorgung, der Planung und Kontrolle sowie der Koordination zu erfüllen hat[592] und damit als Teilfunktion der Führung angesehen wird.[593] Es ist davon auszugehen, dass sich dies auch auf das Controlling von M&A-Projekten übertragen lässt.[594]

Der Informationsversorgung kommt eine besondere Bedeutung zu, da diese eine notwendige Voraussetzung zur Erfüllung der weiteren Controlling-Aufgaben in allen Phasen von M&A-Projekten darstellt und somit die zielorientierte Steuerung von M&A-Projekten ermöglicht.[595] Hierfür sind verlässliche, d. h. möglichst objektive Informationen zu beschaffen, bedarfsgerecht, d. h. benutzer- und problemadäquat zu selektieren, verständlich aufzubereiten und zeitnah bereitzustellen.[596] Dies hat sowohl bei konkreten, M&A-projektbezogenen Anlässen, wie z. B. zur Due Diligence, als auch im gesamten M&A-Prozess zu erfolgen, um nicht nur dem sich dynamisch verändernden Umfang und Inhalt der Informationen Rechnung zu tragen, sondern zusätzlich eine kontinuierliche, prozessbegleitende Steuerung von M&A-Projekten zu ermöglichen.

---

590 Die Begriffe „Controlling-Funktion“ und „Controlling-Aufgabe“ werden in der einschlägigen Literatur meist synonym verwendet, weshalb im Folgenden auch auf eine Differenzierung verzichtet und vereinfachend von Controlling-Aufgaben gesprochen wird.

591 Vgl. REICHMANN, T. (2011), S. 4; RICHTER, H. J. (1987), S. 126-128.

592 Vgl. COENENBERG, A. G./FISCHER, T. M./GÜNTHER, T. (2009), S. 42f.; WEBER, J. et al. (2006), S. 32.

593 Vgl. WALL, F. (2008), S. 466, sowie die dort rezensierten Standardwerke des Controllings.

594 Vgl. ähnlich EBERL, S. (2009), S. 85f. So lassen sich die Aufgaben des Controllings von M&A-Projekten aus den allgemeinen Aufgaben des Controllings deduzieren; vgl. bzgl. des Projektcontrollings KRÜGER, A. (2002), Sp. 1582ff.; LANGE, D. (2008), S. 80; MÖRSDORF, M. (1998), S. 125; SCHLAGHECK, B. (2000), S. 133; bzgl. des Beteiligungscontrollings BURGER, A./ULBRICH, P./AHLEMEYER, N. (2010), S. 82f.

595 Vgl. ähnlich KLEINSCHNITTGER, U. (1993), S. 12. Vgl. ebenso hier und im Folgenden BURGER, A./ULBRICH, P./AHLEMEYER, N. (2010), S. 83; mit Bezug auf den gesamten Beteiligungslebenszyklus DIECKHAUS, O.-T. (1993a), S. 253.

596 Vgl. allgemein WEBER, J./SCHÄFFER, U. (2011), S. 93f.; mit Bezug auf Beteiligungen BORCHERS, S. (2000), S. 91f.; mit Bezug auf M&A-Projekte EBERL, S. (2009), S. 85f.; MEIER, H. (2001), S. 38f.

Die Planung wird allgemein als „ein systematisches, zukunftsbezogenes Durchdenken und Festlegen von Zielen, Maßnahmen, Mitteln und Wegen zur künftigen Zielerreichung“[597] aufgefasst. Es handelt sich hierbei also um eine gedankliche Vorwegnahme künftiger Entscheidungen auf Basis aktuell vorhandener Informationen und prognostizierbarer Entwicklungen.[598] Dem Controlling obliegt die Aufgabe, die Entscheidungsträger bei der Planung von M&A-Projekten koordinierend und zielbezogen zu unterstützen. Das Controlling von M&A-Projekten hat daher die Zielorientierung und Konsistenz der Planung über den gesamten M&A-Prozess sicherzustellen und hierfür neben den erwähnten planungsrelevanten Informationen auch planungsunterstützende Instrumente und Methodenwissen bereitzustellen.[599]

Die Kontrolle bezeichnet ganz allgemein den Vergleich einer zu prüfenden Größe mit einer Maßstabs- oder Normgröße[600] und umfasst häufig auch ggf. notwendige Abweichungsanalysen sowie die Entwicklung von Anpassungsmaßnahmen.[601] Im Rahmen von M&A-Projekten kommt demnach dem Controlling die Aufgabe zu, zum einen Kontrollinstrumente zu entwickeln und zu implementieren[602] sowie zum anderen die Zielerreichung permanent, d. h. während des gesamten M&A-Prozesses, zu überprüfen und bei Abweichungen gegensteuernd einzugreifen.[603]

Die Koordination ist für das Controlling von M&A-Projekten wesentlich, um die zielorientierte Steuerung von M&A-Projekten angesichts vielfältiger Interdependenzen sowohl innerhalb eines bestimmten M&A-Projektes als auch zwischen diesem M&A-Projekt und den daran beteiligten Unternehmen umfassend wahrnehmen zu können.[604] Die Koordinationsaufgabe bezieht sich sowohl auf die Koordination innerhalb einzelner

---

597 WILD, J. (1974), S. 13.

598 Vgl. HAHN, D./HUNGENBERG, H. (2001), S. 45; HAX, K. (1966), S. 189.

599 Vgl. ähnlich BIBERACHER, J. (2003), S. 350f.

600 Vgl. BREDE, H. (1975), Sp. 2218.

601 Vgl. KÜPPER, H.-U. (2008), S. 211. Vgl. ergänzend auch die umfassenden Ausführungen zur Messung der Zielerreichung in Kap. 3.3 dieser Arbeit.

602 Vgl. allgemein OSSADNIK, W. (2009), S. 36.

603 Vgl. auch mit Bezug auf den gesamten Beteiligungslebenszyklus BURGER, A./ULBRICH, P./ AHLEMEYER, N. (2010), S. 85.

604 Vgl. allgemein COENENBERG, A. G./FISCHER, T. M./GÜNTHER, T. (2009), S. 43; sowie die Ausführungen zum außerordentlichen Koordinationsbedarf von M&A-Projekten in den Kap. 2.2.1 und 4.1.3 dieser Arbeit.

Führungssubsysteme als auch auf die Koordination zwischen verschiedenen Führungssubsystemen.[605]

Hinsichtlich der Koordination innerhalb des Informationssystems eines M&A-Projektes und der beteiligten Unternehmen ist auf die Existenz verschiedener Rechnungslegungssysteme zu verweisen, welche weitestgehend verknüpft werden müssen, um die inhaltliche Richtigkeit und Konsistenz der Informationen sowie die Effizienz der Informationsversorgung zu gewährleisten.[606] Innerhalb des Planungssystems sind die zahlreichen sachlich und zeitlich differenzierten Teilplanungen eines M&A-Projektes und der beteiligten Unternehmen inhaltlich und methodisch aufeinander abzustimmen. So ist beispielsweise die Vereinbarkeit der verschiedenen Formal- und Sachziele eines M&A-Projektes oder auch deren Ausrichtung auf die Gesamtziele des strategischen Investors sicherzustellen. Innerhalb des Kontrollsystems sind die verschiedenen Kontrollarten, wie z. B. die sog. Prämissen- und Durchführungskontrolle, aufeinander abzustimmen.[607]

Zur Koordination zwischen den verschiedenen Führungssubsystemen gehört z. B. die bereits angedeutete Ausrichtung des Informationssystems auf Planung und Kontrolle, die der Versorgung mit planungs- und kontrolladäquaten Informationen bedürfen.[608] Planung und Kontrolle stellen zwar aus traditioneller und formaler Sicht zwei unterschiedliche Führungsaufgaben dar,[609] jedoch bedarf die Planung der inhaltlichen und prozessualen Ergänzung durch die Kontrolle.[610] Aufgrund dieses engen, untrennbaren Verhältnisses zwischen Planung und Kontrolle können beide daher auch als Einheit betrachtet werden.[611] Hier hat eine Verknüpfung der Formen und Instrumente der Planung

605 Vgl. KÜPPER, H.-U. (2008), S. 36; OSSADNIK, W. (2009), S. 36.

606 Vgl. hier und folgend ähnlich KÜPPER, H.-U. (2008), S. 37.

607 Vgl. zu den verschiedenen Kontrollarten die Ausführungen zu den Perspektiven des Controllings von M&A-Projekten weiter unten in diesem Kapitel der Arbeit. Vgl. zudem OSSADNIK, W. (2009), S. 36f., der anmerkt, dass der Abstimmungsbedarf beim Kontrollsystem im Vergleich zum Planungssystem aufgrund der Abgestimmtheit der Planungen, auf die sich die Kontrollen beziehen, geringer ist.

608 Vgl. HORVÁTH, P. (2009), S. 296ff.

609 Vgl. ZAHN, E. (1997), S. 67.

610 Vgl. hier und folgend HORVÁTH, P. (2009), S. 146f., der anmerkt, dass zudem in der unternehmerischen Realität die durch die Planung vorgegebene Soll-Größe als Maßstabs- oder Normgröße zum Vergleich mit der Ist-Größe im Rahmen der Kontrolle dominiert. Dass die Kontrolle allerdings umgekehrt auch immer eine Planung erfordert, ist nicht zwingend; vgl. COENENBERG, A. G./FISCHER, T. M./GÜNTHER, T. (2009), S. 43; KÜPPER, H.-U. (2008), S. 211.

611 Konzeptionelle Grundlage für die Verknüpfung bzw. Dualität von Planung und Kontrolle ist der sog. kybernetische Regelkreis; vgl. GÜNTHER, T. (1991), S. 50ff.

mit denen der Kontrolle zu erfolgen.[612] Um über die Planung und Kontrolle auch das Verhalten der Mitarbeiter steuern zu können, ist des Weiteren eine Verbindung von Planung und Kontrolle mit geeigneten Anreizsystemen im Personalführungssystem notwendig.[613] Ebenso ist die Koordination mit dem Organisationssystem Aufgabe des Controllings. Schließlich wird das Verhalten der Mitarbeiter auch durch die Organisation strukturell beeinflusst. Des Weiteren richten sich Planung, Kontrolle und Informationssystem nach der Organisation eines M&A-Projektes und der daran beteiligten Unternehmen, bedingen diese Organisation zum Teil auch. Damit wird der Koordinationsbereich des Controllings vom Informations-, Planungs- und Kontrollsystem ausgehend auf das gesamte Führungssystem erweitert (vgl. Abb. 18).[614]

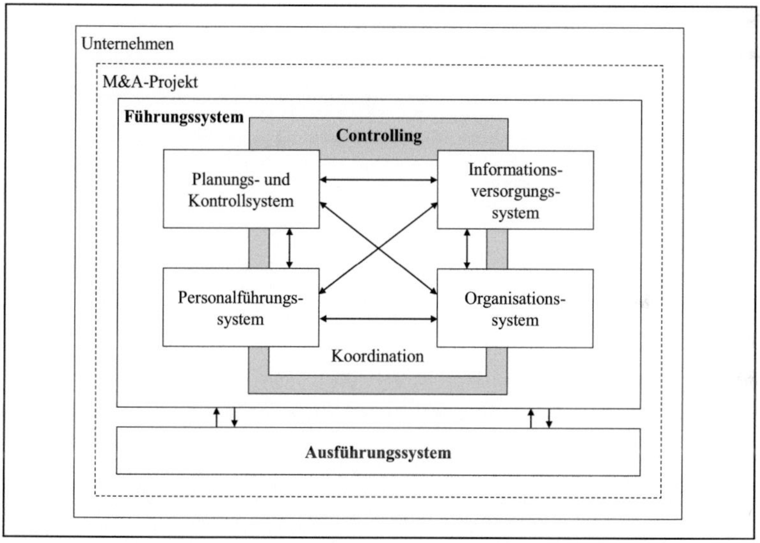

Abb. 18: Controlling von M&A-Projekten im Führungssystem
(Erweiterte Darstellung nach: OSSADNIK, W. (2009), S. 24 und S. 33)

Durch die Ausdehnung der Koordinationsaufgabe des Controllings von der sachlichen auch auf die personelle Koordination wird die Controlling-Konzeption um die Aufgabe

612 Vgl. OSSADNIK, W. (2009), S. 38, sowie die weiteren Ausführungen zu den Perspektiven des Controllings von M&A-Projekten weiter unten in diesem Kapitel und den Controlling-Instrumenten in Kap. 4.2 dieser Arbeit.

613 Vgl. hier und folgend KÜPPER, H.-U. (2008), S. 39.

614 Vgl. COENENBERG, A. G./FISCHER, T. M./GÜNTHER, T. (2009), S. 40.

der Verhaltenssteuerung erweitert.[615] Diese trägt zur Entschärfung von Interessenkonflikten bei und dient der Vermeidung opportunistischen, den Zielen der Unternehmenseigentümer und des M&A-Projektes entgegenstehendem Verhalten der Mitarbeiter.[616] Interessenkonflikte können insbesondere bei M&A-Projekten eine besondere Bedeutung erlangen, da mit M&A-Projekten in der Regel substanzielle organisatorische, kulturelle, personelle und finanzielle Veränderungen einhergehen, welche nicht nur die Eigentümer, sondern vor allem auch die Mitarbeiter in unterschiedlicher Weise und in erheblichem Ausmaß betreffen.[617]

Zur weiteren Ausdifferenzierung der Aufgaben des Controllings von M&A-Projekten wird dieses in einer operativen und einer strategischen Perspektive verfeinert (vgl. Abb. 19).[618] Während grundsätzlich das strategische M&A-bezogene Controlling eher langfristig orientiert ist und die nachhaltige Existenzsicherung bzw. die Steuerung von Erfolgspotenzialen zum Gegenstand hat, ist in Ergänzung zu diesem das operative M&A-bezogene Controlling eher kurz- bis mittelfristig orientiert und auf Erfolgs- und Liquiditätsziele fokussiert.[619]

Das strategische Controlling befasst sich mit dem effektivitätsorientierten Aspekt, „die richtigen Dinge zu tun“, und unterstützt die Führung in der Planung und Kontrolle von M&A-Strategien zur Realisierung von Erfolgspotenzialen,[620] welche sich durch den

---

615 WALL, F. (2008), S. 466-469, spricht hier von einem umfassenden Controlling-Verständnis, welches dem Controlling nicht nur eine Entscheidungsfunktion gem. den Controlling-Konzeptionen von z. B. HAHN, D./HUNGENBERG, H. (2001), S. 272; HORVÁTH, P. (2009), S. 128; REICHMANN, T. (2011), S. 5ff., sondern auch eine Verhaltenssteuerungsfunktion gem. den Controlling-Konzeptionen von z. B. KÜPPER, H.-U. (2008), S. 28ff.; OSSADNIK, W. (2009), S. 34ff.; SCHMIDT, A. (1986), S. 55ff.; WEBER, J./ SCHÄFFER, U. (2011), S. 44ff., zuschreibt.

616 Vgl. ähnlich allg. KÜPPER, H.-U. (2007), S. 14ff.

617 Vgl. BOROWICZ, F. (2006a), S. 5, und ders. (2006b), S. 37.

618 Vgl. für eine ähnliche Differenzierung mit Bezug auf die Integrationsphase von M&A BARK, C. (2002), S. 141; BARK, C./KÖTZLE, A. (2001), S. 338f.; bzgl. des gesamten M&A-Prozesses BIBERACHER, J. (2003), S. 346; BROKEMPER, A./HERRMANN, T. (2007), S. 38; COENENBERG, A. G./BIBERACHER, J. (2003), S. 333ff.; EULERICH, M. (2009); bzgl. des gesamten Beteiligungslebenszykluses BOTTA, V. (1994), S. 29; BURGER, A./ULBRICH, P./AHLEMEYER, N. (2010), S. 86ff.; SCHULTE, C. (1994), S. 11 und S. 17.

619 Vgl. zur allgemeinen Differenzierung zwischen strategischem und operativen Controlling hier und im Folgenden BAUM, H.-G./COENENBERG, A. G./GÜNTHER, T. (2007), S. 6f.; GÜNTHER, T. (1997), S. 68f.; OSSADNIK, W. (2009), S. 51ff. Vgl. zum sog. Gälweilerschen Zielkonzept, welches zur nachhaltigen Existenzsicherung die Elemente Erfolgspotenzial, Erfolg und Liquidität umfasst, GÄLWEILER, A. (2005), S. 26-35; oder auch COENENBERG, A. G./FISCHER, T. M./ GÜNTHER, T. (2009), S. 764f. und S. 876ff.; FISCHER, T. M. (2000), 72f.

620 Vgl. ähnlich COENENBERG, A. G./BIBERACHER, J. (2003), S. 334-336.

Unternehmenswert operationalisieren lassen.[621] Im Rahmen der strategischen Planung von M&A-Projekten ist ausgehend von der grundlegenden Zielsetzung des strategischen Investors und des M&A-Projektes, eine strategische Analyse durchzuführen, die in der Strategiefindung und letztlich der Strategiebewertung für ein M&A-Projekt anhand des Beitrages zum Unternehmenswert resultiert.[622] Auf Basis der gewählten Strategie ist eine übergreifende Meilenstein- und Maßnahmenplanung zur Strategieumsetzung im Rahmen eines M&A-Projektes zu erstellen.[623] Die strategische Planung wird nicht nur durch eine strategische Kontrolle inhaltlich und prozessual ergänzt, sondern auch parallel über den gesamten M&A-Prozess hinweg begleitet.[624] Jener obliegt die Kontrolle der Planungsprämissen, die Kontrolle der Plandurchführung im Sinne einer Planinhalts- und Planrealisationskontrolle sowie die strategische Überwachung.[625] Während sich die Prämissenkontrolle an den Annahmen aus der strategischen Analyse, die Planinhaltskontrolle in vorwiegend zeitlicher Hinsicht an der übergreifenden Meilenstein- und Maßnahmenplanung und die Planrealisationskontrolle am meilensteinbezogenen Beitrag zum Unternehmenswert orientiert, stellt die strategische Überwachung eine eher ungerichtete, globale Kontrolle von bisher in der Planung unberücksichtigten Umweltentwicklungen dar.[626]

Das operative Controlling befasst sich mit dem effizienzorientierten Aspekt, „die Dinge richtig zu tun", und unterstützt die Führung bei der operativen Umsetzung der Strategien durch Planung und Kontrolle. Aufgabe der operativen Planung ist primär die Zerlegung der Strategien in operative und detaillierte Teilpläne auf Prozess- und Ergebnisebene eines M&A-Projektes.[627] Die Kontrollarten der strategischen Kontrolle sind zwar

---

621 Vgl. zur Operationalisierung von Erfolgspotenzialen auch GÜNTHER, T. (1997), S. 71.

622 Vgl. allgemein BAUM, H.-G./COENENBERG, A. G./GÜNTHER, T. (2007), S. 23-32.

623 STEINMANN, H./SCHREYÖGG, G./KOCH, J. (2005), S. 174 und S. 269ff., sprechen hier auch allg. von strategischen Programmen.

624 Vgl. allg. STEINMANN, H./SCHREYÖGG, G./KOCH, J. (2005), S. 175; bzgl. M&A-Projekten ähnlich SEIDENSCHWARZ, W. (2006), S. 16.

625 Vgl. grundlegend zur strategischen Kontrolle SCHREYÖGG, G./STEINMANN, H. (1985), S. 401ff.; ausführlicher STEINMANN, H./SCHREYÖGG, G./KOCH, J. (2005), S. 274ff.; zur weiteren Aufteilung der Durchführungskontrolle in eine Planinhalts- und Planrealisationskontrolle BAUM, H.-G./COENENBERG, A. G./GÜNTHER, T. (2007), S. 327f.; mit Bezug auf M&A-Projekte ähnlich BORCHERS, S. (2000), S. 114f.; KÜRSTEN, W./MECKL, R./KROSTEWITZ, A. (2007), S. 164; LANGENSTEIN, K. (2007), S. 155-157; METZ, M. (2002).

626 Vgl. STEINMANN, H./SCHREYÖGG, G./KOCH, J. (2005), S. 280f.

627 Vgl. ähnlich BIBERACHER, J./WOTSCHOFSKY, S. (2003), S. 24f.; COENENBERG, A. G./ BIBERACHER, J. (2003), S. 337.

grundsätzlich auch auf die operative Kontrolle übertragbar, jedoch dominiert hier die Durchführungskontrolle.[628] Diese hat die Erreichung der gesetzten Sach- und Formalziele auf Prozessebene und der Formalziele auf Ergebnisebene nicht nur typischerweise periodisch, sondern auch kontinuierlich während des gesamten M&A-Prozesses zu überprüfen.[629]

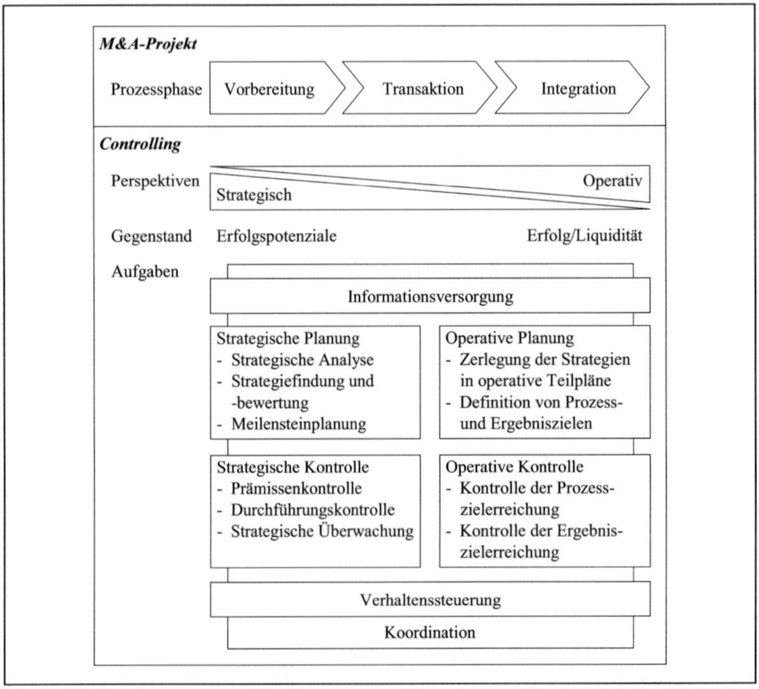

Abb. 19: Strategisches und operatives Controlling von M&A-Projekten (Quelle: Eigene Darstellung)

Die Aufgaben der Informationsversorgung und Verhaltenssteuerung mittels Anreizsystemen lassen sich sowohl dem strategischen als auch dem operativen Controlling zuordnen. Die Informationsversorgung orientiert sich dabei am Informationsbedarf der jeweiligen Controlling-Perspektive. Die Verhaltenssteuerung kann sich grundsätzlich sowohl auf die Realisierung von Erfolgspotenzialen als auch die Erreichung von Erfolgs- und Liquiditätszielen als dessen Voraussetzung beziehen.

628 Vgl. hier und folgend STEINMANN, H./SCHREYÖGG, G./KOCH, J. (2005), S. 402-404.

629 Vgl. ähnlich SEIDENSCHWARZ, W. (2006), S. 16.

Es ist festzuhalten, dass alle genannten Controlling-Aufgaben während des gesamten M&A-Projektes prozessbegleitend durchzuführen sind. Die Intensität der Aufgabenwahrnehmung kann allerdings im Verlauf des M&A-Projektes variieren.[630] Während z. B. die Aufgaben des strategischen Controllings zu Beginn des M&A-Prozesses dominieren, trifft dies auf die Aufgaben des operativen Controllings zum Ende des M&A-Prozesses zu.[631] Ferner kann grundsätzlich davon ausgegangen werden, dass der Gesamtumfang der Controlling-Aufgaben im Verlauf von M&A-Projekten tendenziell zunimmt.[632]

4.1.5 Gestaltungsempfehlungen

Aus den bisherigen Ausführungen ergibt sich eine umfassende Controlling-Konzeption für M&A-Projekte (vgl. Abb. 20). Vor dem Hintergrund der grundsätzlichen Wertorientierung M&A-bezogenen Unternehmenshandelns sowie der zentralen Merkmale von M&A, dem Projektstatus und der Prozessstruktur, stellt die wertorientierte Führungsunterstützung die primäre Zielsetzung des Controllings von M&A-Projekten dar. Diese Zielsetzung ist durch die M&A-prozessbegleitende Realisierung von Informationsversorgung, Planung, Kontrolle, Verhaltenssteuerung und Koordination auf strategischer und operativer Ebene zu erreichen.

Die entwickelte Controlling-Konzeption für M&A-Projekte wird den folgenden Ausführungen zugrunde gelegt und dient zur Spezifizierung der aus den Controlling-Aufgaben abzuleitenden Controlling-Aktivitäten sowie der zu deren Erfüllung genutzten Controlling-Instrumente. Des Weiteren stellt diese Konzeption die Grundlage für die organisatorische Ausgestaltung des Controllings von M&A-Projekten dar.

---

630 Vgl. HOFFJAN, A./ELTZE, C. (1998), S. 148.

631 Vgl. BROKEMPER, A./HERRMANN, T. (2007), S. 38f.; COENENBERG, A. G./BIBERACHER, J. (2003), S. 334; WEINMANN, M. (2004), S. 277f.; mit Bezug auf ein Integrationscontrolling BARK, C. (2002), S. 142.

632 Vgl. BORCHERS, S. (2000), S. 108.

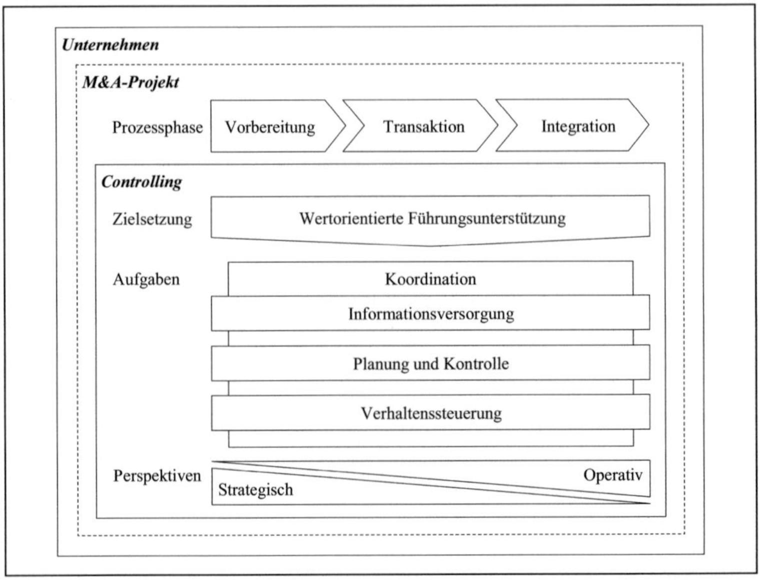

Abb. 20: Controlling-Konzeption für M&A-Projekte (Quelle: Eigene Darstellung)

4.2 Controlling-Instrumente für M&A-Projekte

Die beschriebenen grundlegenden Controlling-Aufgaben sind durch einzelne Aktivitäten zu realisieren,[633] welche mit Hilfe verschiedener Controlling-Instrumente umzusetzen sind.[634] Diese Instrumente gehören zum allgemeinen Unternehmenscontrolling und Projektcontrolling,[635] sind teilweise allerdings an die spezifischen Merkmale von M&A-Projekten anzupassen[636] und für die konkrete Nutzung in Anzahl, Inhalt und Form auf das spezifische M&A-Projekt und den strategischen Investor individuell abzustimmen.

Im Folgenden werden die gängigsten Controlling-Instrumente für M&A-Projekte in Anlehnung an die Controlling-Aktivitäten entlang des M&A-Prozesses genannt und nur jene Instrumente konzeptionell vorgestellt, die einer umfassenderen Anpassung bedür-

633 Vgl. RICHTER, H. J. (1987), S. 128.

634 Vgl. BORCHERS, S. (2000), S. 135.

635 Vgl. HORZELLA, A. (2010), S. 88f.; METZ, M. (2002), S. 165f.; WEINMANN, M. (2004), S. 300.

636 Vgl. ausführlich zu den Merkmalen von M&A-Projekten die Ausführungen in Kap. 2.2 dieser Arbeit.

fen. Auf Basis der verschiedenen Phasen des M&A-Prozesses werden dabei Controlling-Instrumente der Vorbereitungsphase (vgl. Kap. 4.2.1), der Transaktionsphase (vgl. Kap. 4.2.2) und der Integrationsphase (vgl. Kap. 4.2.3) sowie phasenübergreifende Controlling-Instrumente (vgl. Kap. 4.2.4) unterschieden.[637] Anschließend werden grundlegende Gestaltungsempfehlungen für die Unternehmenspraxis zusammengefasst (vgl. Kap. 4.2.5).

4.2.1 Instrumente der Vorbereitungsphase

Die Vorbereitungsphase beginnt mit der ausführlichen Auseinandersetzung mit den Zielen sowie der Strategie und somit der strategischen Planung von M&A-Projekten, welche mit der allgemeinen Unternehmensplanung des strategischen Investors eng verknüpft ist.[638] Ausgangs- und Orientierungspunkt der strategischen Planung von M&A-Projekten ist die grundsätzliche Unternehmenszielsetzung des strategischen Investors, die durch die Steigerung des Unternehmenswertes zum Ausdruck kommt.[639]

Im Rahmen der strategischen M&A-Analyse hat zuerst eine Standortbestimmung des strategischen Investors durch eine umfassende Unternehmens- und Umweltanalyse zu erfolgen,[640] welche nicht nur die notwendige Grundlage für die Unternehmens-, sondern auch für die M&A-Strategie bildet.[641] Im Sinne des klassischen SWOT-Ansatzes werden dabei durch die Unternehmensanalyse die Stärken (*engl. Strenghts*) und Schwächen (*engl. Weaknesses*) des strategischen Investors identifiziert und durch die Umweltanalyse die Chancen (*engl. Opportunities*) und Risiken (*engl. Threats*) des Umfeldes analysiert.[642] Durch das Controlling ist hier eine methodisch unterstützende Funktion wahrzu-

---

637 Vgl. ähnlich bzgl. des Projektcontrollings SCHNEIDER, R. (2007), S. 125. M&A-spezifische Controlling-Instrumente, die zwar in mehreren Phasen eines M&A-Projektes punktuell genutzt werden, nicht jedoch den gesamten M&A-Prozess umfassen, werden aus Gründen der besseren Strukturierung der Phase ihrer schwerpunktmäßigen Nutzung zugeordnet. Wie bereits in Kap. 2.2.2 dieser Arbeit erläutert, dient die Phaseneinteilung des M&A-Prozesses einer komplexitätsreduzierenden Strukturierung; dabei sind Parallelitäten und Interdependenzen zwischen einzelnen Aktivitäten zu berücksichtigen.

638 Vgl. MEIER, H. (2001), S. 56.

639 Vgl. WIRTZ, B. W. (2003), S. 129; bzgl. Projekten i. Allg. auch FIEDLER, R. (2010), S. 36.

640 Vgl. MEIER, H. (2001), S. 57.

641 Vgl. EULERICH, M. (2009), S. 105; PETERSEN, M. C. (1995), S. 163; RÖDL, M. (2002), S. 20.

642 Vgl. allg. BAUM, H.-G./COENENBERG, A. G./GÜNTHER, T. (2007), S. 54; WELGE, M. K./ AL-LAHAM, A. (2008), S. 289.

nehmen[643] und sind dementsprechend geeignete Instrumente nicht nur bereitzustellen, sondern auch bei deren Anwendung zu unterstützen.

Im Rahmen der Umweltanalyse werden die notwendigen Informationen in mehreren Stufen bzw. Teilanalysen bereitgestellt: der globalen Umfeldanalyse, Branchenstrukturanalyse, Analyse der strategischen Gruppen sowie Konkurrenzanalyse (vgl. Abb. 21).[644]

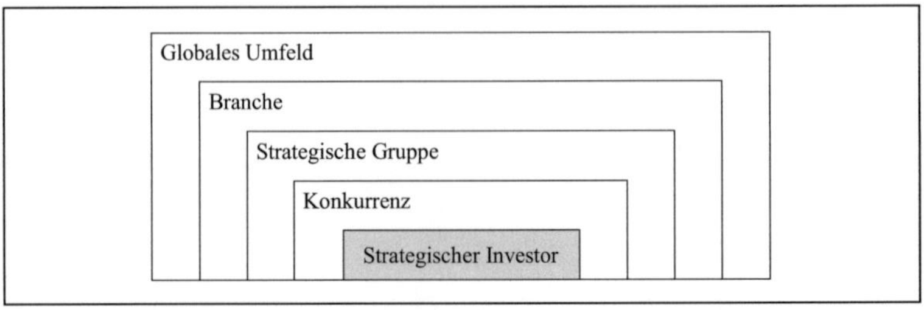

Abb. 21: Stufen bzw. Teilanalysen der Umweltanalyse
(Quelle: Eigene Darstellung in Anlehnung an BAUM, H.-G./COENENBERG, A. G./ GÜNTHER, T. (2007), S. 55ff.)

Die globale Umfeldanalyse erfasst alle allgemeinen Faktoren, die nicht nur auf den strategischen Investor und dessen Branche, sondern auch darüber hinaus auf eine Vielzahl anderer Unternehmen wirken.[645] Die Branchenstrukturanalyse basiert in der Regel auf dem sog. *Five Forces*-Konzept von Porter,[646] mit dem die Attraktivität einer Branche auf Basis der verschiedenen Wettbewerbskräfte – die durchaus durch M&A beeinflusst werden können – beurteilt werden kann.[647] Die Auswirkungen der Wettbewerbskräfte auf den strategischen Investor sind von dessen Zugehörigkeit zu einer sog. strategischen Gruppe, d. h. einer Gruppe strategisch homogen ausgerichteter Unternehmen, abhängig.[648] Die Analyse der strategischen Gruppen ermöglicht auch Aussagen über die potenzielle Positionierung des strategischen Investors nach einer M&A-Trans-

643 Vgl. MEIER, H. (2001), S. 57.

644 Vgl. hier und im Folgenden BAUM, H.-G./COENENBERG, A. G./GÜNTHER, T. (2007), S. 55ff.

645 Vgl. ausführlich z. B. den sog. PESTEL-Ansatz gem. JOHNSON, G./SCHOLES, K./ WHITTINGTON, R. (2008), S. 54ff., bei dem zwischen politischen, ökonomischen, soziokulturellen, technologischen, ökologischen und rechtlichen Faktoren unterschieden wird. Andere Strukturierungsvorschläge werden z. B. von KREIKEBAUM, H. (1997), S. 40ff.; KREILKAMP, E. (1987), S. 74, gemacht.

646 Vgl. hier und folgend ausführlich PORTER, M. E. (2000), S. 29ff.

647 Vgl. EULERICH, M. (2009), S. 108.

648 Zur strategischen Analyse vgl. PORTER, M. E. (1999), S. 183ff.; sowie BAUM, H.-G./COENENBERG, A. G./GÜNTHER, T. (2007), S. 62f.

aktion sowie über die Reaktion anderer Unternehmen derselben Branche.[649] Das Verhalten der direkten Konkurrenten ist auch Gegenstand der Konkurrenzanalyse, bei der aktuelle und potenzielle Konkurrenten hinsichtlich deren Ziele, Strategien, Fähigkeiten und zu erwartenden Wettbewerbsverhaltens untersucht werden,[650] um auch die eigene M&A-Strategie darauf abstimmen zu können.[651] Die Ergebnisse der gesamten Umweltanalyse können schließlich in einem Chancen-Risiken-Profil zusammengefasst werden (vgl. schematisch Tab. 7).[652]

	Globales Umfeld						Wettbewerbsumfeld		
	Politisch	Ökonomisch	Soziokulturell	Technologisch	Ökologisch	Rechtlich	Branche	Strategische Gruppe	Konkurrenz
Umweltentwicklungen	- ... - ... - ... - ... - ...	- ... - ... - ... - ... - ...	- ... - ... - ... - ... - ...	- ... - ... - ... - ... - ...	- ... - ... - ... - ... - ...	- ... - ... - ... - ... - ...	- ... - ... - ... - ... - ...	- ... - ... - ... - ... - ...	- ... - ... - ... - ... - ...
Chancen	- ... - ... - ...	- ... - ... - ...	- ... - ... - ...	- ... - ... - ...	- ... - ... - ...	- ... - ... - ...	- ... - ... - ...	- ... - ... - ...	- ... - ... - ...
Risiken	- ... - ... - ...	- ... - ... - ...	- ... - ... - ...	- ... - ... - ...	- ... - ... - ...	- ... - ... - ...	- ... - ... - ...	- ... - ... - ...	- ... - ... - ...

Tab. 7: Chancen-Risiken-Profil
(In Anlehnung an: WELGE, M. K./AL-LAHAM, A. (2008), S. 352)

Ziel der ergänzenden Unternehmensanalyse ist es, die gegenwärtigen und zukünftigen Stärken und Schwächen des eigenen Unternehmens, d. h. des strategischen Investors, zu ermitteln und die Unternehmenssituation möglichst objektiv einzuschätzen.[653] Hierzu werden aus den verfügbaren quantitativen und qualitativen Informationen in einem dreistufigen Prozess die sog. strategischen Potenziale des Unternehmens zuerst ermittelt, dann bewertet und schließlich visualisiert.[654] Die Ermittlung der strategischen Potenziale kann grundsätzlich funktionsbezogen, wertbezogen sowie ressourcen- und kompe-

---

649 Vgl. AEBERHARD, K. (1996), S. 140.

650 Vgl. PORTER, M. E. (1999), S. 86ff., der auch ein zukünftiges Reaktionsprofil der Konkurrenten ableitet; oder WELGE, M. K./AL-LAHAM, A. (2008), S. 348ff., sowie die dort zitierte Literatur. STEINMANN, H./SCHREYÖGG, G./KOCH, J. (2005), S. 213, merken hier kritisch an, dass eine umfassende Konkurrenzanalyse in der Unternehmenspraxis kaum zu bewältigen und aufgrund beschränkt verfügbarer Informationen auch nicht möglich sei, weshalb ein selektives Vorgehen als zwingend zu erachten ist.

651 Vgl. PETERSEN, M. C. (1995), S. 165.

652 Vgl. WELGE, M. K./AL-LAHAM, A. (2008), S. 352; beispielhaft auch BAUM, H.-G./ COENENBERG, A. G./GÜNTHER, T. (2007), S. 64.

653 Vgl. PETERSEN, M. C. (1995), S. 163; STEINÖCKER, R. (1998), S. 20.

654 Vgl. BAUM, H.-G./COENENBERG, A. G./GÜNTHER, T. (2007), S. 65.

tenzorientiert erfolgen.[655] Als Instrumente finden hier z. B. bei der funktionsbezogenen Ermittlung verschiedene funktionsbereichsbezogene Kriterienkataloge,[656] bei der wertbezogenen Ermittlung unterschiedliche Varianten der Wertschöpfungskettenanalyse[657] sowie bei der ressourcen- und kompetenzorientierten Ermittlung das sog. VRIO-Schema[658] oder auch die sog. Kompetenz-Produkt-Matrix[659] Anwendung.[660] Eine Bewertung der strategischen Potenziale kann anschließend durch den Vergleich mit direkten Konkurrenten (Wettbewerbsvergleich), mit *Best Practice*-Unternehmen ggf. auch aus anderen Branchen (Benchmarking) sowie mit den Kundenanforderungen (kundenorientierter Vergleich) erfolgen.[661] Die Ergebnisse der Unternehmensanalyse werden schließlich in einem Stärken-Schwächen-Profil zusammengefasst, welches z. B. auch die Form eines Punktwert- bzw. *Scoring*-Modells annehmen kann (vgl. beispielhaft Abb. 22).[662]

Die Ergebnisse der Umwelt- und Unternehmensanalyse werden letztlich im Rahmen der SWOT-Analyse zusammengeführt und verdichtet.[663] Auf deren Basis können in der

---

655 Vgl. DILLERUP, R./STOI, R. (2008), S. 247; WELGE, M. K./AL-LAHAM, A. (2008), S. 353f., sowie deren weitere Ausführungen.

656 Vgl. ausführlich z. B. AEBERHARD, K. (1996), S. 173ff.; JAUCH, L. R./GLUECK, W. F. (1988), S. 159ff.; die sich im Wesentlichen am Konzept von HOFER, C. W./SCHENDEL, D. (1978), S. 145ff., orientieren.

657 Vgl. in der frühen Form des sog. Geschäftssystems, das auf McKinsey & Company zurückgeht, GLUCK, F. W. (1980), S. 27ff.; beispielhaft auch KREILKAMP, E. (1987), S. 197; außerdem in der bekanntesten Form PORTER, M. E. (2000), S. 66ff.; ergänzend auch zum sog. Wertschöpfungskreis GÜNTHER, E. (1994), S. 89ff.

658 Als Beispiel für eine Methode zur Identifikation von Kernkompetenzen vgl. das VRIO-Schema von BARNEY, J. B. (2007), S. 150ff. Hierbei wird auf die Werthaltigkeit (*engl. Value*), die Knappheit (*engl. Rareness*), die Nicht-Imitierbarkeit (*engl. Non-Imitability*) und die Nutzung von Kompetenzen durch die Organisation (*engl. Organization*) abgestellt.

659 Vgl. ausführlich HAMEL, G./PRAHALAD, C. K. (1994), S. 249ff.

660 EULERICH, M. (2009), S. 110-112, weist darauf hin, dass die Anwendung der Instrumente durch eine individuelle Subjektivität und Komplexität gekennzeichnet ist. Dies ist bei der Auswahl des geeigneten Instruments für ein konkretes M&A-Projekt unter Zeit- und Wirtschaftlichkeitsaspekten zu berücksichtigen.

661 Vgl. ausführlicher WELGE, M. K./AL-LAHAM, A. (2008), S. 400ff.; ähnlich BAUM, H.-G./ COENENBERG, A. G./GÜNTHER, T. (2007), S. 71. Von einem Zeitvergleich wird aufgrund einer zu starken Innenorientierung und von einem Vergleich mit dem Produktlebenszyklus aufgrund dessen inhärent hohen Subjektivität abgesehen. Grundsätzlich muss jedoch auch festgestellt werden, dass eine wirklich objektive Vergleichsmöglichkeit nicht besteht und daher eine gewisse Subjektivität der Beurteilung der Unternehmenssituation unvermeidbar ist; vgl. ähnlich ULRICH, H. (1990), S. 62.

662 Vgl. VOGEL, D. H. (2002), S. 126; WIRTZ, B. W. (2003), S. 145f.

663 Vgl. BAUM, H.-G./COENENBERG, A. G./GÜNTHER, T. (2007), S. 74.

Folge grundsätzliche Handlungsoptionen, wie z. B. M&A-Transaktionen, entwickelt[664] und auch erste Anforderungen an potenzielle Übernahmeobjekte abgeleitet werden (vgl. Abb. 23).[665]

Strategische Potenziale	Beurteilung							
	Wettbewerbs-vergleich	Bench-marking	Kundenorientier-ter Vergleich	Gesamt	Schwächen	Basis-anforderungen	Stärken	Bemerkungen
	-10 bis +10	-10 bis +10	-10 bis +10	-10 bis +10	-10 bis -4	-3 bis +3	+4 bis +10	
Finanzierung	+1	0	+2	+1				
Forschung & Entwicklung	+5	+1	0	+2				
Einkauf	-4	-6	-5	-5				
Logistik	+2	-2	-1	-1				
Produktion	+9	+5	+10	+8				
Marketing & Vertrieb	+8	+2	+4	+6				
Personal	+2	0	+4	+2				
IT & Infrastruktur	-1	-5	-3	-3				
Management	0	0	0	0				

Abb. 22: Stärken-Schwächen-Profil
(Erweiterte Darstellung nach: WELGE, M. K./AL-LAHAM, A. (2008), S. 412)

664 Vgl. PETERSEN, M. C. (1995), S. 165; WIRTZ, B. W. (2003), S. 146.
665 Vgl. VOGEL, D. H. (2002), S. 121f.

		Ergebnisse der Unternehmensanalyse	
		Stärken (***Strengths***)	**Schwächen** (***Weaknesses***)
Ergebnisse der Umfeldanalyse	**Chancen** (***Opportunities***)	Einsatz der Stärken des Unternehmens zur Wahrnehmung der Chancen des Umfelds	Nutzung der Chancen des Umfeldes durch Beseitigung der Schwächen des Unternehmens
	Risiken (***Threats***)	Einsatz der Stärken des Unternehmens zur Minimierung der Risiken des Umfelds	Minimierung der Schwächen des Unternehmens und der Risiken des Umfelds

Abb. 23: Schematischer Aufbau der SWOT-Analyse
(In Anlehnung an: BAUM, H.-G./COENENBERG, A. G./GÜNTHER, T. (2007), S. 74)

Im Rahmen der Strategieformulierung ist zunächst unter Abgleich der strategischen Analyse mit den eigenen Unternehmenszielen die strategische Stoßrichtung des strategischen Investors zu bestimmen.[666] So ist z. B. mit Hilfe der sog. *Gap*-Analyse[667] zu untersuchen, inwieweit unter Prognose zukünftiger Entwicklungen eine strategische Lücke (*engl. Gap*) besteht und ob eine M&A-Transaktion grundsätzlich zur Schließung dieser Lücke und somit zum Aufbau neuer Erfolgspotenziale bzw. Steigerung des Unternehmenswertes geeignet ist.[668]

Zu Letzterem bietet sich die Durchführung von Portfolio-Analysen an.[669] Der Grundgedanke der Portfolio-Analyse ähnelt dem der SWOT-Analyse, bei der Unternehmens- und Umweltsituation gegenübergestellt und daraus Handlungsoptionen abgeleitet werden. Allerdings wird bei der Portfolio-Analyse zum Zweck einer Komplexitätsreduktion die Betrachtung auf in der Regel zwei einzelne Kenngrößen der Unternehmens- und Umweltsituation fokussiert.[670] Für die Bestimmung dieser Kenngrößen besteht grundsätzlich eine Vielzahl an Möglichkeiten. In der Literatur werden aktuell vor allem

---

666 Vgl. WIRTZ, B. W. (2003), S. 152ff., der von einer Klassifikation der M&A-Strategien nach der wirtschaftlichen Verbundenheit oder nach Erfolgsquellen spricht.

667 Vgl. zur *Gap*-Analyse ausführlicher z. B. KREIKEBAUM, H. (1997), S. 133ff.; WELGE, M. K./ AL-LAHAM, A. (2008), S. 414ff.

668 Vgl. ähnlich CLEVER, H. (1993b), S. 30; KUMPFMÜLLER, H.-G./STOER, E. (2006), S. 109f.; RÖDL, M. (2002), S. 12f.; SCHOLZ, J. (2000), S. 26; WIRTZ, B. W. (2003), S. 108.

669 Vgl. EULERICH, M. (2009), S. 159; ähnlich PETRI, M. (1992), S. 60ff.

670 Vgl. hier und folgend HUNGENBERG, H. (2011), S. 457ff.; WELGE, M. K./AL-LAHAM, A. (2008), S. 471ff.

absatzmarkt-,[671] wert-[672] und ressourcen- bzw. kompetenzorientierte[673] Portfolio-Konzepte diskutiert. Zweck der Portfolio-Analyse ist, nicht nur die Ist-Situation des strategischen Investors, sondern auch mögliche Übernahmeobjekte zu beurteilen und eine fiktive Situation nach einer M&A-Transaktion abzubilden.[674] Absatzmarktorientierte Portfolio-Konzepte scheinen sich insbesondere zur Anwendung in einem frühen Stadium des M&A-Prozesses zu eignen, da dort Informationen über potenzielle Übernahmeobjekte nur in einem begrenzten Umfang vorliegen und die Anwendung der übrigen Portfolio-Konzepten komplexer und aufwendiger ist.[675] Die Portfolio-Analyse kann im Rahmen von M&A-Projekten eine unterstützende, indikative Funktion erfüllen. Allerdings ist die Portfolio-Analyse noch nicht ausreichend, um eine vollständige M&A-Strategie ableiten bzw. formulieren zu können.[676]

Vielmehr ist durch das Controlling von M&A-Projekten sicherzustellen, dass auf Basis der Ergebnisse der strategischen Analyse konsistente strategische M&A-Ziele entwickelt werden, die mit der Unternehmenszielsetzung des strategischen Investors in Einklang stehen.[677] Dies wären beispielsweise die Erlangung von Marktmacht, die Erzielung von Synergien oder der Erwerb spezifischen Knowhows.[678] Aus diesen lassen sich erste grobe Anforderungen für potenzielle Übernahmeobjekte, die somit strategische Handlungsalternativen verkörpern, bestimmen.[679] Diese Anforderungen werden einerseits aus der strategischen Analyse sowie den strategischen M&A-Zielen abgeleitet und beziehen sich z. B. auf die Branche, die Unternehmensgröße, das Produktportfolio,

---

671 Vgl. bspw. das Marktwachstums-Marktanteils-Portfolio nach The Boston Consulting Group gem. HEDLEY, B. (1977), S. 10ff.; das Marktattraktivitäts-Wettbewerbsstärken-Portfolio nach General Electric und McKinsey & Company gem. CLIFFORD, D. K./BRIDGEWATER, B. A./HARDY, T. (1975), S. 11ff.

672 Vgl. für eine Übersicht GÜNTHER, T. (1997), S. 348ff.; sowie bspw. das Wertbeitragsportfolio nach The Boston Consulting Group gem. LEWIS, T. G. (1995), S. 78ff.; die *Value Creation*-Matrix von REIMANN, B. C. (1990), S. 129ff.; die unternehmenswertorientierte Performance-Matrix von GÜNTHER, T. (1997), S. 371.

673 Vgl. bspw. das marktbezogene Kompetenzportfolio von KRÜGER, W./HOMP, C. (1997), S. 101ff.; das kundenwertorientierte Kompetenzportfolio von HINTERHUBER, H. H. et al. (1998), S. 153ff.; oder auch die sog. *Parenting Advantage*-Matrix von CAMPBELL, A./GOOLD, M. (1997), S. 169ff.

674 Vgl. EULERICH, M. (2009), S. 163 und S. 174.

675 Vgl. ähnlich EULERICH, M. (2009), S. 162.

676 Vgl. allg. auch BAUM, H.-G./COENENBERG, A. G./GÜNTHER, T. (2007), S. 215.

677 Vgl. ähnlich HERTER, R. N. (2004), S. 102; bzgl. Projekten i. Allg. auch FIEDLER, R. (2010), S. 85f.

678 Vgl. auch WEISMÜLLER, A. (2005), S. 674f.

679 Vgl. PETRI, M. (1992), S. 85; UNGER, M. (2007), S. 878.

die Kunden, das Knowhow, das angestrebte zusätzliche Marktanteilswachstum, die gewünschte Unternehmenswertsteigerung etc.[680] Andererseits werden die Anforderungen jedoch auch durch externe Faktoren, wie z. B. die Grundhaltung des Managements des Übernahmeobjekts, die Anzahl der Mitinteressenten, rechtliche Barrieren etc., bedingt. Ausgehend von den Anforderungen können in einem mehrstufigen Verfahren, das auch als *Screening* bezeichnet wird, geeignete Übernahmeobjekte ausgewählt werden (vgl. Abb. 24).

Auf Basis der Anforderungen sind in einem ersten Schritt potenzielle Übernahmeobjekte als strategische Handlungsalternativen entweder aktiv und systematisch oder passiv und opportunitätsabhängig zu identifizieren.[681] Dem Controlling von M&A-Projekten obliegt es, die einheitliche Betrachtung und Darstellung der Übernahmeobjekte hinsichtlich Form, Inhalt und Umfang der Informationen sowie die Zusammenfassung der potenziellen Übernahmeobjekte in einer sog. *Long List* zu gewährleisten.

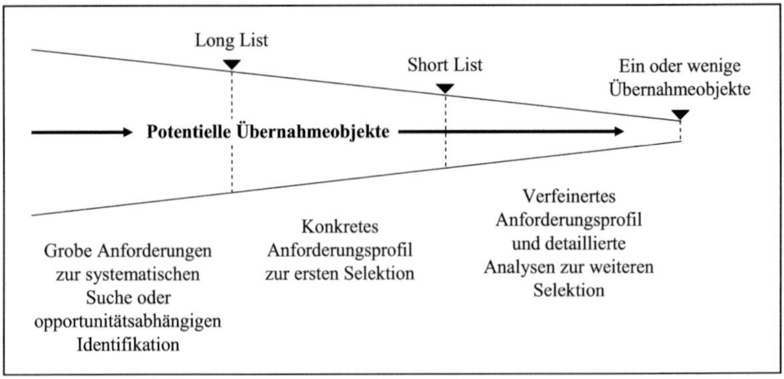

Abb. 24: Mehrstufiges *Screening*-Verfahren zur Selektion potenzieller Übernahmeobjekte (Erweiterte Darstellung nach: WIRTZ, B. W. (2003), S. 172)

Im nächsten Schritt ist ein konkretes Anforderungsprofil zu formulieren (vgl. beispielhaft Tab. 8).[682] Entsprechend der Wichtigkeit sind sog. Muss-Anforderungen, die in jedem Fall zu erfüllen sind, und sog. Soll-Anforderungen, die nicht vollständig zu erfüllen sind, zu unterscheiden.[683] Zusätzlich muss der Erfüllungsgrad der Anforderungen in

680 Vgl. auch JANSEN, S. A. (2001a), S. 175; WIRTZ, B. W. (2003), S. 158f.

681 Vgl. hier und folgend MEIER, H. (2001), S. 62ff.

682 Vgl. WIRTZ, B. W. (2003), S. 175f.

683 Vgl. auch ähnlich MEIER, H. (2001), S. 62ff.; SCHMUSCH, M. (1998), S. 76f.

Form eines Mindestniveaus bestimmt und/oder dessen Vergleich zwischen Übernahmeobjekten zugelassen werden.

	Kriterien	**Mindestniveau**		**Punktbewertung**							**Anmerkungen**
		Ausprägung	Erfüllung	8 (sehr gut)	6 (gut)	4 (mittel)	2 (schlecht)	0 (sehr schlecht)	Gewichtung	Summe	
Muss-Anforderungen	Absatzmarkt	Europa	✓								
	Marktanteil	> 10 %	✓								
	Fremdfinanzierung	Gering	-								
	Eigenkapitalrendite	> 6 %	✓								
	Gewerkschaftseinfluss	Niedrig	-								
Soll-Anforderungen	Markt/Kunde								7	34	
	Wettbewerbsdruck	Niedrig	-				X		1	2	
	Umsatzwachstum	> 0 %	✓			X			2	8	
	Marktanteil	> 10 %	✓		X				4	24	
	…	…	…						…	…	
	Finanzen										
	Marktkapitalisierung										
	Kurs-CF-Verhältnis										
	Restrukturierungsaufwand										
	…										
	Prozesse/Knowhow										
	Innovationspotenzial										
	Produktqualität										
	Qualität des Rechnungswesens										
	…										
	Soziales/Mitarbeiter										
	Reputation										
	Fluktuationsrate										
	Mitarbeiterqualifikation										
	…										
	Gesamt										

Tab. 8: Anforderungsprofil für potenzielle Übernahmeobjekte (Erweiterte Darstellung nach: GOMEZ, P./WEBER, B. (1989a), S. 44f.; MEIER, H. (2001), S. 71)

Das Controlling von M&A-Projekten hat zum einen die Konformität des Anforderungsprofils mit den strategischen M&A-Zielen und zum anderen die inhaltliche Fundierung, die Operationalisierbarkeit der einzelnen Anforderungen sowie die zusammenfassende zielorientierte Beurteilung anhand von z. B. *Scoring*-Modellen als Varianten der Nutzwertanalyse,[684] Polaritätsprofilen[685] oder Radar-Diagrammen[686] sicherzustellen.[687] Mit Hilfe dieses Anforderungsprofils kann in der Folge durch das Controlling die *Long List* potenzieller Übernahmeobjekte auf eine sog. *Short List* verkürzt werden.[688]

Im folgenden Schritt können das Anforderungsprofil weiter verfeinert und detailliertere Analysen der verbleibenden potenziellen Übernahmeobjekte durchgeführt werden, was vom M&A-bezogenen Controlling koordinierend und instrumentell unterstützt wird. Die Einbindung einzelner möglicher Übernahmeobjekte in die im Rahmen der strategischen Analyse bereits erfolgte SWOT-Analyse stellt eine solche detailliertere Analysemöglichkeit dar.[689] Hierdurch kann einerseits die Eignung eines Übernahmeobjektes überprüft und andererseits können bereits potenzielle Strategien nach der Übernahme ermittelt und ggf. festgehalten werden. Außerdem kann eine Grobbewertung anhand von Multiples und unter Berücksichtigung der erwarteten Synergien, Projektkosten und -risiken vorgenommen werden.[690] Mit Hilfe der Szenarioanalyse lässt sich zudem die typische Unsicherheit von zukunftsgerichteten Planungen berücksichtigen.[691] Hierbei werden unterschiedliche Zukunftsbilder durch ein positives Extremszenario, ein negatives Extremszenario und ein Trendszenario, welches aus der Fortführung des aktuellen Zukunftstrends entwickelt wird, abgebildet und sowohl in die strategische Planung, aber auch in die nachfolgende operative Planung integriert.[692] Der Vergleich der verschiedenen Szenarien ermöglicht zum einen die Entwicklung und Gegenüberstellung unterschiedlicher M&A-Strategien sowie Übernahmeobjekte und zum anderen die

---

684 Vgl. ausführlicher JUNG, H. (1993), S. 184ff.; LUCKS, K./MECKL, R. (2002), S. 83f.

685 Vgl. ausführlicher GOMEZ, P./WEBER, B. (1989a), S. 45.

686 Vgl. WIRTZ, B. W. (2003), S. 158f.

687 Eine ähnlich vergleichende Beurteilung kann auch durch sog. Risikoprofile erfolgen, mit Hilfe derer die Risiken des Erwerbs eines potenziellen Übernahmeobjektes durch den strategischen Investor abgebildet werden; vgl. HERTER, R. N. (2004), S. 103f.

688 Vgl. ähnlich DIECKHAUS, O.-T. (1993a), S. 161ff.; EULERICH, M. (2009), S. 124ff. Die Existenz mehrerer Übernahmeobjekte ist jedoch nicht zwingend. Abhängig von den formulierten Anforderungen und sich ergebenden Opportunitäten, wird ggf. nur ein Übernahmeobjekt oder sogar keines identifiziert. Im letzteren Fall wäre der M&A-Prozess beendet.

689 Vgl. hier und folgend ausführlicher EULERICH, M. (2009), S. 208ff.

690 Vgl. ausführlich zur Unternehmensbewertung die Erläuterungen in den Kap. 3.3.2.2 und 3.3.2.4 dieser Arbeit.

691 Vgl. grundlegend zur Szenariotechnik KAHN, H./WIENER, A. J. (1968), S. 251ff.; bezogen auf M&A auch GRUBE, R./TÖPFER, A. (2002), S. 68ff.

692 Vgl. WELGE, M. K./AL-LAHAM, A. (2008), S. 423, und die dortige Darstellung der Szenarien durch das sog. Trichtermodell.

Identifikation jener Elemente einer Strategie, die einer detaillierteren Planung bedürfen.[693] Auf Basis der Grobbewertung und der Szenarioanalyse kann anschließend eine erste Kaufpreisabschätzung für die verbleibenden Übernahmeobjekte vorgenommen werden.[694] Schließlich lässt sich die *Short List* entsprechend des verfeinerten Anforderungsprofils weiter auf wenige oder ein Übernahmeobjekt(e) zur Ansprache reduzieren.[695]

Des Weiteren werden Vorplanungen aufgenommen, in denen sich mit der Erstellung eines ersten Businessplans[696] sowie Fragen der Integration und Projektorganisation befasst wird.[697] Auch hier nimmt das Controlling eine zielorientierte Koordinations- und Unterstützungsrolle ein. Aus rechtlicher Sicht erfolgt zusätzlich die erste Prüfung der kartell- und sonstigen wirtschaftsrechtlichen Genehmigungsfähigkeit.[698] All dies ist schließlich Grundlage einer Projekt- bzw. Entscheidungsvorlage, welche die Sinnhaftigkeit und Machbarkeit des M&A-Projektes gegenüber der Unternehmensführung erläutert.[699] Mit Genehmigung dieser Vorlage durch die Unternehmensführung des strategischen Investors endet die Vorbereitungsphase von M&A-Projekten.

4.2.2 Instrumente der Transaktionsphase

Die Transaktionsphase von M&A-Projekten beginnt mit der ersten offiziellen Kontaktaufnahme zum potenziellen Übernahmeobjekt.[700] Die Erlangung zusätzlicher Informationen durch die umfassende Interaktion zwischen dem strategischen Investor und einem potenziellen Übernahmeobjekt, deren entscheidungsunterstützende Verarbeitung und Aufbereitung sowie die sich ggf. anschließende Transaktionsabwicklung sind pri-

---

693 Vgl. EULERICH, M. (2009), S. 219 und S. 221

694 Vgl. KUMPFMÜLLER, H.-G./STOER, E. (2006), S. 113.

695 Vgl. WIRTZ, B. W. (2003), S. 177ff.

696 Vgl. GUSERL, R. (2006), S. 354; LUCKS, K. (2003), S. 16; und die weiteren Ausführungen in Kap. 4.2.2 dieser Arbeit.

697 Vgl. HOFFMANN, W. H./FRIEDINGER, A. (1998), S. 26; KUMPFMÜLLER, H.-G./STOER, E. (2006), S. 113; PICOT, G. (2008), S. 29f.

698 Vgl. LUCKS, K. (2003), S. 8.

699 Vgl. KUMPFMÜLLER, H.-G./STOER, E. (2006), S. 113f.; MEIER, H. (2001), S. 79; ähnlich auch HOFFJAN, A./ELTZE, C. (1998), S. 147.

700 Im Folgenden wird vereinfachend nur von einem potenziellen Übernahmeobjekt gesprochen. Die Erläuterungen zu den Aktivitäten und Instrumenten des Controllings von M&A-Projekten treffen jedoch genauso auch auf mögliche weitere Übernahmeobjekte zu.

mär Gegenstand dieser M&A-Phase.[701] Zudem wird bereits hier die mögliche Integration des potenziellen Übernahmeobjekts durch den strategischen Investor weitestgehend vorbereitet.[702]

Im Rahmen der sog. Due Diligence[703] (dt. gebührende Sorgfalt) wird ausführlich und systematisch untersucht, inwieweit ein potenzielles Übernahmeobjekt den Erwartungen des strategischen Investors entspricht und die Ziele des jeweiligen M&A-Projektes erreicht werden können.[704] Hierbei werden zusätzliche entscheidungsrelevante Informationen erlangt und insbesondere alle bewertungsrelevanten Informationen auf Inhalt, Vollständigkeit und Vertrauenswürdigkeit genau überprüft.[705] Damit sollen Informationsasymmetrien zwischen dem strategischen Investor und dem Verkäuferunternehmen weitestgehend vermieden bzw. reduziert werden und somit eine verlässlichere Beurteilung der mit dem potenziellen Übernahmeobjekt bzw. M&A-Projekt verbundenen Chancen und Risiken ermöglicht werden.[706] Die Due Diligence erstreckt sich auf alle Unternehmensbereiche des potenziellen Übernahmeobjektes und kann dementsprechend auch in verschiedene Analysebereiche bzw. Unterformen aufgeteilt werden, so z. B. in die *Strategic/Marketing*, *Financial*, *Human Resources*, *Cultural*, *Legal*, *Tax*, *IT*, *Organizational* und *Environmental Due Diligence.*[707] Je nach Unterform werden spezifische Zielsetzungen verfolgt und unterschiedliche inhaltliche Analyseschwerpunkte gelegt (vgl. Tab. 9), um die bisherigen, im Rahmen der Vorbereitungsphase gewonnenen Erkenntnisse zum möglichen Erwerb und zur Integration eines Übernahmeobjektes zu validieren und zu erweitern.

---

701 Vgl. ähnlich MECKL, R. (2004), S. 458.

702 Vgl. LUCKS, K./MECKL, R. (2002), S. 111f.

703 Vgl. zur Due Diligence z. B. ausführlich die Werke von BERENS, W./BRAUNER, H. U./ STRAUCH, J. (2008b); LIEKEFETT, K. H. (2005).

704 Vgl. BÜHNER, R. (2002a), Sp. 43.

705 Vgl. hier und folgend BERENS, W./STRAUCH, J. (2008), S. 10ff.; MEIER, H. (2001), S. 77f.

706 Vgl. BROKEMPER, A./HERRMANN, T. (2007), S. 39. HOFFJAN, A./ELTZE, C. (1998), S. 150, sprechen in diesem Zusammenhang auch von einer Erhöhung der Entscheidungsqualität.

707 Vgl. zu den verschiedenen möglichen Analysebereichen bzw. Unterformen der Due Diligence GINTENREITER, P./KHINAST-SITTENTHALER, C. (2002), S. 342; LANGENSTEIN, K. (2007), S. 36ff.; LUCKS, K./MECKL, R. (2002), S. 165ff.; WIRTZ, B. W. (2003), S. 188ff., die jedoch abhängig vom jeweiligen M&A-Projekt nicht alle Bestandteil der Due Diligence sein müssen.

Unterform	Zielsetzung	Analyseschwerpunkte
Strategic/Marketing Due Diligence	Beurteilung der Zukunftsträchtigkeit des Marktes und der Wettbewerbsposition	Unternehmens-, Markt- und Wettbewerbsanalyse
Financial Due Diligence	Einblick in die Vermögens-, Finanz- und Ertragslage	Jahres- und Quartalsabschlüsse, Kostenrechnung, Risikobericht
Human Resources Due Diligence	Analyse und Bewertung des Humankapitals	Mitarbeiterqualifikation, Personalentwicklung, Anreiz- und Vergütungssystem, betriebliche Altersvorsorge, Krankenstand, Fluktuation
Cultural Due Diligence	Erkenntnisse zu Unternehmenskultur und Wertvorstellungen	Standardisierte Mitarbeiterbefragungen, individuelle Führungskräfteinterviews
Legal & Tax Due Diligence	Prüfung der gesellschaftsrechtlichen und steuerlichen Struktur und Situation sowie der Rechtsbeziehungen zu Dritten	Handelsregistereintrag, Gesellschaftsvertrag, unternehmensinterne und -externe Beziehungen, Lizenzen und Patente, laufende und drohende Rechtsstreitigkeiten, Steueraufkommen und -sitz
Organisational & IT Due Diligence	Analyse und Bewertung der Aufbau- und Ablauforganisation sowie der IT-Systemarchitektur	Organisationspläne, Stellenbeschreibungen, Ablaufdiagramme, IT-Infrastruktur, -Budgets, -Projekte
Environmental Due Diligence	Identifikation und Bewertung möglicher Umweltrisiken	Einhaltung umweltrechtlicher Vorschriften, Altlasten, notwendige Ersatzinvestitionen, Abriss-, Entsorgungs- und Sanierungsarbeiten

Tab. 9: Unterformen der Due Diligence
(In Anlehnung an: WIRTZ, B. W. (2003), S. 199)

Die Due Diligence kann je nach Größe und Bedeutung des M&A-Projektes bzw. abhängig von den Interessen und dem Verhalten der beteiligten Unternehmen einen unterschiedlichen Umfang aufweisen und auch in mehreren, zeitlich getrennten Abschnitten erfolgen.[708] Die Ergebnisse der Due Diligence werden schließlich in einem Due Diligence-Report zusammengeführt, der als Grundlage für eine umfassendere Unternehmensbewertung dient.[709] Das Controlling von M&A-Projekten hat die sorgfältige Durchführung der Due Diligence sicherzustellen, ggf. Instrumente, wie z. B. Due Diligence-Checklisten,[710] bereitzustellen und die Erkenntnisse in einem Due Diligence-Report zusammenzutragen und aufzubereiten.[711]

Aufgrund der im Rahmen der Due Diligence zusätzlich erhaltenen Informationen kann durch das Controlling von M&A-Projekten der Businessplan weiter ausgearbeitet wer-

708 Vgl. OLIVER WYMAN (HRSG.) (2002), S. 2; UNGER, M. (2007), S. 880; WIRTZ, B. W. (2003), S. 188. Im Fall einer feindlichen Übernahme, die jedoch nicht Gegenstand dieser Arbeit ist, kann die Due Diligence sogar ganz entfallen.

709 Vgl. LANGENSTEIN, K. (2007), S. 38; PACK, H. (2005), S. 288.

710 Vgl. zu Due Diligence-Checklisten z. B. BERENS, W./BRAUNER, H. U./STRAUCH, J. (2008a), S. 851ff.; JANSEN, S. A. (2008), S. 343ff.; REED LAJOUX, A./ELSON, C. M. (2010), S. 387ff.

711 Vgl. ähnlich BROKEMPER, A./HERRMANN, T. (2007), S. 38f.

den.[712] Dieser wird teilweise in zwei Varianten erstellt, zum einen für das potenzielle Übernahmeobjekt alleine als *Stand Alone*-Plan, und zum anderen unter Annahme der Integration durch den strategischen Investor als Verbund-Plan, um eine spätere Vergleichbarkeit im Rahmen von Erfolgskontrollen zu gewährleisten.[713] Um verschiedene Risiken und die grundsätzliche Unsicherheit zukünftiger Entwicklungen zu berücksichtigen, kann auch hier die Szenario-Technik Anwendung finden. Letztlich ist durch die Erstellung des Businessplans die Plausibilität des M&A-Vorhabens und der hierzu getroffenen Annahmen sowie dessen marktliche, finanzielle und operative Umsetzbarkeit zu überprüfen und festzuhalten.[714]

Die bereits parallel zur Due Diligence verlaufende und sich anschließende umfassendere Unternehmensbewertung liegt ebenfalls im Verantwortungsbereich des Controllings von M&A-Projekten.[715] Durch das Controlling ist zumindest die inhaltliche Qualität sowie die Zielorientierung der Unternehmensbewertung sicherzustellen[716] und ggf. auch die Bewertung durchzuführen.[717] Wie bereits erläutert, geht die Unternehmensbewertung über die Ermittlung des S*tand Alone*-Werts des zu übernehmenden Unternehmens hinaus und umfasst auch den Wert möglicher Synergien oder Dissynergien sowie der Restrukturierungspotenziale, Projektkosten und Risiken des M&A-Projektes.[718] Da der Erfolg von M&A-Projekten wesentlich durch die Ausprägung dieser M&A-spezifischen Komponenten bestimmt wird,[719] ist deren verlässliche Ermittlung von besonderer Bedeutung.

Synergien und Dissynergien stellen Wertveränderungen dar, welche auf Basis begrenzter Information geplant und durch die spätere Integration der am M&A-Projekt beteiligten Unternehmen bedingt sind.[720] Zwar existiert eine Vielzahl von Möglichkeiten zur

---

712 Vgl. HOFFMANN, W. H./FRIEDINGER, A. (1998), S. 26.

713 Vgl. GUSERL, R. (2002), S. 117; hier und folgend ders. (2006), S. 355f.

714 Vgl. GUSERL, R. (2006), S. 354.

715 Vgl. zur Unternehmensbewertung sowie deren unterschiedliche Methoden ausführlich die Ausführungen in den Kap. 3.3.2.2 und 3.3.2.4 dieser Arbeit.

716 Vgl. ähnlich auch SIEBEN, G./DIEDRICH, R. (1992), S. 235.

717 Vgl. MEIER, H. (2001), S. 79; ähnlich BROKEMPER, A./HERRMANN, T. (2007), S. 39.

718 Vgl. hier und folgend die Ausführungen in Kap. 3.3.2.2 dieser Arbeit.

719 Vgl. auch WEISMÜLLER, A. (1997), S. 903.

720 Vgl. WEINMANN, M. (2004), S. 130 und S. 177.

Identifikation von Synergiepotenzialen,[721] jedoch stellt sich deren frühe und genaue Quantifizierung grundsätzlich schwierig dar[722] und erfolgt daher in der Bewertungspraxis eher pauschal und anhand erfahrungsbasierter Schätzungen.[723] Für die Identifikation von Synergiepotenzialen eignen sich verschiedene Instrumente, welche sich vor allem an den klassischen Synergieansätzen von Ansoff[724] und Porter[725] orientieren, wobei die Synergieidentifikation mit Hilfe der Wertkettenanalyse von Porter mittlerweile die größte Verbreitung gefunden hat.[726] Dem schließen sich die qualitative Beurteilung und die quantitative Messung von Synergiepotenzialen an. Während die qualitative Beurteilung eher der Plausibilisierung möglicher Synergiepotenziale z. B. anhand von Checklisten, *Scoring*-Modellen, Kosten-Synergie-Analysen, der Szenario-Technik oder der Ansoffschen Synergiematrix dient, wird bei der quantitativen Messung versucht, den Wertbeitrag einzelner Synergiepotenziale anhand des gewählten Synergieansatzes zu identifizieren und mittels Zahlungsgrößen in die Unternehmensbewertung zu integrieren.[727]

Restrukturierungspotenziale sind latente Wertsteigerungspotenziale beim potenziellen Übernahmeobjekt, welche durch Reallokation der vorhandenen Ressourcen auch unabhängig von einem M&A-Projekt realisiert werden können.[728] Deren Wert lässt sich auf-

---

721 Vgl. für eine Übersicht BIBERACHER, J. (2003), S. 101, der hier exemplarisch das Konzept des strategischen Feldes, die Wertkettenanalyse, Portfoliomodelle, Spinnweb-Konzepte, das Konzept des Geschäftssystems, Checklisten, Stärken-Schwächen-Analysen und Profilvergleiche nennt, sowie die dort jeweils zitierten Quellen. Diese Instrumente stellen vorwiegend Abwandlungen bzw. Erweiterungen der bereits in Kap. 4.2.1 dieser Arbeit vorgestellten Instrumente der strategischen Planung dar.

722 Vgl. HOFMANN, E. (2005), S. 484; REINKE, B. (1996), S. 44; ROCKHOLTZ, C. (1999), S. 158. OSSADNIK, W. (1995), S. 72, spricht hier von einer „Pseudogenauigkeit", würde aufgrund der in der Praxis unvollkommenen Information versucht werden, den Wert von Synergien detailliert zu bestimmen.

723 Vgl. ähnlich WEINMANN, M. (2004), S. 178.

724 Vgl. ANSOFF, H. I. (1965), S. 87ff.

725 Vgl. PORTER, M. E. (2000), S. 409ff.

726 Vgl. BIBERACHER, J. (2003), S. 102; ähnlich ECKHOFF, J. (2006), S. 30.

727 Vgl. ROCKHOLTZ, C. (2008), S. 196ff.; RÖDL, M. (2002), S. 141ff.; WEINMANN, M. (2004), S. 173ff.; sowie BIBERACHER, J. (2003), S. 124ff., und die dort in Bezug auf die einzelnen Instrumente zitierten Quellen. Letzterer, S. 147-149, verweist auch auf die mögliche Nutzung der Erfahrungskurve zur quantitativen Synergiemessung.

728 Vgl. TRAUTWEIN, F. (1989), S. 538; sowie COENENBERG, A. G./SAUTTER, M. T. (1988), S. 699, die eine entsprechende Konzeption zur Identifikation und Realisierung von Restrukturierungspotenzialen vorstellen. Vgl. ähnlich BAETGE, J./KRUMBHOLZ, M. (1991a), S. 22; außerdem WIESSKIRCHEN, C./NAUJOKS, H./MATOUSCHEK, G. (2003), S. 306f., die darauf hinweisen, dass Restrukturierungspotenziale teilweise mehr als 50 Prozent des Wertes realisierter Synergien betragen können.

grund der ebenfalls nur begrenzt zur Verfügung stehenden Informationen nur anhand erwarteter zahlungswirksamer Umsatz- und Kostenveränderungen sowie möglicher Verkaufserlöse abschätzen.[729]

Insbesondere bei M&A-Projekten, in deren Rahmen es zu einer umfassenden Integration der beteiligten Unternehmen kommt, kann die erzielbare Wertsteigerung durch Projektkosten in nicht unerheblichem Ausmaß reduziert werden, was unter Umständen sogar zu einer Wertvernichtung führt.[730] Daher sind z. B. außerordentliche Personalkosten, außerordentliche Abschreibungen auf das Anlagevermögen oder Investitionen in das Anlagevermögen, Beratungs- und Rechtskosten etc., die durch das M&A-Projekt bedingt sind, in Höhe und zeitlichem Anfall möglichst genau abzuschätzen.[731]

Die Risiken eines M&A-Projektes können im Rahmen der Unternehmensbewertung entweder pauschal in Form eines Risikozuschlags auf den Diskontierungsfaktor[732] oder differenzierter und somit in der Regel verlässlicher anhand verschiedener Verfahren zur Risikoanalyse von M&A-Projekten berücksichtigt werden.[733] Zu letzteren gehört das Korrekturverfahren, bei dem das Risiko ebenfalls durch einen pauschalen Risikozuschlag, jedoch auf einzelne Einflussgrößen des Unternehmenswertes, wie z. B. spezifische Synergien, berücksichtigt wird.[734] Daneben kann anhand einer Sensitivitätsanalyse[735] zum einen eine Was-Wenn-Analyse erfolgen, bei der Wertveränderungen aufgrund der Variation einer einzelnen Inputgröße untersucht werden.[736] Zum anderen kann gemäß dem sog. Verfahren der kritischen Werte ermittelt werden, wie weit Plan-Einflussgrößen sich ändern dürfen, ohne dass ein bestimmter Mindest-Unternehmenswert unterschritten wird.[737] Zudem ist eine simulative Risikoanalyse insbesondere in

---

729 Vgl. WEINMANN, M. (2004), S. 129f.

730 Vgl. ähnlich HERTER, R. N. (2003), S. 451 und S. 456. ESCHEN, E. (2002), S. 59, beziffert allein die Beratungs- und Rechtskosten eines M&A-Projektes in Anlehnung an JENSEN, M. C. (1989), S. 39, und das Beispiel Daimler Benz-Chrysler auf etwa fünf bis zehn Prozent des Transaktionsvolumens, d. h. des Marktwerts des Übernahmeobjektes.

731 Für einen Überblick zu M&A-Projektkosten und deren Bestandteilen vgl. HERTER, R. N. (2003), S. 452ff.

732 Vgl. SIEGEL, T. (1994), S. 463ff.

733 Vgl. hier und im Folgenden ROCKHOLTZ, C. (1999), S. 186ff.

734 Vgl. auch ADAM, D. (2001), Sp. 1144; HOFMANN, E. (2005), S. 486.

735 Vgl. allg. zur Sensitivitätsanalyse z. B. FRANKE, G./HAX, H. (2009), S. 253ff.; HERING, T. (2008), S. 308ff.

736 Vgl. LUCKS, K./MECKL, R. (2002), S. 187.

737 Vgl. WEINMANN, M. (2004), S. 182.

Form einer Monte-Carlo-Simulation möglich,[738] die jedoch aufgrund erhöhter Komplexität mit einem erheblichen Aufwand verbunden ist und in der Bewertungspraxis daher eher selten Anwendung findet.[739] In welcher Form und in welchem Umfang letztlich das Risiko berücksichtigt wird, hängt allerdings von der individuellen Risikopräferenz der Entscheidungsträger des M&A-Projektes bzw. der Unternehmensführung des strategischen Investors ab.

Zur weiteren Plausibilisierung des Unternehmenswertes und der ermittelten Komponenten können zum einen verschiedene Methoden der Unternehmensbewertung parallel angewendet und zum anderen ergänzende Szenarioanalysen durchgeführt werden.[740] Es ist jedoch ersichtlich, dass sich der Unternehmenswert[741] und insbesondere dessen M&A-spezifische Komponenten nur mit zahlreichen subjektiven Annahmen und Vereinfachungen bestimmen lassen.

In Folge der Unternehmensbewertung lässt sich der Kaufpreis bzw. dessen für die anschließenden Verhandlungen notwendige Ober- und Untergrenze bestimmen (vgl. Abb. 25).[742] So gilt der *Stand Alone*-Wert des zu übernehmenden Unternehmens als Preisuntergrenze, da aus Verkäuferperspektive bei einem geringeren Preis in der Regel kein Anlass zur Veräußerung des Unternehmens besteht. Die Preisobergrenze und damit der sog. Grenzpreis entspricht dem *Stand Alone*-Wert zuzüglich der vom jeweiligen strategischen Investor erwarteten, noch zu realisierenden Wertsteigerungspotenziale und abzüglich der M&A-Projektkosten und -risiken.[743] Der letztlich im Rahmen von Verhandlungen erzielte Kaufpreis bestimmt wesentlich das Potenzial zur Wertschaffung für den strategischen Investor.[744] Während der Verhandlung ist daher durch das Controlling von M&A-Projekten zu gewährleisten, dass die Unternehmensführung des strategischen Investors nicht nur mit verhandlungsrelevanten Informationen versorgt wird, sondern auch

---

738 Vgl. allg. zur Monte-Carlo-Simulation z. B. HOLST, J./HOLTKAMP, W. (2000), S. 817; MCLEISH, D. L. (2005), S. 77ff.

739 Vgl. WEINMANN, M. (2004), S. 184.

740 Vgl. ähnlich WEISMÜLLER, A. (1997), S. 904.

741 Vgl. hierzu auch die Ausführungen in den Kap. 3.3.2.2 und 3.3.2.4 dieser Arbeit.

742 Vgl. hier und im Folgenden z. B. WIRTZ, B. W. (2003), S. 202ff.

743 Vgl. COENENBERG, A. G./JACOBY, S. (2000), S. 196; HESSELMANN, C./KUNATH, O. (2009), S. 11; LUCKS, K./MECKL, R. (2002), S. 176.

744 COENENBERG, A. G./BIBERACHER, J. (2003), S. 333, sprechen in Anlehnung an BAETGE, J. (1997), S. 454ff., auch von einem Verhandlungserfolg. Vgl. auch hier die Ausführungen in Kap. 3.3.2.2 dieser Arbeit.

dahingehend diszipliniert wird, dass die ermittelte Preisobergrenze weitestgehend unter- und nicht überschritten wird.[745]

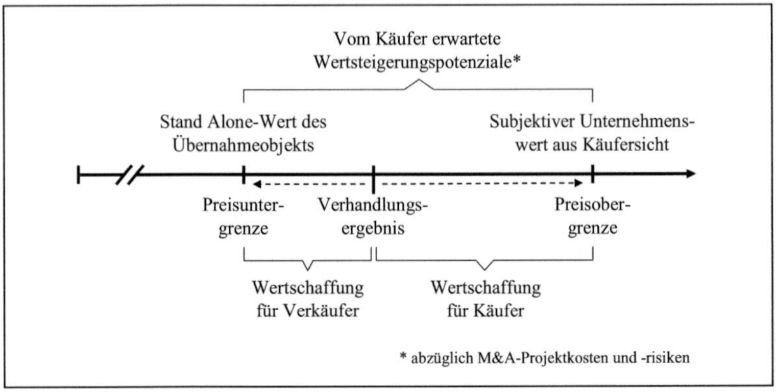

Abb. 25: Allgemeines Schema der Kaufpreisbestimmung
(Quelle: Eigene Darstellung)

Die Vorplanungen der Vorbereitungsphase sind in der Transaktionsphase auf Basis neu gewonnener Informationen weiter zu detaillieren. So ist neben dem Businessplan ein detaillierter Integrationsplan zu erarbeiten, der neben wesentlichen Meilensteinen alle Maßnahmen und Verantwortlichkeiten zur Umsetzung der mit dem M&A-Projekt verfolgten Ziele so weit wie möglich konkretisiert.[746] Hierzu sind durch das Controlling von M&A-Projekten die definierten M&A-Projektziele in einzelne sachliche und formale Prozessziele sowie formale Ergebnisziele aufzuspalten und deren Erreichung in Form operativer Pläne steuerbar zu machen.[747] Zudem hat das Controlling die Unternehmensführung bei der Wahl der Projektorganisation zu unterstützen und eine ausreichende Ausstattung mit personellen Ressourcen während des gesamten M&A-Projektverlaufs sicherzustellen.[748] Da Informationen über das potenzielle Übernahmeobjekt nur begrenzt verfügbar sind, kann der erstellte Integrationsplan nur vorläufig sein und muss

---

745 Vgl. EBERL, S. (2009), S. 86, der auch davon spricht, dass das „Jagdfieber" der M&A-Verantwortlichen gebremst werden müsse. Vgl. ähnlich COENENBERG, A. G./BIBERACHER, J. (2003), S. 332.

746 Vgl. HAWRANEK, F. (2004), S. 26; HESSELMANN, C./KUNATH, O. (2009), S. 11; SCHULTE, C. (1994), S. 11; WEISMÜLLER, A. (2005), S. 675.

747 Vgl. hierzu die folgenden Ausführungen in Kap. 4.2.3 dieser Arbeit.

748 Vgl. bzgl. Projekten i. Allg. FIEDLER, R. (2010), S. 86f.

im weiteren Verlauf des M&A-Projektes nicht nur validiert, sondern auch angepasst und erweitert werden.[749]

Unbegrenzter Zugang zu Informationen und die Erlaubnis zur tatsächlichen Integration der beiden am M&A-Projekt beteiligten Unternehmen besteht in der Regel erst nach *Closing* einer M&A-Transaktion.[750] Da jedoch der notwendige kartellrechtliche und sonstige behördliche Genehmigungsprozess bis zum *Closing* abhängig von den spezifischen Gegebenheiten einer M&A-Transaktion durchaus einige Zeit in Anspruch nehmen kann und die Vertraulichkeit unternehmerischer Informationen gewahrt bleiben muss, kann mit Hilfe sog. *Clean Teams* bereits vor dem offiziellen *Closing* der Integrationsplan weiter ausgearbeitet werden.[751] Hierbei werden unter besonderen rechtlichen Bedingungen externe Dienstleister und/oder Mitarbeiter der beteiligten Unternehmen separiert und in ein Team eingebunden, das mit der Integrationsplanung beauftragt ist (vgl. Abb. 26).[752]

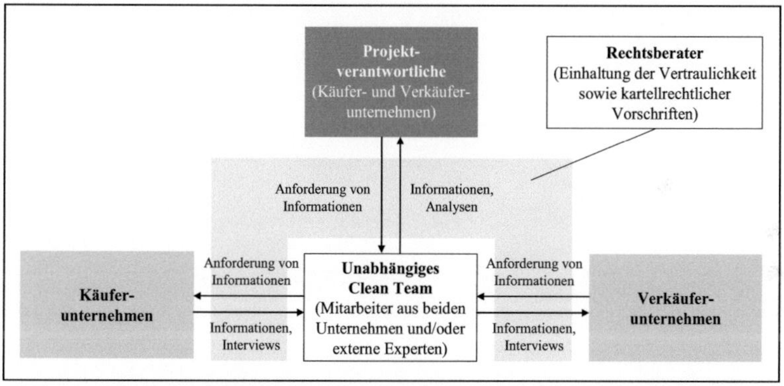

Abb. 26: Grundsätzliche Funktionsweise von *Clean Teams* (Erweiterte Darstellung nach: SMEDT, S. D./TORTORICI, V./OCKENBURG, E. v. (2005), S. 6)

Nach Due Diligence, Unternehmensbewertung und ergänzenden Vorplanungen ist unterstützt durch das Controlling von M&A-Projekten erneut eine Entscheidungsvorlage

---

[749] Auch sind mögliche Integrationsprobleme nicht vollständig vorhersehbar; vgl. WALL, S. J./ WALL, S. R. (2001), S. 37.

[750] Vgl. hier und folgend SMEDT, S. D./TORTORICI, V./OCKENBURG, E. V. (2005), S. 6f.

[751] Vgl. ALBIZZATTI, N. J./CHRISTOFFERSON, S. A./SIAS, D. L. (2005), S. 11f.; CAMARA, D. D./RENJEN, P. (2004), S. 12.

[752] Vgl. CROYLE, R./KAGER, P. (2002), S. 20.

auszuarbeiten, auf deren Grundlage der Abschluss der M&A-Transaktion durch die Unternehmensführung des strategischen Investors genehmigt werden muss.[753] Erst danach kann der M&A-Vertrag unterzeichnet werden, erfolgt nach der kartellrechtlichen sowie anderen behördlichen Genehmigungen mit dem *Closing* schließlich der formale Abschluss der M&A-Transaktion und endet somit die Transaktionsphase.[754]

4.2.3 Instrumente der Integrationsphase

Mit Eigentumsübergang des Übernahmeobjektes beginnt die Integrationsphase, in welcher die Integration der beteiligten Unternehmen und damit vor allem die Realisierung der geplanten Synergiepotenziale zu erfolgen hat.[755] Durch nun unbeschränkten Zugang zu Informationen über das Übernahmeobjekt können der Integrationsplan und die damit verbundenen Wertsteigerungspotenziale validiert werden. Des Weiteren ist es nun möglich, den vorläufigen Integrationsplan weiter zu detaillieren und mit den verantwortlichen Mitarbeitern des Übernahmeobjektes abzustimmen.[756] Da eine Integration jedoch grundsätzlich nicht bis ins Detail planbar ist und sich Integrationsfragestellungen teils evolutorisch ergeben,[757] ist dieser Plan während der Umsetzung der Integration laufend anzupassen. Für die genannten Tätigkeiten hat das Controlling eine Reihe an Instrumenten zur Verfügung zu stellen, welche je nach M&A-projektindividueller Komplexität und Dynamik auch bereits in einer früheren Phase ansatzweise genutzt werden können.

Auf Basis der strategischen Planung und als Erweiterung der Unternehmensbewertung können spezifische Wertsteigerungsmodelle entwickelt werden, welche alle Einflussgrößen und deren Wirkungen auf den Unternehmenswert fortwährend detaillierend und aktualisierend abbilden.[758] Diese Wertsteigerungsmodelle orientieren sich vorwiegend konzeptionell am Wertsteigerungsnetzwerk nach Rappaport,[759] welches sog. Werttreiber als Einflussgrößen des Unternehmenswertes in einem Kennzahlensystem abbildet. Die

---

753 Vgl. WEISMÜLLER, A. (1997), S. 908f.

754 Vgl. HAWRANEK, F. (2004), S. 28; KUMPFMÜLLER, H.-G./STOER, E. (2006), S. 116.

755 Vgl. HOFFMANN, W. H./FRIEDINGER, A. (1998), S. 22; hier und folgend WEISMÜLLER, A. (2005), S. 675f.

756 Vgl. HESSELMANN, C./KUNATH, O. (2009), S. 13

757 Vgl. HASPESLAGH, P. C./JEMISON, D. B. (1991), S. 15.

758 Vgl. BARK, C. (2002), S. 233ff.; METZ, M. (2002), S. 170ff., der von einer Integrationswertmodellierung spricht.

759 Vgl. RAPPAPORT, A. (1999), S. 67ff.

Werttreiber stellen dabei das Bindeglied zwischen dem unternehmerischen Handeln und den zur Berechnung des Unternehmenswertes notwendigen Bewertungskomponenten dar.[760] Ausgehend von der in dieser Arbeit gewählten Operationalisierung des M&A-Projekterfolgs als Unternehmenswertsteigerung ist hier die wertorientierte Spitzenkennzahl, der residuale ökonomische Gewinn (RÖG), entsprechend einer Werttreiberhierarchie in dessen Einflussgrößen zu zerlegen (vgl. Abb. 27).[761] Besonderer Beachtung bedürfen hier die M&A-projektspezifischen Werttreiber – die verschiedenen Synergien, Dissynergien, Restrukturierungspotenziale, Projektkosten und -risiken. Diese müssen separat und weitgehend detailliert ermittelt und abgebildet werden, wobei mögliche Interdependenzen durch Ursache-Wirkungs-Zusammenhänge, z. B. anhand von Sensitivitätsanalysen, beachtet werden müssen.[762] Ebenfalls sind nicht direkt quantifizierbare Einflussgrößen, wie beispielsweise Kunden- oder Mitarbeiterzufriedenheit, Produktqualität, Unternehmensreputation etc., zu berücksichtigen. Dem Controlling dient das Wertsteigerungsmodell als quantifizierendes Grundgerüst für die wertorientierte Planung und Kontrolle, welches mit weiteren Instrumenten verknüpft bzw. hierdurch erweitert werden kann.

Zur Priorisierung von Integrationsmaßnahmen lässt sich auf das Wertsteigerungsmodell und die dort abgebildeten Werttreiber zurückgreifen. So können die einzelnen Werttreiber oder ganze Werttreiberbereiche sowie die damit verbundenen Integrationsmaßnahmen z. B. anhand einer relativ einfachen Priorisierungsmatrix mit den Dimensionen „Beitrag zur Wertsteigerung" und „Umsetzungskosten" priorisiert werden (vgl. beispielhaft Abb. 28).[763] Höchste Priorität erhalten danach Werttreiber bzw. wertsteigernde Maßnahmen, die mit einem hohen Beitrag zur Wertsteigerung und geringen Umsetzungskosten verbunden sind, zweithöchste Priorität erhalten jene, die ebenso mit einem hohen Beitrag zur Wertsteigerung, jedoch nun hohen Umsetzungskosten verbunden sind, und so weiter. Diese Priorisierungsmatrix kann auch abgewandelt werden, indem die Dimension „Umsetzungskosten" durch eine Dimension „Umsetzungswahr-

---

760 Vgl. NOWAK, K. (2003), S. 49.

761 Vgl. allg. auch WEBER, J. et al. (2004), S. 108.

762 Vgl. hier und folgend METZ, M. (2002), S. 174ff.

763 Vgl. ähnlich FELDMAN, M. L./SPRATT, M. F. (2000), S. 72-79; HASPESLAGH, P. C./ JEMISON, D. B. (1991), S. 201; METZ, M. (2002), S. 176f..

scheinlichkeit“ ersetzt wird. Dazu müssen jedoch in der Priorisierungsmatrix die Ausprägungen dieser Dimension, d. h. „niedrig“ und „hoch“, getauscht werden.

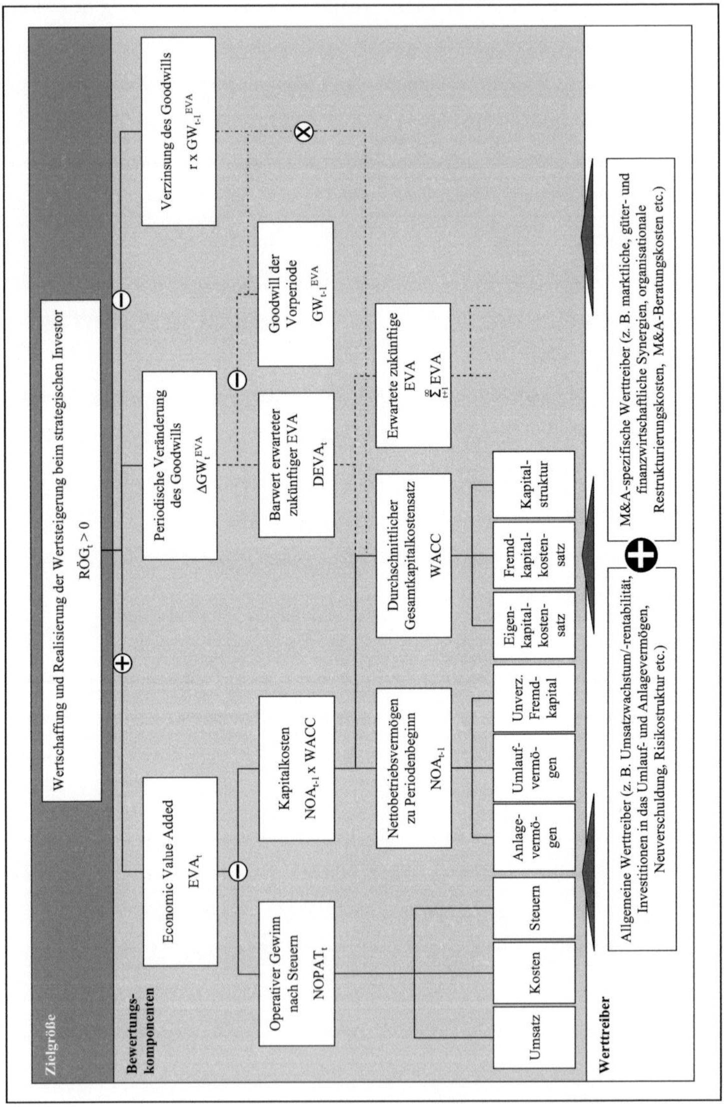

Abb. 27: Wertsteigerungsmodell auf Basis des RÖG in Kombination mit dem EVA (Quelle: Eigene Darstellung)

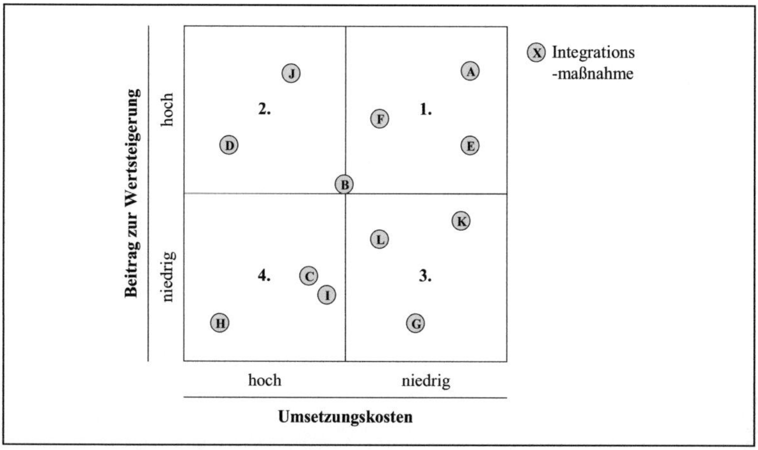

Abb. 28: Priorisierungsmatrix für Integrationsmaßnahmen
(Quelle: Eigene Darstellung)

Daneben besteht die etwas aufwendigere Möglichkeit, durch Variation der Werttreiber mit Hilfe der Sensitivitätsanalyse die kritischen Treiber, also jene mit der höchsten Sensitivität hinsichtlich des Unternehmenswertes, zu identifizieren.[764] Daran anschließend können anhand einer modifizierten VALCOR-Matrix[765] Integrationsmaßnahmen bestimmt werden, die diese kritischen Wertreiber zugunsten einer Wertsteigerung beeinflussen. Hierzu werden den Werttreibern verschiedene Synergiepotenziale gegenübergestellt und entsprechende Integrationsmaßnahmen zu deren Realisierung abgeleitet (vgl. beispielhaft Tab. 10). Synergiepotenziale werden dabei je nach zugrunde gelegtem Synergiekonzept in unterschiedliche Gruppen klassifiziert, hier z. B. in marktliche, güterwirtschaftliche, wissensbezogene sowie finanzwirtschaftliche (und rechtliche) Synergiepotenziale.

Ein vergleichsweise einfaches Controlling-Instrument stellt dagegen eine Synergie-Tabelle dar, in der einzelne Synergiepotenziale strukturiert und transparent erfasst werden.[766] Hierbei werden die einzelnen Synergiepotenziale typisiert und – wenn möglich

---

764 Vgl. hier und im Folgenden BARK, C. (2002), S. 238ff.

765 Vgl. allg. zur VALCOR-Matrix GOMEZ, P./GANZ, M. (1992), S. 49; WEBER, B. (1991), S. 226. VALCOR dient als Abkürzung für „*VALue is CORe*". In der ursprünglichen Form der VALCOR-Matrix werden den Werttreibern verschiedene Nutzenpotenziale gegenübergestellt und im Anschluss Aktivitäten zur Realisierung der Nutzenpotenziale abgeleitet.

766 Vgl. HORZELLA, A. (2010), S. 162f.

– monetär bewertet sowie Aktivitäten und Zeitdauern für deren Realisierung zugewiesen (vgl. beispielhaft und schematisch Tab. 11). Die Synergie-Tabelle kann schließlich zur Abweichungskontrolle herangezogen werden.

Werttreiber / Synergie	Umsatzwachstum	Umsatzrentabilität	Ertragssteuersatz	Investitionen ins Umlaufvermögen	Investitionen ins Anlagevermögen	Kapitalkosten
Marktliche Synergiepotenziale	Erschließung eines neuen Absatzmarktes, Optimierung des Produktmixes	Anpassung der Preispolitik, Absatzförderung, Bereinigung des Sortimentmixes, Rückwärtsintegration	Regionale Diversifikation	Kombiniertes Kreditoren- und Debitorenmanagement, Optimierung der Skonti	Flächenanalyse	Geringeres Risiko durch Diversifikation
Güterwirtschaftliche Synergiepotenziale	Zugang zu Technologien	Verbesserte Kapazitätsauslastung, Bündelung des Einkaufs, Effizientere Logistik, Personalkostensenkung	Standortverlagerung, zentrale Einkaufsgesellschaft	Kombiniertes Lagermanagement	Zusammenlegen/ Desinvestition von Produktionsanlagen, Verkauf nicht betriebsnotwendigen Vermögens	Ausnutzung Bonitätspotenzial
Wissensbezogene Synergiepotenziale	Bündelung von marktlichem Knowhow	Flexiblere Arbeitsformen, Schulungen	Verbesserte Datenstrukturen	Ausbau des Management-Knowhows	Outsourcing der Weiterbildung	Gewinnung von Finanzspezialisten
Finanzwirtschaftliche (und rechtliche) Synergiepotenziale	Verbesserte Zahlungssysteme	Kombiniertes Investor Relationship Management	Goodwillbehandlung, Rechtsformänderung	Kombiniertes Cash-Management	Sale and Lease Back	Effizientere Kapitalstruktur

Tab. 10: M&A-bezogene VALCOR-Matrix
Erweiterte Darstellung nach: BARK, C. (2002), S. 239-241; WEBER, B. (1991), S. 226)

Synergietyp	Synergiepotenzial	Aktivitäten	Zeitrahmen	Bewertung	Summme
Leistungs-wirtschaftliche Synergien oder Dissynergien	Verkettung materieller Ressourcen / Geschäftsprozesse	- ... - ... - ...	- ... - ... - ...	- ... - ... - ...	- ...
	Verkettung immaterieller Ressourcen	- ... - ... - ...	- ... - ... - ...	- ... - ... - ...	- ...
Finanz-wirtschaftliche Synergien oder Dissynergien	Bündelung Kapitalbeschaffung	- ... - ...	- ... - ...	- ... - ...	- ...
	Ausweitung Verschuldungsgrad	- ... - ...	- ... - ...	- ... - ...	- ...
Steuerliche Synergien oder Dissynergien	Steuerminderung	- ... - ...	- ... - ...	- ... - ...	- ...
	Steuerstundung	- ... - ...	- ... - ...	- ... - ...	- ...
	Mischformen	- ... - ...	- ... - ...	- ... - ...	- ...

Tab. 11: Synergie-Tabelle
(In Anlehnung an: HORZELLA, A. (2010), S. 163)

Aufgrund der Vielzahl von mit einem M&A-Projekt verbundenen Aufgaben, insbesondere mit Bezug auf die Integration der beteiligten Unternehmen, ist die Erstellung eines Integrationsstrukturplans notwendig.[767] Dieser findet regelmäßig zur Prozessstrukturierung und Operationalisierung großer Projekte Anwendung.[768] Der Integrationsstrukturplan ist letztlich das Resultat einer von oben nach unten (*engl. top-down*) durchgeführten strukturell-logischen, deduktiven Analyse des Integrationsvorhabens[769] zur Erstellung einer sach-logischen Ablauforganisation für die Integrationsphase eines M&A-Projektes. Hierbei wird das Integrationsvorhaben in abgegrenzte Teilaufgaben und einzeln lösbare, aber miteinander verknüpfte Arbeitspakete zerlegt, um die Komplexität zu bewältigen und gleichzeitig den Gesamtzusammenhang des M&A-Projektes zu gewährleisten. Der Integrationsstrukturplan stellt somit auch eine Handlungsgrundlage für das Controlling von M&A-Projekten dar, wodurch Teilaufgaben und Arbeitspakete festgelegt, Verantwortlichkeiten zugeteilt, Kosten und Erlöse geplant sowie Prozess- und

767 Vgl. METZ, M. (2002), S. 181. Der Integrationsstrukturplan stellt einen integrationsbezogenen Projektstrukturplan, auch *Work Breakdown Structure* genannt, dar, weshalb im Folgenden auch auf Erläuterungen des allg. Projektstrukturplans zurückgegriffen wird. Vgl. zudem die Ausführungen zu ersten Vorplanungen bzw. zur Erstellung eines vorläufigen Integrationsplans in Kap. 4.2.1 dieser Arbeit, die hier fortgeführt werden.

768 Vgl. ähnlich SCHMOLKE, G. (2002), Sp. 1604.

769 Vgl. SCHMOLKE, G. (2002), Sp. 1604; sowie hier und folgend CORSTEN, H./CORSTEN, H./ GÖSSINGER, R. (2008), S. 108.

Ergebniszusammenhänge dokumentiert werden.[770] Das Controlling von M&A-Projekten muss dabei sicherstellen, dass zum einen der Integrationsstrukturplan vollständig ist, d. h. keine inhaltlichen Lücken zeitlicher, sachlicher oder logischer Art aufweist, und zum anderen die darin festgelegten Teilaufgaben und Arbeitspakete überschneidungs- bzw. widerspruchsfrei sind.[771] Auch für den Integrationsstrukturplan gilt, dass dieser mit Zunahme planungsrelevanter Informationen fortwährend zu validieren, anzupassen und zu erweitern ist. Eine Validierung des Integrationsstrukturplans sollte idealerweise außerdem durch Einbeziehung der integrationsverantwortlichen Mitarbeiter bzw. M&A-Projektmitglieder und Experten von unten nach oben (*engl. bottom-up)* im Sinne eines Gegenstromverfahrens erfolgen.[772]

Aus dem Integrationsstrukturplan ist in Abstimmung mit der Ressourcenplanung die Integrationstermin- und -ablaufplanung abzuleiten, welche die Einzelaktivitäten der Teilaufgaben und Arbeitspakete zeitlich miteinander koordiniert und in einem konsistenten Gesamtplan zusammenführt.[773] Anhand dieses Plans kann somit durch das Controlling von M&A-Projekten die Erreichung der sachlichen Prozessziele in zeitlicher Hinsicht geplant werden. Unter Berücksichtigung der verschiedenen Abhängigkeiten zwischen den einzelnen Teilaufgaben und Arbeitspaketen sowie deren individueller Dauer kann der gesamte zeitliche Ablauf in einfachen Terminlisten erfasst werden.[774] Diese eignen sich jedoch in der Regel nur für wenig komplexe, leicht überschaubare Projekte bzw. einzelne Teilaufgaben oder Arbeitspakete. Zusätzlich kann der zeitliche Ablauf durch Balkendiagramme in Form sog. *Gantt-Charts* ggf. unter Nutzung der Transplantechnik visualisiert werden.[775] Ein Balkendiagramm ist einfach zu erstellen, übersichtlich und leicht verständlich, lässt jedoch zeitliche Engpässe oder Reserven nur bedingt erkennen.[776] Die diversen Abhängigkeiten zwischen den einzelnen Teilaufgaben und Arbeitspaketen insbesondere bei komplexen Projekten, wie z. B. M&A, lassen sich

---

770 Vgl. ähnlich METZ, M. (2002), S. 183; allg. auch BEA, F. X./SCHEURER, S./HESSELMANN, S. (2008), S. 139f.

771 Vgl. FIEDLER, R. (2010), S. 96; MÖRSDORF, M. (1998), S. 195; SCHLAGHECK, B. (2000), S. 144.

772 Vgl. ähnlich DIETHELM, G. (2000), S. 224ff.; PLATZ, J. (1989), S. 253f.

773 Vgl. MADAUSS, B. J. (2000), S. 202; SCHMOLKE, G. (2002), Sp. 1605f.; SCHULTE, H./ STUMME, G. (1998), S. 258.

774 Vgl. hier und folgend BEA, F. X./SCHEURER, S./HESSELMANN, S. (2008), S. 184f.

775 Vgl. METZ, M. (2002), S. 186ff.

776 Vgl. MADAUSS, B. J. (2000), S. 205.

trotz einer möglichen Erweiterung von *Gantt-Charts* in Form von Vernetzungen auf Basis der Transplantechnik nur schwer abbilden (vgl. schematisch Abb. 29).[777]

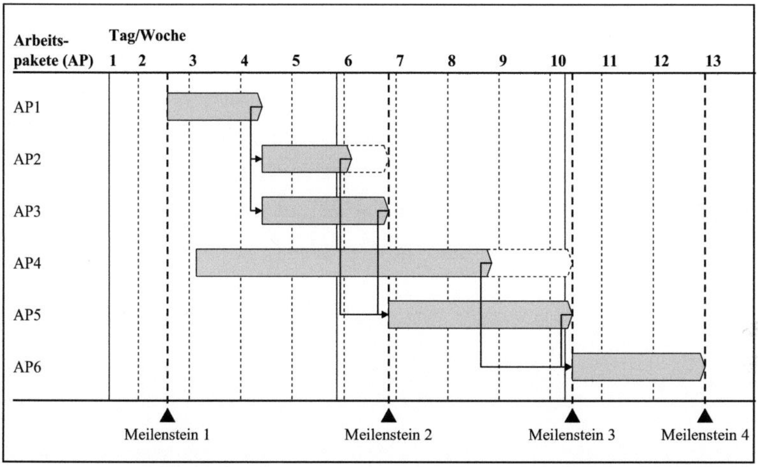

Abb. 29: Vernetztes *Gantt-Chart*
(Erweiterte Darstellung nach: CORSTEN, H./CORSTEN, H./GÖSSINGER, R. (2008), S. 119f.)

Dies wäre dagegen mit Hilfe sog. Netzplantechniken möglich.[778] Diese wiederum sind jedoch mit hohem Aufwand, mangelnder Übersichtlichkeit sowie Verständlichkeit verbunden[779] und können aufgrund der Unsicherheit von Projektentwicklungen und damit ggf. einhergehender Plananpassungen nicht als zielführender angesehen werden. Trotz der beschriebenen Nachteile scheinen in der praktischen Anwendung *Gantt-Charts* zu dominieren.[780] Diese können mit bereits erwähnten wesentlichen Meilensteinen kombiniert werden,[781] welche nicht nur sachlich prozessuale Ziele, sondern auch formale erfolgsbezogene Ziele abbilden. Unter Umständen bietet es sich an, eine mehrstufige Meilensteinhierarchie zu nutzen, um die unterschiedliche Bedeutung übergreifender Prozess- und Ergebnisziele für die einzelnen Steuerungsebenen zu berücksichtigen.[782] Zu beachten ist jedoch, dass die Erreichung von Meilensteinen erst dann gegeben ist,

---

777 Vgl. BEA, F. X./SCHEURER, S./HESSELMANN, S. (2008), S. 186-188.

778 Vgl. allg. zur Netzplantechnik z. B. die Arbeiten von KÜPPER, W./LÜDER, K./STREITFERDT, L. (1975); SCHWARZE, J. (2010), insb. S. 23ff.

779 Vgl. MADAUSS, B. J. (2000), S. 209-212.

780 Vgl. FIEDLER, R. (2010), S. 107.

781 Vgl. BEA, F. X./SCHEURER, S./HESSELMANN, S. (2008), S. 186.

782 Vgl. METZ, M. (2002), S. 191.

wenn diese nicht nur zeitlich prozessual, sondern auch formal erfolgsbezogen realisiert sind.

Durch das Controlling von M&A-Projekten ist nicht nur die Planung der Integration zu begleiten, sondern daran anknüpfend auch deren prozessuale sowie ergebnisbezogene Durchführung und somit die Realisierung der geplanten Wertsteigerung zu kontrollieren und folglich zu steuern. Hierbei kann zwischen einer *Feedback*- und *Feedforward*-Funktion der Kontrolle unterschieden werden.[783] Während im Sinne eines *Feedback* die Erreichung des Geplanten überprüft, mögliche Abweichungsursachen ermittelt und Abweichungen ggf. sanktioniert werden, wird im Sinne eines *Feedforward* untersucht, inwieweit das Geplante noch erreicht werden kann und welche Korrekturmaßnahmen ggf. einzuleiten sind.

So kann als *Feedback*-Kontrolle die bisherige Erreichung formaler Ergebnisziele überprüft werden. Hierzu können entsprechend des vorgestellten werttreiberbezogenen Kennzahlensystems alle oder auch nur einzelne Kennzahlen, wie z. B. die wertorientierte Spitzenkennzahl RÖG, zu einer Planrealisationskontrolle herangezogen werden. Ebenso kann eine *Feedback*-Kontrolle sachlicher Prozessziele erfolgen. Hierzu kann anknüpfend an die Integrationstermin- und -ablaufplanung mit Hilfe von *Gantt-Charts* eine Planinhaltskontrolle durchgeführt werden.

Zur Bestimmung und Darstellung der Ziel- bzw. Planerreichung kann neben der zeitpunktbezogenen Differenzbildung zwischen absoluten Werten sowie deren grafischen Vergleichs mittels einfacher Liniendiagramme mit den Dimensionen Wert und Zeit auch eine zeitraumbezogene Ermittlung anhand von ergebnisbezogenen Realisationsgraden bzw. prozessbezogenen Fertigstellungsgraden erfolgen.[784] Diese können, sowohl für die gesamte Integration als auch für einzelne Maßnahmen bzw. Teilaufgaben und Arbeitspakete, durch das Verhältnis aus in Anzahl und Ausmaß bisher erreichten und geplanten Ergebnis- bzw. Prozesszielen ermittelt werden. Grafisch lässt sich dies z. B. durch verschiedene „100 Prozent-Diagramme“ oder im Fall von Prozesszielen auch

---

783 Vgl. hier und folgend BAUM, H.-G./COENENBERG, A. G./GÜNTHER, T. (2007), S. 5.

784 Vgl. hier und folgend allg. KUSTER, J. et al. (2006), S. 145f.; zu Fertigstellungsgraden auch BURGHARDT, M. (2008), S. 397ff.

durch eine Erweiterung von Balkendiagrammen visualisieren (vgl. schematisch Abb. 30).[785]

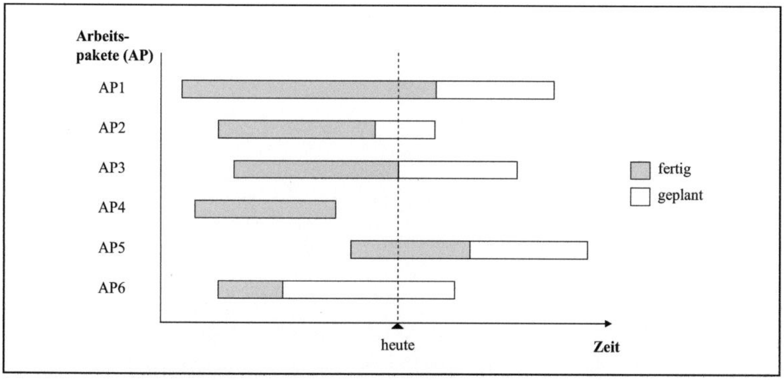

Abb. 30: Balkendiagramm zu Fertigstellungsgraden
(In Anlehnung an: BURGHARDT, M. (2008), S. 399)

Eine weitere Differenzierung der Ziel- bzw. Planerreichung lässt sich anhand von Härte- bzw. Implementierungsgraden vornehmen und ist bei M&A-Projekten insbesondere zur Kontrolle von Maßnahmen zur Synergierealisierung gängig.[786] Hierbei kann jeder Maßnahme ein projektindividueller Härte- bzw. Implementierungsgrad, wie z. B. „identifiziert", „bewertet", „abgestimmt", „entschieden", „Voraussetzung geschaffen" oder „realisiert", zugewiesen werden. Eine Visualisierung erfolgt dabei in der Regel anhand eines mehrstufigen Säulendiagramms (vgl. beispielhaft Abb. 31).

Als Feedback- und Feedforward-Kontrolle kann anhand der sog. Termin-Trendanalyse eine prozessbezogene Planinhaltskontrolle erfolgen.[787] Hierbei können die für die einzelnen Meilensteine, Maßnahmen, Teilaufgaben und Arbeitspakete ursprünglich geplanten Termine grafisch den im Verlauf der Integration vorgenommenen Plananpassungen sowie den schließlich tatsächlich erreichten Endterminen gegenübergestellt werden (vgl. beispielhaft Abb. 32).[788] Durch die periodische Aktualisierung der Termininformationen entwickelt sich dabei grafisch ein Polygonzug, dessen Verlauf Aufschluss über die tat-

785 Hierbei werden die Balken für einzelne Teilaufgaben entsprechend deren Fertigstellungsgrades markiert und können Planabweichungen anhand einer aktuellen Zeitlinie abgelesen werden.
786 Vgl. hier und folgend KNAPP, A./LEDERER, I. (2008), S. 245f.
787 Vgl. METZ, M. (2002), S. 193.
788 Vgl. KRÜGER, A. (2002), Sp. 1588; MICHEL, R. M. (1996), S. 187ff.

sächliche bisherige und zu erwartende zukünftige Planeinhaltung gibt.[789] Hiermit lassen sich schon frühzeitig mögliche Planabweichungen erkennen und die Notwendigkeit von Korrekturmaßnahmen ableiten.[790]

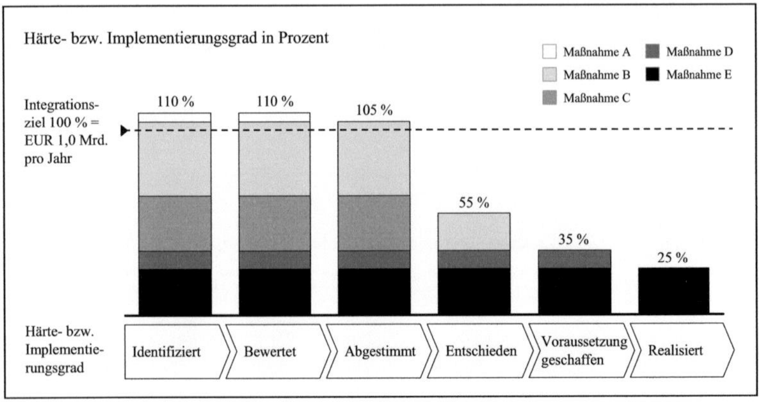

Abb. 31: Säulendiagramm zu Härte- bzw. Implementierungsgraden
(In Anlehnung an: KNAPP, A./LEDERER, I. (2008), S. 246)

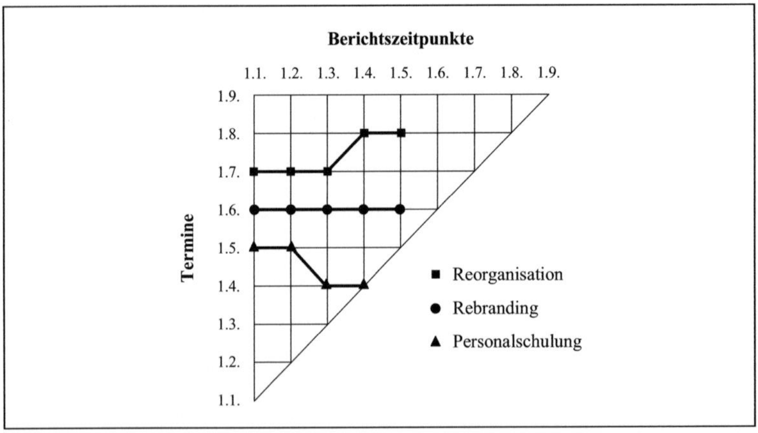

Abb. 32: Meilenstein-Trendanalyse
(Quelle: Eigene Darstellung in Anlehnung an BURGHARDT, M. (2008), S. 366f.)

---

789 Vgl. BURGHARDT, M. (2008), S. 367f.; KNAPP, A./LEDERER, I. (2008), S. 244. Ein waagerechter Verlauf des Polygonzugs deutet eine Termineinhaltung, ein ansteigender Verlauf eine Terminverzögerung und ein fallender Verlauf eine Terminunterschreitung an. Bei Erreichen der 45°-Begrenzungslinie sind die Meilensteine erreicht und die damit verbundenen Maßnahmen durchgeführt.

790 Vgl. FIEDLER, R. (2010), S. 181; SCHULTE, H./STUMME, G. (1998), S. 259.

Eine solche Trendanalyse kann anstatt auf Termine alternativ auch auf einzelne Werttreiber wie Integrationskosten oder Synergien oder allgemein auf geplante Wertsteigerungen bezogen werden.[791] Darstellung und Interpretationslogik bleiben dabei gleich, lediglich die Termine werden durch die Ausprägung der Werttreiber bzw. der Wertsteigerung grafisch ersetzt. Dies ermöglicht neben der geschilderten prozessbezogenen Planinhaltskontrolle auch eine Planrealisationskontrolle.

Eine ähnlich umfassende Kontrollmöglichkeit bietet auch eine auf M&A-Projekte angepasste Form der sog. *Earned Value*-Methode.[792] Der Begriff „*Earned Value*" bezieht sich dabei nicht mehr wie im ursprünglichen Sinn auf reine Kosteninformationen, sondern erfasst den Wert bzw. Wertbeitrag von aus dem Integrationsstrukturplan abgeleiteten abgrenzbaren Teilaufgaben bzw. Arbeitspaketen. Der *Earned Value* bezeichnet demzufolge denjenigen Wertbeitrag, der ursprünglich für eine zum Betrachtungszeitpunkt bereits fertig gestellte Anzahl an Teilaufgaben bzw. Arbeitspaketen insgesamt geplant wurde. Durch Gegenüberstellung des *Earned Value* mit dem tatsächlichen Ist-Wertbeitrag dieser Teilaufgaben bzw. Arbeitspakete sowie dem *Planned Value*, d. h. dem geplanten Wertbeitrag derjenigen Teilaufgaben bzw. Arbeitspakete, die zum Betrachtungszeitraum fertig gestellt sein sollten, lassen sich die zentralen Kennzahlen der *Earned Value*-Methode ermitteln. Anhand jener lässt sich nicht nur der bisherige M&A-Projekt- bzw. Integrationsfortschritt rechnerisch und grafisch beurteilen (vgl. Abb. 33), sondern lassen sich auch schon frühzeitig mögliche Gesamtplanabweichungen erkennen und ggf. erforderliche Korrekturmaßnahmen einleiten.[793]

Am Ende von M&A-Projekten sowie einige Jahre nach Abschluss der Integration kann durch das Controlling eine nachträgliche, ganzheitliche Projektbetrachtung in Form einer abschließenden wertorientierten Investitionsnachrechnung[794] sowie eines Projekt-

---

791 Vgl. z. B. die Ausführungen zum allg. Kosten-Trenddiagramm bei FIEDLER, R. (2010), S. 185.

792 Vgl. allg. zur *Earned Value*-Methode z. B. ANBARI, F. T. (2003), S. 12ff.; BECKER, W./KUNZ, C. (2009), S. 419ff.; sowie zu deren modifizierter Anwendung im Rahmen von M&A-Projekten HORZELLA, A. (2010), S. 305ff.

793 Vgl. NIEMAND, S./RIEDRICH, T./BRETZ, K. G. (2003), S. 324ff.

794 Vgl. ECKHOFF, J. (2006), S. 243ff.; HESSELMANN, C./KUNATH, O. (2009), S. 15; WEISMÜLLER, A. (1997), S. 910. Diese Nachrechnung erfolgt entsprechend dem gewählten Konzept der Erfolgsmessung von M&A-Projekten. Es ist jedoch darauf hinzuweisen, dass sich mit Fortschreiten der Zeit eine Trennung von M&A-projektbedingten und M&A-projektunabhängigen Werteffekten zunehmend schwierig darstellt. Vgl. dazu auch die Ausführungen in Kap. 3.3.3 dieser Arbeit.

abschlussberichts[795] erfolgen. Dies dient nicht nur einer abschließenden Erfolgskontrolle, sondern vor allem der Erfahrungssicherung und des organisationalen Lernens in Bezug auf M&A-Projekte.[796]

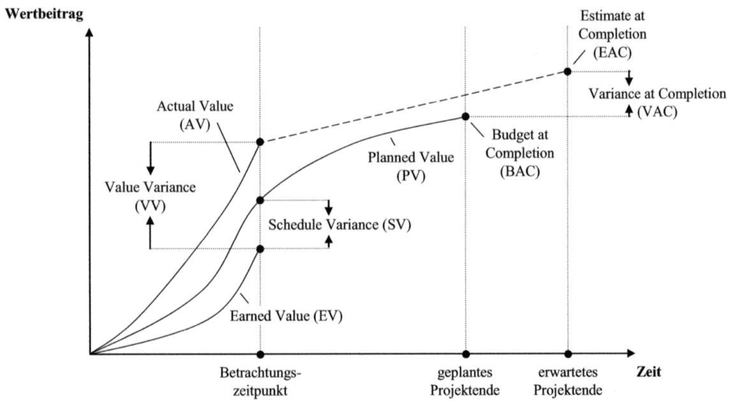

Kennzahl	Berechnung
Value Variance (VV)	Value Variance (VV) = Earned Value (EV) – Actual Value (AV)
Schedule Variance (SV)	Schedule Variance (SV) = Earned Value (EV) – Planned Value (PV)
Value Performance Index (VPI)	Value Performance Index (VPI) = Earned Value (EV) / Actual Value (AV)
Schedule Performance Index (SPI)	Schedule Performance Index (SPI) = Earned Value (EV) / Planned Value (PV)
Project Health bzw. Critical Rate (CR)	Critical Rate (CR) = Value Performance Index (VPI) * Schedule Performance Index (SPI)
Estimate at Completion (EAC)	Estimate at Completion (EAC) = Actual Value (AC) + (Budget at Completion (BAC) - Earned Value (EV)) / Value Performance Index (VPI) bzw. Estimate at Completion (EAC) = Actual Value (AC) + (Budget at Completion (BAC) - Earned Value (EV)) / Critical Rate (CR)
Variance at Completion (VAC)	Variance at Completion (VAC) = Estimate at Completion (EAC) – Budget at Completion (BAC)

Abb. 33: Zentrale Kennzahlen der *Earned Value*-Methode
(Erweiterte Darstellung nach: BECKER, W./KUNZ, C. (2009), S. 420f.)

4.2.4 Phasenübergreifende Instrumente

Nachdem bisher Controlling-Instrumente vorgestellt wurden, die schwerpunktmäßig jeweils in einer einzelnen Phase des M&A-Prozesses Anwendung finden, werden nun

795 Vgl. bzgl. Projekten i. Allg. z. B. BEA, F. X./SCHEURER, S./HESSELMANN, S. (2008), S. 329; FIEDLER, R. (2010), S. 208; STEINLE, C./LAWA, D./KRAEGE, R. (1995), S. 143.

796 Vgl. ähnlich bzgl. Projekten i. Allg. FIEDLER, R. (2005), S. 536; KNAPP, A./LEDERER, I. (2008), S. 248; bzgl. M&A-Projekten MEIER, H. (2001), S. 284f.; UNGER, M. (2007), S. 889f.

Controlling-Instrumente betrachtet, welche während des gesamten M&A-Prozesses genutzt werden können. Diese Controlling-Instrumente dienen der phasenübergreifenden Informationsversorgung, Planung, Kontrolle, Verhaltenssteuerung sowie Koordination und ermöglichen in besonderem Maße ein konsistentes, den gesamten M&A-Prozess umfassendes Controlling von M&A-Projekten.

Die Informationsversorgung durch ein M&A-Projektberichtswesen stellt die wesentliche Grundlage für die Steuerung von M&A-Projekten dar.[797] Dafür sind durch das Controlling von M&A-Projekten verlässliche Informationen zu beschaffen, bedarfsgerecht zu selektieren, verständlich aufzubereiten und zeitnah bereitzustellen.[798] Ein M&A-Projektberichtssystem dient damit zum einen der Erfassung von Informationen, welche für die Analysen anhand der in den vorigen Kapiteln vorgestellten Controlling-Instrumente benötigt werden, und zum anderen der bedarfsgerechten Zusammenfassung und zeitgerechten Bereitstellung der Ergebnisse jener Analysen.[799] Dabei ist das M&A-Projektberichtswesen nicht vom regulären Berichtswesen der am M&A-Projekt beteiligten Unternehmen losgelöst, sondern ist vielmehr mit diesem weitestgehend zu verknüpfen, um die inhaltliche Richtigkeit und Konsistenz der Informationen sowie die Wirtschaftlichkeit deren Erfassung und Auswertung zu gewährleisten.[800]

Die im Rahmen des M&A-Projektberichtswesens durch das Controlling bereitzustellenden Berichte dienen neben Information und Dokumentation vorwiegend der M&A-prozessbegleitenden operativen ergebnis- und prozessbezogenen Planfortschrittskontrolle, können in begrenztem Umfang aber auch zur strategischen Kontrolle herangezogen werden. Die Berichte lassen sich ganz allgemein in Standard-, Abweichungs- und Sonderberichte unterteilen.[801] Standardberichte werden routinemäßig erstellt, um die M&A-Projektverantwortlichen periodisch und ggf. zu bestimmten M&A-Projektmeilensteinen sowie überblicksartig über den Projektfortschritt zu informieren. Als Status- und Fortschrittsbericht werden hier der aktuelle Projektstatus, die bisherigen Projektergebnisse, erledigte Aufgaben, mögliche Risiken sowie wesentliche Problembereiche und

---

797 Vgl. ähnlich ECKHOFF, J. (2006), S. 240.

798 Vgl. auch die Ausführungen zur Informationsversorgung als Aufgabe des Controllings von M&A-Projekten in Kap. 4.1.4 dieser Arbeit.

799 Vgl. ähnlich bzgl. Projekten i. Allg. KNAPP, A./LEDERER, I. (2008), S. 247.

800 Vgl. ähnlich BARK, C. (2002), S. 160; ECKHOFF, J. (2006), S. 240; FRANK, G.-M. (1993), S. 143; MEIER, H. (2001), S. 234f.

801 Vgl. hier und folgend FIEDLER, R. (2010), S. 204ff.

Handlungsbedarfe kurz abgebildet und ggf. kommentiert.[802] Ergänzt wird dies durch detaillierte, standardisierte Analysen der genannten Berichtselemente.[803] Die Visualisierung des Status eines M&A-Projektes sowie der darin enthaltenen Maßnahmen erfolgt dabei häufig anhand eines Ampelmodells.[804] Dieses kann in eine überblicksartige Gesamtdarstellung, die auch als Management- oder Projekt-Cockpit bezeichnet wird, eingebettet sein.[805] Die Dauer der Zeitperioden, nach denen Standardberichte jeweils erstellt werden, orientiert sich in der Regel an der Gesamtprojektdauer,[806] kann jedoch auch von der Komplexität und Dynamik des M&A-Projektes abhängig sein und ist zusätzlich mit dem regulären Berichtswesen der beteiligten Unternehmen abzustimmen.[807] Abweichungsberichte können regulärer Bestandteil der periodischen Standardberichte sein, jedoch auch aperiodisch zum Zeitpunkt der Erreichung vorab definierter kritischer Zielabweichungen und eines daraus resultierenden besonderen Handlungsbedarfs erstellt werden.[808] Sonderberichte werden nur ergänzend erstellt, um besondere Planabweichungen im Detail zu begründen. Die Berichte des M&A-Projektberichtswesens stellen die informatorische Grundlage für Projektmeetings/-reviews dar, im Rahmen derer die Projektverantwortlichen und die Unternehmensführung des strategischen Investors den Projektfortschritt bzw. die bisherige Zielerreichung von M&A-Projekten überprüfen.[809]

Die Balanced Scorecard (BSC)[810] kann ebenfalls als phasenübergreifendes Controlling-Instrument im Rahmen von M&A-Projekten Anwendung finden.[811] Dabei werden durch die BSC die phasenspezifischen Controlling-Instrumente bzw. die durch jene gewonne-

---

802 Vgl. auch FIEDLER, R. (2005), S. 160; KNAPP, A./LEDERER, I. (2008), S. 247; SCHNEIDER, R. (2007), S. 127f.

803 Vgl. auch die Erläuterungen zu den in den Kap. 4.2.1 bis 4.2.3 dieser Arbeit dargestellten Controlling-Instrumenten.

804 Vgl. COENENBERG, A. G./BIBERACHER, J. (2003), S. 341; KUMPFMÜLLER, H.-G./ STOER, E. (2006), S. 118.

805 Vgl. FIEDLER, R. (2010), S. 211f.

806 Vgl. FIEDLER, R. (2010), S. 207, der auf eine Daumenregel hinweist, gemäß welcher die Dauer der Zeitperioden, nach denen Standardberichte jeweils erstellt werden, fünf Prozent der gesamten Projektdauer beträgt.

807 Vgl. zu Letzterem auch MEIER, H. (2001), S. 235.

808 Vgl. ähnlich hier und folgend FIEDLER, R. (2010), S. 204; MEIER, H. (2001), S. 245ff.

809 Vgl. ähnlich LUCKS, K. (2003), S. 27; SEIDENSCHWARZ, W. (2006), S. 23ff.

810 Vgl. hier und im Folgenden die grundlegende Arbeit zur BSC von KAPLAN, R. S./NORTON, D. P. (1996).

811 Vgl. z. B. COENENBERG, A. G./BIBERACHER, J. (2003), S. 342; JANSEN, S. A. (2001b), S. 21; WEBER, J. et al. (2008), S. 53; sowie die im Folgenden zitierten Quellen.

nen Informationen zum Zweck einer umfassenden Steuerung des M&A-Projekterfolgs verknüpft.[812] Dies ermöglicht die Koordination der verschiedenen mit M&A-Projekten verbundenen Einzelaufgaben und macht somit die Komplexität von M&A-Projekten beherrschbar.[813]

Durch die BSC als „ausgewogenem bzw. multikriteriellem Berichtsbogen"[814] werden verschiedene Kennzahlen miteinander verbunden: finanzielle und nicht finanzielle, kurzfristige und langfristige, vergangenheits- und zukunftsorientierte, operative und strategische sowie intern und extern orientierte.[815] Durch die verschiedenen Perspektiven der BSC werden zusätzlich zu den Interessen der Shareholder auch die Interessen der übrigen Stakeholder berücksichtigt.[816] Auch wenn die Interessen der Shareholder und Stakeholder als weitgehend komplementär angesehen werden, behält das Primat der langfristigen Unternehmenswertsteigerung weiterhin Gültigkeit.[817] Die finanzwirtschaftliche Perspektive der BSC dominiert daher und bildet zugleich Ausgangspunkt und Endpunkt für die übrigen Perspektiven.[818] Die Interdependenz der einzelnen Perspektiven und Kennzahlen der BSC wird über die verschiedenen Operationalisierungsebenen, d. h. Ziele, Messgrößen, Vorgaben und Maßnahmen, anhand von Ursache-Wirkungsbeziehungen berücksichtigt, welche im Gegensatz zu traditionellen Kennzahlensystemen weniger mathematischer als logisch-empirischer Natur sind.[819] D. h., es wird bei der BSC weniger auf rein mathematische Zusammenhänge zwischen den einzelnen Erfolgsgrößen, sondern vielmehr auf erfahrungsbasierte Wirkungszusammenhänge abgestellt, welche sich nicht vollständig quantifizieren lassen.

In der Vorbereitungsphase von M&A-Projekten kann aus einer allgemeinen BSC des strategischen Investors eine BSC mit den Anforderungen an potenzielle Übernahmeob-

---

812 Vgl. ähnlich WEINMANN, M. (2004), S. 296ff., der die BSC als zentrales Controlling-Instrument ansieht, welches durch andere Instrumente ergänzt wird.

813 Vgl. TÖPFER, A./LINDSTÄDT, G. (2000), S. 347f.; UNGER, M. (2007), S. 889.

814 Vgl. MICHEL, U. (1997), S. 275; REICHMANN, T. (2006), S. 601, und die bei Letzterem zitierten Quellen.

815 Vgl. KAPLAN, R. S./NORTON, D. P. (1996), S. 8ff.

816 Vgl. WEINMANN, M. (2004), S. 284f.

817 Vgl. die entsprechenden Ausführungen in Kap. 3.1.1 dieser Arbeit.

818 Vgl. WEINMANN, M. (2004), S. 284.

819 Vgl. REICHMANN, T. (2006), S. 607-612.

jekte abgeleitet werden.[820] Dabei werden entlang der verschiedenen Perspektiven der BSC des strategischen Investors gleichermaßen Erfolgsgrößen für potenzielle Übernahmeobjekte definiert, welche der allgemeinen Zielerreichung des strategischen Investors dienen.[821] Die BSC dient somit als Strukturierungshilfe für die Erstellung eines Anforderungsprofils für potenzielle Übernahmeobjekte, anhand dessen schließlich – ggf. unter Nutzung von *Scoring*-Verfahren und der Sensitivitätsanalyse – eine Auswahl geeigneter Übernahmeobjekte erfolgt.[822] Zudem können durch das Zuweisen von Maßnahmen zu in der BSC definierten Zielen, Messgrößen und Vorgaben erste Integrationsvorplanungen vorgenommen werden.[823] Während der Transaktionsphase ermöglicht die BSC außerdem eine transparente Darstellung der Sinnhaftigkeit und Machbarkeit von M&A-Projekten und damit auch eine strukturierte Argumentation gegenüber den Kapitalgebern sowie dem Management bzw. den Eigentümern des Übernahmeobjekts. Im Verlauf des M&A-Projektes können die Vorgaben der BSC fortlaufend validiert werden. Zudem kann die BSC weiter detailliert und auch für untergeordnete Unternehmens-, Projekt- und sogar Mitarbeiterebenen definiert werden.[824] Dies ermöglicht eine detaillierte Maßnahmenplanung und -kontrolle vor allem während der Integrationsphase. Des Weiteren kann damit die BSC auch als Grundlage für ein M&A-projektbezogenes Anreizsystem dienen.[825] Dabei ist darauf zu achten, dass nicht nur nach dem Kriterium des Entscheidungsbezugs einzelne Perspektiven oder Erfolgsgrößen der BSC als Bemessungsgrundlage für die variable Entlohnung bzw. Incentivierung eines einzelnen Mitarbeiters herangezogen werden.[826] Ebenso sollte die gesamte BSC Teil der Bemessungsgrundlage sein, um das der BSC zugrunde liegende Prinzip der Gesamt- und Teamverantwortlichkeit[827] zu erhalten.

---

820 Vgl. hier und folgend SEIDENSCHWARZ, W. (2006), S. 27; TÖPFER, A./LINDSTÄDT, G. (2000), S. 338ff.

821 TÖPFER, A./LINDSTÄDT, G. (2000), S. 338, sprechen hier auch von der Sicherstellung des sog. strategischen Fits zwischen dem strategischen Investor und potenziellen Übernahmeobjekten.

822 Vgl. auch die Ausführungen zum Anforderungsprofil und zur Auswahl potenzieller Übernahmeobjekte in Kap. 4.2.1 dieser Arbeit.

823 Vgl. GRUBE, R./TÖPFER, A. (2002), S. 80; hier und folgend TÖPFER, A./LINDSTÄDT, G. (2000), S. 340-343.

824 Vgl. JANSEN, S. A. (2002), S. 269 i. V. m. S. 271; MECKL, R./HAWRANEK, F. (2006), S. 111.

825 Vgl. MECKL, R./HAWRANEK, F. (2006), S. 113; WEINMANN, M. (2004), S. 292f. Vgl. außerdem die in diesem Kapitel der Arbeit folgenden weiterführenden Erläuterungen zu Anreizsystemen.

826 Vgl. hier und folgend WILMS, S. (2004), S. 517.

827 Vgl. KAPLAN, R. S./NORTON, D. P. (1996), S. 252ff. und S. 261f.

Die ursprünglich von Kaplan und Norton vorgeschlagenen Perspektiven der BSC stellen ein Grundmuster dar, welches grundsätzlich durch andere oder zusätzliche Perspektiven modifiziert und somit an die besonderen Erfordernisse von M&A-Projekten angepasst werden kann.[828] Hierzu wurden in der M&A-bezogenen Forschung und auch der Praxis bereits verschiedene Ansätze entwickelt,[829] die auf den bisherigen empirischen Erkenntnissen zu M&A-Erfolgsfaktoren basieren und eine hohe strukturelle und thematische Übereinstimmung aufweisen.[830] Dementsprechend können für eine M&A-projektbezogene BSC die ursprünglichen Perspektiven, d. h. die Finanz-, Kunden-, Prozess- und Lernperspektive, in etwas veränderter Form herangezogen und um eine Mitarbeiter- und Kulturperspektive erweitert werden (vgl. Abb. 34),[831] da unternehmenskulturellen und mitarbeiterbezogenen Aspekten insbesondere für die erfolgskritische Integrationsphase eine besondere Bedeutung zugeschrieben wird.[832]

Ausgehend von der im Rahmen dieser Arbeit gewählten Operationalisierung von M&A-Projekterfolg durch den residualen ökonomischen Gewinn und Bezug nehmend auf die Zusammenhänge des erläuterten Wertsteigerungsmodells können die Kennzahlen für die einzelnen Perspektiven der M&A-bezogenen BSC bestimmt werden.[833] Die konkrete Ausgestaltung der BSC hinsichtlich Messgrößen, Vorgaben und Maßnahmen kann jedoch nicht pauschal erfolgen, sondern muss stets individuell und situationsbezogen, d. h. unternehmens- und M&A-projektbezogen, vorgenommen werden.[834]

---

828 Vgl. allg. KAPLAN, R. S./NORTON, D. P. (1996), S. 34f.; bzgl. Beteiligungen WILMS, S. (2004), S. 506; bzgl. M&A WAGNER, S. M./BOUTELLIER, R. (2004), S. 228.

829 Vgl. bspw. die Ansätze von HORZELLA, A. (2010), S. 149ff.; MECKL, R./HAWRANEK, F. (2006), S. 94ff.; TÖPFER, A./LINDSTÄDT, G. (2000), S. 336ff.; WEINMANN, M. (2004), S. 294ff. Vgl. außerdem die Ansätze von BARK, C. (2002), S. 143ff.; BARK, C./KÖTZLE, A. (2001), S. 339ff.; BORGHESE, R. J./BORGESE, P. F. (2002), S. 121ff.; JANSEN, S. A. (2001b), S. 20f.; METZ, M. (2002), S. 199ff.; SCHWARZ, C. (2004), S. 150; SEIDENSCHWARZ, W. (2006), S. 29ff.; STEINBOCK, H.-J. (2000), S. 39f., die sich jedoch nicht auf den gesamten M&A-Prozess, sondern vorwiegend auf die Integrationsphase beziehen.

830 Vgl. HORZELLA, A. (2010), S. 149.

831 Vgl. insb. BORGHESE, R. J./BORGESE, P. F. (2002), S. 121f.; SEIDENSCHWARZ, W. (2006), S. 29; ähnlich aber auch BARK, C. (2002), S. 143ff.; BARK, C./KÖTZLE, A. (2001), S. 341f.

832 Vgl. bspw. die Meta-Analysen von SCHMIDT, S. L./VOGT, P./SCHRIBER, S. (2005), insb. S. 312f.; STAHL, G. K./VOIGT, A. (2008); oder auch UNGER, M. (2007), S. 876f.

833 Vgl. auch die entsprechenden Ausführungen in Kap. 4.2.3 dieser Arbeit.

834 Vgl. METZ, M. (2002), S. 203.

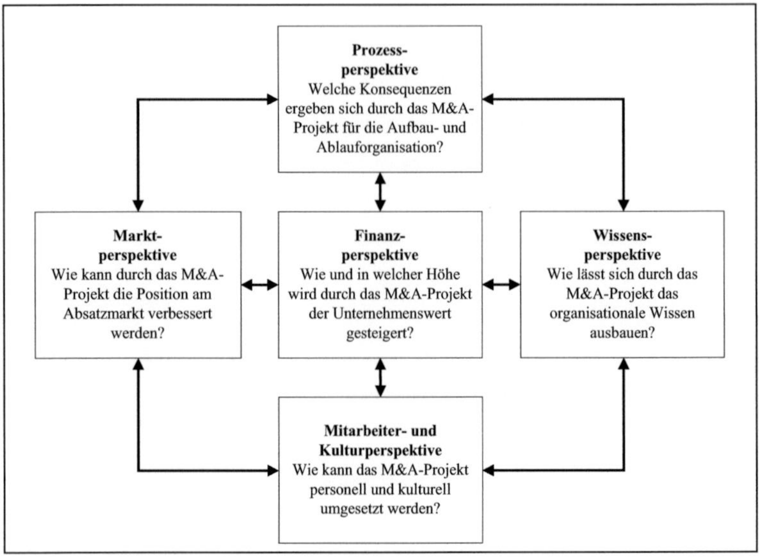

Abb. 34: Perspektiven der M&A-projektbezogenen Balanced Scorecard (Erweiterte Darstellung nach: BARK, C. (2002), S. 143ff.; BORGHESE, R. J./ BORGESE, P. F. (2002), S. 121f.)

Hierbei ist darauf zu achten, dass die BSC tatsächlich, wie beschrieben, ausgewogen ist und nicht mehr als fünf Erfolgsgrößen für jede Perspektive der BSC ausgewählt werden,[835] um tatsächlich auch eine zielführende Komplexitätsreduktion bzw. Fokussierung auf wesentliche M&A-Erfolgsgrößen und -Maßnahmen zu erreichen (vgl. beispielhaft Tab. 12). Grundsätzlich dient die dargestellte BSC neben Information und Planung vorwiegend einer umfassenden Plandurchführungskontrolle, im Rahmen derer strategische Erfolgspotenziale mit operativen Ergebnis- und Prozesszielen verknüpft werden.[836] Für eine Prämissenkontrolle ist die BSC nur eingeschränkt geeignet.[837]

---

835 Vgl. ähnlich WEINMANN, M. (2004), S. 286, und die dort zitierten Quellen.

836 Vgl. ähnlich mit Bezug auf ein Wirkungs- und Maßnahmencontrolling COENENBERG, A. G./ BIBERACHER, J. (2003), S. 342.

837 Vgl. WEINMANN, M. (2004), S. 290ff.

Finanzperspektive			
Ziele	***Messgrößen***	***Vorgabe***	***Maßnahmen***
Steigerung des Unternehmenswertes	- RÖG - EVA	- Erzielung eines RÖG größer 0 bzw. in Höhe von x	- Identifikation und Realisierung von Synergiepotenzialen - Minimierung von M&A-Projektkosten
Senkung der Kapitalkosten	- Kapitalkostenvolumen - WACC	- Senkung der Kapitalkosten um x %	- Verbesserung der Kapitalstruktur - Asset Management
Risikoreduktion	- Beta-Koeffizient - Eigenkapitalkostensatz	- Senkung des Beta-Koeffizienten um x %	- Optimierung des Unternehmensportfolios
Steueroptimierung	- Steuerbemessungsgrundlage - Steuerart und -satz	- Vermeidung von Steuerzahlungen (im Jahr des Closings)	- Ausnutzung von Verlustvorträgen - Standortverlagerungen - Rechtsformänderung
…	…	…	…
Marktperspektive			
Ziele	***Messgrößen***	***Vorgabe***	***Maßnahmen***
Erhöhung der Marktmacht	- Marktanteil - Bekanntheitsgrad beim Verbraucher	- Erlangung eines Marktanteils von x %	- Optimierung des Produktmixes - Cross Selling
Umfassende Marktdurchdringung	- Anzahl der Verkaufsstellen - Exportquote	- x Verkaufsstellen je Region - Exportquote > x %	- Optimierung des Vertriebsnetzes - Suche nach weiteren Kooperationspartnern
Verbesserung der Kundenbeziehungen	- Anteil der Stammkunden - Anzahl der Reklamationen - Dauer der Auftragsabwicklung	- Stammkundenquote von x % - Kundenzufriedenheitswert von x	- Vertriebs- und Produktschulungen - Qualitätsmanagement
…	…	…	…
Prozessperspektive			
Ziele	***Messgrößen***	***Vorgabe***	***Maßnahmen***
Konsolidierung administrativer Bereiche	- Gemeinkostenvolumen - Anzahl an Personalfreisetzungen	- Senkung der Gemeinkosten um x %	- Organisatorische Integration - Zentralisierung/ Outsourcing administrativer Funktionen
Prozessoptimierung	- Durchlaufzeiten - Anzahl unterschiedlicher Prozesse	- Reduzierung der Customer Response Time auf x Stunden	- Business Reengineering - Ausbau des Vorschlagswesens
IT-Systemintegration	- Summe der Störzeiten - Kosten der IT-Systeme	- Systemausfallquote von < x % - Reduktion der IT-Kosten um x %	- Vernetzung der IT-Systeme - Ersatz unwirtschaftlicher Systeme
…	…	…	…

Wissensperspektive			
Ziele	***Messgrößen***	***Vorgabe***	***Maßnahmen***
Höherer Innovationsgrad	- Anzahl Patente - Umsatzanteil neuer Produkte	- Steigerung des Umsatzes durch neue Produkte um x %	- Bündelung von Knowhow
Beschleunigung von Forschung und Produktentwicklung	- Dauer der Produktentwicklung	- Durchschnittliche Erreichung der Marktreife in x Jahren	- Harmonisierung und Optimierung der F&E-Prozesse
Absicherung des Innovationspotenzials	- Anzahl der Produkte in Entwicklung - Anzahl der F&E-Mitarbeiter	- x F&E-Projekte pro Mio. EUR Umsatz	- Vermeidung von Datenverlust - Sicherstellung des Knowhow-Transfers
...	...	...	...
Mitarbeiter- und Kulturperspektive			
Ziele	***Messgrößen***	***Vorgabe***	***Maßnahmen***
Hohe Mitarbeiterqualifikation	- Anteil erfahrener Mitarbeiter - Anzahl Schulungstage	- x % Anteil erfahrener Mitarbeiter	- Mitarbeiterpotenzialanalyse - externe Schulungen/ Lernzirkel
Mitarbeitermotivation	- Fluktuationsrate - Mitarbeiterzufriedenheitsindex	- Fluktuationsrate < x % - Ausbau leistungsabhängiger Entlohnung	- Nutzung M&A-bezogener Anreizsysteme - Zufriedenheitsbefragungen
Teambildung	- Anteil integrierter Teams	- x % aller Teams durch Mitarbeiter aus beiden Unternehmen besetzt	- Teamworkshops - Etablierung von Teamnormen
Integration des Werte- und Normensystems	- Abweichungen im kulturellen Polaritätsprofil (nach Test)	- Wesentliche Abweichungen nur noch in x Bereichen	- Kommunikation - Akkulturationsveranstaltungen
...	...	...	...

Tab. 12: Ausgestaltung einer M&A-projektbezogenen Balanced Scorecard (Erweiterte Darstellung nach: BACHMANN, C. W. R. (2001), S. 172; BARK, C. (2002), S. 144ff.; BORGHESE, R. J./BORGESE, P. F. (2002), S. 122; GATES, S./ VERY, P. (2003), S. 174; METZ, M. (2002), S. 204; TÖPFER, A./LINDSTÄDT, G. (2000), S. 341f.; WEINMANN, M. (2004), S. 301ff.)

Durch eine parallel zum gesamten M&A-Prozess erfolgende Prämissenkontrolle sind die im Rahmen der strategischen Analyse und Planung festgelegten Prämissen hinsichtlich möglicher Veränderungen und Auswirkungen auf die Ziele des M&A-Projektes zu überprüfen und ist die darauf basierende Planung ggf. anzupassen.[838] Hierzu sind zunächst hinsichtlich der Auswirkungen auf die Zielerreichung kritische, d. h. besonders wertbeeinflussende und zeitvariable Prämissen zu selektieren.[839] Diese Priorisierung kann anhand eines sog. Prämissenportfolios erfolgen, in dem die einzelnen Prämissen in

[838] Vgl. zu Projekten i. Allg. BEA, F. X./SCHEURER, S./HESSELMANN, S. (2008), S. 279 und S. 599f.; bzgl. M&A-Projekten MEIER, H. (2001), S. 268f.

[839] Vgl. ähnlich allg. LANGGUTH, H. (1994), S. 148; bzgl. M&A-Projekten WIRTZ, B. W. (2003), S. 167.

eine Matrix mit den Dimensionen „Wertrelevanz der Prämissenabweichung“ und „Abweichungswahrscheinlichkeit der Prämisse“ eingeordnet werden (vgl. Abb. 35).[840] Prämissen hoher Priorität sind regelmäßig prozessbegleitend hinsichtlich möglicher Veränderungen zu kontrollieren. Als umfassendere Instrumente können hierzu beispielsweise neben der bereits erwähnten Szenario-Technik, Frühwarnsysteme, die *Critical Success Factor*-Methode und das Konzept der *Strategic Assumption Surfacing and Testing* herangezogen werden.[841]

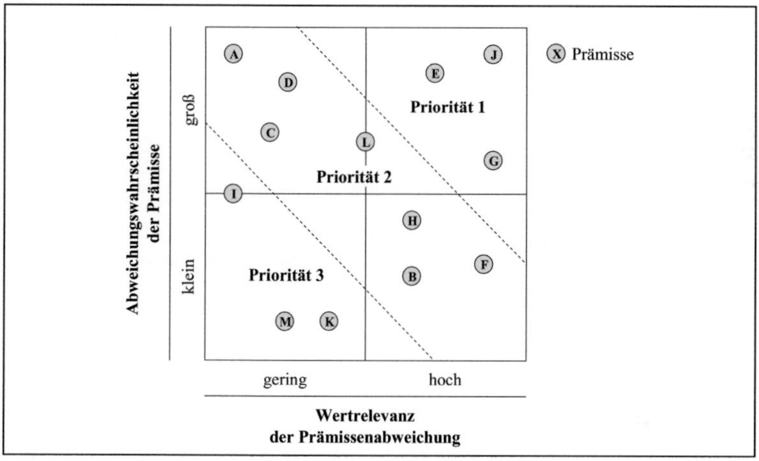

Abb. 35: Prämissenportfolio
(In Anlehnung an: WINTERHALTER, A. (1981), S. 259)

Die Verhaltenssteuerung stellt anknüpfend an Planung und Kontrolle eine wichtige Aufgabe des Controllings von M&A-Projekten dar, um mögliche Interessenkonflikte zu überwinden und die ziel- bzw. erfolgsorientierte Umsetzung von M&A-Projekten zu gewährleisten.[842] Nicht nur im allgemeinen Unternehmensalltag, sondern auch im Rahmen von M&A-Projekten sollten daher die verantwortlichen Mitarbeiter personengebunden an der Zielerreichung beteiligt werden, um sie zu einer Verfolgung der Ziele

840 Vgl. WINTERHALTER, A. (1981), S. 258ff.

841 Vgl. MEIER, H. (2001), S. 268f.; zu den einzelnen Instrumenten ausführlicher HASSELBERG, F. (1989), S. 145-161.

842 Vgl. auch die Ausführungen zu den Aufgaben des Controllings von M&A-Projekten in Kap. 4.1.4 dieser Arbeit.

von M&A-Projekten zu motivieren.[843] Unabdingbar scheint daher die Nutzung M&A-projektbezogener Anreizsysteme, bei deren Einrichtung und Informationsversorgung das Controlling von M&A-Projekten unterstützt.[844]

Anreizsysteme werden allgemein als „Summe aller bewusst gestalteten Arbeitsbedingungen, die bestimmte Verhaltensweisen (durch positive Anreize, Belohnungen etc.) verstärken, die Wahrscheinlichkeit des Auftretens anderer dagegen mindern (negative Anreize, Strafen)“[845] definiert. Durch die Gestaltungsparameter Anreiz, Adressatenkreis, Bemessungsgrundlage, Belohnungsfunktion und Ausschüttungspolitik werden Anreizsysteme konstituiert und M&A-projektspezifisch gestaltet.[846]

Als Anreiz dienen monetäre oder nicht monetäre Belohnungen (positive Folgen) oder Sanktionen (negative Folgen) der erbrachten Leistung eines Mitarbeiters.[847] Während nicht monetäre Anreize beispielsweise Anerkennung, Aufstiegschancen, Handlungsautonomie, Mitbestimmung, Arbeitsinhalte etc. umfassen, handelt es sich bei monetären Anreizen um finanzielle Konsequenzen für die Mitarbeiter. Aufgrund der erhöhten Dynamik bzw. Geschwindigkeit von M&A-Projekten ist zu vermuten, dass eine Institutionalisierung nicht monetärer Anreizsysteme nicht realisierbar ist, sondern das Mitarbeiterverhalten vielmehr durch verschiedene Einzelmaßnahmen zur mitarbeiterbezogenen Integration der am M&A-Projekt beteiligten Unternehmen zu steuern ist.[848] Monetäre Anreize können in regelmäßige, z. B. Gehaltserhöhungen- oder -kürzungen, und fallweise gewährte Belohnungen bzw. erteilte Sanktionen, z. B. Prämien oder Boni, differenziert werden.[849] Im Folgenden wird erläutert, wie das Mitarbeiterverhalten durch

---

843 Vgl. ähnlich BIBERACHER, J. (2003), S. 351; BOROWICZ, F. (2006b), S. 53; GUSERL, R. (2002), S. 141; HAWRANEK, F. (2004), S. 195f.; KÜRSTEN, W./MECKL, R./KROSTEWITZ, A. (2007), S. 166; ROVIT, S./HARDING, D./LEMIRE, C. (2004), S. 23; UDER, H. L./ KRAMARSCH, M. H. (2001), S. 330; WEISMÜLLER, A. (2005), S. 681; mit Bezug auf ein Konsequenzencontrolling auch COENENBERG, A. G./BIBERACHER, J. (2003), S. 342, die alle zumindest auf die Notwendigkeit eines M&A-bezogenen Anreizsystems hinweisen.

844 Vgl. ähnlich METZ, M. (2002), S. 56.

845 WILD, J. (1973), S. 47.

846 Vgl. hier und im Folgenden FISCHER, T. M./RÖDL, K. (2007), S. 7; ähnlich auch HOFMANN, C. (2002), Sp. 70ff.; LAUX, H./LIERMANN, F. (2005), S. 505ff.; WEBER, J. et al. (2004), S. 195.

847 Vgl. hier und folgend BRANDENBERG, A. (2001), S. 37; ähnlich COENENBERG, A. G./ FISCHER, T. M./GÜNTHER, T. (2009), S. 807.

848 Vgl. zu Maßnahmen der Mitarbeiterintegration z. B. die Arbeiten von SEWING, N. (1996); KUMMER, C. (2008).

849 Vgl. FRIEDL, B. (2003), S. 506f. In den weiteren Erläuterungen werden zum Zweck der besseren Lesbarkeit die Begriffe „Belohnung“ und „Sanktion“ unter dem Begriff „Belohnung“ subsumiert,

fallweise, erfolgsabhängige und personenbezogene Anreize in Form von Prämien oder Boni M&A-erfolgsorientiert gesteuert werden kann.[850]

Als Adressaten(-kreis) werden jene Mitarbeiter bezeichnet, welche an einem Anreizsystem teilhaben können bzw. müssen.[851] Das sind in der Regel diejenigen Mitarbeiter, die einen erheblichen individuellen Beitrag zur Gesamtzielerreichung leisten können. Bei M&A-Projekten sind dies zum einen die Unternehmensführung bzw. das operative Management und zum anderen die M&A-Projektmitarbeiter.[852] Die verschiedenen Gestaltungsparameter von Anreizsystemen sind vor dem Hintergrund eines spezifischen M&A-Projektes nicht nur untereinander,[853] sondern vor allem auch auf den jeweiligen Adressatenkreis abzustimmen.

Die Bemessungsgrundlage der Belohnung stellt das Bindeglied zwischen der Leistung der Mitarbeiter und der Zielerreichung des M&A-Projektes dar.[854] Letztere kann nur durch ein Anreizsystem unterstützt werden, wenn die Bemessungsgrundlage mit den Zielen des M&A-Projektes verknüpft ist.[855] Grundsätzlich ist die Bemessungsgrundlage so auszugestalten, dass das Anreizsystem den Anforderungen der Anreizkompatibilität, der Manipulationsresistenz und der Controllability, d. h. der Beeinflussbarkeit der Bemessungsgrundlage durch die verantwortlichen Mitarbeiter, entspricht. Im Rahmen dieser Arbeit wurde bereits der RÖG als übergeordnete Steuerungskennzahl für M&A-Projekte eingeführt und konnte dessen Anreizkompatibilität und Manipulationsfreiheit bestätigt werden.[856] Ebenso kann grundsätzlich die Controllability des RÖG durch wertbeeinflussende Leistungen bzw. Maßnahmen der Mitarbeiter als gegeben angesehen werden.[857] Jedoch ist anzumerken, dass der RÖG nicht durch jeden M&A-projektverantwortlichen Mitarbeiter gleichermaßen beeinflussbar ist und die Bemessungsgrund-

---

durch welchen damit neben den positiven auch die negativen Folgen der Leistungserbringung bezeichnet werden.

850 Vgl. ähnlich KAY, I. T./SHELTON, M. (2000), S. 35.

851 Vgl. hier und folgend WEBER, J. et al. (2004), S. 198f., die von Teilnehmern statt Adressaten sprechen.

852 Vgl. ähnlich SODEIK, N. (2009), S. 315.

853 Vgl. allg. FISCHER, T. M./RÖDL, K. (2007), S. 7f.

854 Vgl. allg. FISCHER, T. M./RÖDL, K. (2007), S. 7.

855 Vgl. allg. hier und folgend auch COENENBERG, A. G./FISCHER, T. M./GÜNTHER, T. (2009), S. 807.

856 Vgl. ausführlich die Erläuterungen zu Messgrößen der Zielerreichung in Kap. 3.3.2 und insb. zum RÖG in Kap. 3.3.2.6 dieser Arbeit.

857 Vgl. ARNEGGER, M./FELDHAUS, C. (2007), S. 210.

lage somit personenbezogen modifiziert bzw. erweitert werden muss. Dies kann unter entsprechendem Aufwand individuell, gruppenbezogen oder vereinfachend unternehmens- und projekthierarchiebezogen erfolgen. Mit sinkender Beeinflussbarkeit des RÖG bzw. abnehmendem M&A-projektbezogenen Entscheidungsrecht sollte dabei die Belohnung immer stärker an den Fortschritt und Erfolg einzelner Maßnahmen, d. h. an die Erreichung einzelner Prozess- und Ergebnisziele, gekoppelt sein.[858] Hierzu kann auf die Elemente des im Rahmen dieser Arbeit entwickelten RÖG-basierten Wertsteigerungsmodells und der M&A-projektbezogenen BSC zurückgegriffen werden.[859] Wird die Bemessungsgrundlage demnach um Elemente neben dem RÖG erweitert, ist eine Gewichtung dieser Elemente notwendig. Diese kann nicht pauschal erfolgen, sondern ist individuell, d. h. M&A-projekt- und hierarchieabhängig, ggf. auch gruppen- oder sogar mitarbeiterbezogen, festzulegen.[860]

Die Belohnungsfunktion stellt eine funktionale Verknüpfung der Belohnung mit der Bemessungsgrundlage dar,[861] anhand welcher der Umfang der Belohnung entsprechend der spezifischen Zielerreichung bestimmt wird (vgl. beispielhaft Abb. 36).[862] Die Belohnungsfunktion kann dabei verschiedene Verlaufsformen aufweisen und nach oben und unten beschränkt sein. In der allgemeinen Unternehmenspraxis scheint ein linearer Verlauf der Belohnungsfunktion, d. h. eine Belohnung proportional zur Bemessungsgrundlage, die nach oben beschränkt ist, eindeutig bevorzugt zu sein.[863]

---

858 Vgl. ähnlich mit Bezug auf ein Konsequenzencontrolling COENENBERG, A. G./BIBERACHER, J. (2003), S. 342. Neben rein monetären Zielen werden damit auch nicht monetäre Ziele in die Bemessungsgrundlage integriert, was der Forderung von GUSERL, R. (2002), S. 141, entspricht. Vgl. mit ausschließlichem Bezug auf Ergebnisziele auch GOLDBERG, S. R./GODWIN, J. H. (2001), S. 30.

859 Vgl. die entsprechenden vorhergehenden Ausführungen in Kap. 4.2.3 sowie in diesem Kapitel dieser Arbeit.

860 WILMS, S. (2004), S. 518, macht jedoch den Vorschlag, den Gesamterfolg gleichwertig mit dem Ergebnis des direkten Verantwortungsbereichs eines Mitarbeiters zu berücksichtigen.

861 Vgl. allg. COENENBERG, A. G./FISCHER, T. M./GÜNTHER, T. (2009), S. 807; KOSSBIEL, H. (1994), S. 78.

862 Vgl. hier und folgend ausführlicher AK „WERTORIENTIERTE FÜHRUNG IN MITTELSTÄNDISCHEN UNTERNEHMEN" DER SCHMALENBACH-GESELLSCHAFT FÜR BETRIEBSWIRTSCHAFT E. V. (2006), S. 2072f.

863 Vgl. FISCHER, T. M./RÖDL, K. (2007), S. 11, die im Rahmen einer empirischen Studie ermittelt haben, dass dies für etwa 80 Prozent der befragten deutschen Großunternehmen zutrifft.

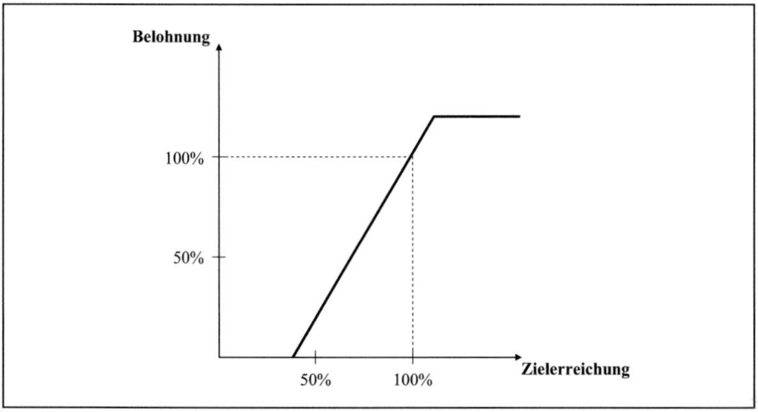

Abb. 36: Linearer, überproportionaler Verlauf der Belohnungsfunktion von Anreizsystemen (In Anlehnung an: AK „WERTORIENTIERTE FÜHRUNG IN MITTELSTÄNDISCHEN UNTERNEHMEN“ DER SCHMALENBACH-GESELLSCHAFT FÜR BETRIEBSWIRTSCHAFT E. V. (2006), S. 2072)

Auch der Verlauf der Belohnungsfunktion eines M&A-projektbezogenen Anreizsystems ist individuell, d. h. M&A-projekt- und hierarchieabhängig oder ggf. auch gruppen- oder mitarbeiterbezogen, festzusetzen. Wird vom RÖG als alleiniger Bemessungsgrundlage ausgegangen, so kann die Belohnungsfunktion durch den Nullpunkt gehen und dementsprechend die Belohnung durch Multiplikation des RÖG mit einem definierten Prämiensatz ermittelt werden. Hierbei können jedoch auch zwei unterschiedliche Prämiensätze genutzt werden: ein niedrigerer für die Generierung einer Wertsteigerung bis zum eigentlichen Unternehmenskauf und ein höherer für die tatsächliche überplanmäßige Erwirtschaftung oder ggf. Verfehlung dieser Wertsteigerung sowie die Generierung zusätzlicher Wertsteigerung nach dem Kauf.[864] Durch den niedrigen Prämiensatz sollen die Identifizierung und der Erwerb potenziell wertsteigernder Übernahmeobjekte und damit vorwiegend die Initiierung von M&A-Projekten incentiviert werden, deren erwartete Wertsteigerung zum Zeitpunkt des Unternehmenskaufs jedoch noch mit informationsbedingten Planungsunsicherheiten und entsprechenden Risiken verbunden ist. Durch den höheren Prämiensatz sollen zum einen die tatsächliche überplanmäßige Werterwirtschaftung und die Generierung zusätzlicher Wertsteigerung durch die Umsetzungsleistung der Mitarbeiter gefördert werden, zum anderen jedoch auch Planver-

864 Vgl. hier und im Folgenden ARNEGGER, M./FELDHAUS, C. (2007), S. 211.

fehlungen bestraft werden, um somit die Mitarbeiter zu einer intensiven Prüfung von Übernahmeobjekten, einer realistischen Synergieplanung und einer ressourceneffizienten Integration zu motivieren. Wird die Bemessungsgrundlage um andere Elemente neben dem RÖG erweitert, bietet sich für jene ebenfalls ein linearer Verlauf einer nach oben beschränkten Belohnungsfunktion an. Allerdings muss diese nicht notwendigerweise durch den Nullpunkt gehen (vgl. ebenso Abb. 36), da jenes Ausmaß der Erreichung von Prozess- und Ergebniszielen, welches als Ausgangspunkt für die Verrechnung von Boni und Mali dient, in der Regel von Null verschieden ist.

Anhand der Ausschüttungspolitik wird festgelegt, zu welchem Zeitpunkt die Belohnung an die Mitarbeiter ausgezahlt werden soll, d. h. sofort, unterjährig, jährlich oder verzögert.[865] Zwar scheint in der allgemeinen Unternehmenspraxis die jährliche Auszahlung zu dominieren, jedoch wird vereinzelt auch ein verzögerter Auszahlungsmodus gewählt,[866] welcher der Langfristigkeit wertorientierter Zielsetzungen und damit auch den Zielen von M&A-Projekten Rechnung trägt. Die langfristige Orientierung lässt sich durch Nutzung von sog. Bonusbanken erreichen.[867] Hierdurch werden Boni nur dann ausgezahlt, wenn die prognostizierten positiven Entwicklungen tatsächlich eintreten – ebenso können Mali bei Planverfehlungen verrechnet werden.[868] So kann der Manipulationsspielraum dynamischer Rechnungen auf Basis von Planzahlen weitgehend eingeschränkt werden und lassen sich Wertgenerierung und tatsächliche Werterwirtschaffung separat incentivieren.[869] Im Fall der Wertgenerierung durch Initiierung des Unternehmenskaufs oder zusätzlicher wertsteigernder Maßnahmen sollte der Bonus auf einem Bonusbankkonto erfasst werden und erst bei tatsächlicher Erwirtschaftung der zugrunde liegenden Residualgewinne dem Mitarbeiter ausgezahlt werden.[870] Im Fall der tatsächlichen Erwirtschaftung zusätzlicher Wertsteigerung bzw. der damit verbundenen

---

865 Vgl. WEBER, J. et al. (2004), S. 205f.

866 Vgl. FISCHER, T. M./RÖDL, K. (2007), S. 11f., die zudem im Rahmen ihrer empirischen Studie ermittelt haben, dass fast 70 Prozent der befragten deutschen Großunternehmen monetäre Belohnungen jährlich und etwa zwölf Prozent dieser Unternehmen Belohnungen verzögert auszahlen.

867 Vgl. zum Konzept der Bonusbank z. B. HOSTETTLER, S. (1997), S. 308ff.; O'HANLON, J./ PEASNELL, K. (1998), S. 437ff.; SCHABEL, M. M. (2004), S. 100 und S. 109ff.; STEWART, G. B. (1991), S. 235ff.

868 Vgl. HOSTETTLER, S./STERN, H. J. (2007), S. 178, die darauf hinweisen, dass es durch die Bonusbank möglich ist, auch negative Boni einzubeziehen und damit eine Sanktionierung zu ermöglichen.

869 Vgl. ausführlicher SCHULTZE, W./WEILER, A. (2007), S. 139 und S. 149ff.

870 Vgl. hier und folgend ARNEGGER, M./FELDHAUS, C. (2007), S. 211.

Residualgewinne oder bei Planverfehlungen erscheint eine unmittelbare Auszahlung oder Einbehaltung von Zahlungen sinnvoll. Gleiches sollte gelten, wenn die Bemessungsgrundlage um andere Elemente neben dem RÖG erweitert wird, sofern diese Elemente Gegenstand von ex post-Kontrollen, d. h. unabhängig von möglichen Plananpassungen sind.

4.2.5 Gestaltungsempfehlungen

Durch die vorhergehenden Ausführungen wurde gezeigt, dass eine Vielzahl verschiedener Controlling-Instrumente existiert, mit Hilfe derer die umfassenden Controlling-Aufgaben im Rahmen von M&A-Projekten erfüllt werden können. Diese Controlling-Instrumente entsprechen weitgehend denen des allgemeinen Unternehmenscontrollings und des Projektcontrollings,[871] sind jedoch entsprechend den besonderen Anforderungen an die prozess- und wertorientierte Steuerung von M&A-Projekten anzupassen.

Außerdem kann grundsätzlich nicht von einem bestimmten Controlling-Instrument oder einer bestimmten Kombination verschiedener Controlling-Instrumente ausgegangen werden, welche besonders gut für M&A-Projekte im Allgemeinen geeignet ist.[872] Vielmehr sind die geeignete Kombination an Controlling-Instrumenten sowie auch der zeitliche Ablauf von deren Nutzung im Einzelfall, d. h. entsprechend den individuellen Gegebenheiten des jeweiligen M&A-Projektes und der beteiligten Unternehmen, festzulegen. Dabei ist vor allem der ökonomischen Bedeutung des M&A-Vorhabens für den strategischen Investor, der Verfügbarkeit von Informationen, der Dynamik des M&A-Prozesses, der Komplexität der Integration sowie dem Umfang verfügbarer Projektressourcen Rechnung zu tragen.[873]

Des Weiteren hat sich der Instrumenteneinsatz am Kriterium der Wirtschaftlichkeit zu orientieren, d. h. der Nutzen des Instrumenteneinsatzes, also die prozessübergreifende, wertorientierte Projektsteuerung muss gewährleistet sein und in angemessenem Verhältnis zu dessen Kosten stehen. Dies schließt auch eine Betrachtung von Opportunitätskos-

---

871 Vgl. HORZELLA, A. (2010), S. 88f.; METZ, M. (2002), S. 165f.; WEINMANN, M. (2004), S. 300.

872 Vgl. EULERICH, M. (2009), S. 281ff.

873 Vgl. ähnlich EULERICH, M. (2009), S. 281, der auf Basis von Experteninterviews mit M&A-Verantwortlichen verschiedener Unternehmen Einflussfaktoren auf den Instrumenteneinsatz ermittelt hat.

ten mit ein und bedeutet im Extremfall, dass ein M&A-Projekt sowie die beteiligten Unternehmen nicht durch den Instrumenteneinsatz und damit einhergehende Berichtspflichten überlastet werden.[874]

Grundsätzlich erscheint es daher zweckmäßig, Controlling-Instrumente zu nutzen, die aufgaben- und M&A-phasen-übergreifend genutzt werden können oder zumindest aufgaben- und M&A-phasenspezifische Instrumente verknüpfen bzw. integrieren. Zu diesen Instrumenten zählen das M&A-Projektberichtswesen, die BSC und Anreizsysteme, die in Kombination alle Aufgaben des Controllings von M&A-Projekten erfüllen können und deren konsequente Wertorientierung nicht zuletzt durch die Ausrichtung am RÖG gewährleistet ist. Zudem erscheint es aufgrund notwendiger Schnittstellen zwischen dem Controlling von M&A-Projekten und dem Controlling des strategischen Investors zweckmäßig, identische oder zumindest ineinander übergreifende Controlling-Instrumente und Steuerungskonzepte zu nutzen.[875]

4.3 Institutionalisierung des Controllings von M&A-Projekten

Nachdem Ziele, Aufgaben und Instrumente des Controllings von M&A-Projekten näher erläutert wurden, wird nun auf institutionaler Ebene die aufbauorganisatorische Ausgestaltung und Verankerung des Controllings von M&A-Projekten in der Unternehmensorganisation betrachtet. Durch die Controlling-Organisation wird vor allem die praktische Realisierung des bisher beschriebenen Controllings sichergestellt.[876] Für die Aufbauorganisation des Controllings von M&A-Projekten bestehen dabei verschiedene Möglichkeiten, deren Eignung wiederum von den spezifischen Gegebenheiten und der Organisation des jeweiligen M&A-Projektes sowie der beteiligten Unternehmen abhängig ist.[877] Dennoch erscheint es hier angebracht, einige grundsätzliche Überlegungen vorzustellen.

---

874 Vgl. ähnlich BURGER, A./ULBRICH, P./AHLEMEYER, N. (2010), S. 70; KITCHING, J. (1967), S. 97.

875 Vgl. ähnlich BIBERACHER, J./WOTSCHOFSKY, S. (2003), S. 25; COENENBERG, A. G./ BIBERACHER, J. (2003), S. 340.

876 Vgl. allg. HORVÁTH, P. (1995), S. 224; WILDEMANN, H. (2002), S. 405.

877 Vgl. allg. z. B. OSSADNIK, W. (2009), S. 74; SCHEFFNER, J./HOFMANN, N. (2007), S. 22; bzgl. Projekten i. Allg. STEINLE, C./LAWA, D./KRAEGE, R. (1995), S. 143; bzgl. M&A-Projekten METZ, M. (2002), S. 55; hier und folgend WEBER, J. (1993), S. 414.

Im Folgenden werden zuerst die grundlegenden Bestimmungsfaktoren der aufbauorganisatorischen Ausgestaltung des Controllings von M&A-Projekten vorgestellt (vgl. Kap. 4.3.1). Anschließend werden die verschiedenen Gestaltungsvariablen der Controlling-Organisation von M&A-Projekten und deren mögliche Ausprägungen erörtert (vgl. Kap. 4.3.2). Schließlich werden auch hier grundlegende Gestaltungsempfehlungen für die Unternehmenspraxis zusammengefasst (vgl. Kap. 4.3.3).

4.3.1 Bestimmungsfaktoren

Das Thema der Aufbauorganisation des Controllings im Allgemeinen findet in der einschlägigen Literatur zwar seit Jahrzehnten Erwähnung,[878] jedoch ist es im Vergleich zu anderen Controlling-Fragestellungen bisher sehr wenig durchdrungen.[879] So liegen zwar einige pauschale Aussagen zur aufbauorganisatorischen Gestaltung des Controllings vor, gerade hinsichtlich der Bestimmungsfaktoren und daraus abgeleiteter Gestaltungsempfehlungen existieren jedoch nur sehr begrenzte theoretische und empirische Erkenntnisse.[880] Dies trifft in ganz besonderem Maß auf die aufbauorganisatorische Gestaltung des Controllings von M&A-Projekten zu, zu welcher in der sehr umfangreichen Literatur zum Controlling, zum Projektmanagement und zu M&A nur ganz vereinzelt sehr allgemeine Hinweise zu finden sind.

Durch die Organisation des Controllings sind ganz grundsätzlich die Zielsetzungen und die damit einhergehenden Aufgaben des Controllings praktisch umzusetzen.[881] Dies bedeutet, dass durch die Organisation des Controllings von M&A-Projekten umfassende Führungsunterstützung geleistet und die Zielorientierung der Führung sichergestellt werden muss, indem eine angemessene Informationsversorgung, Planung, Kontrolle, Verhaltenssteuerung und Koordination gewährleistet werden.[882]

---

878 Vgl. z. B. die Arbeiten von BOLAND, R. J./PONDY, L. R. (1983); COVALESKI, M./AIKEN, M. (1986); SATHE, V. (1978).

879 Vgl. hier und folgend ESSER, J./MÜLLER, M. (2007), S. 34; GLEICH, R./TEMMEL, P. (2007), S. 15, die alle auch darauf hinweisen, dass zu diesem Thema bisher keine umfassenden wissenschaftlichen Arbeiten vorliegen. Vgl. außerdem HORVÁTH, P. (2007), S. 56ff.; SCHEFFNER, J./ HOFMANN, N. (2007), S. 22; WEBER, J. et al. (2001), S. 8.

880 Vgl. DAVID, U./PRENZLER, C. (2003), S. 324; HENSELMANN, K. (2002), Sp. 1364; HORVÁTH, P. (2009), S. 750; OSSADNIK, W. (2009), S. 68.

881 Vgl. allg. HORVÁTH, P. (1995), S. 224; ähnlich WILDEMANN, H. (2002), S. 407.

882 Vgl. zu den Zielen und Aufgaben eines Controllings von M&A-Projekten ausführlich die Erläuterungen in den Kap. 4.1.3 und 4.1.4 dieser Arbeit.

Zur Beurteilung der Zielerreichung bzw. zielorientierten Aufgabenerfüllung des Controllings in Abhängigkeit von aufbauorganisatorischen Gestaltungsmöglichkeiten lassen sich verschiedene Effizienzkriterien heranziehen:[883] Unabhängigkeit von der Führung, Akzeptanz durch die Führung, Neutralität und Distanz zu partikularistischen Zielsetzungen, Problemnähe, bereichs- und prozessübergreifende Ausrichtung, Einflussnahme auf Service-Stellen und Kooperationsbereitschaft der Mitarbeiter. Um Entscheidungen und deren Umsetzung kritisch beurteilen zu können, ist eine Unabhängigkeit des Controllings von der Führung notwendig. Damit das Controlling koordinierend wirken kann, muss jedoch die durch das Controlling zu leistende Führungsunterstützung vom Management auch angenommen werden, d. h., es muss eine Akzeptanz durch das Management gegeben sein. Um die konsequente Orientierung an übergreifenden Unternehmens- und M&A-Projektzielen zu gewährleisten, ist zusätzlich durch das Controlling eine weitreichende Neutralität und Distanz zu den partikularistischen Zielsetzungen bzw. Interessen der Mitarbeiter und einzelner Unternehmens- und M&A-Projektbereiche zu wahren. Die inhaltliche Beurteilung von Entscheidungen und deren Umsetzung setzt beim Controlling fundierte Kenntnisse der Situation voraus, was eine hinreichende Spezialisierung und aufgabenspezifische Problemnähe des Controllings erfordert. Für eine bereichs- und prozessübergreifende Steuerung ist wiederum eine Gesamtsicht des Controllings auf das M&A-Projekt und die multiplen Interdependenzen, die zwischen den einzelnen Bereichen und Phasen des M&A-Projektes sowie zwischen dem M&A-Projekt und der Gesamtorganisation bestehen, unerlässlich. Um schließlich eine angemessene Informationsversorgung sicherzustellen, ist zum einen eine Einflussnahme des Controllings auf die informationserfassenden Service-Stellen der beteiligten Unternehmen, wie z. B. Rechnungswesen und Datenverarbeitung, und zum anderen die Kooperationsbereitschaft der am M&A-Projekt beteiligten Mitarbeiter erforderlich.

Da sowohl Unternehmen als auch M&A-Projekte unterschiedlichen Entwicklungen und Einflüssen ausgesetzt sein können, liegt eine Idealform der Controlling-Aufbauorganisation für M&A-Projekte nicht vor.[884] Vielmehr ist entsprechend des situativen Ansatzes der Organisationstheorie[885] davon auszugehen, dass die Controlling-Organisation

---

883 Vgl. hier und im Folgenden FRIEDL, B. (2003), S. 97ff.; allg. zu Effizienzkriterien der Organisation auch FRESE, E. (2005), S. 300ff.

884 Vgl. allg. GLEICH, R./TEMMEL, P. (2007), S. 23; bzgl. M&A MEIER, H. (2001), S. 42.

885 Vgl. bspw. KIESER, A. (2006), S. 215ff.

durch eine Reihe von Kontextfaktoren bedingt wird.[886] Diese Kontextfaktoren entstammen der Unternehmensumwelt, den beteiligten Unternehmen sowie dem M&A-Projekt und beziehen sich z. B. auf Unsicherheit, Komplexität, Dynamik und Strukturiertheit der Umwelt und Aufgabenstellung oder auch auf Größe und Organisationsstruktur der beteiligten Unternehmen sowie des M&A-Projektes.[887] Die Kontextfaktoren sind jedoch noch nicht vollständig theoretisch bestimmt und nur begrenzt empirisch nachgewiesen.[888] Nichtsdestotrotz können durch die Kontextfaktoren erste Anhaltspunkte für die aufbauorganisatorische Gestaltung des Controllings von M&A-Projekten gewonnen werden.

Die Kontextfaktoren bilden zusammen mit den Effizienzkriterien die Bestimmungsfaktoren der Controlling-Aufbauorganisation von M&A-Projekten (vgl. Abb. 37). Anhand dieser Bestimmungsfaktoren können auf Basis von Plausibilitätsüberlegungen erste Tendenzaussagen zur aufbauorganisatorischen Gestaltung des Controllings von M&A-Projekten gemacht werden.

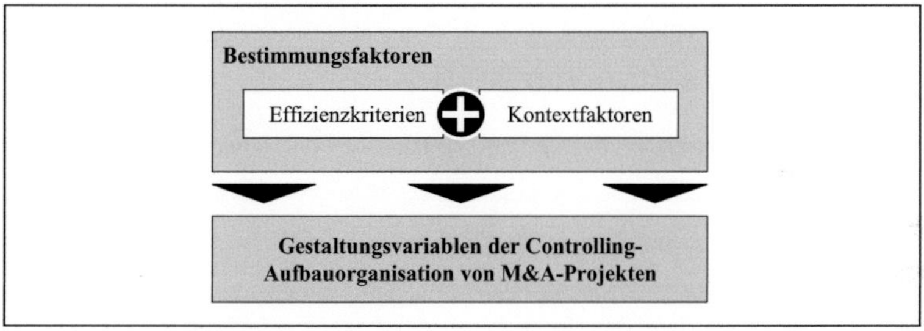

Abb. 37: Bestimmungsfaktoren der Controlling-Aufbauorganisation von M&A-Projekten (Quelle: Eigene Darstellung)

4.3.2 Gestaltungsvariablen und deren Ausprägung

Die Aufbauorganisation des Controllings von M&A-Projekten wird durch verschiedene Gestaltungsvariablen (vgl. die Übersicht in Tab. 13) determiniert. Diese beziehen sich

886 Vgl. OSSADNIK, W. (2009), S. 68; WELGE, M. K. (1989), S. 148.

887 Vgl. z. B. die Arbeiten zu Kontextfaktoren von Controlling-Organisationen von CHAPMAN, C. S. (1998), insb. S. 764f.; LAWRENCE, P. R./LORSCH, J. W. (1969); MANN, R. (1973), insb. S. 167ff.

888 Vgl. die bereits in Fußnote 880 zitierten Quellen.

auf die Bestimmung der Aufgabenträger, die interne Organisation sowie die Verankerung des Controllings in der Unternehmens- und M&A-Projektorganisation.[889]

Aufbauorganisatorische Gestaltungsvariable	Alternative Ausprägungen
Aufgabenträger des Controllings	• Selbstcontrolling • Fremdcontrolling • Kombination
Zentralisation des Controllings	• Zentrales Controlling • Dezentrales Controlling
Unterstellung des Controllings	• Zentrale Bereiche • Operative Bereiche • M&A-Projekt
Hierarchische Einordnung des Controllings	• Hierarchieebene

Tab. 13: Aufbauorganisatorische Gestaltungsvariablen des Controllings von M&A-Projekten (Erweiterte Darstellung nach: FRIEDL, B. (2003), S. 96)

Hinsichtlich der Aufgabenträger des Controllings kann grundsätzlich zwischen einem Selbstcontrolling und einem Fremdcontrolling unterschieden werden.[890] Während beim Selbstcontrolling die Controlling-Aufgaben durch die mit dem M&A-Projekt beauftragten Führungskräfte und auch sonstigen Mitarbeiter selbst wahrgenommen werden, werden diese im Fall eines Fremdcontrollings auf spezialisierte organisatorische Einheiten, übertragen, welche (nahezu) ausschließlich Controlling-Aufgaben übernehmen.[891] In letzterem Fall wird auch von einer Institutionalisierung des Controllings gesprochen.[892]

Die Vorteile eines Selbstcontrollings bzw. nichtinstitutionalisierten Controllings liegen vor allem in der umfassenderen Information, der höheren Flexibilität und der schnelleren Umsetzung der Controlling-Aufgaben, was das Selbstcontrolling insbesondere bei Aufgabenstellungen von hoher Komplexität und Diskontinuität, wie u. a. M&A-Projekten,[893] geeignet erscheinen lässt.[894] Eine vollständige Übernahme der M&A-projektbezogenen Controlling-Aufgaben durch Führungskräfte und sonstige nicht auf Controlling spezialisierte Mitarbeiter erscheint jedoch aufgrund einiger Nachteile nicht wünschenswert. So sind nicht alle Mitarbeiter gleichermaßen zur Selbststeuerung geeignet

889 Vgl. ähnlich FRIEDL, B. (2003), S. 95.

890 Vgl. zur genauen Abgrenzung von Selbst- und Fremdcontrolling ausführlicher z. B. HORVÁTH, P. (2009), S. 781ff.; KRYSTEK, U. (1995), S. 26ff.

891 Vgl. hier und folgend PIETSCH, G./SCHERM, E. (2000), S. 408.

892 Vgl. zur Differenzierung von Institutionalisierung und Nichtinstitutionalisierung auch OSSADNIK, W. (2009), S. 70; WELGE, M. K. (1989), S. 140.

893 Vgl. zu Komplexität und Dynamik als Merkmale von M&A und somit Kontextfaktoren der Controlling-Organisation die Ausführungen in Kap. 2.2.1 dieser Arbeit.

894 Vgl. allg. HORVÁTH, P. (2007), S. 69, und hier und folgend ders. (2009), S. 783.

und gewillt.[895] Des Weiteren können unter Umständen Abstimmungs- bzw. Koordinationsnotwendigkeiten innerhalb eines M&A-Projektes sowie zwischen einem M&A-Projekt und operativen oder auch zentralen Unternehmensbereichen vernachlässigt werden. Zudem kann keine unternehmens- und projektübergreifend konsistente und konsequent zielorientierte Steuerung gewährleistet werden.

Durch ein Fremdcontrolling oder institutionalisiertes Controlling mit Hilfe spezialisierter und qualifizierter Controller kann diesen Nachteilen begegnet und gleichzeitig die Unabhängigkeit des Controllings von M&A-Projekten gefördert werden.[896] Allerdings ist hierbei eine unwirtschaftliche Ausweitung der Controlling-Aktivitäten zu vermeiden.[897] D. h. beispielsweise, dass die gleichen Controlling-Aktivitäten nicht von mehreren Aufgabenträgern, sondern nur von einem Aufgabenträger durchzuführen sind. Ebenso bedeutet dies, dass für die verschiedenen Controlling-Aktivitäten möglichst wenige und miteinander verknüpfte Controlling-Instrumente zu nutzen sind.[898]

Ein umfassendes Controlling von M&A-Projekten ist folglich nur durch Kombination eines Selbst- und Fremdcontrollings möglich.[899] Das genaue Ausmaß des Selbst- und Fremdcontrollings ist jedoch unternehmens- und M&A-projektindividuell festzulegen.

Aufgabenträger des Selbstcontrollings können alle am M&A-Projekt direkt beteiligten und operativ verantwortlichen Mitarbeiter sein. Als Aufgabenträger des Fremdcontrollings sind vor allem eigenständige M&A-Projektcontroller, Controller des gesamtunternehmensbezogenen, zentralen Controllings, sonstiger zentraler Unternehmensbereiche sowie operativer Bereiche, aber ggf. auch unternehmensexterne Controller zu berücksichtigen.[900]

---

895 Vgl. hier und im Folgenden ähnlich FRIEDL, B. (2003), S. 100.

896 Vgl. ähnlich HORNUNG, F. A. (1998), S. 89; METZ, M. (2002), S. 56; PRIBILLA, P. (2000), S. 402; WEINMANN, M. (2004), S. 314. BAETGE, J. (1997), S. 464, spricht in diesem Zusammenhang davon, dass ein M&A-Controller nicht weisungsbefugt sein sollte.

897 Vgl. HENSELMANN, K. (2002), Sp. 1358.

898 Vgl. auch die Ausführungen in Kap. 4.2.5 dieser Arbeit.

899 Vgl. WEBER, J. (1993), S. 412f.; allg. auch PIETSCH, G./SCHERM, E. (2000), S. 409, die hierbei zwischen den Aufgaben der Reflexion von Entscheidungen und der Führungsunterstützung unterscheiden und dabei die erste Aufgabe dem Management und die zweite den Controllern zuweisen.

900 Vgl. ähnlich STEINLE, C./LAWA, D./KRAEGE, R. (1995), S. 144; THOMMEN, J.-P./ SAUERMANN, S. (1999), S. 319f.; WILDEMANN, H. (2002), S. 413 Anhand ihrer empirischen Studie von deutschen börsennotierten Unternehmen zeigen PELLENS, B./TOMASZEWSKI, C./

Unabhängig von den tatsächlich zur Verfügung stehenden personellen Ressourcen, hängt die Zuweisung von Controlling-Aufgaben zu unterschiedlichen Aufgabenträgern wesentlich vom Zentralisationsgrad des Controllings ab.[901] Dieser wird wiederum von der Unternehmensorganisation des strategischen Investors sowie der M&A-Projektorganisation bestimmt.[902] Grundsätzlich kann bei Großunternehmen, wie den in dieser Arbeit betrachteten strategischen Investoren, von einer weitgehenden Dezentralisation von Entscheidungen und somit auch von einer Dezentralisation des Controllings bzw. der Controlling-Aufgaben ausgegangen werden.[903] Neben operativen Bereichen stellen auch M&A-Projekte letztlich nichts anderes als dezentrale Einheiten innnerhalb der Gesamtunternehmensorganisation dar.[904] Daher sollte schließlich auch bei den betrachteten M&A-Projekten ein weitgehend dezentrales Controlling Anwendung finden.

Es können verschiedene Formen eines dezentralen Controllings von M&A-Projekten unterschieden werden. Diese Formen ergeben sich theoretisch aus jeder beliebigen aufgabenbezogenen Kombination des Controllings operativer Bereiche, des M&A-Projektcontrollings und des zentralen Controllings. Durch ein dezentrales Controlling operativer Bereiche kann zum einen die Nähe zu eher operativen Problemen erhöht und zum anderen die Akzeptanz durch die Führung der operativen Bereiche sowie die Kooperationsbereitschaft der Mitarbeiter gefördert werden, welche zusammen die Integration der beteiligten Unternehmen letztlich umzusetzen haben.[905] Allerdings kann hierdurch die Unabhängigkeit, die Distanz gegenüber partikularistischen Zielsetzungen einzelner operativer Unternehmensbereiche sowie die bereichs- und prozessübergreifende Ausrichtung der M&A-Projektsteuerung nicht gewährleistet werden. Die Erfüllung letztgenannter Effizienzkriterien kann jedoch durch ein dezentrales M&A-Projektcontrolling sichergestellt werden, welches als unabhängige und bereichsneutrale Instanz eine M&A-projekt- und -prozessübergreifende Steuerung ermöglicht. Die gesamtunternehmensorientierte Ausrichtung der Controlling-Aufgaben, insbesondere die Orientie-

---

WEBER, N. (2000), S. 12f., dass die Aufgaben des Controllings von M&A-Projekten meist auf diese Aufgabenträger verteilt sind.

901 Vgl. FRIEDL, B. (2003), S. 106.

902 Vgl. ESSER, J./MÜLLER, M. (2007), S. 36ff. WEBER, J. (1992), S. 108, spricht auch von dem allgemeinen Grundsatz, dass die Controllingorganisation der Unternehmensorganisation zu folgen hat.

903 Vgl. HORVÁTH, P. (2009), S. 757, und die dort zitierten Quellen.

904 Vgl. ähnlich WEBER, J. (1993), S. 414.

905 Vgl. allg. hier und folgend ähnlich FRIEDL, B. (2003), S. 108.

rung an der Gesamtzielsetzung des strategischen Investors kann dagegen nur durch das zentrale Controlling erfolgen. Dieses kann außerdem (ggf. zusammen mit anderen zentralen Unternehmensbereichen, wie z. B. der Unternehmensentwicklung) eine ausreichende Problemnähe zu eher strategischen Aspekten sowie auch die Akzeptanz durch die Unternehmensführung gewährleisten.[906] Schließlich handelt es sich bei M&A-Projekten um Vorhaben mit besonderer gesamtunternehmensbezogener Bedeutung, die das Controlling auch gesamtunternehmensbezogen koordinieren muss. Dafür benötigt das Controlling nicht nur fundierte Kenntnisse über die Gesamtunternehmensstrategie, sondern auch die Unterstützung durch die Unternehmensführung des strategischen Investors.

Im Rahmen eines weitgehend dezentralen Controllings von M&A-Projekten sind somit die zu erfüllenden Controlling-Aufgaben auf das Controlling operativer Bereiche, das M&A-Projektcontrolling sowie das zentrale Controlling und ggf. andere zentrale Unternehmensbereiche als Aufgabenträger derart zu verteilen, dass eine Balance zwischen Eingebundenheit durch Dezentralisation auf der einen und Unabhängigkeit bzw. Neutralität durch Zentralisation auf der anderen Seite erreicht wird. [907] In diesem Zusammenhang erscheint es sinnvoll, wenn operative Controlling-Aufgaben (z. B. die Maßnahmenkontrolle) durch das Controlling operativer Bereiche und strategische Controlling-Aufgaben (z. B. die Verifikation von Synergiepotenzialen) durch das zentrale Controlling übernommen werden.[908] Eine verknüpfende M&A-projekt- und prozessübergreifende Koordination muss durch das M&A-Projektcontrolling erfolgen, in dem M&A-projektspezifische Controlling-Instrumente vorwiegend eingesetzt werden.[909]

Für die Verbindung zwischen den verschiedenen Trägern des Controllings von M&A-Projekten ist neben der Aufgabenzuteilung die Vergabe von Weisungsrechten bzw. das hierarchische Unterstellungsverhältnis maßgeblich.[910] Hierdurch ist einerseits die unternehmens- und M&A-projektzielorientierte Ausrichtung der dezentralen Träger des Con-

---

906 Vgl. ähnlich HOFFJAN, A./ELTZE, C. (1998), S. 147, die anmerken, dass das Controlling vom strategischen Investor ausgehen muss.

907 Vgl. ähnlich WEBER, J. (1992), S. 108, und ders. (1993), S. 414.

908 Vgl. ähnlich allg. OSSADNIK, W. (2009), S. 73; bzgl. Projekten WILDEMANN, H. (2002), S. 415.

909 Vgl. auch die ausführlichen Erläuterungen in Kap. 4.2 dieser Arbeit.

910 Vgl. hier und folgend GLEICH, R./TEMMEL, P. (2007), S. 18.

trollings, andererseits auch deren aufbauorganisatorische Verankerung im jeweiligen dezentralen Bereich zu gewährleisten.[911]

Hinsichtlich des hierarchischen Unterstellungsverhältnisses wird grundsätzlich zwischen einer disziplinarischen und einer fachlichen Unterstellung unterschieden.[912] Diese kann zusammen- und auch auseinanderfallen, wobei die Trennung von disziplinarischer und fachlicher Unterstellung als sog. *Dotted Line*-Prinzip[913] bezeichnet wird. Durch jene Mischform der Unterstellung wird der Großteil der Vorteile der alleinigen Unterstellung der Träger des Controllings unter dezentrale oder zentrale Bereiche kombiniert.[914] Allerdings kann eine solche Doppelunterstellung in der Praxis auch zu Konfliktsituationen führen und mit Akzeptanzverlust gegenüber der Führung des Unternehmens oder des jeweiligen Bereichs sowie einer eingeschränkten Unabhängigkeit und Neutralität einhergehen.[915] Nichtsdestotrotz dominiert das *Dotted Line*-Prinzip in der allgemeinen Controllingpraxis.[916]

Auch im Rahmen von M&A-Projekten bietet sich eine Doppelunterstellung der verschiedenen Aufgabenträger des Controllings an. Jene können hierbei der Leitung des M&A-Projektes, des zentralen Controllings, sonstiger zentraler Unternehmensbereiche, wie z. B. der Unternehmensentwicklung, operativer Bereiche oder sogar der Gesamtunternehmensleitung des strategischen Investors fachlich oder disziplinarisch unterstellt sein. Nur eine Unterstellung in Matrixform kann sicherstellen, dass die Koordination sowohl innerhalb des M&A-Projektes als auch zwischen dem M&A-Projekt und dem strategischen Investor bzw. dem neu geschaffenen Unternehmen in ausreichendem Umfang realisiert wird.[917] So würde die alleinige Unterstellung der Träger des Controllings unter das zentrale Controlling der Dynamik und Komplexität des M&A-Prozesses nicht

---

911 Vgl. ähnlich HORVÁTH, P. (2009), S. 762; KÜPPER, H.-U. (2008), S. 562f.

912 Vgl. hier und im Folgenden STEINLE, C./LAWA, D./KRAEGE, R. (1995), S. 144.

913 Die Bezeichnung „*Dotted-Line*-Prinzip“ ist auf die Visualisierung der Trennung von disziplinarischer und fachlicher Unterstellung in Organigrammen mit Hilfe einer gepunkteten Linie (*engl. Dotted Line*) zurückzuführen; vgl. hierzu z. B. OSSADNIK, W. (2009), S. 73.

914 Vgl. hier und folgend ESSER, J./MÜLLER, M. (2007), S. 43. Für einen allg. Vergleich und eine Übersicht der verschiedenen Unterstellungsmöglichkeiten des dezentralen Controllings vgl. SCHÜLLER, S. (1984), S. 210.

915 Vgl. auch KÜPPER, H.-U. (2008), S. 565; OSSADNIK, W. (2009), S. 73.

916 Vgl. ESSER, J./MÜLLER, M. (2007), S. 48; HORVÁTH, P. (2009), S. 762; WEBER, J. et al. (2001), S. 32f.

917 Vgl. ähnlich bzgl. Projekten i. Allg. KRÜGER, A. (2002), Sp. 1590.

gerecht.[918] Auch würde bei alleiniger Unterstellung der Träger des Controllings unter die M&A-Projektleitung auf der einen Seite die Gefahr der Vernachlässigung des Unternehmensgesamtzusammenhangs bestehen und auf der anderen Seite keine ausreichende Problemnähe hinsichtlich der Integrationsumsetzung in den operativen Bereichen gewährleistet werden können. Die alleinige Unterstellung der Träger des Controllings unter operative Bereiche würde zu einem Verlust der Unabhängigkeit und Neutralität sowie einer ausschließlich bereichsbezogenen Ausrichtung führen.

Während durch die disziplinarische Unterstellung der Träger des Controllings die Problemnähe, die Akzeptanz durch die Führung, die Kooperation der Mitarbeiter und der Einfluss auf Service-Stellen sichergestellt werden kann, kann durch die fachliche Unterstellung die Unabhängigkeit von der Führung, die Distanz zu partikularistischen Zielsetzungen und die bereichs- und prozessübergreifende Ausrichtung des Controllings gewährleistet werden.[919] Somit erscheint es sinnvoll, die dezentralen Träger des Controllings von M&A-Projekten disziplinarisch dem jeweiligen dezentralen Bereich,[920] d. h. das dezentrale Controlling des operativen Bereichs der Leitung des operativen Bereichs und das dezentrale M&A-Projektcontrolling der M&A-Projektleitung, zu unterstellen. Fachlich sollten die Träger des dezentralen Controllings von M&A-Projekten dem jeweils aufgabenbezogen übergeordneten bzw. übergreifenden Bereich unterstellt werden, d. h. das dezentrale Controlling des operativen Bereichs dem M&A-Projektcontrolling und das dezentrale M&A-Projektcontrolling dem zentralen Controlling. Auf diese Weise kann nicht nur die einheitliche Zielorientierung, sondern auch die Durchführung notwendiger Controlling-Aufgaben und die angemessene Verwendung geeigneter Controlling-Instrumente gewährleistet werden.[921] Die Aufgabenträger des zentralen Controllings von M&A-Projekten sollten disziplinarisch der Leitung des zentralen Controllings oder sonstiger zentraler Unternehmensbereiche unterstellt sein. Fachlich könnten die Aufgabenträger des zentralen Controllings von M&A-Projekten, je nach Gesamtunternehmensorganisation des strategischen Investors und Bedeutung des M&A-Projektes,

---

918 Vgl. ähnlich RIEDRICH, T. (2007), S. 67f., der sich hierbei jedoch auf Forschungs- und Entwicklungsprojekte bezieht.

919 Vgl. z. B. FRIEDL, B. (2003), S. 112.

920 Vgl. hier und im Folgenden bzgl. M&A MEIER, H. (2001), S. 44; ähnlich allg. KÜPPER, H.-U. (2008), S. 565, der die sachliche Abstimmung vorwiegend dem Controlling und die personelle Abstimmung dem dezentralen Bereich zuweist.

921 Vgl. ebenso MEIER, H. (2001), S. 44.

aber auch direkt der Unternehmensleitung des strategischen Investors unterstellt werden (vgl. zusammenfassend Abb. 38).

Aus der Doppelunterstellung resultierende Konfliktpotenziale können durch zusätzliche bzw. abgestufte Weisungsregelungen sowie auch durch persönliche, kooperationsbezogene Eigenschaften der Aufgabenträger des Controllings weitgehend reduziert werden.[922] Eine weitere, über die Doppelunterstellung hinausgehende, fachliche oder auch disziplinarische Unterstellung unter gleich mehrere verschiedene Bereiche würde zwar den vielfältigen Interdependenzen Rechnung tragen, gleichzeitig jedoch eine Komplexität begründen, welche in der Praxis nur schwer zu handhaben wäre.

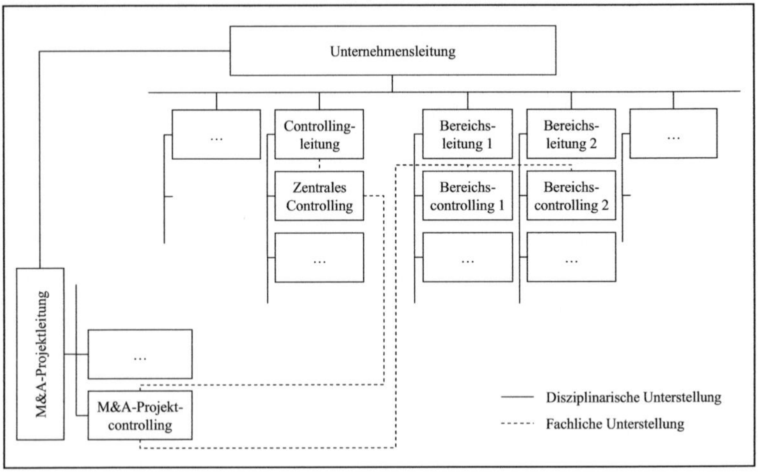

Abb. 38: Hierarchische Unterstellung der Aufgabenträger des Controllings von M&A-Projekten[923] (Quelle: Eigene Darstellung)

Der Umfang der Führungsunterstützung und der Koordination durch das Controlling von M&A-Projekten bedingt die Nähe zur Führung und damit auch die Höhe der hierarchischen Einordnung der verschiedenen Träger des Controllings in die Gesamtunternehmens-, M&A-Projekt- und operativen Bereichsorganisation.[924] Jener Umfang wird vor

922 Vgl. KÜPPER, H.-U. (2008), S. 566f.; ähnlich auch MEIER, H. (2001), S. 44.

923 Anhand dieser vereinfachten schematischen Darstellung soll primär die Verbindung zwischen den Trägern des Controllings von M&A-Projekten illustriert werden. Zwar wird beispielhaft ein divisional strukturiertes Unternehmen gewählt, jedoch bleiben verschiedene Formen der Gesamtunternehmensorganisation, der M&A-Projektorganisation sowie der unternehmensbezogenen Controllingorganisation unberücksichtigt.

924 Vgl. ähnlich GLEICH, R./TEMMEL, P. (2007), S. 24; ESSER, J./MÜLLER, M. (2007), S. 40.

allem durch verschiedene Kontextfaktoren bestimmt. So ist ganz allgemein bei einer hohen Unsicherheit, d. h. Dynamik, Komplexität und Turbulenz, der Unternehmensumwelt, nicht nur von einem erhöhten und spezifischen Koordinationsbedarf,[925] sondern auch von einer intensiven und häufigen Interaktion zwischen Führung und Controlling auf Gesamtunternehmens-, M&A-Projekt- und operativer Bereichsebene auszugehen, um angemessen auf Umweltveränderungen reagieren zu können.[926] Ähnliches muss auch mit zunehmender Unternehmensgröße, welche mit einer stärkeren Differenzierung und Komplexität unternehmerischer und controllingbezogener Aufgabenstellungen einhergeht, gelten.[927] Diese Erkenntnisse lassen sich gleichsam auf M&A-Projekte im Sinne dieser Arbeit übertragen, welche nicht nur von einer besonderen unternehmerischen Bedeutung sind, sondern auch eine besondere Größe aufweisen und durch eine hohe Komplexität, eine ausgesprochene Dynamik und eine eingeschränkte Systembeschreibbarkeit gekennzeichnet sind.[928] Strukturell begründet dies eine größtmögliche Nähe des Controllings zur Führung[929] und damit eine möglichst hohe hierarchische Einordnung des Controllings von M&A-Projekten bzw. dessen Träger in der Gesamtunternehmens-, M&A-Projekt- und operativen Bereichsorganisation.[930] Dadurch werden vor allem die Akzeptanz durch die Führung, die bereichs- und prozessübergreifende Ausrichtung sowie der Einfluss des Controllings von M&A-Projekten auf Service-Stellen gefördert. Demgegenüber steht jedoch die zunehmende Abhängigkeit von der Führung,[931] welcher wiederum nur durch weitere Kompetenzabgrenzung und persönliche Eigenschaften der Aufgabenträger des Controllings zu begegnen ist.

Da sich die Aufgaben des Controllings von M&A-Projekten im zeitlichen Verlauf verändern können, kann die Organisation des Controllings in Abhängigkeit von der M&A-

---

925 Vgl. HORVÁTH, P. (2009), S. 751, und die dort zitierte Studie von LAWRENCE, P. R./ LORSCH, J. W. (1969).

926 Vgl. CHAPMAN, C. S. (1998), S. 764f.

927 Vgl. GLEICH, R./TEMMEL, P. (2007), S. 27; HORVÁTH, P. (2009), S. 751; MANN, R. (1973), S. 167-172.

928 Vgl. auch die Ausführungen zu den Merkmalen von M&A-Projekten in Kap. 2.2.1 dieser Arbeit.

929 Vgl. GLEICH, R./TEMMEL, P. (2007), S. 24.

930 Vgl. MEIER, H. (2001), S. 42; SCHMIDT, A. (1989), S. 273. ESSER, J./MÜLLER, M. (2007), S. 40, sprechen hier allg. unterstützend auch vom „modernen Rollenverständnis des Controllings als Sparringspartner und rechte Hand des Managements". Mit Bezug auf ein Beteiligungscontrolling schlägt KLEINSCHNITTGER, U. (1993), S. 195, die Einordnung in zumindest der zweiten Führungsebene vor.

931 Vgl. ähnlich KÜPPER, H.-U. (2008), S. 559.

Projektphase variieren.[932] Um allerdings eine konsistente, prozessübergreifende Steuerung von M&A-Projekten zu gewährleisten, sollte es sich hierbei nicht um wesentliche Veränderungen der aufbauorganisatorischen Gestaltungsvariablen, sondern vielmehr um eine Verlagerung der Aufgabenschwerpunkte zwischen dem zentralen Controlling, dem M&A-Projektcontrolling und dem Controlling der operativen Bereiche handeln. So ist beispielsweise mit zunehmendem Integrationsfortschritt für das zentrale Controlling und das Controlling operativer Bereiche die Übernahme der Durchführung von Integrationsfortschrittskontrollen vom M&A-Projektcontrolling möglich.

4.3.3 Gestaltungsempfehlungen

Unter Bezug auf verschiedene Kontextfaktoren und Effizienzkriterien als Bestimmungsfaktoren für die Controlling-Organisation von M&A-Projekten konnte dargelegt werden, dass eine entsprechend den zu erfüllenden Controlling-Aufgaben differenzierte Aufbauorganisation des Controllings für die prozessübergreifende Steuerung von M&A-Projekten besonders geeignet erscheint. Dabei ist ein Selbstcontrolling der am M&A-Projekt beteiligten Mitarbeiter zur flexiblen Erfüllung der umfassenden Controlling-Aufgaben zwar notwendig, aber nicht ausreichend und sollte mit einem institutionalisierten Fremdcontrolling kombiniert werden. Das Fremdcontrolling sollte zum einen dezentral eingebunden und zum anderen zentral koordiniert werden. Daher sollten die Aufgabenträger des Fremdcontrollings den operativen Bereichen, dem M&A-Projekt und dem zentralen Controlling (oder auch anderen zentralen Bereichen) entstammen, diesen jeweils disziplinarisch unterstellt, jedoch nicht nur informell, sondern auch über fachliche Weisungsrechte miteinander verbunden sein. Um die umfassenden Aufgaben der Führungsunterstützung und Koordination durchführen zu können, bedürfen die Aufgabenträger zusätzlich einer jeweils hohen hierarchischen Einordnung in der Gesamtunternehmens-, M&A-Projekt- und operativen Bereichsorganisation. Durch diese differenzierte Controlling-Organisation werden neben M&A-spezifischen, d. h. fachlichen Anforderungen auch besondere persönliche Anforderungen an die Aufgaben-

---

932 Vgl. bzgl. Projekten i. Allg. STEINLE, C./LAWA, D./KRAEGE, R. (1995), S. 144.

träger des Controllings gestellt.[933] Dies ist bei der Ressourcenplanung im Rahmen des einzelnen M&A-Projektes zu berücksichtigen.

Abschließend ist darauf hinzuweisen, dass die formulierten Gestaltungsempfehlungen für die Controlling-Organisation von M&A-Projekten lediglich allgemeiner Natur sind und die Spezifika einzelner Unternehmen und M&A-Projekte nur bedingt berücksichtigen. Die Festlegung des Aufgabenumfangs des Controllings von M&A-Projekten muss ebenso wie die Zuordnung der Controlling-Aufgaben zu einzelnen Aufgabenträgern unternehmens- und M&A-projektspezifisch erfolgen. Dabei sind nicht zuletzt die in Menge und Qualität zur Verfügung stehenden personellen Ressourcen zu berücksichtigen.[934] Des Weiteren ist anzumerken, dass die Gestaltungsempfehlungen vorwiegend logisch und normativ-theoretisch erschlossen wurden und hinsichtlich der Eignung nach wie vor einer umfassenden empirischen Überprüfung bedürfen. Das gängige Verfahren der Unternehmenspraxis, die Controlling-Organisation durch „Ausprobieren" und Benchmarking zu bestimmen,[935] konnte damit zumindest um Richtungshinweise ergänzt werden.

4.4 Zusammenfassung

Aufbauend auf der in Kapitel drei dieser Arbeit entwickelten Operationalisierung von M&A-Erfolg wurde in diesem Hauptkapitel erarbeitet, wie der Erfolg von M&A-Projekten mit Hilfe eines prozess- und wertorientierten Controllings umfassend gesteuert werden kann. Hierzu wurden zunächst die Anforderungen an ein solches Controlling durch die grundsätzliche Wertorientierung unternehmerischen Handelns sowie die zentralen Merkmale von M&A, dem Projektstatus und der Prozessstruktur, erläutert. Anschließend wurde der konzeptionelle Aufbau des Controllings von M&A-Projekten festgelegt, in dessen Rahmen die Controlling-Konzeption und das Controlling-System zu unterscheiden sind.

Die Controlling-Konzeption beinhaltet demnach die Ziele und Aufgaben des Controllings von M&A-Projekten. Als primäre Zielsetzung wurde die wertorientierte Führungs-

---

933 Vgl. zu den Anforderungen an die Aufgabenträger des Controllings von M&A-Projekten auch MECKL, R./HORZELLA, A. (2010b), S. 428f.

934 Vgl. bzgl. Projekten i. Allg. ähnlich STEINLE, C./LAWA, D./KRAEGE, R. (1995), S. 145.

935 Vgl. HORVÁTH, P. (2009), S. 752.

unterstützung definiert, welche durch die Controlling-Aufgaben Informationsversorgung, Planung, Kontrolle, Verhaltenssteuerung und Koordination aus strategischer und operativer Perspektive zu realisieren ist.

Für die verschiedenen Ebenen des Controlling-Systems, d. h. die funktionale, instrumentale und institutionale Ebene, wurden daran anknüpfend unterschiedliche Gestaltungsoptionen dargestellt und Gestaltungsempfehlungen formuliert. Zur Erfüllung der verschiedenen Controlling-Aufgaben und daraus abgeleiteter einzelner Tätigkeiten wurden vor allem integrierte, aufgaben- und prozessübergreifende Instrumente, wie z. B. ein obligatorisches M&A-Projektberichtswesen, eine Balanced Scorecard und M&A-bezogene Anreizsysteme, empfohlen. Diese sollten weitgehend mit dem Controlling des strategischen Investors verknüpft sein und je nach Bedarf M&A-projekt- und unternehmensspezifisch erweitert werden können. Des Weiteren wurde eine differenzierte Organisation des Controllings von M&A-Projekten empfohlen. Dabei sollten Selbst- und Fremdcontrolling kombiniert und die Controlling-Aufgaben auf das zentrale Controlling, das M&A-Projektcontrolling und das Controlling operativer Bereiche verteilt werden. Die Aufgabenträger des Controllings von M&A-Projekten sollten über getrennte Weisungsrechte miteinander und mit ihrer jeweiligen Teilorganisation verbunden sein. Gleichzeitig sollten die Aufgabenträger hierarchisch möglichst weit oben in der jeweiligen Teilorganisation verankert sein.

Auch hier wurde noch einmal darauf hingewiesen, dass die formulierten Gestaltungsempfehlungen für das Controlling von M&A-Projekten lediglich allgemeiner Natur sind und die Spezifika einzelner Unternehmen und M&A-Projekte zu berücksichtigen sind.

5 Empirische Untersuchung von M&A-Projekten deutscher börsennotierter Unternehmen

Bisher wurde sich den Forschungsfragen dieser Arbeit zur Operationalisierung des Erfolgs sowie zur Ausgestaltung des Controllings von M&A-Projekten vorwiegend theoretisch-deduktiv genähert, indem zu den einzelnen Fragestellungen sowohl Alternativen vorgestellt als auch praktisch-normative Gestaltungsempfehlungen erarbeitet wurden. Dabei wurde wiederholt auf Erkenntnislücken der bisherigen Forschung hingewiesen. Im diesem Teil der Arbeit werden die bisherigen Erkenntnisse dieser Arbeit empirisch-induktiv reflektiert und erweitert. Zu diesem Zweck wurde eine empirische Untersuchung von großen M&A-Projekten deutscher börsennotierter Unternehmen durchgeführt, die im Folgenden vorgestellt und in den Erkenntniszusammenhang dieser Arbeit eingeordnet wird.

Dazu werden zunächst die Zielsetzungen und Inhalte der empirischen Untersuchung vorgestellt (vgl. Kap. 5.1) sowie die methodische Vorgehensweise erläutert (vgl. Kap. 5.2). Danach werden die Ergebnisse der Untersuchung ausführlich dargestellt (vgl. Kap. 5.3) und kurz kritisch gewürdigt (vgl. Kap. 5.4). Schließlich werden die bisherigen vorwiegend theoretischen Erkenntnisse dieser Arbeit den Ergebnissen der empirischen Untersuchung gegenübergestellt und um jene erweitert (vgl. Kap. 5.5).

5.1 Zielsetzung und Inhalte

Ziel der empirischen Untersuchung ist die kritische Reflexion und Weiterentwicklung des im Rahmen dieser Arbeit entwickelten Ansatzes zum prozess- und wertorientierten Controlling von M&A-Projekten strategischer Investoren. Dies erfolgt durch Gegenüberstellung des entwickelten Ansatzes und des tatsächlichen sowie gewünschten Vorgehens in der Unternehmenspraxis.

Hierfür werden die zentralen Forschungsfragen dieser Arbeit[936] empirisch untersucht und wird dementsprechend analysiert, wie in der Unternehmenspraxis der Erfolg von M&A-Projekten operationalisiert wird und das Controlling von M&A-Projekten ausgestaltet ist. Zusätzlich wird analysiert, welche Ansätze zur Verbesserung des Controllings

---

936 Vgl. die entsprechenden Ausführungen in Kap. 1.1 dieser Arbeit.

von M&A-Projekten aus Sicht der Unternehmenspraxis bestehen. Dabei dienen einzelne M&A-Projekte als Untersuchungsobjekte, anhand derer die folgenden Fragestellungen analog zu den bisherigen Ausführungen dieser Arbeit untersucht werden:

I) Operationalisierung des Erfolgs von M&A-Projekten

- Welche grundsätzlichen Unternehmensziele wurden durch die strategischen Investoren verfolgt?
- Welche Ziele wurden aus Perspektive des Managements der strategischen Investoren bei den M&A-Projekten verfolgt?
- Wurde die Zielerreichung von M&A-Projekten grundsätzlich gemessen?
- Woher wurden die zur Messung notwendigen Informationen bezogen?
- Welche Messgrößen wurden verwendet?
- Welche Erfolgsmaßstäbe wurden zur Messung herangezogen?
- Wie regelmäßig und über welchen Zeitraum wurde gemessen?

II) Ausgestaltung des Controllings von M&A-Projekten

- Gab es ein Controlling oder Ähnliches für die M&A-Projekte?
- Was waren die Zielsetzungen dieses Controllings?
- Welche zentralen Aufgaben hat dieses Controlling erfüllt?
- Welche Controlling-Instrumente wurden genutzt?
- Wie war dieses Controlling institutionalisiert?

Auf Basis eines Vergleichs der gewonnenen empirischen Erkenntnisse mit dem vorwiegend literaturgeleitet entwickelten Ansatz dieser Arbeit, werden abschließende Gestaltungsempfehlungen für die Unternehmenspraxis formuliert. Schließlich werden auch Empfehlungen für die weitere Forschung abgeleitet.

5.2 Methodische Vorgehensweise

Um der Komplexität der Fragestellung dieser Arbeit angemessen Rechnung zu tragen, weiterführende Erkenntnisse aus der Unternehmenspraxis erlangen und integrieren zu können sowie die Praxistauglichkeit des entwickelten Ansatzes zum prozess- und wertorientierten Controlling von M&A-Projekten testen zu können, ist die Auswahl und Bestimmung der methodischen Vorgehensweise von besonderer Bedeutung. Im Folgenden wird daher zunächst die grundsätzliche Wahl der Untersuchungsmethode begründet (vgl. Kap. 5.2.1) und anschließend das Untersuchungsdesign spezifiziert (vgl. Kap.

5.2.2). Danach folgt eine nähere Beschreibung des konkreten Vorgehens bei der Datenerhebung (vgl. Kap. 5.2.3), bevor schließlich die Form der Datendokumentation und -auswertung festgelegt wird (vgl. Kap. 5.2.4).

5.2.1 Untersuchungsmethode

Als Untersuchungsmethode wurden teilstrukturierte Experteninterviews anhand eines standardisierten Interviewleitfadens gewählt. Diese Untersuchungsmethode lässt sich trotz vorhandener quantitativer Elemente primär der qualitativen empirischen Forschung zuordnen.[937]

Aufgabe der qualitativen empirischen Forschung ist es, Theorien und Konzepte aus empirischen Untersuchungen heraus induktiv zu entwickeln bzw. zu erweitern, nicht jedoch aus Theorien deduktiv abgeleitete Hypothesen in der Wirklichkeit bzw. Praxis zu testen.[938] Eine Annäherung an den jeweiligen Untersuchungsgegenstand erfolgt dabei allerdings nicht konzeptlos, sondern erfordert theoretische Vorüberlegungen.[939] Diese sind im Rahmen dieser Arbeit durch die Entwicklung eines Ansatzes zum prozess- und wertorientierten Controlling von M&A-Projekten umfassend erfolgt.[940]

Die mündliche Befragung bzw. das Interview stellt die am weitesten verbreitete Methode der qualitativen empirischen Sozialforschung dar[941] und ermöglicht eine besonders flexible und gleichzeitig umfassende Datenerhebung.[942] Insbesondere vor dem Hintergrund des verhältnismäßig weit gefassten Themengebiets dieser Arbeit, der hohen Komplexität der zu untersuchenden Fragestellungen, eines gewissen terminologischen Interpretationsspielraums beim Befragten[943] sowie der besonderen Vertraulichkeit und

---

937 Vgl. BOGNER, A./MENZ, W. (2009b), S. 7ff.; KASSNER, K./WASSERMANN, P. (2005), S. 101; MEUSER, M./NAGEL, U. (2003), S. 482; TRINCZEK, R. (2009), S. 225f.; ebenso zur anhaltenden Diskussion über die methodische Eigenständigkeit und Verortung des Experteninterviews im Spannungsfeld zwischen qualitativer und quantitativer Forschung. Eine Fortführung dieser Diskussion ist für den Zweck der praktischen Anwendung dieser Untersuchungsmethode im Rahmen dieser Arbeit jedoch nicht zielführend.

938 Vgl. MAYER, H. O. (2009), S. 24.

939 Vgl. FLICK, U. (1999), S. 10; MAYER, H. O. (2009), S. 25.

940 Vgl. gesamthaft die Ausführungen des theoretischen Teils dieser Arbeit, d. h. die Kap. 2 bis 4 dieser Arbeit.

941 Vgl. DIEKMANN, A. (2007), S. 373; MÖHRING, W./SCHLÜTZ, D. (2003), S. 16.

942 Vgl. SIMMONS, R. (2008), S. 187.

943 Vgl. insb. auch PELLENS, B./TOMASZEWSKI, C./WEBER, N. (2000), S. 5; REIßNER, S. (1992), S. 23.

schwierigen Zugänglichkeit der benötigten Informationen bzw. Daten, wird das Interview als geeignetes Verfahren zur Datenerhebung im Rahmen dieser empirischen Untersuchung betrachtet.[944]

Zwar wird sich bei der qualitativen Forschung von der strengen Theoriegeleitetheit quantitativer Forschung distanziert, jedoch ist auch bei der Verwendung qualitativer Methoden, wie leitfadengestützter Interviews, die Formulierung von Fragestellungen und Konzepten notwendig.[945] Durch den konsequenten Einsatz eines Leitfadens kann zum einen der Prozess der Datenerhebung und -auswertung strukturiert und zum anderen die Zuverlässigkeit und Vergleichbarkeit der gewonnen Daten verbessert werden.[946] Dies ist insbesondere dann der Fall, wenn der genutzte Leitfaden und die darin festgehaltenen Fragen einen hohen Standardisierungsgrad aufweisen.[947] In der Interviewsituation dient der Leitfaden vor allem der Steuerung des Interviewverlaufs, aber auch der Demonstration von Kompetenz durch den Interviewer.[948] Aufgrund der dargestellten Vorteile empfiehlt sich die Nutzung eines standardisierten Leitfadens auch für die Interviews dieser Untersuchung.

Experteninterviews stellen eine besondere Ausprägung von Leitfadeninterviews dar.[949] Die Besonderheit besteht dabei nicht in einer bestimmten Form der Befragung, sondern in den Befragten, d. h. den Experten.[950] Experte ist, „wer in irgendeiner Weise Verantwortung trägt für den Entwurf, die Implementierung oder die Kontrolle einer Problemlösung oder wer über einen privilegierten Zugang zu Informationen über Personengrup-

---

944 Vgl. ähnlich PLATH, H.-E. (1995), S. 85, der damit allerdings bereits die Notwendigkeit von Experteninterviews begründet.

945 Vgl. FLICK, U. (1999), S. 63f.; MAYRING, P. (2002), S. 66ff.

946 Vgl. LAMNEK, S. (2010), S. 311; MAYER, H. O. (2009), S. 37; ähnlich auch MEUSER, M./NAGEL, U. (1991), S. 453f.

947 Vgl. FRIEBERTSHÄUSER, B. (2003), S. 376f.; MÖHRING, W./SCHLÜTZ, D. (2003), S. 17; ähnlich PLATH, H.-E. (1995), S. 88.

948 Vgl. MAYER, H. O. (2009), S. 38.

949 Vgl. ATTESLANDER, P. (2010), S. 142; GLÄSER, J./LAUDEL, G. (2008), S. 111; MEUSER, M./NAGEL, U. (1994), S. 183f.; SCHNELL, R./HILL, P. B./ESSER, E. (2008), S. 322.

950 Vgl. hier und folgend DEEKE, A. (1995), S. 7f. und S. 12f., der darauf hinweist, dass Expertenbefragungen in Form von unstrukturierten oder strukturierten Interviews, anhand eines nicht standardisierten oder standardisierten Leitfadens bzw. Fragebogens, mit offenen oder geschlossenen Fragen und sogar schriftlich erfolgen können. Vgl. auch TRINCZEK, R. (2009), S. 236f., der die Gegenstandsadäquanz als allein entscheidendes Kriterium für die Form der Befragung bezeichnet.

pen oder Entscheidungsprozesse verfügt."[951] Häufig gehören Experten nicht der obersten, sondern der zweiten oder dritten Ebene einer Organisation an, da in der Regel dort Entscheidungen vorbereitet und durchgesetzt werden sowie auch das umfassendste Wissen über interne Strukturen und Ereignisse vorhanden ist.[952] Im Rahmen von Experteninterviews interessiert nicht die Person der Experten oder deren individuelle Biographie, sondern das spezifische Wissen der Experten als Repräsentanten einer Organisation bezüglich der empirisch zu untersuchenden Fragestellungen.[953] Wer als Experte gilt, ist demnach vom jeweiligen Forschungsinteresse bzw. den konkreten Fragestellungen zum Untersuchungsgegenstand abhängig.[954]

Da im Fokus dieser Arbeit die Operationalisierung des Erfolgs und das Controlling von M&A-Projekten strategischer Investoren stehen, dienen die für die Steuerung eines M&A-Projekts verantwortlichen Mitarbeiter, d. h. die jeweiligen Leiter der M&A-Abteilung bzw. des M&A-Teams, M&A-Projektleiter und -Controller sowie leitende M&A-/Beteiligungscontroller als zu befragende Experten.[955] Von diesen ist anzunehmen, dass sie über ein umfassendes Wissen und eine weitreichende Erfahrung hinsichtlich der zu untersuchenden Fragestellungen verfügen.

Die im Rahmen dieser Untersuchung erfolgte Auswahl von Managern als Experten stellt besondere Anforderungen an die Form der Befragung und die Kompetenz des Interviewers. So ist im Kontext des betrieblichen Alltags von einer klaren Rollenverteilung und einer managerialen Erwartungshaltung auszugehen, die grundsätzlich eine klare Strukturierung des Befragungsverlaufs durch den Interviewer verlangt.[956] Da sich diese Erwartungshaltung im Interviewverlauf ändern kann, kann sich ein Interview aus einer Frage-Antwort-Struktur heraus zu einem (gewünscht) offeneren Fachgespräch ent-

---

951 MEUSER, M./NAGEL, U. (1991), S. 443.

952 Vgl. ebenso MEUSER, M./NAGEL, U. (1991), S. 443f.

953 Vgl. FRIEBERTSHÄUSER, B. (2003), S. 374; MARTENS, B./RITTER, T. (2008), S. 10f.; MEUSER, M./NAGEL, U. (2010), S. 57.

954 Vgl. DEEKE, A. (1995), S. 7; MEUSER, M./NAGEL, U. (2009), S. 37. Vgl. ebenso MEUSER, M./NAGEL, U. (1991), S. 443, die in dem Zusammenhang auch von einem „relationalen Status" eines Experten sprechen.

955 Diese werden im weiteren Verlauf aus Gründen der besseren Lesbarkeit vereinfachend als M&A-Projektverantwortliche bezeichnet.

956 Vgl. TRINCZEK, R. (1995), S. 62, und ders. (2009), S. 229f.

wickeln.[957] Es besteht jedoch auch die Gefahr eines sog. kathartischen Effekts,[958] was sich darin äußert, dass Manager ein Interview zur Selbstinszenierung nutzen und jenes damit zeitlich und inhaltlich unter Umständen schwer steuerbar wird. Zudem ist der sog. Effekt der sozialen Erwünschtheit (*engl. Social Desirability Effect*)[959] zu berücksichtigen. Dieser bezeichnet die Tendenz der Befragten, ihr Antwortverhalten danach zu richten, was innerhalb des normativen Systems ihrer individuellen Bezugswelt als sozial anerkannt und erwünscht gilt. Bezogen auf Manager als Befragte ist davon auszugehen, dass jene entweder keine oder realitätsverzerrende Antworten geben, wenn sie persönliche oder berufliche Nachteile zu erwarten haben. Um diesen Problematiken erfolgreich zu begegnen, sollten Experteninterviews mit Managern grundsätzlich vertrauensvoll sowie teilstrukturiert und argumentativ-diskursiv angelegt und geführt werden.[960] Dies setzt einen in besonderem Maß inhaltlich wie sozial kompetenten Interviewer voraus.[961]

Daran anknüpfend und abschließend ist die Art der Durchführung von Experteninterviews mit Managern weiter zu spezifizieren. Bei der persönlichen Durchführung von Interviews, sog. *Face to Face*-Interviews, sind in der Regel Befragungen von längerer Dauer möglich.[962] Des Weiteren können auch offene und komplexe Fragen gestellt sowie Fragen visuell durch den Einsatz von Auswahllisten oder auch konzepterläuternden Abbildungen unterstützt werden. Zudem lässt sich die Interviewmotivation des Befragten besser beurteilen und steuern. Als Nachteile stehen diesem Vorgehen lediglich vergleichsweise hohe Kosten und ein größerer zeitlicher Aufwand entgegen. Ein möglicher Interviewereinfluss auf das Antwortverhalten des Befragten kann durch eine vorab ge-

---

957 Vgl. ENGEL, T./BEHR, M. (2008), S. 78-80; TRINCZEK, R. (1995), S. 63, und ders. (2009), S. 230-232.

958 Vgl. hier und folgend KERN, B./KERN, H./SCHUMANN, M. (1988), S. 93f.

959 Vgl. hier und folgend z. B. DIEKMANN, A. (2007), S. 378ff.; MÖHRING, W./SCHLÜTZ, D. (2003), S. 66ff.; SCHNELL, R./HILL, P. B./ESSER, E. (2008), S. 355f.

960 Vgl. TRINCZEK, R. (1995), S. 65, und ders. (2009), S. 234 und S. 237. FRIEBERTSHÄUSER, B. (2003), S. 376f., weist darauf hin, dass in diesem Zusammenhang auch ein weitgehend standardisierter, ausformulierter Leitfaden genutzt werden kann, von diesem jedoch flexibel entsprechend des Interviewverlaufs abgewichen werden sollte, ohne jedoch die Vergleichbarkeit der erhobenen Daten zu reduzieren. Vgl. zu einem ähnlichen Vorgehen PELLENS, B./ TOMASZEWSKI, C./WEBER, N. (2000), S. 6.

961 Vgl. zur Qualifizierung eines Interviewers ausführlicher auch BOGNER, A./MENZ, W. (2009a), S. 77f.; PFADENHAUER, M. (2009), S. 111ff.

962 Vgl. hier und im Folgenden GLÄSER, J./LAUDEL, G. (2008), S. 153f.; MÖHRING, W./ SCHLÜTZ, D. (2003), S. 130f.

testete Interviewstruktur, weitgehende Standardisierung der Fragen und eine genügende inhaltliche und soziale Kompetenz des Interviewers hinreichend ausgeschlossen werden.[963] In begründeten Einzelfällen kann statt der persönlichen auch eine telefonische Befragung erfolgen.[964] Dies erfordert jedoch die rechtzeitige Ausstattung des Experten mit unterstützendem Interviewmaterial, die Verhinderung von Störungen während des Interviews sowie eine bereits etablierte Vertrauensbasis zwischen den Interviewpartnern.[965]

5.2.2 Untersuchungsdesign

Der empirischen Untersuchung ging eine Analyse der relevanten Literatur voraus, auf Basis derer – entsprechend der Fragestellung dieser Arbeit – ein umfassender Ansatz zum prozess- und wertorientierten Controlling von M&A-Projekten strategischer Investoren literaturgeleitet entwickelt wurde. Dieser Ansatz wiederum diente der Ableitung der zu untersuchenden Basisstichprobe sowie der Entwicklung des standardisierten Interviewleitfadens. Letzterer wurde vor Durchführung der teilstrukturierten Experteninterviews hinsichtlich seiner Eignung noch einmal praktisch im Rahmen eines Pre-Tests überprüft und entsprechend modifiziert.

Die Stichprobe hat in der qualitativen Forschung eine andere Funktion als in der quantitativen.[966] Während bei der Bildung der Stichprobe in der quantitativen Forschung die statistische Repräsentanz im Vordergrund steht, so ist in der qualitativen Forschung die inhaltliche Repräsentation leitend,[967]welche über eine angemessene Zusammenstellung der Stichprobe erfüllt werden soll. Zur Ableitung von Verallgemeinerungen sind daher nicht zwingend hohe Fallzahlen notwendig.[968]

---

963 Vgl. auch DIEKMANN, A. (2007), S. 382ff.

964 MARTENS, B. (2008), S. 66f., bezeichnet das Telefoninterview sogar als „Mittel der Wahl“ für die Befragung von Managern, da dieses an das übliche Arbeitsverhalten von Managern anknüpfe.

965 Vgl. ähnlich FIELDING, N./THOMAS, H. (2008), S. 253; SIMMONS, R. (2008), S. 187f.

966 Vgl. hier und folgend LAMNEK, S. (2010), S. 350f.; MAYER, H. O. (2009), S. 38f.

967 Vgl. hier und folgend auch FLICK, U. (1999), S. 57; sowie MERKENS, H. (2003), S. 97 und S. 100.

968 Vgl. HELFFERICH, C. (2005), S. 153, die für qualitative Interviews einen „mittleren“ Stichprobenumfang von 6 bis 30 empfiehlt; ähnlich auch bzgl. Experteninterviews MAYER, H. O. (2009), S. 41; MEUSER, M./NAGEL, U. (1991), S. 441.

Um sich einer inhaltlich repräsentativen Stichprobe zu nähern, wurde vor Beginn dieser empirischen Untersuchung in einem ersten Schritt auf Basis der Fragestellung dieser Arbeit und dem Vergleich mit anderen inhaltlich ähnlichen empirischen Untersuchungen[969] die Ausgangspopulation, d. h. die zu betrachtende Grundgesamtheit, ermittelt. Entsprechend der dieser Arbeit zugrunde gelegten Definition von M&A-Projekten gehörten dieser Ausgangspopulation nur M&A-Transaktionen an, die von deutschen börsennotierten Unternehmen in der Rolle strategischer Investoren tatsächlich durchgeführt wurden.[970] Des Weiteren wurden darunter nur M&A-Transaktionen mit einem Transaktionswert von mindestens einer halben Milliarde US-Dollar subsumiert, da erst ab einer hinreichenden Größe von M&A-Projekten von einer weitgehenden Operationalisierung des M&A-Projekterfolgs und einem institutionalisierten Controlling des jeweiligen M&A-Projektes auszugehen ist. Zudem umfasste die Ausgangspopulation aufgrund der erwarteten Verfügbarkeit potenzieller Experten bzw. Daten nur M&A-Transaktionen, die im Zeitraum der letzten M&A-Welle, d. h. in den Jahren 2004 bis einschließlich 2008, angekündigt worden waren.[971] Die Ermittlung der entsprechenden 72 M&A-Transaktionen der Ausgangspopulation fand dabei durch den M&A-Datenbankanbieter Dealogic[972] statt.

In einem zweiten Schritt wurde die Ausgangspopulation erkenntniszielorientiert und unter dem Gesichtspunkt der Forschungseffizienz zu einer empirisch zu untersuchenden Basisstichprobe eingegrenzt (vgl. Abb. 39).[973] Hierbei wurden zum einen lediglich rechtliche Unternehmensumgliederungen sowie Immobilientransfers eliminiert, da bei jenen kein M&A-Projekt im Sinne dieser Arbeit vorliegt. Zum anderen wurden M&A-Transaktionen, die von dem selben strategischen Investor getätigt wurden, zusammengefasst, da angenommen wurde, dass sich die Operationalisierung von M&A-Erfolg und das Controlling verschiedener M&A-Projekte des selben strategischen Investors innerhalb des begrenzten betrachteten Zeitraums nicht wesentlich unterschieden haben. Dies

---

969 Zu inhaltlich ähnlichen empirischen Untersuchungen vgl. Anhang 1 dieser Arbeit.

970 Vgl. zur Definition von M&A-Projekten die Ausführungen in Kap. 2 und hier insb. Kap. 2.1 dieser Arbeit.

971 Vgl. zur Abgrenzung dieses Zeitraums als erneute M&A-Welle JANSEN, S. A./BRUGGER, C. (2008), S. 565; PICOT, G. (2008), S. 5; VOSS, I. (2007), S. 317.

972 DEALOGIC (HRSG.) (2009), o. S.

973 Vgl. zu einem ähnlichen Vorgehen MAYER, H. O. (2009), S. 39.

führte schließlich zu einer Basisstichprobe von 33 verschiedenen strategischen Investoren, die jeweils mindestens eine M&A-Transaktion durchgeführt haben.

Anzahl M&A-Transaktionen deutscher börsennotierter strategischer Investoren, erworbener Kapitalanteil > 50 %*, Transaktionswert ≥ 0,5 Mrd. USD, angekündigt 2004-2008

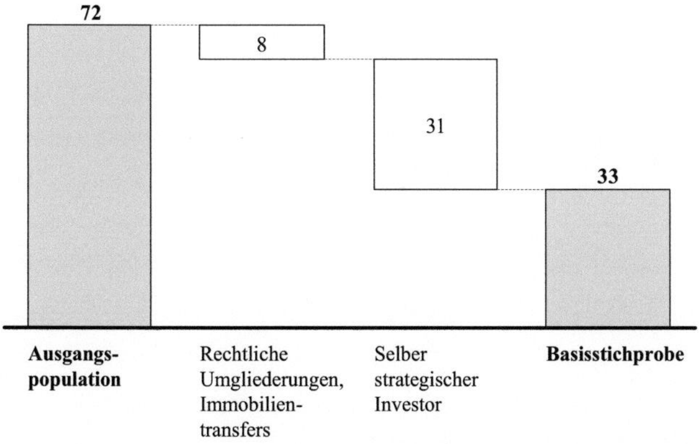

* Oder vertraglich geregelte Übernahme der Managementkontrolle

Abb. 39: Identifizierung der Ausgangspopulation und Bestimmung der Basisstichprobe (Quelle: Eigene Darstellung in Anlehnung an DEALOGIC (HRSG.) (2009), o. S.)

In einem letzten Schritt wurde die Stichprobe schließlich, wie in der Befragungspraxis üblich,[974] durch die Interviewbereitschaft der kontaktierten Experten bzw. Unternehmen limitiert.[975] Die Verfügbarkeit und Interviewbereitschaft der Experten bestimmten ebenso die letztlich untersuchte M&A-Transaktion bzw. das M&A-Projekt in all jenen Fällen, in denen ein strategischer Investor nicht nur eine, sondern mehrere M&A-Transaktionen durchgeführt hatte, die den formulierten Auswahlkriterien dieser empirischen Untersuchung entsprachen.

Die Formulierung des standardisierten Interviewleitfadens erfolgte unter Berücksichtigung der allgemeinen Empfehlungen zur formalen Gestaltung von Interviewleitfäden und Fragebögen.[976] Die Inhalte des Interviewleitfadens orientierten sich an den Frage-

---

974 Vgl. HELFFERICH, C. (2005), S. 155.

975 Vgl. hierzu die weiteren Ausführungen zur Datengewinnung in Kap. 5.2.3 dieser Arbeit.

976 Vgl. z. B. MAYER, H. O. (2009), S. 43ff. und S. 90ff., sowie die im Folgenden zitierten Quellen. Der genutzte Interviewleitfaden ist vollumfänglich in Anhang 2 dieser Arbeit aufgeführt.

stellungen und bisherigen literaturgeleiteten Erkenntnissen dieser Arbeit zur Operationalisierung von M&A-Erfolg und zum Controlling von M&A-Projekten.

Bei der formalen Gestaltung des Interviewleitfadens wurden die in der einschlägigen Literatur zur empirischen Sozialforschung umfassend behandelten Empfehlungen zur Wahl der Fragetypen,[977] zur Frage- und Antwortformulierung[978] sowie auch zur Dramaturgie des Fragenverlaufs[979] herangezogen. Um eine hohe Aufmerksamkeit der befragten Experten über die gesamte Dauer des Interviews zu gewährleisten, wurde beispielsweise auf eine möglichst hohe Variation der Fragetypen geachtet. Zudem wurden Auswahllisten, erläuternde Abbildungen sowie ein schriftlich auszufüllender Kurzfragebogen in die Befragung integriert. Um zum einen die Vergleichbarkeit der Daten zu erhöhen sowie deren Auswertung zu erleichtern, wurde eine Standardisierung durch die weitestgehende Nutzung geschlossener Fragen angestrebt. Zum anderen galt es dadurch, der zeitlichen Begrenzung der Interviews sowie der beschriebenen managerialen Erwartungshaltung Rechnung zu tragen. Um die im Rahmen der Arbeit identifizierten Erkenntnislücken schließen und den entwickelten Ansatz zum prozess- und wertorientierten Controlling von M&A-Projekten weiterentwickeln zu können, war jedoch auch die Formulierung offener und halboffener Fragen notwendig. Durch die Anordnung der Fragen unter Berücksichtigung von Frageninterdependenzen war eine gewisse Spannung aufzubauen, die dazu diente die Bereitschaft der Experten zur kontinuierlich aufmerksamen Teilnahme am Interview und vor allem zur Preisgabe vertraulicher Informationen zu gewährleisten. Dies wurde beispielsweise durch sog. Eisbrecher- oder Einstiegs-, Filter- und Überleitungsfragen sowie durch zusätzliche Erläuterungen zu Vorgehen und Inhalt des Experteninterviews erreicht.

Die inhaltliche Strukturierung bzw. der Aufbau des Interviewleitfadens erfolgte nicht nur entsprechend der formulierten Zielsetzung und Inhalte dieser Untersuchung, sondern auch unter Berücksichtigung der sozialen Interaktionssituation zwischen dem zu

---

977 Vgl. z. B. ATTESLANDER, P. (2010), S. 144ff.; SCHNELL, R./HILL, P. B./ESSER, E. (2008), S. 325ff.

978 Vgl. z. B. DIEKMANN, A. (2007), S. 410ff.; MÖHRING, W./SCHLÜTZ, D. (2003), S. 27 und S. 73ff.; SCHNELL, R./HILL, P. B./ESSER, E. (2008), S. 335ff.; SIMMONS, R. (2008), S. 194ff.

979 Vgl. z. B. DIEKMANN, A. (2007), S. 414ff.; MAYER, H. O. (2009), S. 94ff.; MÖHRING, W./ SCHLÜTZ, D. (2003), S. 118ff.

befragenden Experten und dem Interviewer.[980] Demnach gliederte sich der Interviewleitfaden in vier Teile. Im ersten Teil „Einleitung" wurden nach Begrüßung und Vorstellung kurz Inhalt, Ablauf und Dauer der Studie sowie des Experteninterviews erläutert und dem Experten die strenge Vertraulichkeit des Interviews sowie dessen geschützte Dokumentation und anonyme Auswertung zugesichert. Dieser Teil diente vorwiegend der Bestimmung der gegenseitigen Erwartungshaltung und der Schaffung einer konstruktiven und vertrauensvollen Gesprächsatmosphäre.[981] Anschließend erfolgte im zweiten Teil „Befragung zum tatsächlichen Vorgehen" eine ausführliche Untersuchung der Operationalisierung von M&A-Erfolg und des Controllings im Zusammenhang mit dem zu untersuchenden M&A-Projekt.[982] Dieser Teil bildete den Kern der Befragung und diente der deskriptiven Erfassung der Ist-Situation bezüglich der zu untersuchenden Fragestellungen. Im dritten Teil „Diskussion von Herausforderungen und Verbesserungsmöglichkeiten" wurde offen nach Verbesserungspotenzialen aus der individuellen Sicht der Experten gefragt, um eine Soll-Situation aus Sicht der Unternehmenspraxis zu ermitteln. Der abschließende vierte Teil „Allgemeine Angaben und Gesprächsabschluss" diente vorwiegend der Klärung offener Fragen und einem konstruktiven Gesprächsabschluss, der auch ggf. notwendige Rückfragen nach dem Interview ermöglichen sollte. Hierbei sollten durch den Interviewer jedoch auch fehlende allgemeine Angaben hinsichtlich des zu untersuchenden M&A-Projektes, der beteiligten Unternehmen sowie des Experten ermittelt und die Interviewsituation abschließend beurteilt werden.[983] Der Interviewleitfaden enthielt daher auch, ähnlich einem Interviewprotokollbogen, einen Bereich für Angaben zum Interviewpartner, zur Interviewsituation und für die Überprüfung notwendiger Genehmigungen durch den Interviewpartner.[984]

Die Länge des Interviewleitfadens richtete sich nicht nur nach den zu untersuchenden Fragestellungen, sondern wurde auch durch die begrenzte Dauer des Experteninterviews limitiert. Um eine besonders umfang- und ertragreiche Datenerhebung durchführen zu

---

980 Vgl. MÖHRING, W./SCHLÜTZ, D. (2003), S. 120ff.; NOELLE-NEUMANN, E./PETERSEN, T. (2005), S. 120ff.

981 Hier lassen sich zudem beiläufig offene Fragen zum M&A-Projekt im Allgemeinen, zur Rolle des Experten sowie dessen individuellem beruflichen Hintergrund klären.

982 Zu den genauen Inhalten des Interviewleitfadens sei noch einmal auf die Ausführungen in Kap. 5.1 sowie den in Anhang 2 aufgeführten Interviewleitfaden verwiesen.

983 Aufgrund der nur begrenzt verfügbaren Interviewzeit sollte dies jedoch möglichst vor oder auch nach einem Interview erfolgen.

984 Vgl. ähnlich HELFFERICH, C. (2005), S. 172 und S. 181.

können, war es von Bedeutung, dem kritischen Faktor Zeit ausreichend Rechnung zu tragen. Um zum einen eine ausreichende Anzahl an Experten aus der Unternehmenspraxis für die Interviews zu gewinnen und um zum anderen eine ausreichende Konzentration auf Seiten der Experten und des Interviewers während der Interviews sicherzustellen, sollte die Interviewdauer grundsätzlich möglichst kurz gehalten werden und orientierte sich bei dieser Untersuchung an einem Richtwert von 60 Minuten.[985]

Vor Beginn der eigentlichen Datenerhebung wurde der Interviewleitfaden einem Pre-Test unterzogen.[986] Hierfür wurden fünf Probeinterviews mit Unternehmensberatern weltweit führender Strategie- und Umsetzungsberatungen durchgeführt, welche aufgrund ihrer individuellen M&A-bezogenen Erfahrung und Fachkompetenz auch als Experten angesehen werden können,[987] jedoch die zu untersuchende Basisstichprobe nicht weiter reduzierten. Der durchgeführte Pre-Test diente vor allem der Überprüfung und anschließenden Optimierung der Verständlichkeit der Fragen, der Eindeutigkeit und Vollständigkeit der Antwortvorgaben sowie des inhaltlichen, motivationalen und zeitlichen Befragungsablaufs, aber auch dem Interviewertraining.[988]

5.2.3 Datengewinnung

Die erfolgreiche Datengewinnung erfordert in der Regel ein genau geplantes mehrstufiges Vorgehen (vgl. Abb. 40). Durch eine sorgfältige Vorbereitung, Durchführung und Nachbereitung der eigentlichen Datenerhebung kann eine ausreichende Qualität und Aussagekraft der empirischen Untersuchungsergebnisse sichergestellt werden.

Zur Datengewinnung sollte auf Basis der erkenntnisbezogen ermittelten Basisstichprobe eine möglichst große und diverse Stichprobe für die tatsächliche Befragung realisiert werden. Wie bei Experteninterviews üblich, sind dazu viele Kontakte notwendig, und es können insbesondere etablierte berufliche oder persönliche Kontakte sehr hilfreich

---

985 Vgl. ATTESLANDER, P. (2010), S. 135; FRIEDRICHS, J. (1990), S. 214; ähnlich DIEKMANN, A. (2007), S. 399; SCHNELL, R./HILL, P. B./ESSER, E. (2008), S. 346, die alle von 60 bis maximal 90 Minuten ausgehen.

986 Vgl. allg. zu Varianten, Inhalten und Aufgaben eines Pre-Tests auch MÖHRING, W./SCHLÜTZ, D. (2003), S. 185; SCHNELL, R./HILL, P. B./ESSER, E. (2008), S. 347ff.

987 Vgl. z. B. die empirischen Untersuchungen von BARK, C./KÖTZLE, A. (2003), insb. S. 138; SCHEWE, G./GERDS, J. (2001), insb. S. 82; ZOLLO, M./MEIER, D. (2008), insb. S. 63.

988 Vgl. auch DIEKMANN, A. (2007), S. 415f.; MAYER, H. O. (2009), S. 45 und S. 98.

sein.[989] Aus diesem Grund wurden zunächst die etablierten Kontakte des Untersuchungsteams zu den strategischen Investoren der Basisstichprobe und deren M&A-Projektverantwortlichen überprüft. Zusätzlich wurde versucht, über die jeweiligen Unternehmenswebsites, M&A-nahe Unternehmensverbände, M&A-bezogene Fachpublikationen sowie durch telefonische Anfragen bei den strategischen Investoren der Basisstichprobe potenzielle Befragungsteilnehmer zu identifizieren. Besondere Herausforderungen bestanden dabei darin, dass M&A-Projektverantwortliche unterschiedlichen Bereichen der Unternehmensorganisation entstammen können, nur eine begrenzte Auskunftsbereitschaft der Unternehmen aus Furcht vor Personalabwerbungen besteht und M&A-Projektverantwortliche grundsätzlich hochgradig flexible Arbeitsplätze und -zeiten haben.[990]

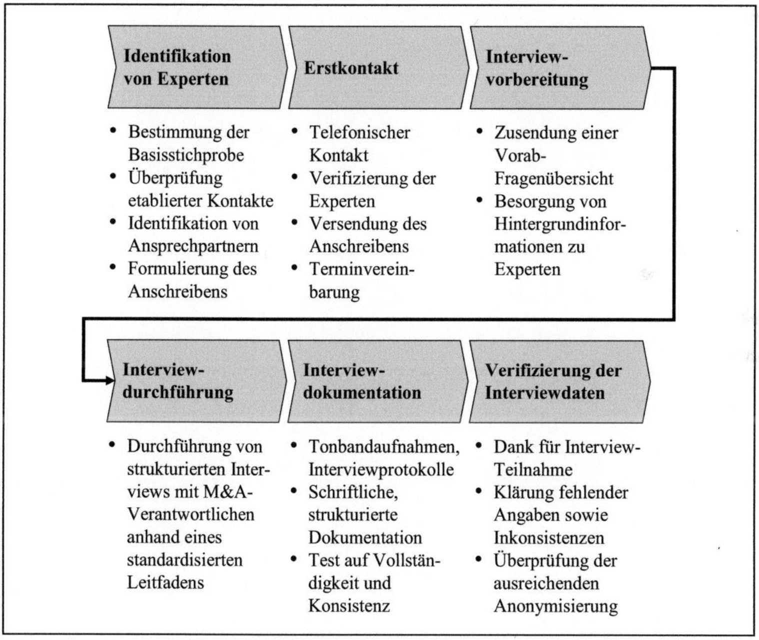

Abb. 40: Mehrstufiges Vorgehen zur Datengewinnung
(Quelle: Eigene Darstellung)

---

989 Vgl. BARK, C./KÖTZLE, A. (2003), S. 138; MARTENS, B. (2008), S. 61.

990 Vgl. ähnlich BACHMANN, C. W. R. (2001), S. 17; MARTENS, B. (2008), S. 61f.

Der Erstkontakt zu den strategischen Investoren bzw. deren M&A-Projektverantwortlichen erfolgte in der Regel telefonisch oder per Post. Um die Akzeptanz der Studie zu erhöhen, erhielten alle potenziellen Befragungsteilnehmer je nach Wunsch per Post oder E-Mail ein individuelles Anschreiben mit einer Kurzvorstellung der empirischen Untersuchung und dem Angebot, nach Abschluss der empirischen Studie den Auswertungsbericht zu erhalten.[991] Teilweise hatten die M&A-Projektverantwortlichen den strategischen Investor jedoch sogar bereits verlassen und waren daher weder auskunftsbefugt noch -gewillt. Des Weiteren lehnten einige Unternehmen die Teilnahme an der empirischen Untersuchung unter Verweis auf die Vertraulichkeit der abzufragenden Daten[992] oder auch begrenzte personelle Ressourcen ab. Dies unterstreicht die Brisanz und Relevanz der in dieser Arbeit betrachteten Fragestellungen. Nichtsdestotrotz erklärten sich Experten von 16 der identifizierten 33 strategischen Investoren der Basisstichprobe zur Teilnahme an der empirischen Untersuchung bereit, was einer verhältnismäßig hohen Ausschöpfungsquote von 48,5 Prozent entspricht (vgl. für eine Übersicht der teilnehmenden strategischen Investoren und der jeweiligen Übernahmeobjekte Tab. 14). Fünf der teilnehmenden 16 Unternehmen stellten nicht nur einen, sondern zwei Experten für ein gemeinsames Interview zur Verfügung.[993]

Nach einer in der Regel telefonischen Terminvereinbarung, die teilweise auch für ein Vorgespräch über die zu erwartenden Interviewinhalte genutzt werden konnte, wurde an die Experten per Post oder E-Mail eine Terminbestätigung versandt. Dieser wurde eine Fragenübersicht beigefügt, um die Experten vorab über die Interviewinhalte zu informieren und diesen ggf. eine Vorbereitung auf das Experteninterview zu ermöglichen.[994] Eine weitergehende Vorbereitung auf Seiten des Interviewers erfolgte durch die Besor-

---

[991] Vgl. ein ähnliches Vorgehen bei MARTENS, B. (2008), S. 61; REIßNER, S. (1992), S. 25. Ein exemplarisches erstes Anschreiben ist in Anhang 3 dieser Arbeit aufgeführt.

[992] Vgl. EULERICH, M. (2009), S. 79, der auf das gleiche Problem im Rahmen seiner empirischen Studie hinweist.

[993] Von einer wahrheitsverzerrenden Beeinflussung des Antwortverhaltens kann hierbei nicht ausgegangen werden. Vielmehr konnten inhaltlich umfangreichere und präzisere Antworten erwartet werden. Zu Auswertungszwecken wurde im Fall zweier Interviewpartner im selben Interview von einem Experten ausgegangen.

[994] Eine exemplarische Terminbestätigung ist in Anhang 5, die Vorab-Fragenübersicht in Anhang 6 dieser Arbeit aufgeführt.

gung zusätzlicher Hintergrundinformationen zum zu untersuchenden M&A-Projekt sowie zum zu befragenden Experten.[995]

Strategischer Investor	**Übernahmeobjekt**
(anonym)	(anonym)
BASF SE	Ciba Specialty Chemicals Holding Inc.
Commerzbank AG	Bank Forum OAO
Deutsche Bank AG	Berliner Bank Niederlassung der Landesbank Berlin AG
Deutsche Lufthansa AG	(anonym)
Deutsche Post AG	Exel plc
Deutsche Telekom AG	OTE Hellenic Telecommunications Organization S.A.
Henkel KGaA	National Starch & Chemical Co (Adhesives and electronic materials businesses)
KarstadtQuelle AG/Thomas Cook Group plc	MyTravel Group plc
MAN AG	Volkswagen Caminhoes e Unibus Industria e Comercio de Veiculos Comerciais Ltda (VW Truck & Bus)
Merck KGaA	Serono S.A.
Münchener Rückversicherungsgesellschaft AG	HSB Group Inc. (Hartford Steam Boiler)
Norddeutsche Affinerie AG/Aurubis AG	Cumerio NA/SA
Siemens AG	CTI Molecular Imaging Inc.
Software AG	webMethods Inc.
TUI AG	First Choice Holidays plc

Tab. 14: Übersicht der befragten strategischen Investoren und jeweilige Übernahmeobjekte[996] (Quelle: Eigene Darstellung)

Die eigentliche Durchführung der insgesamt 16 teilstrukturierten Experteninterviews erfolgte im Zeitraum von Mai bis August 2009 grundsätzlich persönlich vor Ort in den Geschäftsräumen der befragten Experten. In lediglich zwei räumlich und terminlich begründeten Ausnahmefällen fanden die Interviews nach hinreichender Vorbereitung und auf Basis eines ausreichend vorab etablierten Vertrauensverhältnisses zwischen den Interviewpartnern telefonisch statt.[997] Sämtliche Interviews wurden vom gleichen Interviewer anhand des formulierten standardisierten Interviewleitfadens durchgeführt.[998] Die flexible Handhabung des Interviewleitfadens konnte durch eine Tonbandaufnahme

995 In diesem Zusammenhang wurden vom Interviewer bereits vor dem Interview die allgemeinen Angaben hinsichtlich des zu untersuchenden M&A-Projektes, der beteiligten Unternehmen sowie des zu befragenden Experten so weit wie möglich ermittelt.

996 Da zwei Experten eine unterschiedlich weit gehende Anonymisierung des untersuchten M&A-Projektes wünschten, wurde hier jeweils als Platzhalter „(anonym)“ eingefügt. In Anhang 4 sind alle befragten Experten sowie deren jeweilige Position im Unternehmen aufgeführt.

997 Vgl. auch die Ausführungen zu persönlichen und telefonischen Experteninterviews in Kap. 5.2.1 dieser Arbeit.

998 Vgl. ein ähnliches Vorgehen bei REIßNER, S. (1992), S. 27.

in drei Vierteln aller Interviews erleichtert werden.[999] Unter anderem durch Zusicherung der Vertraulichkeit der Interviewangaben und der Anonymität der Auswertung konnte eine konstruktive und vertrauensvolle Gesprächsatmosphäre geschaffen werden.[1000] Die geplante Dauer der Interviews von jeweils 60 Minuten wurde bei der Mehrzahl der Interviews aufgrund des besonderen Interesses der Experten überschritten und umfasste bis zu 90 Minuten.

Im Rahmen der Interviewdokumentation, welche jeweils direkt im Anschluss an die einzelnen Interviews erfolgte, wurden auf Basis von zwölf Tonbandaufnahmen sowie vier aus dem Gedächtnis ergänzten Interviewprotokollen die Interviewdaten schriftlich strukturiert festgehalten und auf Vollständigkeit und Konsistenz überprüft. Anschließend wurden in Einzelfällen fehlende oder inhaltlich inkonsistente Angaben nachträglich mit den Experten geklärt. Zusätzlich wurde nach Auswertung der Interviewdaten und Zusammenfassung der Befragungsergebnisse auf Wunsch von und in Absprache mit zwei befragten Experten die ausreichende Anonymisierung der Interviewergebnisse noch einmal vor Veröffentlichung des Auswertungsberichts überprüft.

5.2.4 Dokumentations- und Auswertungsmethodik

Zur Dokumentation der Interviewdaten von Experteninterviews ist grundsätzlich keine umfassende Transkription notwendig.[1001] Zur Beweisführung wurden die mehrheitlich erfolgte Tonbandaufnahme und die Erstellung von Interviewprotokollen als ausreichend erachtet. Alle Interviewdaten wurden inhaltsgetreu schriftlich und elektronisch mit Hilfe des Programms Microsoft Excel erfasst und entsprechend des standardisierten Interviewleitfadens strukturiert bzw. kategorisiert.

Die Interviewdaten wurden sowohl quantitativ als auch qualitativ ausgewertet. Hierzu wurden zunächst verhältnismäßig einfache Verfahren der deskriptiven Statistik, wie z. B. Häufigkeitsverteilungen und Durchschnittsbildungen, eingesetzt und um qualitativ-deskriptive Aussagenkategorisierungen ergänzt.[1002] Die Deskription, d. h. die genaue

---

999 Vgl. empfehlend MAYER, H. O. (2009), S. 47. Bei den übrigen Interviews verweigerten die Experten die Tonbandaufnahme unter Hinweis auf die Vertraulichkeit der Informationen.

1000 Vgl. MAYER, H. O. (2009), S. 46.

1001 Vgl. MEUSER, M./NAGEL, U. (1991), S. 455.

1002 Vgl. ähnlich ENGEL, T./BEHR, M. (2008), S. 90.

und angemessene Beschreibung des Untersuchungsgegenstandes, ist grundsätzlich besonderes Anliegen qualitativ orientierter Forschung.[1003] Hierbei wurden neben allgemeinen Angaben zunächst das tatsächliche und das gewünschte Vorgehen in der Unternehmenspraxis in Bezug auf die Operationalisierung von M&A-Erfolg und das Controlling von M&A-Projekten umfassend beschrieben und das Überindividuell-Gemeinsame extrahiert.[1004]

Anschließend wurden die empirischen Interviewergebnisse qualitativ mit dem in dieser Arbeit vorwiegend literaturgeleitet entwickelten Ansatz zum prozess- und wertorientierten Controlling von M&A-Projekten verglichen. Ziel war es, nicht nur Gestaltungsempfehlungen für die Unternehmenspraxis, sondern anschließend auch Empfehlungen für die weitere Forschung abzuleiten.

5.3 Ergebnisse der empirischen Untersuchung

Im Folgenden wird die deskriptive Analyse der mittels der Experteninterviews erhobenen Daten durchgeführt. Abweichend vom Aufbau des Interviewleitfadens werden zur Einordnung der Untersuchung zunächst die allgemeinen Angaben hinsichtlich der untersuchten M&A-Projekte dargestellt (vgl. Kap. 5.3.1). Anschließend erfolgt – nun wieder entsprechend des Aufbaus des Interviewleitfadens – eine umfassende Beschreibung der tatsächlichen Operationalisierung von M&A-Erfolg (vgl. Kap. 5.3.2) und der Ausgestaltung des Controllings (vgl. Kap. 5.3.3) in den untersuchten M&A-Projekten. Daran anknüpfend werden die von den befragten Experten vorgeschlagenen Verbesserungsmöglichkeiten aufgezeigt (vgl. Kap. 5.3.4). Abschließend werden die wesentlichen Ergebnisse der empirischen Untersuchung noch einmal kurz zusammengefasst (vgl. Kap. 5.3.5).

5.3.1 Allgemeine Angaben

Die allgemeinen Angaben hinsichtlich der untersuchten M&A-Projekte wurden so weit wie möglich im Vorfeld der eigentlichen Befragung durch eine Analyse öffentlich

---

1003 Vgl. MAYRING, P. (2002), S. 85.

1004 Vgl. zu Letzterem als Auswertungsziel von Experteninterviews auch MEUSER, M./NAGEL, U. (1991), S. 452.

zugänglicher Unternehmensquellen, wie z. B. Unternehmenswebsites und publizierte Jahresabschlüsse, erhoben. Im Rahmen der Interaktion mit den befragten Experten und anderen Mitarbeitern der strategischen Investoren vor, während und nach dem eigentlichen Interview, wurden einzelne Angaben lediglich verifiziert und fehlende Angaben ergänzt. Hierbei wurden Angaben zu den strategischen Investoren (vgl. Kap. 5.3.1.1), zu den Übernahmeobjekten (vgl. Kap. 5.3.1.2) und zu den M&A-Transaktionen (vgl. Kap. 5.3.1.3) unterschieden.

5.3.1.1 Strategische Investoren

Hinsichtlich der strategischen Investoren wurden folgende Angaben als für die Gesamteinordnung der empirischen Untersuchung relevant angesehen:

a) Firmensitz,

b) Börsennotierung,

c) Branchenzugehörigkeit,

d) Unternehmensgröße.

Ad a) Firmensitz

Der Firmensitz aller an der empirischen Untersuchung teilnehmenden strategischen Investoren (100 %, absolute Häufigkeit (h) = 16) befand sich aufgrund der in dieser Arbeit vorgenommenen Abgrenzung in Deutschland.[1005] Ausnahmen wurden nicht zugelassen.

Ad b) Börsennotierung

Alle strategischen Investoren (100 %, h = 16) waren zum Ankündigungszeitpunkt der M&A-Transaktion an der Deutschen Börse notiert.[1006] Der überwiegende Teil davon (81,3 %, h = 13) gehörte dem DAX an, nur wenige Unternehmen waren im MDAX (12,5 %, h = 2) oder im TecDAX (6,3 %, h = 1) gelistet (vgl. Abb. 41).[1007]

1005 Vgl. die entsprechenden Ausführungen in Kap. 2.2.1 dieser Arbeit.

1006 Vgl. die entsprechenden Ausführungen in Kap. 2.2.1 dieser Arbeit.

1007 Die ausgewiesenen prozentualen Anteile ergeben hier und teilweise auch im Folgenden der Auswertung dieser empirischen Untersuchung aufgrund von zu vernachlässigenden Rundungsdifferenzen nicht 100 Prozent.

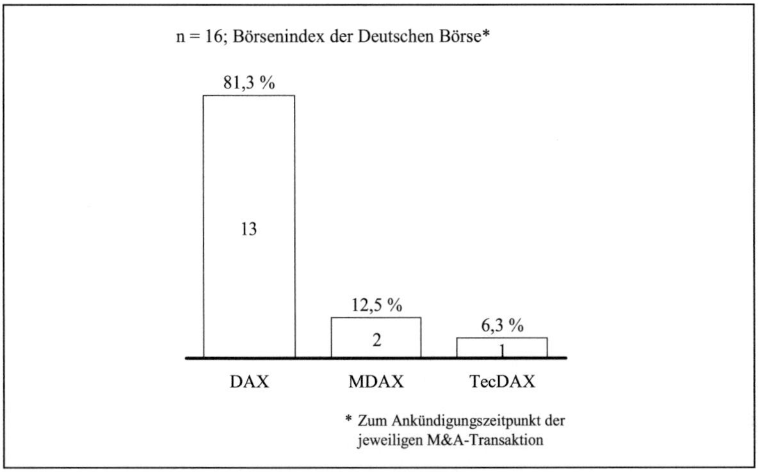

Abb. 41: Börsennotierung der strategischen Investoren[1008]
(Quelle: Eigene Darstellung)

Ad c) Branchenzugehörigkeit

Zur Klassifizierung der Branchenzugehörigkeit wurden die neun Supersektoren der Deutschen Börse gewählt. Über die Hälfte der strategischen Investoren (56,3 %, h = 9) konnten den Supersektoren „*Industrials*" (31,3 %, h = 5) sowie „*Finance, Insurance and Real Estate*" (25,0 %, h = 4) zugeordnet werden (vgl. Abb. 42). Die restlichen Unternehmen verteilen sich auf die Supersektoren „*Basic Materials*" (12,5 %, h = 2), „*Consumer Goods*", „*Consumer Services*", „*Information Technology*", „*Pharma and Healthcare*" und „*Telecommunication*" (jeweils 6,3 %, h = 1). Mit Ausnahme des Sektors „*Utilities*" waren somit alle Supersektoren der Deutschen Börse in der Stichprobe vertreten.

1008 „n" bezeichnet hier und im Folgenden den Stichprobenumfang.

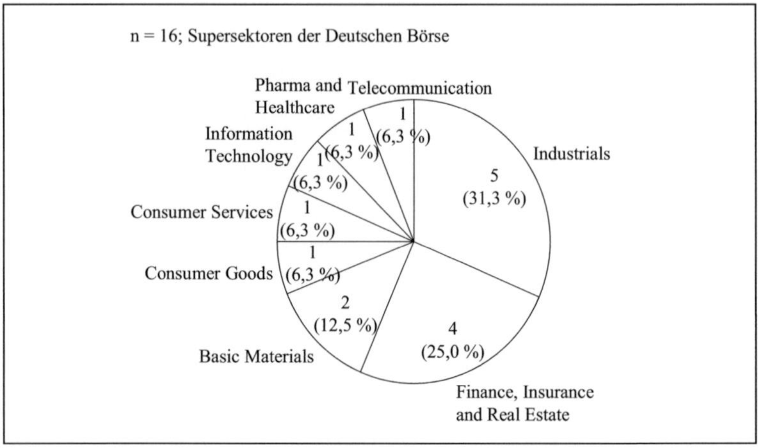

Abb. 42: Branchenzugehörigkeit der strategischen Investoren (Quelle: Eigene Darstellung)

Ad d) Unternehmensgröße

Als Anhaltspunkte für die Unternehmensgröße des strategischen Investors wurden Umsatz, Zahl der Mitarbeiter und Marktkapitalisierung des Unternehmens herangezogen. Demzufolge wurde erhoben, dass im Jahr vor der Ankündigung der jeweiligen M&A-Transaktion ein Großteil der strategischen Investoren (68,8 %, h = 11) einen Umsatz von über 10 Milliarden Euro generierte (vgl. Abb. 43). Lediglich ein strategischer Investor (6,3 %, h = 1) erzielte einen Umsatz von weniger als einer Milliarde Euro. Für zwei strategische Investoren (12,5 %, h = 2), die dem Supersektor „*Finance, Insurance and Real Estate*“ angehören, konnten keine vergleichbaren Angaben zu Umsätzen gemacht werden.

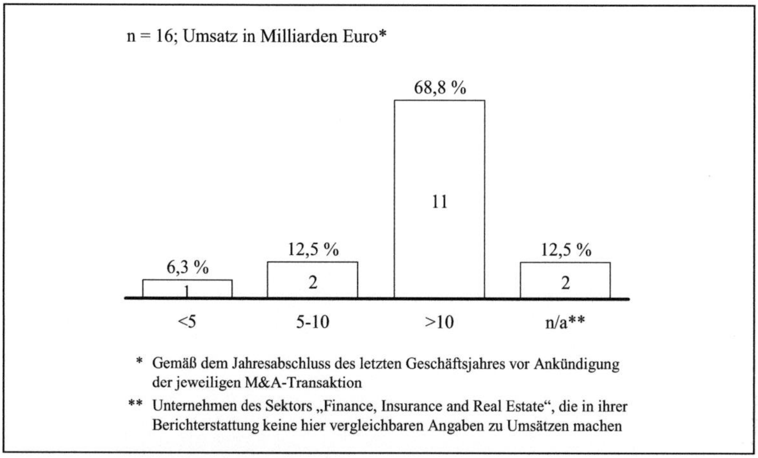

Abb. 43: Umsatz der strategischen Investoren (Quelle: Eigene Darstellung)

Als weiterer Indikator für die Unternehmensgröße diente die Anzahl der Mitarbeiter des strategischen Investors zum Ende des Geschäftsjahres, welches der Ankündigung der jeweiligen M&A-Transaktion voranging. Hierbei wurde ersichtlich, dass es sich bei den strategischen Investoren gemäß der Mitarbeiterzahl um sehr große Unternehmen handelte (vgl. ausführlicher Abb. 44). So beschäftigten diese Unternehmen größtenteils (87,5 %, h = 14) mehr als 25.000 Mitarbeiter.

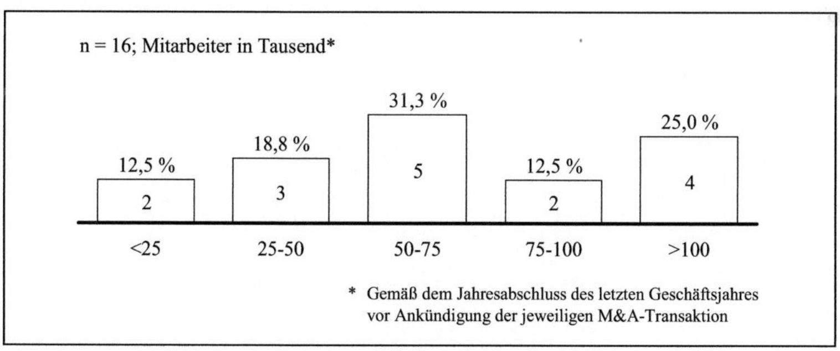

Abb. 44: Anzahl der Mitarbeiter der strategischen Investoren (Quelle: Eigene Darstellung)

Auch bei Betrachtung der Marktkapitalisierung am Stichtag des letzten Geschäftsjahres vor Ankündigung der jeweiligen M&A-Transaktion sind die strategischen Investoren als sehr große Unternehmen zu bezeichnen (vgl. ausführlicher Abb. 45). So betrug der

Börsenwert der strategischen Investoren größtenteils (87,5 %, h = 14) mehr als zwei Milliarden Euro. Es handelt sich demnach bei den erwerbenden Unternehmen fast ausschließlich um sog. „*Large Cap*"-Unternehmen gemäß der Klassifizierung der Deutschen Vereinigung für Finanzanalyse und Asset Management.[1009]

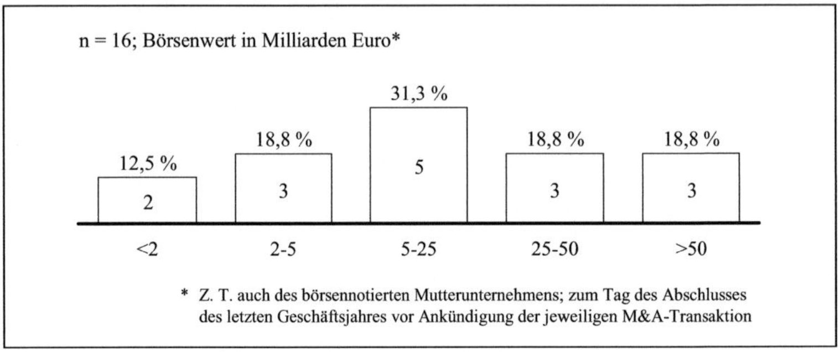

Abb. 45: Marktkapitalisierung der strategischen Investoren (Quelle: Eigene Darstellung)

5.3.1.2 Übernahmeobjekte

Zur Charakterisierung der Übernahmeobjekte wurden folgende Angaben als relevant angesehen und vorab erhoben:

a) Firmensitz,

b) Börsennotierung,

c) Branchenzugehörigkeit.

Ad a) Firmensitz

Der Firmensitz von lediglich zwei im Rahmen der jeweiligen M&A-Transaktion erworbenen Übernahmeobjekten (12,5 %, h = 2) befand sich zum Ankündigungszeitpunkt der jeweiligen M&A-Transaktion in Deutschland (vgl. Abb. 46). Der Rest der Übernahmeobjekte (87,5 %, h = 14) hatte den jeweiligen Firmensitz außerhalb Deutschlands: in den USA (25,0 %, h = 4), in Großbritannien und der Schweiz (jeweils 18,8 %, h = 3) sowie in Belgien, Brasilien, Griechenland und der Ukraine (jeweils 6,3 %, h = 1). Dies bedeu-

---

[1009] Vgl. OETKEN, P./FRANK, R. (2009), S. 8.

tet, dass die M&A-Transaktionen der per Definition deutschen strategischen Investoren vorwiegend grenzüberschreitend waren.

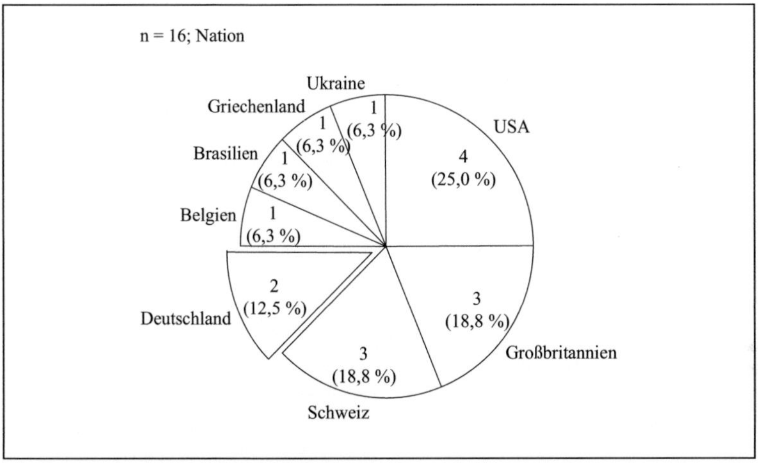

Abb. 46: Firmensitz der Übernahmeobjekte
(Quelle: Eigene Darstellung)

Ad b) Börsennotierung

Der Großteil der Übernahmeobjekte (62,5 %, h = 10) war zum Ankündigungszeitpunkt börsennotiert (vgl. Abb. 47). Der Rest (37,5 %, h = 6) war dies nicht, jedoch gehörten zwei Drittel dieser nicht börsennotierten Übernahmeobjekte (25,0 %, h = 4) unmittelbar vor dem Erwerb durch den jeweiligen strategischen Investor zum Konzern eines börsennotierten Mutterunternehmens.

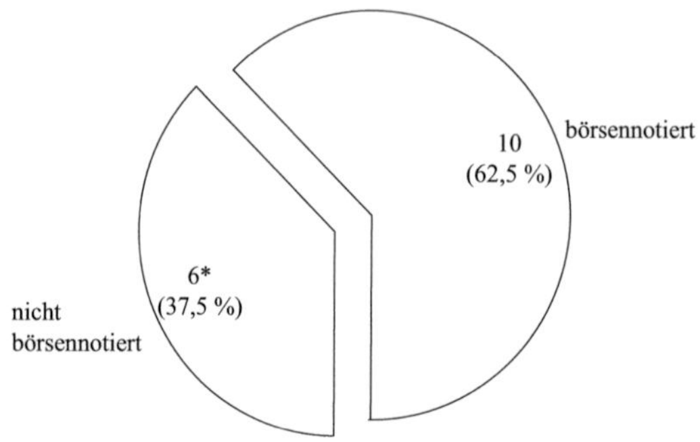

* Vier der sechs nicht börsennotierten Unternehmen (~25,0 % der Basisstichprobe) gehörten vor dem Erwerb einem börsennotierten Mutterunternehmen an.

Abb. 47: Börsennotierung der Übernahmeobjekte
(Quelle: Eigene Darstellung)

Ad c) Branchenzugehörigkeit

Zur Klassifizierung der Branchenzugehörigkeit wurden ebenfalls die neun Supersektoren der Deutschen Börse genutzt. Mehr als die Hälfte der Übernahmeobjekte (62,5 %, h = 10) konnten den Supersektoren „*Industrials*" (37,5 %, h = 6) sowie „*Finance, Insurance and Real Estate*" (25,0 %, h = 4) zugeordnet werden (vgl. Abb. 48). Die restlichen Unternehmen verteilen sich auf die Supersektoren „*Basic Materials*" (12,5 %, h = 2), „*Consumer Goods*", „*Information Technology*", „*Pharma and Healthcare*" und „*Telecommunication*" (jeweils 6,3 %, h = 1). Die Branchenzugehörigkeit der Übernahmeobjekte und der strategischen Investoren war de facto identisch.[1010]

[1010] Der Unterschied der Branchenzugehörigkeit in einem Fall erklärt sich durch eine vom strategischen Investor abweichende Branchenzugehörigkeit dessen börsennotierten Mutterunternehmens.

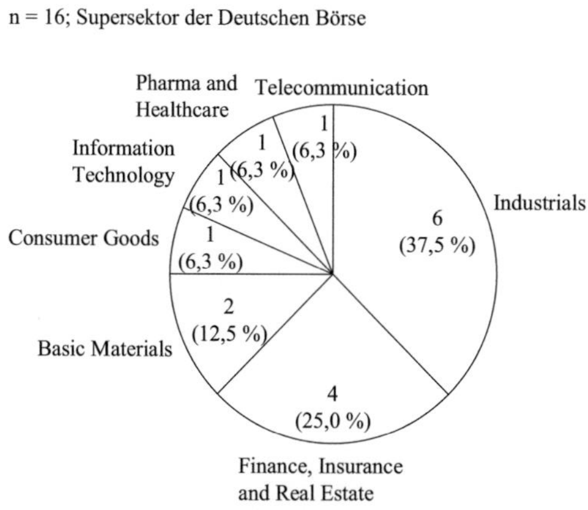

Abb. 48: Branchenzugehörigkeit der Übernahmeobjekte (Quelle: Eigene Darstellung)

5.3.1.3 M&A-Transaktionen

Zur allgemeinen Erschließung von Größe, Bedeutung und Komplexität der untersuchten M&A-Transaktionen wurden folgende Angaben erfasst:

a) Transaktionswert,

b) Beteiligungsquote (Kapitalanteil),

c) Umfang der Integration,

d) Zeitpunkt der Ankündigung und des formalen Abschlusses.

Ad a) Transaktionswert

Entsprechend des festgelegten Untersuchungsdesigns wurden grundsätzlich nur M&A-Transaktionen mit einem Transaktionswert von größer einer halben Milliarde US-Dollar zum Ankündigungszeitpunkt der jeweiligen M&A-Transaktion betrachtet.[1011] Der Großteil der M&A-Transaktionen (62,5 %, h = 10) hatte einen Wert von über einer Milliarde US-Dollar, einige (18,8 %, h = 3) sogar einen Wert von über fünf Milliarden US-Dollar (vgl. ausführlicher Abb. 49).

[1011] Vgl. die Ausführungen zum Untersuchungsdesign in Kap. 5.2.2 dieser Arbeit.

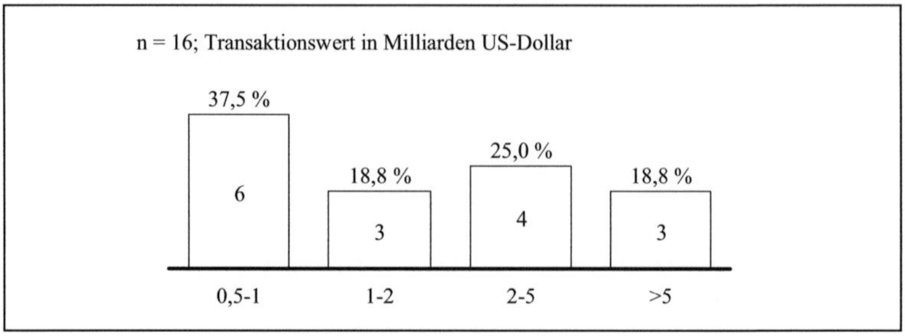

Abb. 49: Wert der M&A-Transaktionen
(Quelle: Eigene Darstellung)

Ad b) Beteiligungsquote (Kapitalanteil)

Gemäß der dieser Arbeit zugrunde liegenden Definition des M&A-Begriffs gelten nur solche Transaktionen als M&A, durch die eine Beteiligungsquote bzw. ein Kapitalanteil von über 50 Prozent realisiert und in der Folge die Managementkontrolle bzw. ein dauerhafter maßgeblicher Einfluss durch den strategischen Investor ausgeübt werden kann.[1012] Dies war mit einer Ausnahme bei allen M&A-Transaktionen (93,8 %, h = 15) der Fall (vgl. ausführlicher Abb. 50). Bei jener Ausnahme konnte zwar nur ein Kapitalanteil von unter 50 Prozent realisiert werden, jedoch war die Managementkontrolle durch ein *Shareholder Agreement* gegeben. Bei einem Großteil der M&A-Transaktionen (68,8 %, h = 11) handelte es sich um einen vollständigen (kapitalmäßigen) Erwerb des jeweiligen Übernahmeobjektes. In einigen Fällen (25,0 %, h = 4) wurden zwischen 50 und 100 Prozent der Kapitalanteile erworben.

1012 Vgl. die Ausführung zur Definition des M&A-Begriffs in Kap. 2.1 bzw. insb. Kap. 2.1.2 dieser Arbeit.

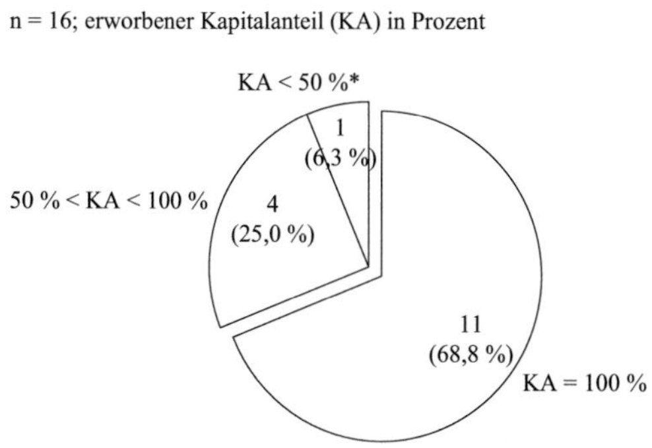

* Erlangung der Managementkontrolle und somit wesentlicher Einflussnahme über sog. Shareholder Agreement

Abb. 50: Beteiligungsquote (Kapitalanteil) der strategischen Investoren an den Übernahmeobjekten
(Quelle: Eigene Darstellung)

Ad c) Umfang der Integration

Drei Viertel der erworbenen Übernahmeobjekte (75,0 %, h = 12) wurden vollständig in die Organisation des jeweiligen strategischen Investors integriert (vgl. Abb. 51). Die übrigen Übernahmeobjekte (25,0 %, h = 4) wurden als separate Unternehmen weitergeführt, jedoch in Teilbereichen mit der Organisation des jeweiligen strategischen Investors verbunden. Dies deutet auf eine entsprechende Größe und Komplexität der durch die M&A-Transaktionen begründeten M&A-Projekte hin.

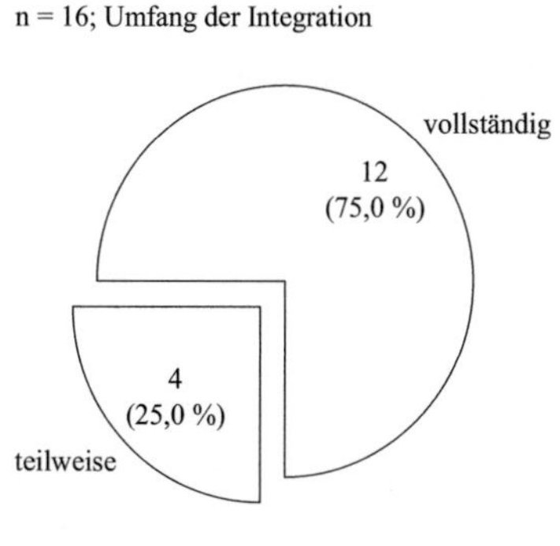

Abb. 51: Umfang der Integration der Übernahmeobjekte
(Quelle: Eigene Darstellung)

Ad d) Zeitpunkt der Ankündigung und des formalen Abschlusses

Die empirische Untersuchung wurde auf durchgeführte M&A-Transaktionen beschränkt, die in den Jahren 2004 bis einschließlich 2008 angekündigt wurden.[1013] Der Großteil der M&A-Transaktionen in der Stichprobe (68,8 %, h = 11) wurde in den letzten beiden Jahren des spezifizierten Zeitraums angekündigt (vgl. ausführlicher Abb. 52). M&A-Transaktionen, die früher als 2005 angekündigt wurden, waren nicht Gegenstand der Experteninterviews.[1014]

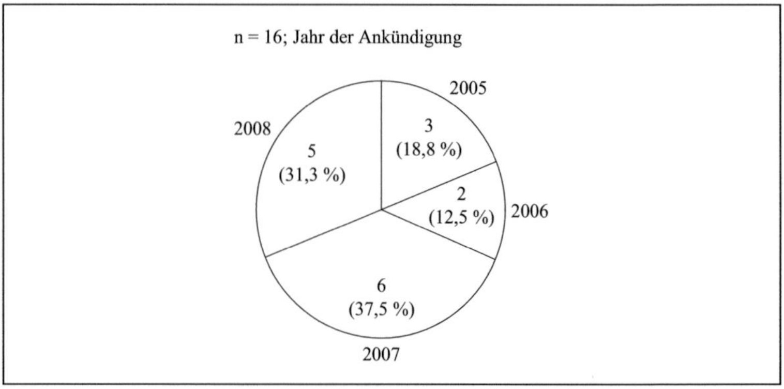

Abb. 52: Ankündigung der M&A-Transaktionen
(Quelle: Eigene Darstellung)

Die untersuchten M&A-Transaktionen wurden in den Jahren 2005 bis 2009 formal abgeschlossen (vgl. ausführlicher Abb. 53), d. h., das Closing war erfolgt und eine Integration der beteiligten Unternehmen hatte begonnen.

1013 Vgl. die Ausführungen zum Untersuchungsdesign in Kap. 5.2.2 dieser Arbeit.

1014 Zu jenen M&A-Transaktionen konnten von Seiten der strategischen Investoren keine Aussagen mehr gemacht werden bzw. hatten potenzielle Interviewpartner das jeweilige Unternehmen bereits verlassen.

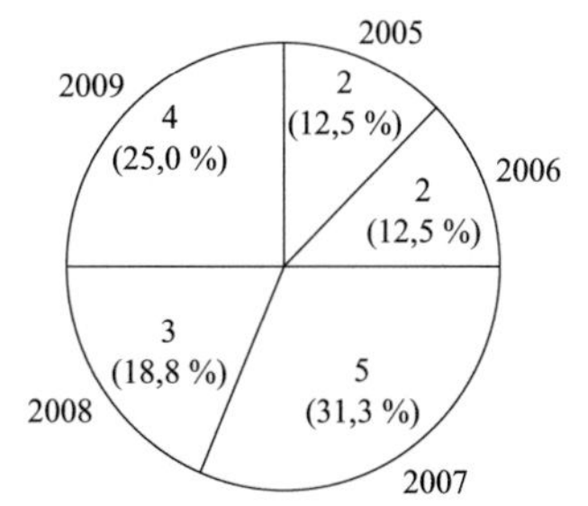

Abb. 53: Formaler Abschluss der M&A-Transaktionen (Quelle: Eigene Darstellung)

5.3.2 Operationalisierung von M&A-Projekterfolg

Im ersten Abschnitt der geführten Interviews wurden die Experten zur tatsächlichen Operationalisierung von M&A-Erfolg im Rahmen ihrer jeweiligen M&A-Projekte befragt. Ausgehend von der in dieser Arbeit festgelegten allgemeinen Definition von Erfolg als Ausmaß der Erreichung von Zielen[1015] beinhalteten die Experteninterviews grundsätzliche Unternehmensziele der strategischen Investoren (vgl. Kap. 5.3.2.1), Ziele der M&A-Projekte (vgl. Kap. 5.3.2.2), das Konzept zur Messung der Zielerreichung bzw. des Erfolgs (vgl. Kap. 5.3.2.3), Größen und Maßstäbe der Erfolgsmessung (vgl. Kap. 5.3.2.4) sowie Zeitpunkt und -raum der Erfolgsmessung (vgl. Kap. 5.3.2.5).

5.3.2.1 Grundsätzliche Unternehmensziele der strategischen Investoren

Am Anfang wurden die Experten nach den allgemeinen Unternehmenszielen des übernehmenden Unternehmens, d. h. des strategischen Investors, gefragt. Hierbei interessierte zunächst, ob ein primäres Unternehmensziel oder mehrere gleich wichtige Unternehmensziele verfolgt wurden.[1016] Die Befragung ergab, dass ein Großteil der strategischen Investoren (87,5 %, h = 14) grundsätzlich ein primäres Ziel verfolgte, während

---

[1015] Vgl. die Ausführungen zur Erfolgsdefinition in Kap. 3.1.1 dieser Arbeit.

[1016] Vgl. die Diskussion zur Orientierung an einem alleinigen Oberziel des Unternehmens in Kap. 3.1.1 dieser Arbeit.

nur wenige strategische Investoren (12,5 %, h = 2) mehrere gleich wichtige Ziele verfolgten (vgl. Abb. 54).

n = 16; Anzahl und Prozent der Nennungen; geschlossen abgefragt

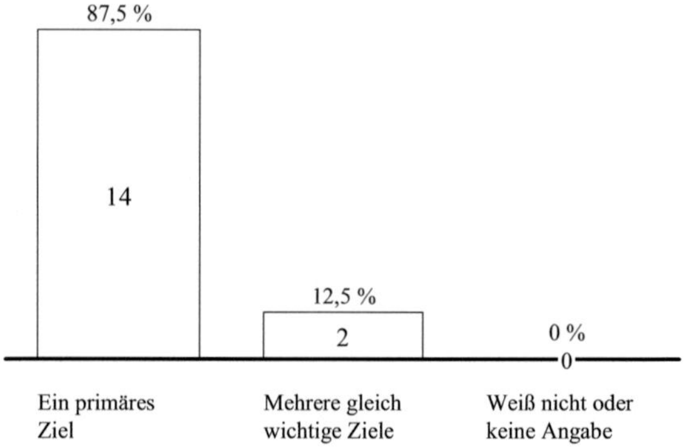

Abb. 54: Umfang grundsätzlicher Unternehmensziele der strategischen Investoren (Quelle: Eigene Darstellung)

Anschließend wurden die Experten gefragt, welches die verfolgten Unternehmensziele waren. Dies geschah für die Gruppe der strategischen Investoren, die ein primäres Unternehmensziel verfolgten (n = 14), halboffen durch Vorlesen einer Auswahlliste (inkl. einer Kategorie „Andere").[1017] Für einen Großteil der strategischen Investoren, die ein primäres Unternehmensziel verfolgten, war dieses die Unternehmenswertsteigerung (78,6 %, h = 11) (vgl. Abb. 55). Für die übrigen strategischen Investoren (21,4 %, h = 3) wurden mit „Umsatz- und Gewinnwachstum", einer „angemessenen Unternehmensrendite" und „regionaler Diversifizierung, verbunden mit der Erhöhung von Stückzahlen" jeweils andere primäre Unternehmensziele (jeweils 7,1 %, h = 1) genannt.

[1017] Vgl. zum jeweiligen Fragentyp und der genauen Frageformulierung hier und auch im Folgenden den in Anhang 2 vollumfänglich aufgeführten standardisierten Interviewleitfaden.

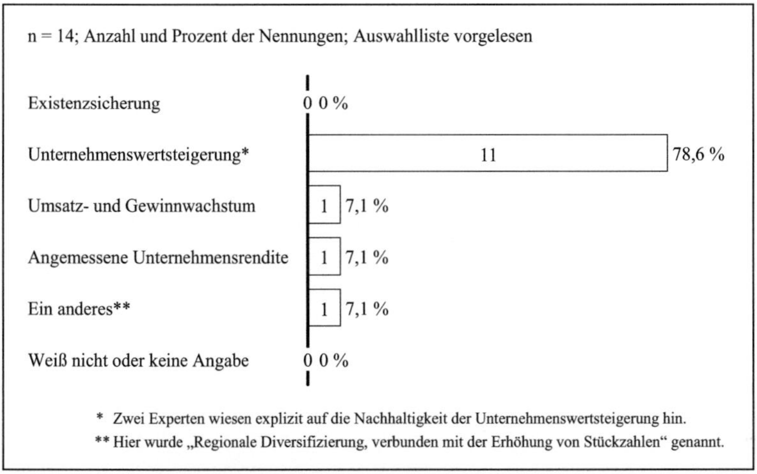

Abb. 55: Primäres Unternehmensziel der strategischen Investoren
(Quelle: Eigene Darstellung)

Auch für die beiden strategischen Investoren, die mehrere gleich wichtige Unternehmensziele verfolgten (n = 2), wurden von den nun offen befragten Experten jeweils unterschiedliche Unternehmensziele angegeben (vgl. Abb. 56). Eines dieser Ziele eines strategischen Investors war jedoch auch Unternehmenswertsteigerung (50,0 %, h = 1). Des Weiteren wurden Profitabilität, Wachstum, Diversifikation/Risikoreduktion und Kundenzufriedenheit (jeweils 50,0 %, h = 1) genannt.

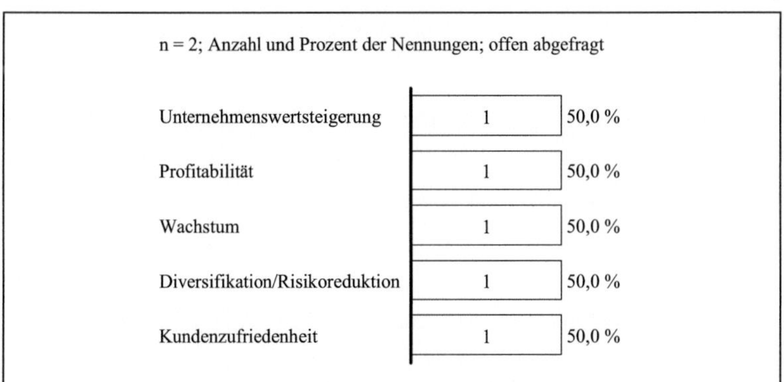

Abb. 56: Mehrere gleich wichtige Unternehmensziele der strategischen Investoren
(Quelle: Eigene Darstellung)

5.3.2.2 Ziele der M&A-Projekte

Nach der Erörterung der allgemeinen Unternehmensziele wurden die Experten gebeten, sich zu den Zielen ihres jeweiligen M&A-Projektes aus Perspektive des strategischen Investors zu äußern. Auch hier wurde zunächst gefragt, ob mit dem jeweiligen M&A-Projekt ein primäres oder mehrere gleich wichtige Ziele verfolgt wurden. Bei dem Großteil der betrachteten M&A-Projekte (68,8 %, h = 11) stand ein primäres Ziel im Fokus, bei den übrigen M&A-Projekten (31,3 %, h = 5) wurden dagegen mehrere gleich wichtige Ziele verfolgt (vgl. Abb. 57).

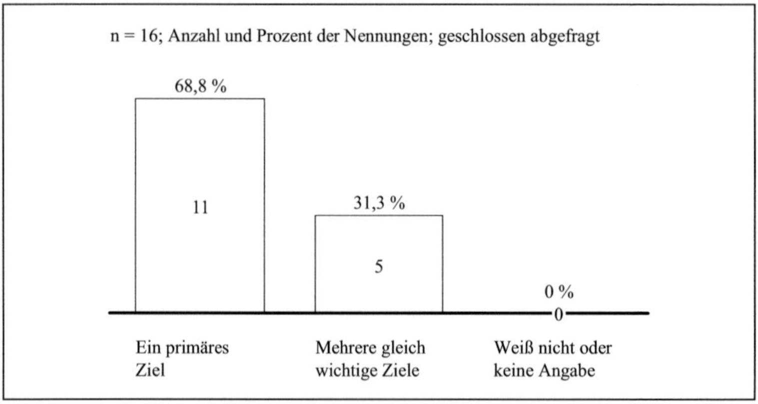

Abb. 57: Umfang der Ziele der M&A-Projekte (Quelle: Eigene Darstellung)

Nun wurden auch hier die Experten aufgefordert, die jeweiligen Ziele zu benennen. Dazu wurde eine Auswahlliste mit M&A-Zielen vorgelegt, deren Antwortkategorien aus den in dieser Arbeit vorgestellten M&A-Motivtheorien abgeleitet und um die offene Kategorie „Andere" ergänzt wurden.[1018] Bei der Gruppe derjenigen M&A-Projekte, in dessen Rahmen ein primäres Ziel verfolgt wurde (n = 11), war die Erlangung von Marktmacht bzw. die Verbesserung der Wettbewerbsposition das eindeutig häufigste Ziel (54,5 %, h = 6) (vgl. Abb. 58). Als primäres Ziel des jeweiligen M&A-Projektes wurden außerdem die Unternehmenswertsteigerung (18,2 %, h = 2) sowie die Erzielung operativer Synergien, die Diversifikation und das Wachstum (jeweils 9,1 %, h = 1) bezeichnet. Die Erzielung finanzieller Synergien, den Austausch eines ineffizienten

[1018] Vgl. die Ausführungen zu M&A-Motivtheorien in Kap. 3.2.1 dieser Arbeit sowie den in Anhang 2 aufgeführten Interviewleitfaden.

Managements, die Ausnutzung von Informations- und Bewertungsdifferenzen sowie persönliche Ziele des Managements nannte keiner der befragten Experten (0 %, h = 0).

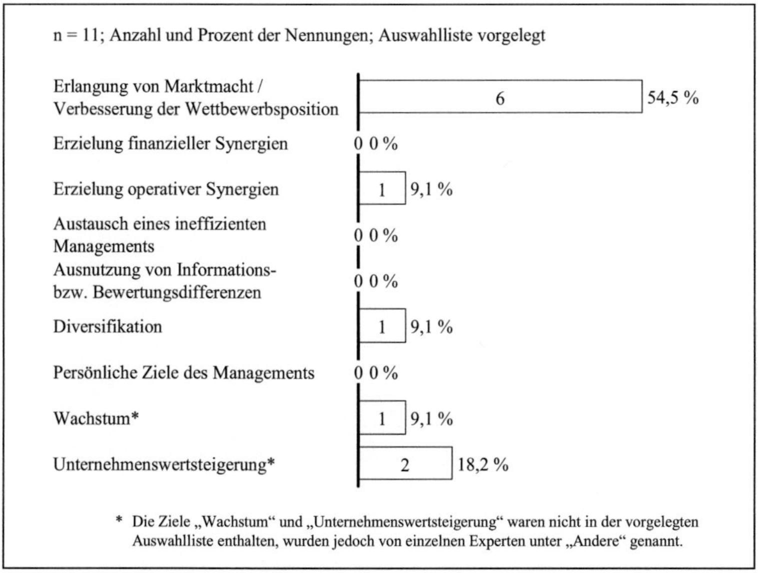

Abb. 58: Primäres Ziel der M&A-Projekte
(Quelle: Eigene Darstellung)

Bei Vorliegen mehrerer gleich wichtiger Ziele der M&A-Projekte (n = 5) war stets (100 %, h = 5) die Erlangung von Marktmacht bzw. Verbesserung der Wettbewerbsposition eines dieser Ziele (vgl. Abb. 59). Des Weiteren wurden die Erzielung operativer Synergien (60,0 %, h = 3), die Erzielung finanzieller Synergien (40,0 %, h = 2) und Diversifikation (40,0 %, h = 2) genannt sowie Wachstum (20,0 %, h = 1) zusätzlich erwähnt.

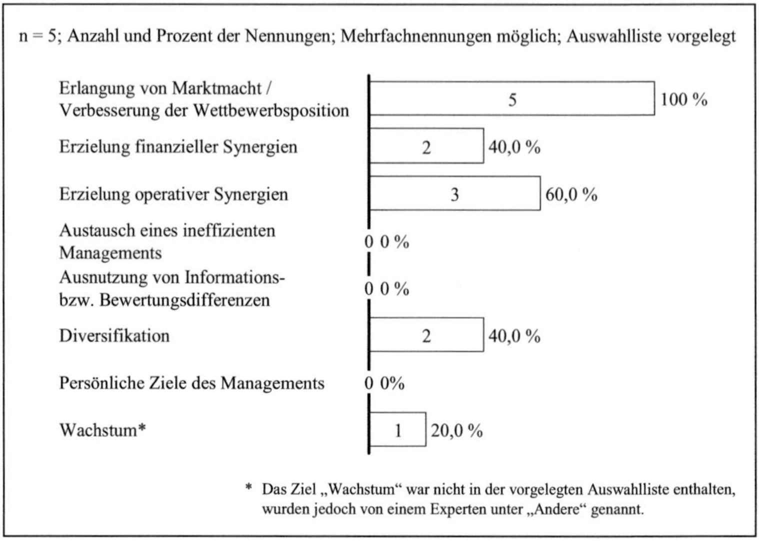

Abb. 59: Mehrere gleich wichtige Ziele der M&A-Projekte (Quelle: Eigene Darstellung)

In der Folge wurden die Experten gebeten, anhand eines vorgelegten Kurzfragebogens die Wichtigkeit der einzelnen Ziele des jeweiligen M&A-Projektes zu beurteilen.[1019] Zunächst sollten die Experten dazu anhand der zuvor genutzten Auswahlliste, welche um eine fünfstufige, ordinale Likert-Skala[1020] mit den Werten 1 für „gar nicht wichtig“ bis 5 für „sehr wichtig“ ergänzt wurde, die Bedeutung der Ziele des jeweiligen M&A-Projektes angeben. Demnach galt die Erlangung von Marktmacht bzw. Verbesserung der Wettbewerbsposition als wichtigstes Ziel der betrachteten M&A-Projekte (Mittelwert (m) = 4,67, Standardabweichung (s_x) = 0,72), gefolgt von der Erzielung operativer Synergien (m = 4,20, s_x = 0,94) (vgl. Abb. 60). Der Erzielung finanzieller Synergien (m = 3,13, s_x = 1,46) und der Diversifikation (m = 2,93, s_x = 1,46) wurde eine mittlere Wichtigkeit beigemessen. Stärker managementbezogene Ziele, wie die Ausnutzung von Informations- bzw. Bewertungsdifferenzen (m = 2,00, s_x = 1,13), der Austausch eines

1019 Da ein Experte keine Aussage zu diesem Thema gemacht hat, verringert sich hier der Stichprobenumfang auf n = 15. Hinsichtlich des Kurzfragebogens siehe den in Anhang 2 aufgeführten Interviewleitfaden.

1020 Vgl. zu verschiedenen Formen der Intensitätsmessung z. B. MÖHRING, W./SCHLÜTZ, D. (2003), S. 88ff. und insb. zur Likert-Skala S. 111f.

ineffizienten Managements (m = 1,87, s_x = 0,83) sowie persönliche Ziele des Managements (m = 1,67, s_x = 0,82) wiesen dagegen eine geringere Wichtigkeit auf.

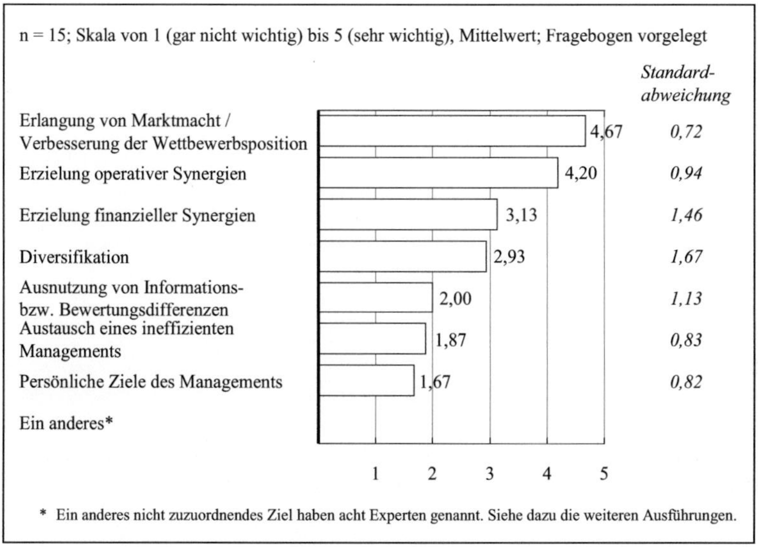

Abb. 60: Wichtigkeit einzelner Ziele der M&A-Projekte
(Quelle: Eigene Darstellung)

Im Folgenden werden die Angaben zur Bedeutung der einzelnen Ziele von M&A-Projekten näher betrachtet. Dabei fällt auf, dass die Erlangung von Marktmacht bzw. die Verbesserung der Wettbewerbsposition als Ziel des jeweiligen M&A-Projektes von fast allen Experten (80,0 %, h = 12) als sehr wichtig (Skalenwert (SW) 5) eingestuft wurde (vgl. ausführlicher Abb. 61).

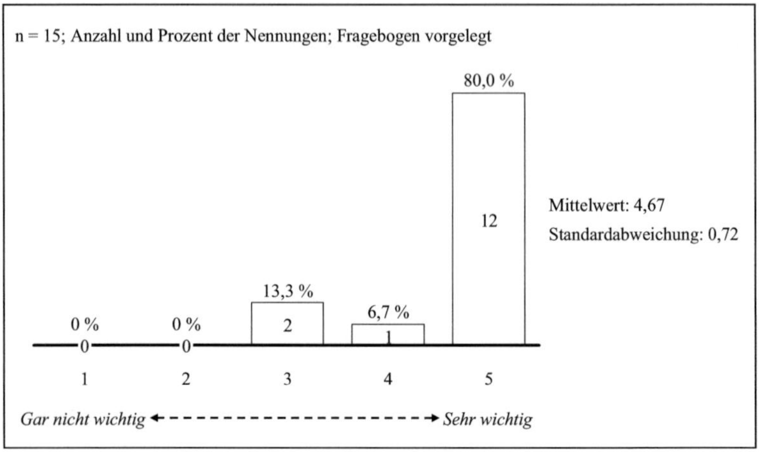

Abb. 61: Wichtigkeit des Ziels Erlangung von Marktmacht bzw. Verbesserung der Wettbewerbsposition
(Quelle: Eigene Darstellung)

Die Erzielung operativer Synergien wurde als Ziel des jeweiligen M&A-Projektes von fast allen Experten (80,0 %, h = 12) als wichtig (SW 4) oder sehr wichtig (SW 5) eingestuft (vgl. ausführlicher Abb. 62).

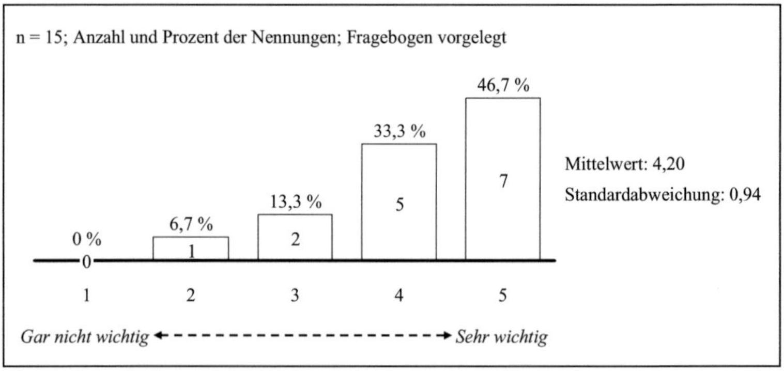

Abb. 62: Wichtigkeit des Ziels Erzielung operativer Synergien
(Quelle: Eigene Darstellung)

Die Erzielung finanzieller Synergien wurde als Ziel des jeweiligen M&A-Projektes von den Experten unterschiedlich und insgesamt als durchschnittlich wichtig (SW 3) eingestuft (vgl. ausführlicher Abb. 63).

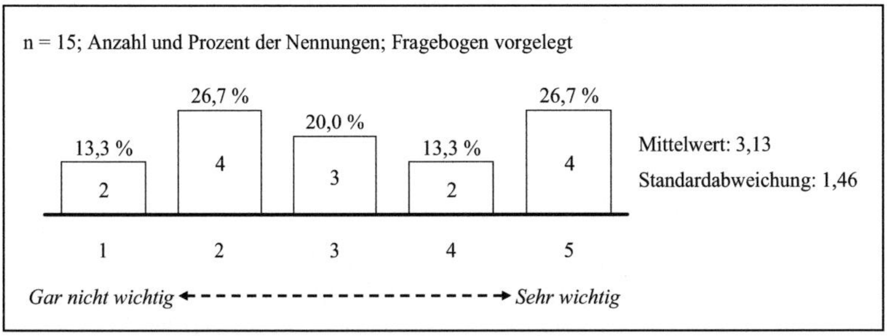

Abb. 63: Wichtigkeit des Ziels Erzielung finanzieller Synergien (Quelle: Eigene Darstellung)

Die Diversifikation (incl. Risikoreduktion) wurde als Ziel des jeweiligen M&A-Projektes von einigen Experten (33,3 %, h = 5) als sehr wichtig (SW 5), von den meisten anderen (66,7 %, h = 10) jedoch als durchschnittlich (SW 3) bis gar nicht wichtig (SW 1) eingestuft (vgl. ausführlicher Abb. 64).

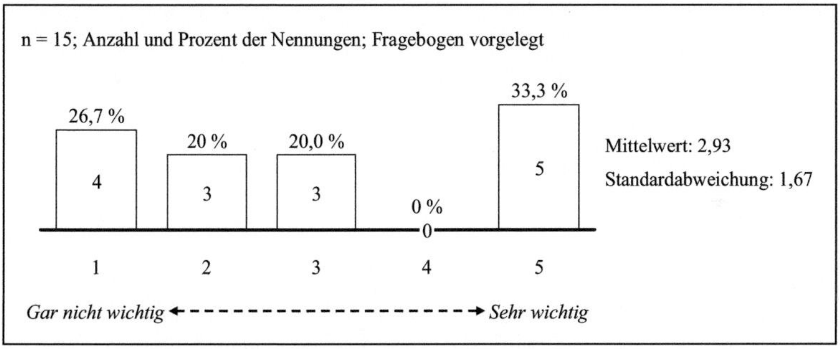

Abb. 64: Wichtigkeit des Ziels Diversifikation (Quelle: Eigene Darstellung)

Die Ausnutzung von Informations- bzw. Bewertungsdifferenzen wurde als Ziel des jeweiligen M&A-Projektes mit einer Ausnahme von den Experten (93,3 %, h = 14) als durchschnittlich (SW 3) bis gar nicht wichtig (SW 1) eingestuft (vgl. ausführlicher Abb. 65).

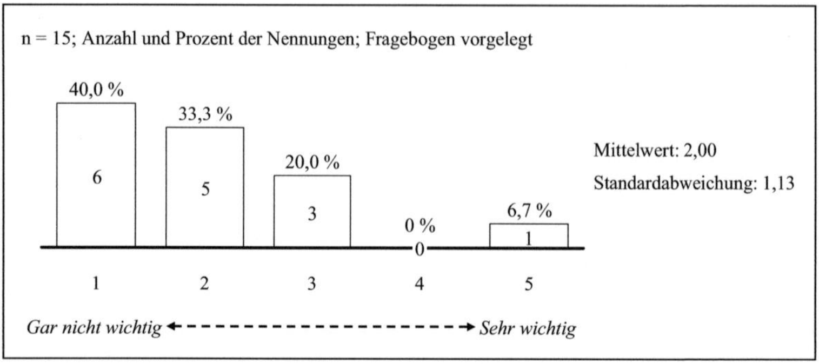

Abb. 65: Wichtigkeit des Ziels Ausnutzung von Informations- bzw. Bewertungsdifferenzen (Quelle: Eigene Darstellung)

Der Austausch eines ineffizienten Managements wurde als Ziel des jeweiligen M&A-Projektes von fast allen Experten (86,7 %, h = 13) als weniger wichtig (SW 1 und 2) eingestuft (vgl. ausführlicher Abb. 66).

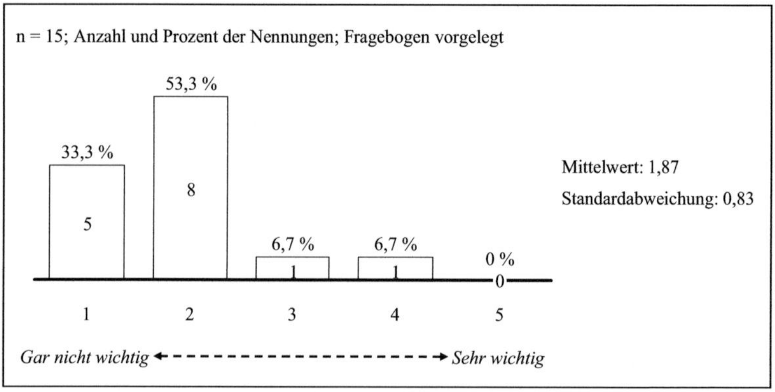

Abb. 66: Wichtigkeit des Ziels Austausch eines ineffizienten Managements (Quelle: Eigene Darstellung)

Persönliche Ziele des Managements, wie z. B. Ansehen, Vergütung, Jobsicherheit, Macht etc., wurden für das jeweilige M&A-Projekt von dem Großteil der Experten (80,0 %, h = 12) als weniger wichtig (SW 1 und 2) eingestuft (vgl. Abb. 67). Der Rest der Experten (20,0 %, h = 3) maß diesen Zielen nur eine mittlere Wichtigkeit (SW 3) bei.

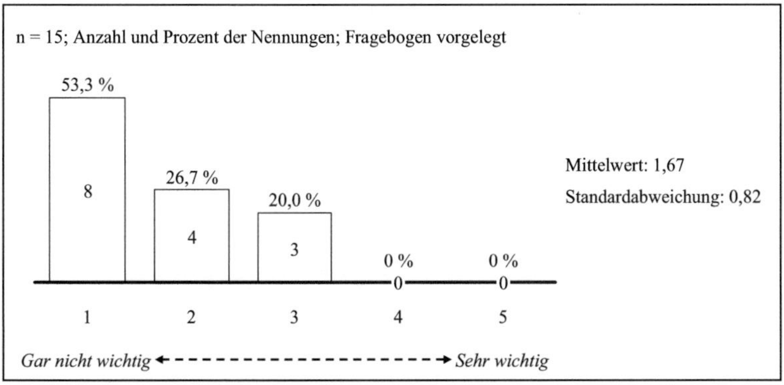

Abb. 67: Wichtigkeit der persönlichen Ziele des Managements (Quelle: Eigene Darstellung)

Von etwa der Hälfte der Experten (n = 8) wurde neben der gegebenen Auswahl je ein weiteres Ziele von M&A-Projekten genannt und in der jeweiligen Einzelnennung als wichtig bis sehr wichtig eingestuft (vgl. ausführlicher Abb. 68). Unternehmenswertsteigerung wurde dabei einmal als „Oberziel" und einmal als „notwendige Bedingung" bezeichnet.

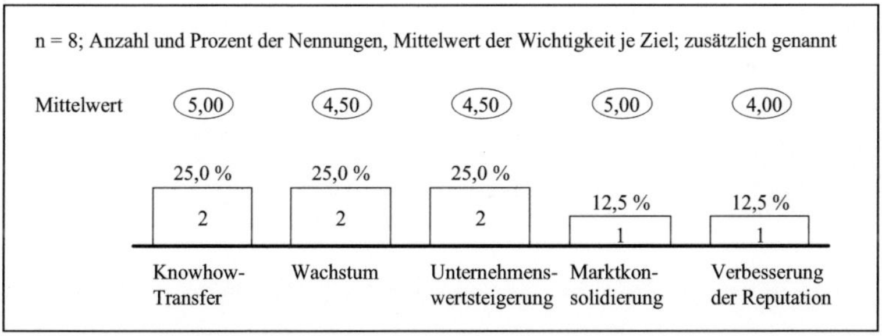

Abb. 68: Wichtigkeit anderer Ziele von M&A-Projekten (Quelle: Eigene Darstellung)

Anschließend wurden die Experten danach gefragt, ob sich die Wichtigkeit der einzelnen Ziele des jeweiligen M&A-Projektes im Projektverlauf verändert hatte. Zur Illustration des Projektverlaufs wurde den Experten das dieser Arbeit zugrunde liegende dreiphasige M&A-Prozessschema erläutert.[1021] Jedoch verneinten alle Experten (100 %,

[1021] Vgl. die entsprechende Abbildung im in Anhang 2 dieser Arbeit aufgeführten Interviewleitfaden sowie zum M&A-Prozessschema ausführlich die Erläuterungen in Kap. 2.2.2 dieser Arbeit.

h = 15) eine Veränderung der Wichtigkeit der Ziele des jeweiligen M&A-Projektes im Projektverlauf.[1022]

5.3.2.3 Konzept zur Messung der Zielerreichung bzw. des M&A-Erfolgs

Nachdem in den Experteninterviews die Ziele der jeweiligen M&A-Projekte erhoben wurden, wurde gefragt, ob und wie die Zielerreichung bzw. der Erfolg des jeweiligen M&A-Projektes gemessen wurde. Mit einer Ausnahme fand eine Messung der Zielerreichung im Rahmen der jeweiligen M&A-Projekte statt (93,8 %, h = 15). Im Ausnahmefall lag kein Projektverständnis vor. Es wurde dort nicht die Zielerreichung des Projektes, sondern allein die der neuen operativen Einheit entsprechend der allgemeinen Steuerungsvorgaben des Gesamtunternehmens gemessen.[1023]

Um von den Experten zu erfahren, wie die Zielerreichung grundsätzlich gemessen wurde bzw. welche Informationsquellen dazu genutzt wurden, wurde wiederum eine Auswahlliste vorgelesen.[1024] Die Kategorien dieser Auswahlliste orientierten sich dabei an den unterschiedlichen wirtschaftswissenschaftlichen und praxisorientierten Konzepten zur M&A-Erfolgsmessung und wurden um die Kategorie „Andere“ ergänzt.[1025] Mehrfachnennungen waren ausdrücklich zugelassen. Die Experten gaben an, dass die zur Messung der Zielerreichung des jeweiligen M&A-Projektes notwendigen Informationen vor allem aus dem allgemeinen internen Berichtswesen (93,3 %, h = 14), dem Projektberichtswesen (80,0 %, h = 12) und der externen Rechnungslegung (73,3 %, h = 11) bezogen wurden (vgl. Abb. 69). Bei fast der Hälfte der M&A-Projekte (40,0 %, h = 6) diente der Kapitalmarkt als Informationsquelle. Des Weiteren wurden messrelevante Informationen durch die Befragung von Mitgliedern der Projektorganisation (40,0 %, h = 6), des Managements (26,7 %, h = 4), sonstiger Mitarbeiter (13,3 %, h = 2) sowie interner und externer Experten (6,7 %, h = 1) gewonnen.

1022 Eine weitergehende, geplante Befragung der Experten zur Wichtigkeit der einzelnen Ziele in den verschiedenen Phasen des jeweiligen M&A-Projektes wurde damit obsolet.

1023 Im Folgenden reduziert sich daher der Umfang der betrachteten Stichprobe auf n = 15.

1024 Vgl. die entsprechende Auswahlliste im in Anhang 2 dieser Arbeit aufgeführten Interviewleitfaden.

1025 Vgl. zu den Konzepten der Erfolgsmessung die Ausführungen in Kap. 3.3.1 dieser Arbeit.

n = 15; Anzahl und Prozent der Nennungen; Mehrfachnennungen möglich; Auswahlliste vorgelesen

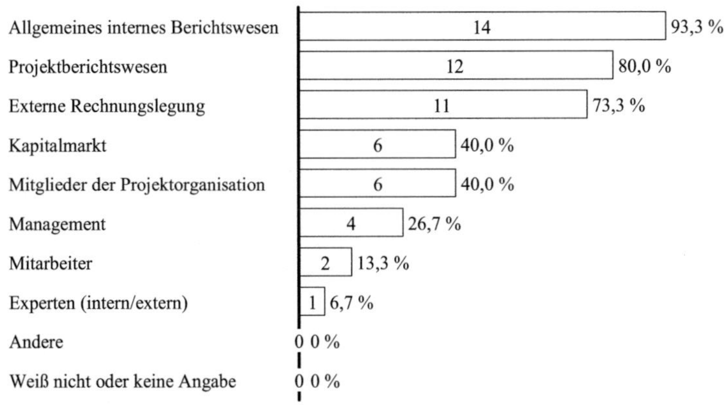

Abb. 69: Quelle der zur Messung notwendigen Informationen (Quelle: Eigene Darstellung)

5.3.2.4 Größen und Maßstäbe der Erfolgsmessung

Nun wurde ermittelt, anhand welcher Größen die Ziele bemessen wurden und mit welchen Vergleichsmaßstäben die Zielerreichung beurteilt wurde. Hierbei stellte sich zunächst heraus, dass beim Großteil der M&A-Projekte (66,7 %, h = 10) auf oberster Ebene bis zu sechs Messgrößen zur Messung der Zielerreichung genutzt wurden (vgl. Abb. 70). Im Rahmen einiger M&A-Projekte (33,3 %, h = 5) wurden nur bis zu drei Messgrößen genutzt; andere nutzten dagegen sieben bis zehn (6,7 %, h = 1) oder sogar 16 bis 20 (20,0 %, h = 3) Messgrößen. Ein Experte (6,7 %, h = 1) konnte hierzu keine genauen Angaben machen.

Die Befragung der Experten hinsichtlich der Art der genutzten Messgrößen erfolgte zunächst offen und wurde anschließend durch die Nennung der Kategorien von Messgrößen bzw. Stichworte unterstützt.[1026] Mehrfachnennungen waren daher möglich. Dies ergab, dass zur Messung der Zielerreichung auf oberster Ebene bei allen M&A-Projekten finanzwirtschaftliche Messgrößen (100 %, h = 15) genutzt wurden, die teilweise um

[1026] Vgl. zur Kategorisierung von Messgrößen die Ausführungen in Kap. 3.3.2.1 dieser Arbeit.

prozessuale (26,7 %, h = 4), markt-/ressourcenorientierte und soziale Messgrößen (jeweils 20,0 %, h = 3) ergänzt wurden (vgl. Abb. 71).

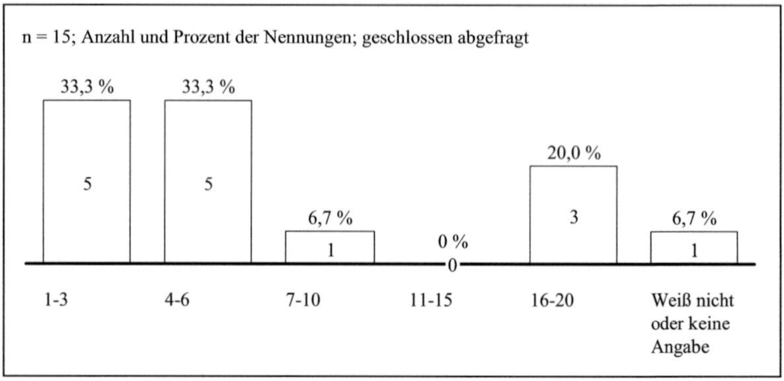

Abb. 70: Anzahl der genutzten wesentlichen Messgrößen (Quelle: Eigene Darstellung)

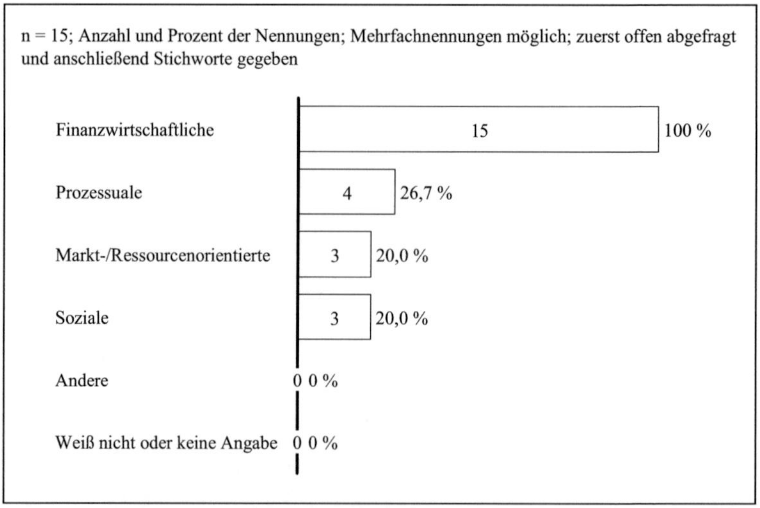

Abb. 71: Kategorie der genutzten wesentlichen Messgrößen (Quelle: Eigene Darstellung)

Durch eine genaue Betrachtung der einzelnen Expertenangaben ist zu erkennen, dass in der Kategorie „finanzwirtschaftliche Messgrößen“ verschiedene Größen Anwendung fanden (vgl. Abb. 72). Es dominierten allerdings traditionelle gewinnorientierte Messgrößen wie Kosten- und Erlössynergien (73,3 %, h = 11), Gewinn (60,0 %, h = 9) und

Umsatz (46,7 %, h = 7). Vergleichsweise wenige Experten nannten beispielsweise Cashflow und Amortisationsdauer des Kaufpreises (jeweils 20,0 %, h = 3).[1027]

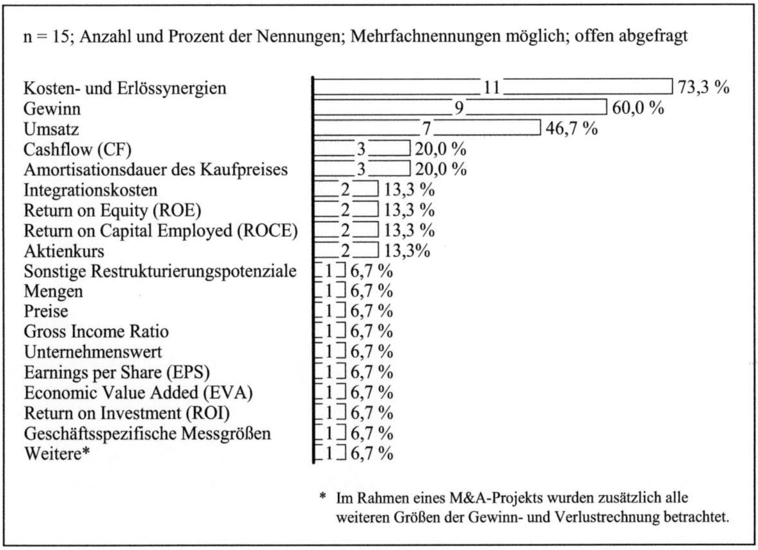

Abb. 72: Finanzwirtschaftliche Messgrößen
(Quelle: Eigene Darstellung)

In etwas mehr als einem Viertel der M&A-Projekte (26,7 %, h = 4) wurden nach Angabe der Experten neben den finanzwirtschaftlichen Messgrößen auf oberster Ebene jeweils noch eine prozessuale Messgröße genutzt (vgl. Abb. 73). Diese waren allgemeine Projekt-/Prozessmeilensteine (13,3 %, h = 2), die Schaffung legaler Voraussetzungen sowie die Einhaltung der Forschungs- und Produktentwicklungspläne (jeweils 6,7 %, h = 1).

[1027] Zu den weiteren Einzelnennungen sei auf Abb. 72 verwiesen.

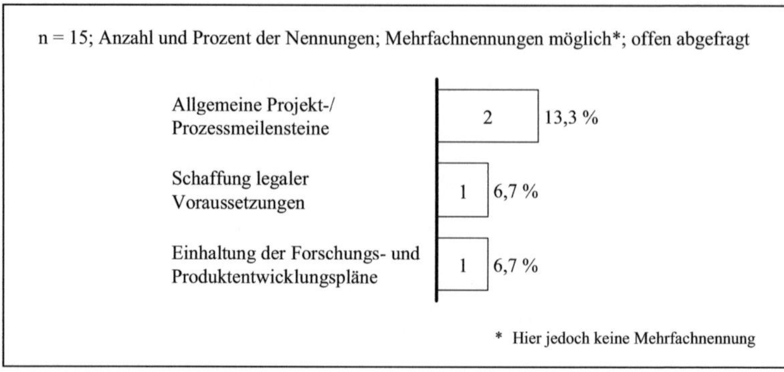

Abb. 73: Prozessuale Messgrößen (Quelle: Eigene Darstellung)

Markt- oder ressourcenorientierte Messgrößen wurden bei wenigen M&A-Projekten (20,0 %, h = 3) zur Erfolgsmessung auf oberster Ebene genutzt (vgl. Abb. 74). Auch beschränkte sich dies auf jeweils nur eine derartige Messgröße. Als marktorientierte Messgrößen (13,3 %, h = 2) dienten Markt- und Marktanteilswachstum,[1028] als ressourcenorientierte Messgröße (6,7 %, h = 1) technologische Kenntnisse.

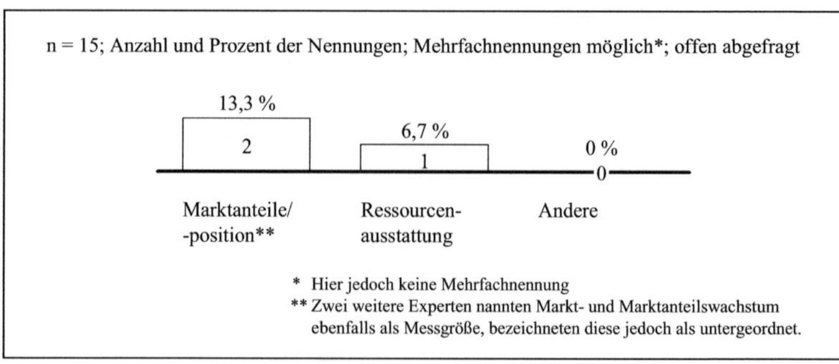

Abb. 74: Markt-/Ressourcenorientierte Messgrößen (Quelle: Eigene Darstellung)

Soziale Messgrößen wurden ebenfalls nur von wenigen M&A-Projekten (20,0 %, h = 3) zur Erfolgsmessung auf oberster Ebene genutzt (vgl. Abb. 75). Auch wurde jeweils nur eine derartige Messgröße herangezogen. Betrachtet wurden Mitarbeiterfluktuation (13,3 %, h = 2) und Akkulturation (6,7 %, h = 1), letzteres beschränkt auf die Projekt-

[1028] Zwei weitere Experten (13,3 %, h = 2) nannten Markt- und Marktanteilswachstum ebenfalls als Messgröße, bezeichneten diese jedoch als untergeordnet.

ebene. Andere soziale Messgrößen, wie z. B. ökologische, fanden keine Berücksichtigung (0 %, h = 0).

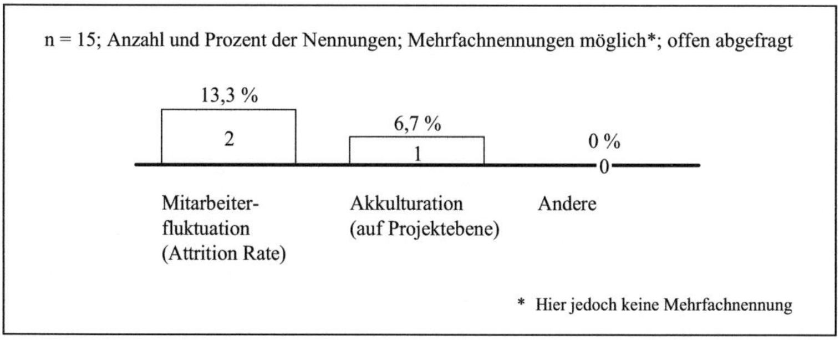

Abb. 75: Soziale Messgrößen
(Quelle: Eigene Darstellung)

Um das Ausmaß der Zielerreichung beurteilen zu können, sind Maßstäbe der Zielerreichung heranzuziehen.[1029] Daher wurden die Experten durch Vorlesen einer Auswahlliste (inkl. einer Kategorie „Andere“) gefragt, welche Maßstäbe zur Messung der Zielerreichung des jeweiligen M&A-Projektes genutzt wurden.[1030] Mehrfachnennungen waren auch hier möglich. Laut Angabe der Experten wurde das Ausmaß der Zielerreichung bei den M&A-Projekten grundsätzlich an Zielvorgaben bzw. Planwerten (100 %, h = 15), vorwiegend an Werten der vorangegangenen Perioden (73,3 %, h = 11) sowie unternehmensinternen und -externen Best Practice-Werten (jeweils 53,3 %, h = 8) gemessen (vgl. Abb. 76). Erfahrungswerte (20,0 %, h = 3), Unternehmens- und Branchendurchschnitte (jeweils 13,3 %, h = 2) kamen weniger häufig zur Anwendung.

[1029] Vgl. auch die Ausführungen zu Maßstäben der vergleichenden Messung in Kap. 3.3.4 dieser Arbeit.

[1030] Vgl. zur Festlegung der Kategorien der Auswahlliste die Ausführungen in Kap. 3.3.4 dieser Arbeit sowie die entsprechende Auswahlliste im in Anhang 2 dieser Arbeit aufgeführten Interviewleitfaden.

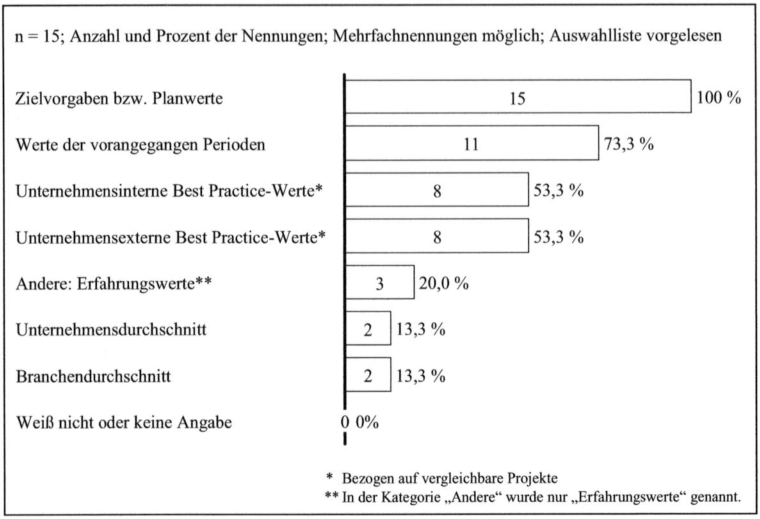

Abb. 76: Zur Messung genutzte Maßstäbe der Zielerreichung (Quelle: Eigene Darstellung)

5.3.2.5 Zeitpunkt und -raum der Erfolgsmessung

Zuletzt wurde erhoben, über welchen Zeitraum, zu welchen Zeitpunkten und damit in welcher Regelmäßigkeit die Zielerreichung des jeweiligen M&A-Projektes gemessen wurde.[1031] Hierzu wurden die Experten zuerst offen und anschließend mit Hilfe einer vorgetragenen Auswahlliste (inkl. der Kategorie „Andere“) gefragt,[1032] wie regelmäßig die Zielerreichung des jeweiligen M&A-Projektes gemessen wurde. Da unterschiedliche Messintervalle im Rahmen eines M&A-Projektes durchaus möglich sind, wurden auch hier Mehrfachnennungen zugelassen. Die Befragung ergab, dass bei fast allen M&A-Projekten (93,3 %, h = 14) die Zielerreichung in festen Zeitintervallen gemessen wurde (vgl. Abb. 77). Bei nur einem M&A-Projekt (6,7 %, h = 1) geschah dies nicht regelmäßig. Im Fall von zwei M&A-Projekten (13,3 %, h = 2) orientierte sich die Messung zusätzlich an der externen Rechnungslegung und Investorenerfordernissen.

1031 Vgl. hier und im Folgenden auch die entsprechenden Ausführungen in Kap. 3.3.3 dieser Arbeit.

1032 Vgl. die entsprechende Auswahlliste im in Anhang 2 dieser Arbeit aufgeführten Interviewleitfaden.

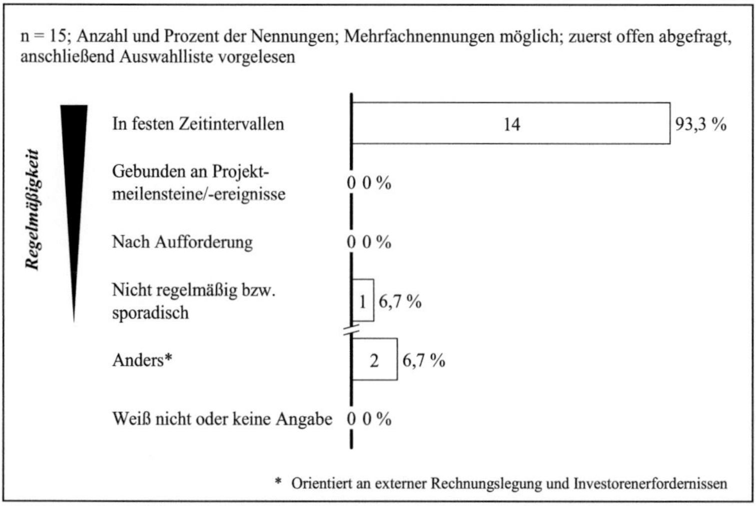

Abb. 77: Zeitliche Regelmäßigkeit der Messung
(Quelle: Eigene Darstellung)

Auf Nachfrage konnte ermittelt werden, dass die Messung der Zielerreichung bei fast allen M&A-Projekten (80,0 %, h = 12) durchgängig mindestens quartalsweise stattfand (vgl. ausführlicher Abb. 78). Auffallend war auch, dass bei etwa der Hälfte der M&A-Projekte (46,7 %, h = 7) die festen Zeitintervalle bis mindestens ein Jahr nach Closing kürzer waren als danach. Insgesamt variierten die Angaben sehr zwischen wöchentlich bis quartalsweise oder später auch jährlich, wobei im Rahmen eines M&A-Projektes (6,7 %, h = 1) die Zielerreichung nicht in festen Zeitintervallen gemessen wurde.

Hinsichtlich des offen abgefragten Zeitraums für die Messung der Zielerreichung des jeweiligen M&A-Projektes ergaben sich ebenso variierende Antworten (vgl. ausführlicher Abb. 79). Dennoch kann festgehalten werden, dass die Messung der Zielerreichung in der Regel mit der Integrationsplanung frühestens gegen Ende der Transaktionsphase, d. h. zum Zeitpunkt des Closings, begann und in oder zum Ende der Integrationsphase endete. Die Messung der Zielerreichung erstreckte sich je nach Komplexität des M&A-Projektes über eine Dauer von einem Jahr bis zu fünf Jahren (86,7 %, h = 13). Bei zwei Projekten (13,3 %, h = 2) war jedoch das Ende des Messzeitraums zum Zeitpunkt der Experteninterviews noch nicht absehbar, da die Integration der beteiligten Unternehmen und damit das M&A-Projekt noch nicht abgeschlossen war.

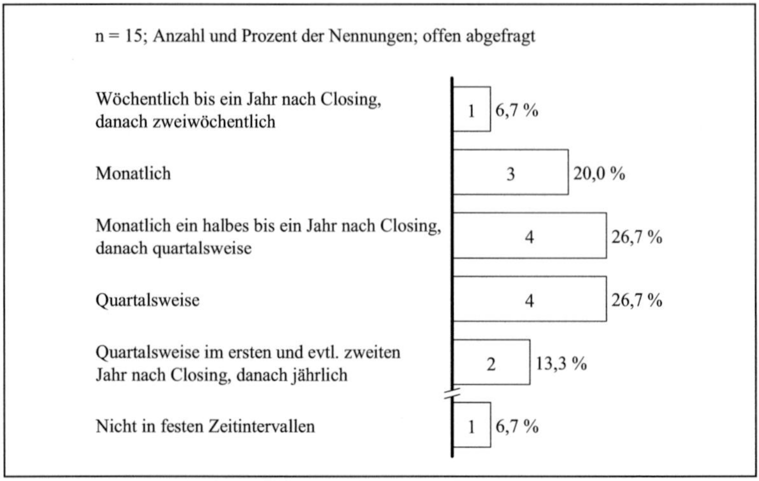

Abb. 78: Zeitintervalle der Messung
(Quelle: Eigene Darstellung)

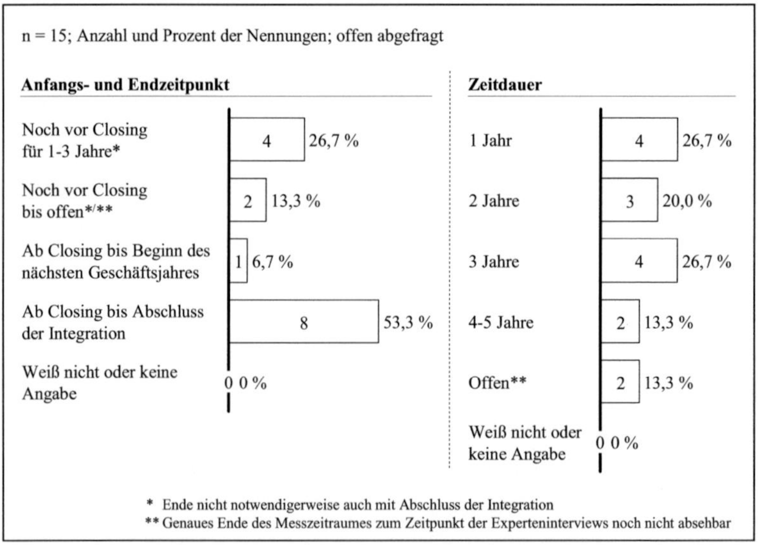

Abb. 79: Zeitraum der Messung
(Quelle: Eigene Darstellung)

5.3.3 Ausgestaltung des Controllings von M&A-Projekten

Anknüpfend an den ersten Abschnitt der geführten Interviews, in dem erhoben wurde, ob und wie der Erfolg der jeweiligen M&A-Projekte tatsächlich gemessen wurde, wurden die Experten im zweiten Abschnitt des Interviews danach gefragt, ob und wie der Erfolg darüber hinaus durch ein Controlling tatsächlich gesteuert wurde. Entsprechend des im Rahmen dieser Arbeit genutzten konzeptionellen Aufbaus des Controllings von M&A-Projekten[1033] wurden daher durch die Experteninterviews Daten zur Konzeption bzw. zu den Zielen und Aufgaben (vgl. Kap. 5.3.3.1), zu den Instrumenten (vgl. Kap. 5.3.3.2) sowie zur Institutionalisierung (vgl. Kap. 5.3.3.3) des Controllings erhoben.

5.3.3.1 Konzeption bzw. Ziele und Aufgaben

Zunächst war zu prüfen, ob für die betrachteten M&A-Projekte (n = 16) überhaupt ein Controlling oder Ähnliches durchgeführt wurde. Dies war für einen Großteil der M&A-Projekte (81,3 %, h = 13) der Fall, für wenige (18,8 %, h = 3) dagegen nicht. Bei letzteren lag entweder keine Steuerung des M&A-Vorhabens als Projekt vor oder es gab generell kein auf das M&A-Projekt bezogenes Controlling bzw. konnte von Seiten des befragten Experten nicht von einem „Controlling" gesprochen werden (jeweils 6,3 %, h = 1).

Folglich war das Controlling von dreizehn M&A-Projekten (n = 13) Gegenstand der weiteren Befragung[1034] und wurde einleitend hinsichtlich dessen Konzeption, d. h. der verfolgten Zielsetzung sowie der zu erfüllenden Aufgaben, untersucht. So wurden die Experten offen nach der Zielsetzung des Controllings des jeweiligen M&A-Projektes gefragt. Mehrfachnennungen waren demnach erlaubt, jedoch wurden die Experten auf eine notwendige Trennung zwischen Zielsetzung und Aufgaben hingewiesen. Unter den daraufhin angegebenen Zielsetzungen dominierten Kontrolle/Überwachung (38,5 %, h = 5), Managementunterstützung (23,1 %, h = 3) sowie Managementunterstützung und Koordination (15,4 %, h = 2) (vgl. Abb. 80). Außerdem wurden Synergiesteuerung, Synergiesteuerung und Kontrolle/Überwachung sowie Planungsunterstützung und Verifikation (jeweils 7,7 %, h = 1) genannt. Dies deutet bei einem Teil der M&A-Projekte

---

[1033] Vgl. hierzu insb. die Ausführungen in Kap. 4.1.2 dieser Arbeit.

[1034] Im Folgenden reduziert sich daher der Umfang der betrachteten Stichprobe auf n = 13.

(38,5 %, h = 5) auf ein sehr enges grundlegendes Verständnis von Controlling als Kontrolle und bei einem anderen Teil (38,5 %, h = 5) auf ein eher umfassendes Verständnis von Controlling als Managementunterstützung hin. Bei dem restlichen Teil der M&A-Projekte (23,1 %, h = 3) lag ein spezifisches Controlling-Verständnis vor, dass sich entweder nur auf Synergien (15,4 %, h = 2) oder auf Planungsunterstützung und Verifikation (7,7 %, h = 1) beschränkte.

n = 13; Anzahl und Prozent der Nennungen; Mehrfachnennungen möglich; offen abgefragt*

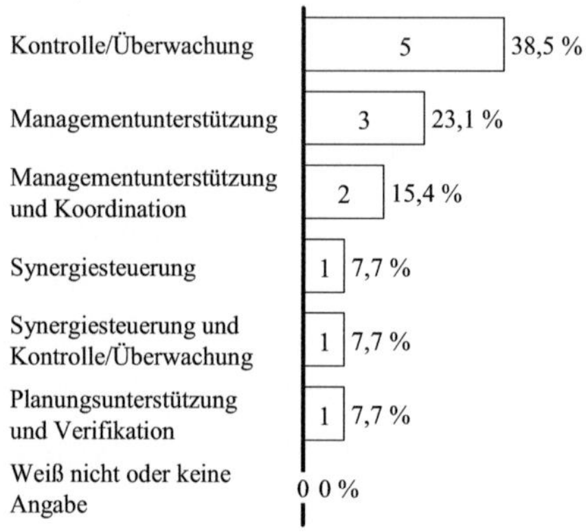

* Nach Expertenaussagen Nennungen gebündelt betrachtet

Abb. 80: Zielsetzungen des Controllings der M&A-Projekte (Quelle: Eigene Darstellung)

Daran anschließend wurden die Experten gebeten, die drei bis fünf zentralen Aufgaben des Controllings des jeweiligen M&A-Projektes zu benennen. Demzufolge wurden die „klassischen" Controlling-Aufgaben Information und Kontrolle im Rahmen des Controllings aller M&A-Projekte (100 %, h = 13) wahrgenommen, bei etwa drei Viertel der M&A-Projekte (76,9 %, h = 10) ebenso die Planung (vgl. Abb. 81). In etwa der Hälfte der M&A-Projekte wurden die Aufgaben Gegensteuerung, wie z. B. bei Planabweichungen, (53,8 %, h = 7) und Verifikation/Disziplinierung (46,2 %, h = 6) erfüllt. Mehrmals genannt wurden auch Zieldefinition und Koordination (jeweils 38,5 %, h = 5). Ebenso fanden Methodenunterstützung (15,4 %, h = 2) und Förderung organisationalen Lernens (7,7 %, h = 1) Erwähnung. Einschränkend ist anzumerken, dass sich einige Experten (23,1 %, h = 3) explizit nur auf Synergien als Gegenstand der jeweiligen Controlling-Aufgaben bezogen.

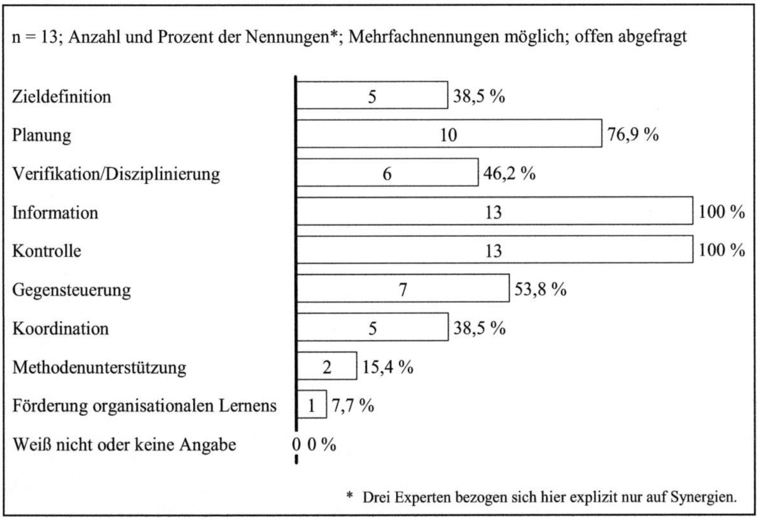

Abb. 81: Zentrale Aufgaben des Controllings der M&A-Projekte (Quelle: Eigene Darstellung)

Durch zusätzliche Erläuterungen der Experten stellte sich heraus, dass diese Controlling-Aufgaben bei fast allen M&A-Projekten (92,3 %, h = 12) erst ab Mitte bis Ende der Transaktionsphase des jeweiligen M&A-Projektes wahrgenommen wurden (vgl. Abb. 82). Ab Beginn der Transaktionsphase geschah dies nur bei einem M&A-Projekt (7,7 %, h = 1). Die Vorbereitungsphase fand hier keine Berücksichtigung (0 %, h = 0).

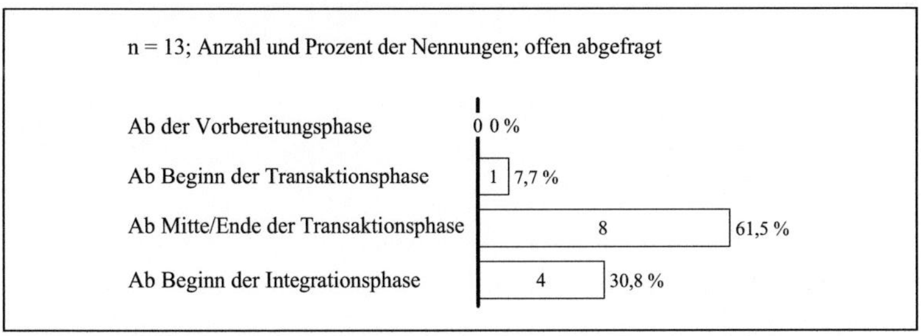

Abb. 82: Zeitlicher bzw. prozessualer Bezug der Controlling-Aufgaben im Rahmen der M&A-Projekte (Quelle: Eigene Darstellung)

5.3.3.2 Instrumente

Zur Wahrnehmung der vielfältigen Controlling-Aufgaben und -Aktivitäten im Verlauf von M&A-Projekten sind grundsätzlich verschiedene Controlling-Instrumente notwendig.[1035] Zur Anzahl, Auswahl und Nutzung der Controlling-Instrumente im Rahmen des jeweiligen M&A-Projektes wurden die Experten zunächst offen befragt und anschließend Stichworte gegeben, um sicherzustellen, dass alle zentralen Instrumente trotz eines möglicherweise vorhandenen terminologischen Interpretationsspielraums genannt wurden. Mehrfachnennungen waren demnach möglich. Die Befragung ergab zunächst, dass im Rahmen der M&A-Projekte unterschiedlich viele Controlling-Instrumente verwendet wurden (vgl. Abb. 83). So wurden im Rahmen von fast einem Viertel der M&A-Projekte (23,1 %, h = 3) nur zwei bis drei, bei fast einem Drittel der M&A-Projekte (30,8 %, h = 4) dagegen acht bis zehn Controlling-Instrumente genutzt. Für das Controlling von etwa der Hälfte der M&A-Projekte (53,8 %, h = 7) wurden nur maximal fünf Instrumente, für die Übrigen (46,2 %, h = 6) dagegen sechs bis zehn eingesetzt.

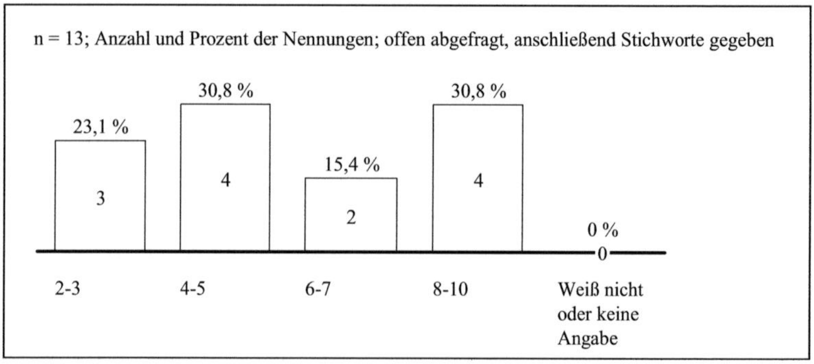

Abb. 83: Anzahl der für die M&A-Projekte genutzten Controlling-Instrumente (Quelle: Eigene Darstellung)

Im Rahmen der M&A-Projekte wurde eine Vielzahl verschiedener Controlling-Instrumente verwendet (vgl. ausführlicher Abb. 84). Diese waren vor allem Anreizsysteme (69,2 %, h = 9), eine SWOT-Analyse (46,2 %, h = 6), eine Portfolioanalyse (38,5 %, h = 5) sowie auch eine Wettbewerbsanalyse, eine Benchmarking-Analyse, ein Kenn-

---

[1035] Vgl. hier und im Folgenden die Ausführungen zu Controlling-Instrumenten in Kap. 4.2 dieser Arbeit.

zahlensystem, ein Management Cockpit, eine Abweichungsanalyse, eine Projektstandsrechnung und ein einfacher Synergieplan (jeweils 30,8 %, h = 4).

n = 13; Anzahl und Prozent der Nennungen; Mehrfachnennungen möglich; zuerst offen abgefragt, anschließend Stichworte gegeben

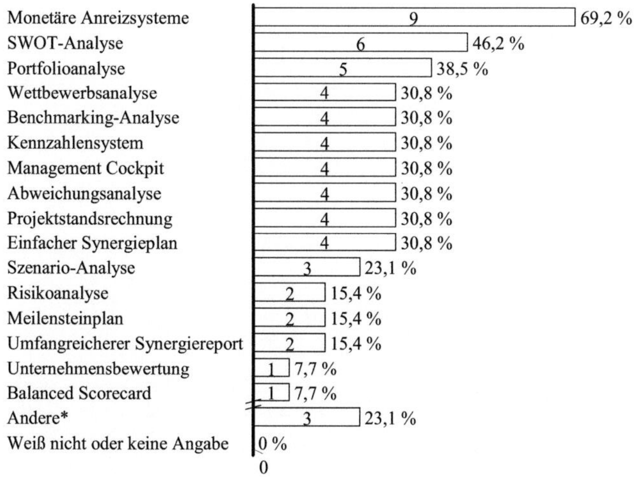

* Hier wurden eine Investitions- und Liquiditätsrechnung, ein strategischer Planungsprozess sowie eine Art zweite Due Diligence verbunden mit einem ausführlichen Managementreport genannt.

Abb. 84: Art der für die M&A-Projekte genutzten Controlling-Instrumente (Quelle: Eigene Darstellung)

Bei einigen (66,7 %, h = 2) derjenigen M&A-Projekte, für die laut Angabe der Experten kein Controlling durchgeführt wurde (n = 3), fanden ebenfalls Controllinginstrumente Anwendung.[1036] In einem dieser Fälle wurden Soll-/Ist-Vergleiche anhand von Kennzahlen aus dem Businessplan durchgeführt, in dem anderen Fall ein monetäres Anreizsystem genutzt und Synergiereports erstellt (jeweils 33,3 %, h = 1).

Nun wurden die Experten auch gebeten, die M&A-projektbezogene Nutzung der jeweils genannten Controlling-Instrumente zu erläutern. Dabei konnte festgestellt werden, dass – vermutlich aufgrund eines divergierenden grundsätzlichen Controlling-Verständnisses[1037] – von den einzelnen Experten unterschiedliche Instrumente als Controlling-Instrumente angesehen wurden. Dies traf insbesondere auf Wettbewerbs-, Portfolio-,

---

[1036] Dies findet hier und im Folgenden jedoch im Umfang der Stichprobe n keine Berücksichtigung.

[1037] Vgl. auch die weiter vorne in diesem Kapitel der Arbeit dargestellten empirischen Erkenntnisse zur Konzeption des Controllings der M&A-Projekte.

SWOT-, Szenario- und Benchmarking-Analysen zu, welche eher im Vorfeld der M&A-Transaktion eingesetzt wurden. Auch wurde eine Unternehmensbewertung praktisch bei allen M&A-Projekten vorgenommen, jedoch nur in einem Fall (7,7 %, h = 1) alle drei bis sechs Monate durchgeführt und zur Steuerung genutzt sowie in einem anderen Fall (7,7 %, h = 1) für eine Nachkontrolle einige Jahre nach Projektabschluss geplant. Des Weiteren war auffällig, dass die genutzten Controlling-Instrumente M&A-Prozessziele und Synergieziele im Fokus hatten. Bei einem großen Teil (38,5%, h = 5) der M&A-Projekte wurde sich allein auf Meilensteinpläne und Synergiereports bzw. -pläne beschränkt, teilweise (23,1 %, h = 3) neben finanziellen Anreizsystemen. Synergiepläne hatten in der Regel die Form einfacher Microsoft Excel-Tabellen, Synergiereports waren dagegen etwas umfangreicher. Kennzahlensysteme (inkl. Balanced Scorecard) oder Management Cockpits/Reports ergänzten meistens (61,5 %, h = 8) die Informationsbasis und deren Darstellung.

Aufgrund der besonderen Bedeutung von Anreizsystemen für die Verhaltenssteuerung von Mitarbeitern,[1038] wurden die Experten ausführlicher und vorwiegend offen zu diesem Controlling-Instrument befragt. Wie bereits kurz dargelegt, wurden im Zusammenhang mit den meisten M&A-Projekten (69,2 %, h = 9) monetäre Anreizsysteme eingesetzt. Einige Experten (23,1 %, h = 3) verneinten dies in Bezug auf das jeweilige M&A-Projekt und ein Experte (7,7 %, h = 1) konnte hierzu keine Angaben machen.

Durch die genutzten monetären Anreizsysteme wurden primär das operative Management (77,8 %, h = 7) und sekundär die M&A-Projektmitarbeiter (55,6 %, h = 5) adressiert (vgl. Abb. 85). Die monetäre Belohnung erfolgte zumeist (55,6 %, h = 5) in Form einer allgemeinen Projekterfolgsprämie (vgl. Abb. 86).[1039] Bei den übrigen M&A-Projekten (44,4 %, h = 4) wurde die Belohnung als Prämie für die individuelle Zielerreichung gewährt. Darüber hinaus erhielten in einem Fall (11,1 %, h = 1) die Adressaten eine allgemeine Transaktionsprämie für die Durchführung der M&A-Transaktion.[1040] Zusätzlich wurde im Rahmen einiger M&A-Projekte (33,3 %, h = 3) an eine

---

1038 Vgl. hier und im Folgenden auch die Ausführungen zu Controlling-Aufgaben in Kap. 4.1.4 und zu Anreizsystemen in Kap. 4.2.4 dieser Arbeit.

1039 Zur absoluten oder relativen Höhe der Belohnung konnten von Seiten der befragten Experten keine Angaben gemacht werden.

1040 Dies bezieht sich lediglich auf das Erreichen des Closings der M&A-Transaktion, jedoch nicht auf das gesamte M&A-Projekt.

unternehmensspezifisch definierte Gruppe wichtigster Mitarbeiter[1041] auch eine individuelle Halteprämie gezahlt.

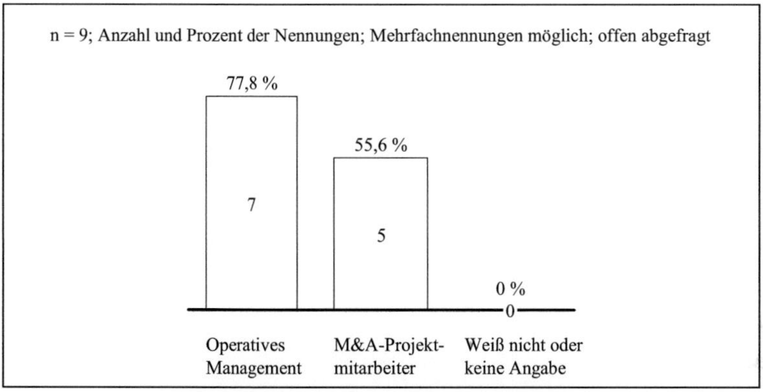

Abb. 85: Adressaten der monetären Anreizsysteme der M&A-Projekte (Quelle: Eigene Darstellung)

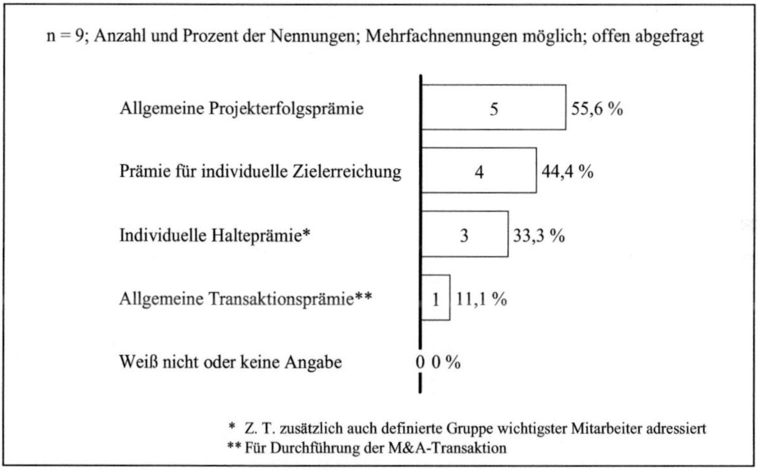

Abb. 86: Belohnungen der monetären Anreizsysteme der M&A-Projekte (Quelle: Eigene Darstellung)

Als Bemessungsgrundlage für die variable Vergütung dienten vorrangig (66,7 %, h = 6) Synergie- und M&A-Prozessziele (vgl. Abb. 87). So wurden bei jeweils zwei M&A-

[1041] In einem Fall (11,1 %, h = 1) waren dies etwa 10 Personen der ersten und zweiten Führungsebene des übernommenen Unternehmen. In den übrigen zwei Fällen (22,2 %, h = 2) konnten diese Mitarbeiter nicht von den Experten benannt werden.

Projekten (jeweils 22,2 %, h = 2) Synergieziele, M&A-Prozessziele oder eine Kombination der beiden als Bemessungsgrundlage herangezogen. Bei den übrigen M&A-Projekten (33,3 %, h = 3) diente als Bemessungsgrundlage eine andere Zielkombination, welche auf einer M&A-projektspezifischen Integration Balanced Scorecard, Zahlen des individuellen Business Cases oder einer Kombination aus Produktivitäts- und Synergiezielen (jeweils 11,1 %, h = 1) basierte.

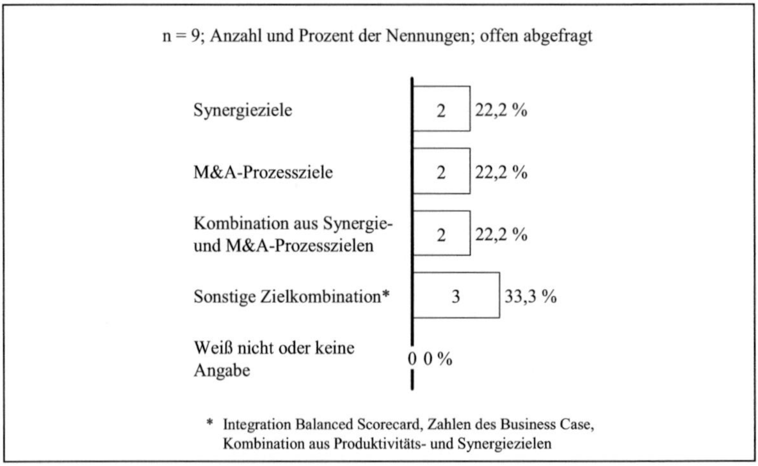

Abb. 87: Bemessungsgrundlage für die variable Vergütung im Rahmen der M&A-Projekte (Quelle: Eigene Darstellung)

5.3.3.3 Institutionalisierung

Durch die Organisation des Controllings von M&A-Projekten werden vor allem die praktische Realisierung der Controlling-Aufgaben und -Aktivitäten sowie der unterstützende Einsatz der verschiedenen Controlling-Instrumente sichergestellt.[1042] Alle Experten (100 %, h = 13), für deren jeweiliges M&A-Projekt ein Controlling durchgeführt wurde (n = 13), gaben an, dass dieses Controlling institutionalisiert war. Um die organisatorische Gestaltung genauer untersuchen zu können, wurden die Experten nach den Aufgabenträgern des Controllings des jeweiligen M&A-Projektes, deren hierarchischer Einordnung und Unterstellung sowie nach den Schnittstellen zwischen dem jeweiligen M&A-Projektcontrolling und dem Gesamtunternehmen gefragt.

1042 Vgl. hier und im Folgenden auch die entsprechenden Ausführungen in Kap. 4.3 dieser Arbeit.

Zunächst wurden die Experten gebeten, all jene Mitarbeiter zu bestimmen, die Controlling-Aufgaben im Rahmen des jeweiligen M&A-Projektes durchgeführt haben und somit als Aufgabenträger des Controllings der M&A-Projekte bezeichnet werden können. Mehrfachnennungen waren demnach möglich. Die den Experten dazu vorgelegte Auswahlliste basierte auf den literaturgeleiteten Vorüberlegungen dieser Arbeit zur aufbauorganisatorischen Gestaltung des Controllings von M&A-Projekten.[1043] Die Befragung ergab, dass die Aufgaben des Controllings primär von Projektcontrollern (61,5 %, h = 8) und/oder Mitarbeitern des M&A-Projektbüros (38,5 %, h = 5) durchgeführt wurden (vgl. ausführlicher Abb. 88). Jedoch wurden Controlling-Aufgaben auch von Mitarbeitern bzw. spezialisierten Controllern wahrgenommen, die zum einen zentralen Unternehmensbereichen oder zum anderen auch dezentralen operativen Bereichen angehörten. Zu derartigen Mitarbeitern zentraler Unternehmensbereiche zählten beispielsweise zentrale Controller (23,1 %, h = 3), zentrale M&A- bzw. Beteiligungscontroller (15,4 %, h = 2), Mitarbeiter der Unternehmensentwicklung (15,4 %, h = 2) oder der zentralen M&A-Abteilung (7,7 %, h = 1).

Im Anschluss interessierte die hierarchische Unterstellung der Mitarbeiter, welche die Controlling-Aufgaben im Rahmen der M&A-Projekte durchgeführt haben. Auch hierzu wurde den Experten, anknüpfend an die vorherige Fragestellung, eine ähnlich ermittelte Auswahlliste mit der Möglichkeit von Mehrfachnennungen vorgelegt. Dabei musste jeweils zwischen einer disziplinarischen und einer fachlichen Unterstellung der Mitarbeiter unterschieden werden. Die Befunde zeigen, dass die für das Controlling der M&A-Projekte zuständigen Mitarbeiter sehr unterschiedlichen Projekt- und Unternehmensbereichen unterstellt waren und dass disziplinarische und fachliche Unterstellung teilweise auseinander fielen (vgl. ausführlicher Abb. 89). Hierbei war eine tendenziell häufigere disziplinarische Unterstellung unter die Gesamtunternehmensorganisation und eine häufigere fachliche Unterstellung unter die Projektorganisation festzustellen.

[1043] Vgl. hier und auch zur folgenden Fragestellung die Ausführungen zu den Gestaltungsvariablen, insb. den Aufgabenträgern, der Controlling-Organisation in Kap. 4.3.2 dieser Arbeit sowie die entsprechende Auswahlliste im in Anhang 2 dieser Arbeit aufgeführten Interviewleitfaden.

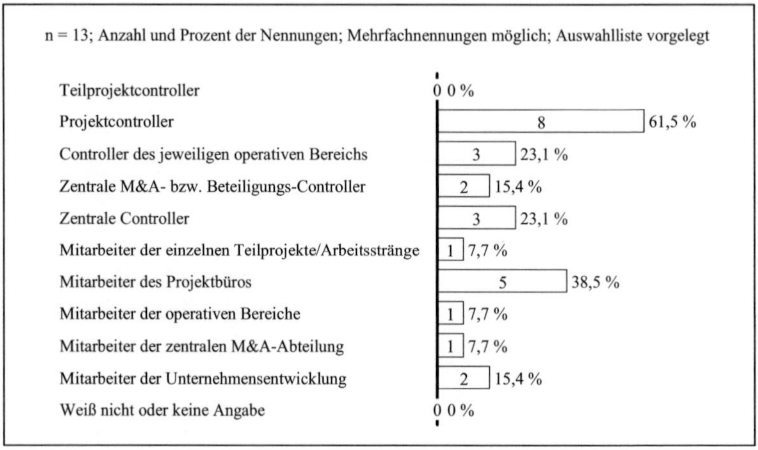

Abb. 88: Aufgabenträger des Controllings der M&A-Projekte
(Quelle: Eigene Darstellung)

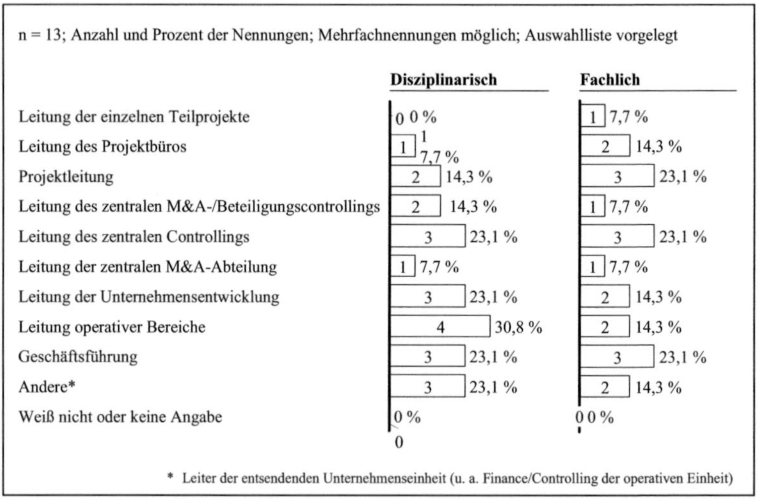

Abb. 89: Fachliche und disziplinarische Unterstellung der Aufgabenträger des Controllings der M&A-Projekte
(Quelle: Eigene Darstellung)

In drei Einzelfällen (23,1 %, h = 3) wich die fachliche von der disziplinarischen Unterstellung ab. Erstere orientierte sich an der Projektorganisation, letztere an der regulären Aufbauorganisation des Gesamtunternehmens. Fachlich unterstanden die entsprechenden Mitarbeiter der Teilprojekt-, Projektbüro- und Projektleitung (jeweils 7,7 %, h = 1), während sie disziplinarisch an die Leitung dezentraler operativer Bereiche (15,4 %, h = 2) und die Leitung der zentralen Unternehmensentwicklung (7,7 %, h = 1), d. h. an die jeweils entsendenden Bereiche, berichteten.

Um anschließend das Verhältnis zwischen dem Controlling des M&A-Projektes und dem des Gesamtunternehmens beschreiben zu können, wurden die Experten nach der Existenz, Art und zeitlichen Veränderung von Schnittstellen zwischen beiden Controllingbereichen gefragt. Für den Großteil der M&A-Projekte (84,6 %, h = 11) wurde die Existenz dieser Schnittstellen bejaht, für den Rest (15,4 %, h = 2) dagegen verneint.[1044]

Auf die Bitte hin, die Art der Schnittstellen zwischen dem Controlling des jeweiligen M&A-Projektes und Gesamtunternehmens zu beschreiben, äußerte der überwiegende Teil der Experten (54,5 %, h = 6), dass zwischen dem Projekt- und dem Unternehmenscontrolling eine Personalunion vorlag. Ein großer Teil (36,4 %, h = 4) gab an, dass das Projektcontrolling Zahlen an das Unternehmenscontrolling lieferte. Einige Experten (jeweils 18,2 %, h = 2) merkten an, dass das Unternehmenscontrolling den Projektstatus an das Projektcontrolling meldete, das Unternehmenscontrolling methodische Unterstützung für das Projektcontrolling leistete oder auch dass die für das Projektcontrolling zuständigen Projektmitarbeiter in das Unternehmenscontrolling übernommen wurden. Des Weiteren wurde erwähnt (jeweils 9,1 %, h = 1), dass das Unternehmenscontrolling die Projektplanung verifizierte und dass ein Controlling-Instrument von dem Projektcontrolling an das Unternehmenscontrolling übergeben wurde. Es konnten somit eine Vielzahl verschiedener Schnittstellen identifiziert werden.

Abschließend wurden die Experten gebeten zu erläutern, ob, wann und wie das Controlling des jeweiligen M&A-Projektes ggf. in das Gesamtunternehmenscontrolling überführt wurde. Eine derartige Überführung wurde für den Großteil der M&A-Projekte (69,2 %, h = 9) bestätigt.[1045]

1044 Im Folgenden reduziert sich daher der Umfang der Stichprobe auf n = 11.

1045 Im Folgenden reduziert sich daher der Umfang der Stichprobe auf n = 9.

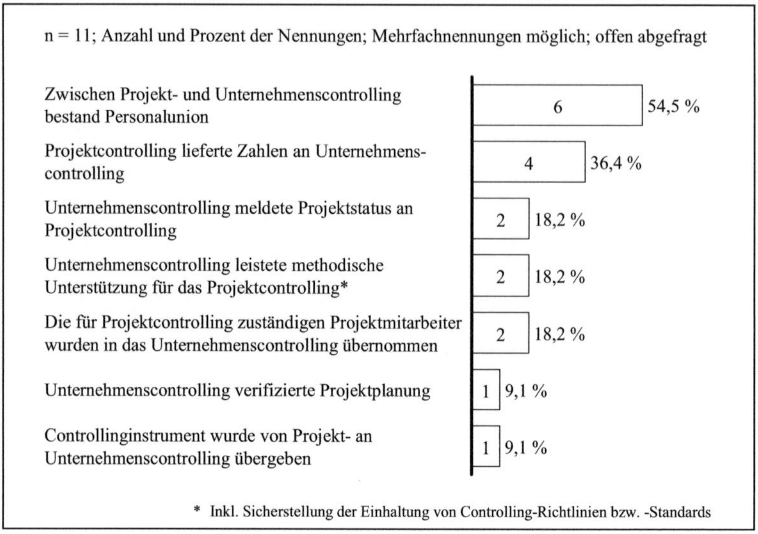

Abb. 90: Art der Schnittstellen zwischen dem Controlling der M&A-Projekte und dem der Gesamtunternehmen
(Quelle: Eigene Darstellung)

Der Zeitpunkt bzw. Projektmeilenstein, zu welchem diese Überführung stattfand, variierte deutlich zwischen den einzelnen M&A-Projekten (vgl. ausführlicher Abb. 91). Dies geschah zum überwiegenden Teil (55,6 %, h = 5) bereits innerhalb der ersten zwölf Monate nach dem formalen Abschluss der M&A-Transaktion, erfolgte jedoch auch bis zu drei Jahre nach jenem (33,3 %, h = 3). In einigen Fällen (33,3 %, h = 3) erfolgte dies nicht pauschal, sondern war unmittelbar an die Durchführung einzelner Maßnahmen (22,2 %, h = 2) oder die Realisierung aller Synergie- bzw. Wertsteigerungspotenziale (11,1 %, h = 1) gebunden.

Die tatsächliche Überführung des Controllings der M&A-Projekte in das der Gesamtunternehmen wurde vorwiegend durch die Übergabe genutzter Controlling-Instrumente (33,3 %, h = 3) und die Überleitung von M&A-bezogenen Zielgrößen (33,3 %, h = 3) erreicht (vgl. Abb. 92). Des Weiteren wurden die Nutzung derselben Datenbasis (11,1 %, h = 1) genannt und auf eine Analyse standardisierter Geschäftszahlen (22,2 %, h = 2) verwiesen.

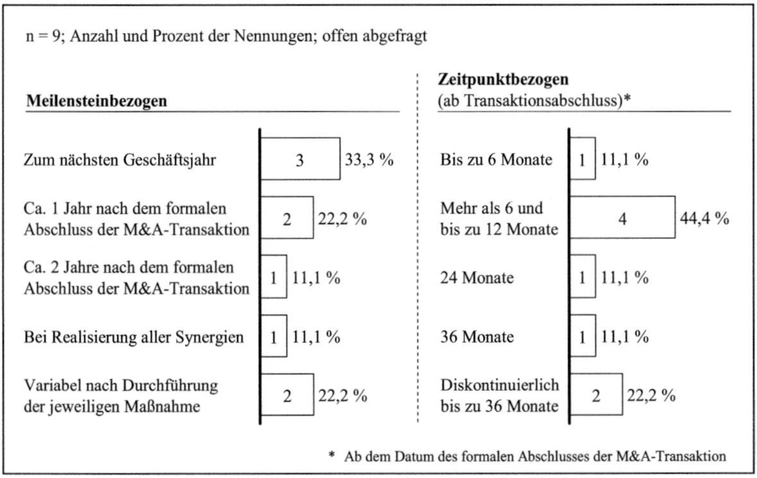

Abb. 91: Termin der Überführung des Controllings der M&A-Projekte in das des Gesamtunternehmens
(Quelle: Eigene Darstellung)

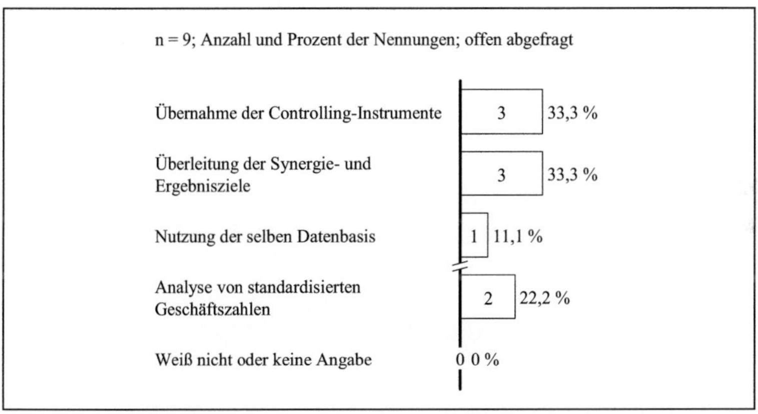

Abb. 92: Optionen der Überführung des Controllings der M&A-Projekte in das des Gesamtunternehmens
(Quelle: Eigene Darstellung)

5.3.4 Herausforderungen und Verbesserungsmöglichkeiten

Bereits im vorangegangenen Teil der lediglich teilstrukturierten Experteninterviews wurde mitunter flexibel vom standardisierten Interviewleitfaden abgewichen. So wurden einzelne bestehende Fragestellungen weitergehend erörtert sowie darüber hinaus neue Fragestellungen entwickelt. Der letzte Teil der Experteninterviews sollte explizit dazu genutzt werden, Herausforderungen der durchgeführten M&A-Projekte entlang der bereits behandelten Fragestellungen aufzuzeigen und Verbesserungsmöglichkeiten aus der individuellen Sicht der befragten Experten möglichst offen zu ermitteln.

Nach Beschreibung des tatsächlichen Vorgehens in der unternehmerischen M&A-Praxis, steht somit nun das indikative Aufzeigen des gewünschten Vorgehens unter Bezug auf das tatsächliche Vorgehen im Fokus der Betrachtung. Auch hier findet eine Auseinandersetzung mit den M&A-projektbezogenen Themenbereichen Definition und Messung der Zielerreichung (vgl. Kap. 5.3.4.1), Konzeption bzw. Ziele und Aufgaben des Controllings (vgl. Kap. 5.3.4.2), Controlling-Instrumente (vgl. Kap. 5.3.4.3) sowie Institutionalisierung des Controllings (vgl. Kap. 5.3.4.4) statt. Dabei wird jedoch ein besonderer Schwerpunkt auf die Ausgestaltung des Controllings von M&A-Projekten gelegt.

5.3.4.1 Definition und Messung der Zielerreichung

Insgesamt wurde mit den Experten das Thema der Zielerreichung von M&A-Projekten und deren Messung nicht besonders kontrovers diskutiert. D. h., es wurden hier von den Experten nur wenige Verbesserungsmöglichkeiten artikuliert. Alle 16 Experten hätten im Rahmen des jeweiligen M&A-Projektes keine anderen als die angegebenen Ziele verfolgt und jene der Messung der Zielerreichung und damit des Erfolgs des M&A-Projektes zugrunde gelegt.

Vier Experten merkten an, dass die Zielsetzung des jeweiligen M&A-Projektes bereits zu Beginn des M&A-Prozesses klar festgelegt war, jedoch das angestrebte Ausmaß der Zielerreichung teilweise im Verlauf des M&A-Projektes angepasst werden musste. Dies habe vor allem daran gelegen, dass Informationen zu Beginn des M&A-Projektes nur begrenzt verfügbar waren, Berichtszahlen im Konzernverbund teilweise ungenau waren und sich wesentliche Veränderungen des Marktumfeldes, wie z. B. durch die Wirtschafts- und Finanzkrise, ergeben haben. Zwei andere Experten konstatierten allerdings eine grundsätzlich unzureichende Definition des Ausmaßes der Zielerreichung. Einer dieser Experten forderte daher insbesondere bei der benchmarkorientierten Zielfestlegung mehr Unterstützung durch externe Berater.

Der überwiegende Anteil der Experten (62,5 %, h = 10) sah grundsätzlich keinen Verbesserungsbedarf bei der Messung der Zielerreichung von M&A-Projekten. Zwei dieser Experten wiesen darauf hin, dass die Messung der Zielerreichung vielmehr beschränkt und pragmatisch den M&A-Projektanforderungen angepasst sein müsse. Zwei weitere Experten kommentierten, dass der Messbedarf grundsätzlich je nach Größe der M&A-Transaktion variiere und zusätzliche Messgrößen im Rahmen weiterer Planungsinstrumente, wie z. B. Businesspläne, genutzt werden könnten. Wiederum zwei Experten forderten eine mehr am Unternehmenswert orientierte Messung der Zielerreichung von M&A-Projekten. Ein weiterer Experte riet zu einer stärkeren Orientierung der M&A-Erfolgsmessung an der externen Rechnungslegung, wies jedoch gleichsam auf mögliche Abgrenzungsprobleme zwischen dem M&A-Projekt und dem Gesamtunternehmen hin.

Darüber hinaus gab ein Experte an, dass die Erreichung von Zielen, wie die Erlangung von Marktmacht bzw. Verbesserung der Wettbewerbsposition, nicht separat gemessen werden müsse, sondern durch die M&A-Transaktion per se als quasi gegeben betrachtet werden könne. Zwei weitere Experten ergänzten, dass die Performance des integrierten Unternehmens in der Regel bereits in der neuen Geschäftseinheit im Rahmen des allgemeinen Reportings gemessen wurde.

5.3.4.2 Konzeption bzw. Ziele und Aufgaben des Controllings

Die Experten derjenigen drei M&A-Projekte, bei denen kein Controlling durchgeführt wurde, sahen keine Notwendigkeit für dessen Implementierung.[1046] Einer dieser Experten merkte an, dass der Aufbau eines Controllings aufgrund der besonderen Dynamik des M&A-Projektes zeitlich nicht möglich gewesen war und den M&A-Prozess eher behindert hätte.

Der Großteil (84,6 %, h = 11) der übrigen 13 Experten sah zunächst keine Notwendigkeit für eine Zielanpassung beim Controlling des jeweiligen M&A-Projektes. Die restlichen zwei Experten forderten jedoch ein umfassenderes Controlling, welches eine weitgehende Managementunterstützung während des gesamten M&A-Prozesses zum Ziel hat. Die gleichen Experten forderten dementsprechend eine Ausweitung der Control-

---

1046 Im Folgenden reduziert sich daher der Umfang der Stichprobe wieder auf n = 13.

ling-Aufgaben auf den gesamten M&A-Prozess, die stärkere Übernahme von Koordinationsaufgaben sowie die Förderung organisationalen Lernens. Sie merkten jedoch auch einschränkend an, dass dies pragmatisch und entsprechend der individuellen Steuerungserfordernisse des jeweiligen M&A-Projektes erfolgen müsse und sowohl die Projekt- als auch die Gesamtorganisation dadurch nicht überfordert werden solle. Zwei Experten stellten zwischen den am M&A-Projekt beteiligten Mitarbeitern und Bereichen ein unterschiedliches Verständnis von Controlling fest. In einem Fall lag beim übernehmenden Unternehmen ein umfassenderes Verständnis des Controllings als Managementunterstützung, beim Übernahmeobjekt dagegen lediglich als rudimentäre Kontrolle vor. In einem weiteren Fall konnte sowohl zwischen als auch innerhalb von zentralen Unternehmenseinheiten, operativen Bereichen und der M&A-Projektorganisation von einer Vielzahl unterschiedlicher Verständnisse von Controlling ausgegangen werden.

5.3.4.3 Controlling-Instrumente

Hinsichtlich der Controlling-Instrumente, die im Rahmen von M&A-Projekten genutzt wurden, sah der überwiegende Teil der Experten (61,5 %, h = 8) Verbesserungsmöglichkeiten. Diese waren sehr verschieden und bezogen sich vor allem auf die Verbesserung und Standardisierung genutzter Instrumente sowie insbesondere monetäre Anreizsysteme.

So wurde vereinzelt z. B. von den Experten vorgeschlagen, neben der Zielsetzung des M&A-Projektes und der zugrunde zu legenden Zahlenbasis auch die zu nutzenden Controlling-Instrumente bereits zu Beginn der Integrationsphase festzulegen. Zudem könnten Reviewmeetings bereits stärker in der Vorbereitungs- und Transaktionsphase genutzt werden. Des Weiteren könnte ein hinsichtlich der Praktikabilität verbessertes Synergiesteuerungsinstrument eingesetzt werden. Auch ein phasenübergreifendes Controlling-Instrument, wie z. B. eine Balanced Scorecard, welches pragmatisch – an den tatsächlichen Steuerungserfordernissen orientiert – auszugestalten ist, wäre hilfreich. Außerdem wäre ein „Standard-Controlling-Instrument" für alle M&A-Projekte des strategischen Investors, welches wesentliche Steuerungsgrößen verbindet, wünschenswert.

Drei von vier Experten, bei deren M&A-Projekt monetäre Anreizsysteme des Controllings fehlten, forderten deren Einrichtung. Ein weiterer Experte wünschte sich die Ausweitung des genutzten M&A-bezogenen Anreizsystems auf weitere Personengruppen.

Danach sollten nicht nur die Mitarbeiter des operativen Managements, sondern auch M&A-Projektmitarbeiter sowie eine unternehmensspezifisch definierte Gruppe wichtigster Mitarbeiter incentiviert werden. Ein anderer Experte merkte an, dass Projektcontroller lediglich „überwachen“ und nicht ergebnisverantwortlich seien, weshalb sich ihre Incentivierung schwierig darstellen würde. Als Bemessungsgrundlagen der variablen Vergütung wurden vereinzelt Umsatz, Ergebnis, Kaufpreis, Synergierealisierung und einzelne Projektziele genannt. Ein Experte wies darauf hin, dass Zielgrößen mitarbeiterindividuell zurechenbar sein sollten und ein sich veränderndes Marktumfeld berücksichtigt werden sollte. Ein anderer Experte äußerte, dass eine Orientierung an nicht finanziellen Zielgrößen, wie z. B. Harmonisierung von Prozessen oder Grad der kulturellen Integration, praktisch schwierig umsetzbar sei, da die Kosten für die Entwicklung und Implementierung eines entsprechenden Anreizsystems dessen Nutzen übersteigen würden.

5.3.4.4 Institutionalisierung des Controllings

Mehr als ein Drittel der befragten Experten (38,5 %, h = 5) sah Verbesserungspotenzial bei der Institutionalisierung des Controllings des jeweiligen M&A-Projektes. So forderten zwei Experten grundsätzlich einen ausreichenden Umfang personeller Ressourcen für das Controlling eines M&A-Projektes. Geeignete Projektmitarbeiter würden häufig auch für andere Aufgaben, wie z. B. die Erstkonsolidierung, genutzt.

Drei Experten stellten eine frühzeitige und durchgehende Beteiligung derselben Mitarbeiter in Vorbereitungs-, Transaktions- und Integrationsphase eines M&A-Projektes als besonders wichtig heraus, da Planung und Integrationsvorbereitung bereits in der Transaktionsphase stattfänden und auf diese Weise Informations- und Knowhow-Verluste durch einen personellen „Bruch“ vermieden würden. Hierzu schlug alternativ ein Experte eine bessere Information bzw. Dokumentation bei der Übergabe zwischen alten und neuen Projektmitarbeitern zu Beginn der Integrationsphase vor. Ein anderer Experte merkte an, dass dies nicht notwendig sei, wenn dieselben Projektmitarbeiter in Transaktions- und Integrationsphase des M&A-Projektes eingesetzt würden.

Wiederum ein Experte kritisierte, dass Informationen aus dem Projektcontrolling nicht in angemessenem Umfang zur Steuerung des M&A-Projektes genutzt würden. Aufgrund mangelnder Transparenz und unklarer Verantwortlichkeiten würden Planabweichungen nicht notwendigerweise zu Konsequenzen oder einem steuernden Eingreifen führen.

5.3.5 Zusammenfassung der Ergebnisse

Die teilstrukturierte Befragung der M&A-Projektverantwortlichen von 16 verschiedenen M&A-Projekten führte zu einer Reihe verschiedener Erkenntnisse. Diese sollen kurz zusammengefasst werden, um sie mit dem in dieser Arbeit vorwiegend literaturgeleitet entwickelten Ansatz für ein prozessorientiertes Controlling von M&A-Projekten vergleichen und Defizite in der Unternehmenspraxis aufzeigen zu können.

Die Zielsetzungen von strategischen Investoren und M&A-Projekten waren grundsätzlich wertorientiert. Letztere veränderten sich nicht im Verlauf des jeweiligen M&A-Projektes. Zur Messung der Zielerreichung der M&A-Projekte wurden stets finanzwirtschaftliche Messgrößen, jedoch nur teilweise wertorientierte genutzt. Die Messung der Zielerreichung wurde zwar regelmäßig, aber über eine unterschiedliche Dauer durchgeführt. Für dreizehn von sechzehn M&A-Projekten wurde ein Controlling durchgeführt, dessen Zielsetzung und Aufgaben jedoch zum Teil lediglich auf „Kontrolle“ beschränkt waren. Eine Vielzahl verschiedener, einerseits umfassender und andererseits verhältnismäßig einfacher Controlling-Instrumente, wie z. B. Meilenstein- und Synergiepläne, wurde genutzt. Verschiedene Schnittstellen zwischen dem Controlling der M&A-Projekte und dem des Gesamtunternehmens wiesen auf eine zumindest teilweise personelle und inhaltliche Verflechtung hin.

Wenige Experten sahen Verbesserungsmöglichkeiten bei der Messung der Zielerreichung von M&A-Projekten. Vereinzelt wurde hier eine stärkere Orientierung am Unternehmenswert als Zielgröße und an den Daten der externen Rechnungslegung gefordert. Hinsichtlich der Konzeption, d. h. den Zielen und Aufgaben, des Controllings von M&A-Projekten sahen ebenfalls wenige Experten Verbesserungspotenzial, allerdings wurde eine mögliche Ausweitung des Aufgabenspektrums angedeutet. Die Mehrheit der Experten identifizierte Verbesserungsmöglichkeiten in Bezug auf die Instrumente des Controllings von M&A-Projekten. Diese beinhalteten den im M&A-Prozess früheren Einsatz von Controlling-Instrumenten sowie die Verbesserung und Standardisierung existierender Controlling-Instrumente. Zudem wurde ein konsequenterer und in Ansätzen differenzierterer Einsatz von M&A-projektbezogenen Anreizsystemen gefordert.

Eine personell umfassendere und M&A-phasenübergreifende Institutionalisierung des Controllings von M&A-Projekten hielten einige Experten für wünschenswert.

5.4 Bewertung der empirischen Ergebnisse

Nachdem die Ergebnisse der empirischen Untersuchung dargestellt wurden, sind diese nun hinsichtlich der Qualität zu bewerten. Dies entspricht dem allgemeinen Standard der empirischen Forschung, wonach am Ende einer Untersuchung die Einschätzung der Ergebnisse anhand von Gütekriterien steht.[1047]

In der konventionellen quantitativen Forschung dienen hierzu die Gütekriterien Gültigkeit (Validität), Zuverlässigkeit (Reliabilität), Generalisierbarkeit und Repräsentativität.[1048] Zwar weisen die durchgeführten Experteninterviews sowie deren Auswertung durchaus auch quantitative Elemente auf, jedoch sind die Experteninterviews aufgrund des eher explorativen Charakters und der lediglich teilweisen Strukturierung primär der qualitativen Forschung zuzuordnen.[1049] Auch die Beurteilung qualitativer Forschungsergebnisse hat sich zwar an den Gütekriterien der quantitativen Forschung zu orientieren, allerdings sind letztere entsprechend der Besonderheiten qualitativer Forschung anzupassen bzw. zu erweitern.[1050] MAYRING, P. (2002) empfiehlt daher, sechs andere allgemeine Gütekriterien qualitativer Forschung zu nutzen: Verfahrensdokumentation, argumentative Interpretationsabsicherung, Regelgeleitetheit, Nähe zum Gegenstand, kommunikative Validierung und Triangulation.[1051]

Das erste Kriterium, die Verfahrensdokumentation, begründet die ausreichend nachvollziehbare Dokumentation der gewählten methodischen Vorgehensweise.[1052] Dies betrifft insbesondere die Erläuterung des Vorverständnisses, die Wahl des Analyseinstrumentariums sowie die Durchführung und Auswertung der Datenerhebung. Unter Anbetracht

---

1047 Vgl. MAYRING, P. (2002), S. 140. Gütekriterien werden grundsätzlich auch zur Bestimmung der methodischen Vorgehensweise herangezogen; vgl. LAMNEK, S. (2010), S. 129f. Dies ist implizit auch im Rahmen dieser Arbeit erfolgt; vgl. dazu insb. die Ausführungen in Kap. 5.2 dieser Arbeit.

1048 Vgl. z. B. LAMNEK, S. (2010), S. 130; ähnlich DIEKMANN, A. (2007), S. 216ff.

1049 Vgl. auch die Ausführungen in Kap. 5.2.1 dieser Arbeit sowie die dort zitierte Methodendiskussion.

1050 Vgl. LAMNEK, S. (2010), S. 130f.; MAYER, H. O. (2009), S. 55ff.; MAYRING, P. (2002), S. 140ff.; ähnlich FLICK, U. (1987), S. 247f.

1051 Vgl. hier und auch im Folgenden zur Erläuterung der einzelnen Kriterien MAYRING, P. (2002), S. 144ff.

1052 Vgl. ähnlich auch MAYER, H. O. (2009), S. 56.

der ausführlichen Erläuterungen im Rahmen dieser Arbeit kann dieses Kriterium als erfüllt betrachtet werden.[1053]

Das zweite Kriterium, die argumentative Interpretationsabsicherung, bezieht sich auf die in der Regel explikativ und nicht reduktiv erfolgende Analyse in der qualitativen Sozialforschung.[1054] Jegliche Modifikation bzw. Interpretation der erhobenen Daten muss daher intersubjektiv nachvollziehbar und entsprechend dokumentiert werden. Durch die weitgehende Standardisierung der Fragestellung im Rahmen dieser empirischen Untersuchung, war eine Modifikation bzw. Interpretation der erhobenen Daten, z. B. durch die Kategorisierung von Aussagen bzw. Antworten auf offene Fragen, nur in eingeschränktem Maße notwendig.[1055] Auf Basis der für fast alle geführten Interviews vorhandenen Tonbandaufnahmen sowie der Interviewprotokolle lässt sich dies individuell überprüfen und intersubjektiv nachvollziehen.[1056] Auch dieses Gütekriterium kann somit als vollständig erfüllt angesehen werden.

Durch das dritte Kriterium, die Regelgeleitetheit, wird eine Systematisierung des empirischen Forschungsvorgehens gefordert. So sollte die qualitative Forschung zwar offen gegenüber dem jeweiligen Forschungsgegenstand sein, jedoch sind Analyseschritte und Verfahrensregeln festzulegen sowie das Datenmaterial zu strukturieren. Dies trifft für diese empirische Untersuchung zu und wird nicht zuletzt durch die Teilstrukturierung der Experteninterviews in besonderem Maße erfüllt.[1057]

Die Nähe zum Gegenstand, das vierte Kriterium, ist nicht nur Leitgedanke jeder Art von Forschung, sondern wird auch als methodologisches Grundprinzip der qualitativen Forschung bezeichnet.[1058] Demnach ist qualitative Forschung auf die natürliche Lebenswelt der Betroffenen auszurichten und hat deren Interessen und Relevanzsysteme zu berücksichtigen.[1059] Dies wurde im Rahmen dieser empirischen Untersuchung einerseits durch

---

1053 Vgl. die ausführlichen Erläuterungen zur methodischen Vorgehensweise der empirischen Untersuchung in Kap. 5.2 dieser Arbeit.

1054 Vgl. hier und folgend ähnlich LAMNEK, S. (2010), S. 131.

1055 Vgl. auch die Ausführungen zur Standardisierung des Interviewleitfadens in Kap. 5.2.1 dieser Arbeit.

1056 Vgl. auch die Ausführungen zur Datengewinnung in Kap. 5.2.3 und zur Datenauswertung in Kap. 5.2.4 dieser Arbeit.

1057 Vgl. auch insb. die Ausführungen zur gewählten Untersuchungsmethode in Kap. 5.2.1 dieser Arbeit.

1058 Vgl. LAMNEK, S. (2010), S. 132.

1059 Vgl. ähnlich auch MAYER, H. O. (2009), S. 57.

die Wahl von M&A-Projektverantwortlichen als befragte Experten und Repräsentanten des Untersuchungsgegenstandes M&A-Projekt, andererseits durch die persönliche Befragung vor Ort in den Geschäftsräumen des jeweiligen Experten sichergestellt.[1060] Zusätzlich wurde versucht, Ergebnisverzerrungen durch den Effekt der sozialen Erwünschtheit weitgehend zu eliminieren. Dazu dienten z. B. der durchgeführte Pre-Test, die Zusicherung der Anonymität, das Schaffen einer Vertrauensbasis im persönlichen Gespräch, die Strukturierung des Interviewverlaufs und eine neutrale Frageformulierung.[1061]

Das fünfte Kriterium, die kommunikative Validierung,[1062] bezeichnet die kommunikative Rückkopplung der Interpretationen an die Befragten, um die Gültigkeit der erhobenen Daten bzw. deren Interpretation nochmals zu überprüfen.[1063] Eine vollumfängliche Rückkopplung konnte aufgrund der begrenzt zur Verfügung stehenden Zeit im Rahmen der Interviews nicht stattfinden. Allerdings wurde diese auch als nicht notwendig angesehen. So kann aufgrund der inhaltlich sequenziellen Fragestellung, der Reflexion des von den Befragten beschriebenen tatsächlichen Vorgehens durch Diskussion von Verbesserungsmöglichkeiten, der grundsätzlich offenen Gesprächsführung sowie aufgrund der Verifizierung inkonsistenter Expertenaussagen nach dem eigentlichen Interview von einer hinreichenden Validierung ausgegangen werden.[1064]

Das letzte Kriterium, die Triangulation,[1065] ist sehr weit gefasst und bezieht sich auf die Heranziehung verschiedener Theorieansätze, Methoden, Datenquellen, Interpreten etc.[1066] Durch die alleinige Befragung wird dieses Kriterium nicht erfüllt,[1067] jedoch durch die Verknüpfung mit dem theoretischen Teil dieser Arbeit unterstützt. So dient der literaturgeleitet entwickelte, prozessorientierte Ansatz zum Controlling von M&A-Projekten als Ausgangs-, Orientierungs- und Reflexionspunkt der Untersuchung.

1060 Vgl. auch die Ausführungen zur Bestimmung der Stichprobe in Kap. 5.2.2 sowie zur Interviewdurchführung in Kap. 5.2.3 dieser Arbeit.

1061 Vgl. allg. zum Vorgehen DIEKMANN, A. (2007), S. 382ff.; MÖHRING, W./SCHLÜTZ, D. (2003), S. 68f.

1062 Vgl. grundlegend HEINZE, T./THIEMANN, F. (1982), S. 635ff.

1063 Vgl. auch LAMNEK, S. (2010), S. 132, der dieses Kriterium jedoch kritisch betrachtet.

1064 Vgl. zu einem ähnlichen Vorgehen FRIEDRICHS, J. (1990), S. 223.

1065 Vgl. grundlegend DENZIN, N. K. (1978), S. 289ff.

1066 Vgl. auch LAMNEK, S. (2010), S. 132.

1067 Jedoch ist darauf hinzuweisen, dass für einige Experteninterviews zwei Experten zur Verfügung gestellt wurden und die meisten Experten während der Interviews zur Illustration ihrer Aussagen Beispielmaterial gezeigt haben.

Zusammenfassend kann festgestellt werden, dass die empirische Untersuchung und deren Ergebnisse den definierten Gütekriterien in vollem Umfang genügen. Im Folgenden können daher die gewonnenen empirischen Erkenntnisse zu einer Reflexion und Erweiterung der theoretischen Erkenntnisse dieser Arbeit herangezogen werden.

5.5 Reflexion und Erweiterung der theoretischen Erkenntnisse

Im Rahmen dieser Arbeit wurde ein integrierter Ansatz zum prozess- und wertorientierten Controlling von M&A-Projekten entwickelt und die verschiedenen damit verbundenen Fragestellungen empirisch anhand von 16 großen M&A-Projekten deutscher strategischer Investoren untersucht. Im Folgenden wird nun beides zusammengeführt, indem zunächst die empirischen Erkenntnisse mit den literaturgeleiteten Erkenntnissen verglichen und Defizite in der Unternehmenspraxis identifiziert werden. Dabei dienen der Beurteilung des quantitativen und qualitativen Erfüllungsgrades (y) bzgl. der literaturgeleiteten Gestaltungsempfehlung für das M&A-Controlling in den einzelnen Abbildungen kreisförmige Ideogramme mit den Ausprägungen gering ($0\% < y \leq 25\%$ zutreffend), mittel ($25\% < y \leq 50\%$ zutreffend), hoch ($50\% < y \leq 75\%$ zutreffend), sehr hoch ($75\% < y \leq 100\%$ zutreffend). Daran anknüpfend werden jeweils abschließende Gestaltungsempfehlungen für die Unternehmenspraxis abgeleitet.

Dies erfolgt in zwei Bereichen. Zum einen wird abgeleitet, wie in der Unternehmenspraxis der Erfolg von M&A-Projekten definiert und gemessen werden sollte (vgl. Kap. 5.5.1). Zum anderen wird ermittelt, wie dieser Erfolg durch ein Controlling von M&A-Projekten zielorientiert gesteuert werden kann (vgl. Kap. 5.5.2).

5.5.1 Operationalisierung des Erfolgs von M&A-Projekten

Ausgangspunkt der bisherigen Überlegungen war die Definition und Messung des Erfolgs von M&A-Projekten in Abhängigkeit von den zugrunde liegenden Zielen. Die grundsätzlichen Unternehmensziele der strategischen Investoren wurden im Rahmen dieser Arbeit als Basis für die Definition der Zielsetzung von M&A-Projekten angesehen.[1068] Theoretisch wurde hergeleitet, dass die Existenzsicherung des Unternehmens im Sinne einer langfristigen Steigerung des Unternehmenswertes das primäre Unterneh-

---

[1068] Vgl. hier und folgend ausführlich die entsprechenden Ausführungen in Kap. 3.1 dieser Arbeit.

menssziel darstellt, an welchem sich das unternehmerische Handeln ausrichtet. Empirisch konnte ermittelt werden, dass ein Großteil der befragten strategischen Investoren (68,8 %, h = 11) die Unternehmenswertsteigerung als primäres Ziel verfolgten. Auch bei den strategischen Investoren, die kein primäres, sondern mehrere gleich wichtige Unternehmensziele verfolgten (n = 2), war Unternehmenswertsteigerung eines dieser Ziele. Insgesamt sahen somit drei Viertel (75,0 %, h = 12) der befragten strategischen Investoren die Unternehmenswertsteigerung als eines der wichtigsten Unternehmensziele an. Die theoretischen und empirischen Erkenntnisse stimmen folglich weitgehend überein (vgl. hier und im Folgenden zusammenfassend Abb. 93). Ein besonderes Defizit bezüglich der unternehmerischen Zielsetzung konnte in der Unternehmenspraxis nicht identifiziert werden. Die langfristige Steigerung des Unternehmenswertes kann daher weiterhin als geeignetes Oberziel des Unternehmens bzw. strategischen Investors angesehen werden, an welchem sich das gesamte unternehmerische Handeln sowie die sonstigen Zielsetzungen ausrichten soll.

	Erfüllungsgrad in der Unternehmenspraxis
Ziele	
• Strategischer Investor: Unternehmenswertsteigerung	◕
• M&A-Projekt: Wertorientierte Ziele	●
Messung der Zielerreichung	
• Grundsätzliche Durchführung	●
• Verwendung wertorientierter Messgrößen	◔
• Integrierte Nutzung von Informationsquellen	◕
• Zeitliche Regelmäßigkeit und Bezug auf gesamten M&A-Prozess	◑

Legende
- ◔ Gering (0% < y ≤ 25% zutreffend)
- ◑ Mittel (25% < y ≤ 50% zutreffend)
- ◕ Hoch (50% < y ≤ 75% zutreffend)
- ● Sehr hoch (75% < y ≤ 100% zutreffend)

Abb. 93: Umsetzung der zielorientierten M&A-Erfolgsmessung (Quelle: Eigene Darstellung)

Hinsichtlich der Zielsetzung von M&A-Projekten wurde aufgezeigt, dass verschiedene projektindividuelle Ziele von M&A-Projekten existieren können. Der Beitrag zur langfristigen Unternehmenswertsteigerung, d. h. zum Oberziel des Unternehmens bzw. strategischen Investors, wurde als formales und alleiniges Oberziel von M&A-Projekten

bestimmt.[1069] Untergeordnete wertorientierte Ziele, nicht wertorientierte Ziele und Sachziele von M&A-Projekten sind demzufolge dagegen nicht in die übergreifende Erfolgsmessung von M&A-Projekten zu integrieren, sondern sind im Rahmen eines umfassenden Controllings von M&A-Projekten zu berücksichtigen. Empirisch konnte festgestellt werden, dass bei dem Großteil der betrachteten M&A-Projekte (68,8 %, h = 11) ein primäres Ziel verfolgt wurde. Wertorientierte Ziele von M&A-Projekten wurden aus Sicht aller strategischen Investoren als sehr wichtig betrachtet, nicht wertorientierte Ziele, wie z. B. persönliche Ziele des Managements, als unwichtig. Die Erlangung von Marktmacht bzw. Verbesserung der Wettbewerbsposition galt als wichtigstes Ziel der M&A-Projekte ($m = 4{,}67$, $s_x = 0{,}72$)[1070], gefolgt von der Erzielung operativer Synergien ($m = 4{,}20$, $s_x = 0{,}94$). Auch das übergeordnete Ziel der Unternehmenswertsteigerung wurde von einigen Experten (12,5 %, h = 2) explizit genannt. Eine Veränderung der Wichtigkeit einzelner Ziele der M&A-Projekte im Projektverlauf konnte empirisch nicht festgestellt werden. Es wird empfohlen, dass der Beitrag des M&A-Projektes zur langfristigen Steigerung des Unternehmenswertes als formales und primäres Ziel von M&A-Projekten alleinig zu deren übergreifenden Erfolgsmessung herangezogen werden sollte. Die empirisch nachgewiesene Relevanz anderer, jedoch nach wie vor wertorientierter Ziele begründet die unternehmenspraktische Notwendigkeit, ebenso jene Ziele auf untergeordneter Ebene und im Rahmen eines umfassenden Controllings von M&A-Projekten zu berücksichtigen.

Die Messung des Erfolgs von M&A-Projekten anhand der Zielerreichung der M&A-Projekte wurde im theoretischen Teil dieser Arbeit als Voraussetzung und Grundlage für die ziel- und erfolgsorientierte Steuerung von M&A-Projekten begründet.[1071] Die empirische Untersuchung hat ergeben, dass mit einer Ausnahme (6,3 %, h = 1) die Zielerreichung des jeweiligen M&A-Projektes durch fast alle befragten strategischen Investoren (93,8 %, h = 15) gemessen wurde. Die grundsätzliche Durchführung der Erfolgsmessung von M&A-Projekten wird daher auch weiterhin empfohlen.

Als dafür zu nutzende zentrale Messgröße wurde in den vorwiegend literaturgeleiteten Überlegungen dieser Arbeit im Interesse der Wertorientierung der residuale ökonomi-

---

[1069] Vgl. hier und folgend die entsprechenden Ausführungen in Kap. 3.2 dieser Arbeit.

[1070] Hierbei bezeichnet „m" den Mittelwert der Wichtigkeit auf einer Skala von 1 (gar nicht wichtig) bis 5 (sehr wichtig). Vgl. ausführlich auch die Ausführungen in Kap. 5.3.2 dieser Arbeit.

[1071] Vgl. die entsprechenden einleitenden Erläuterungen in Kap. 3.3 dieser Arbeit.

sche Gewinn (RÖG) auf Basis des EVA gewählt.[1072] Empirisch konnte gezeigt werden, dass bei dem Großteil der hierzu betrachteten M&A-Projekte (66,7 %, h = 10) auf oberster Ebene bis zu sechs Messgrößen zur Messung der Zielerreichung eingesetzt wurden. Bei allen M&A-Projekten (100 %, h = 15) wurden finanzwirtschaftliche Messgrößen genutzt. Diese wurden teilweise um prozessuale (26,7 %, h = 4), markt- und ressourcenorientierte (20,0 %, h = 3) sowie soziale (20,0 %, h = 3) Messgrößen ergänzt. Unter den genutzten finanzwirtschaftlichen Messgrößen dominierten traditionelle gewinnorientierte Größen, wie z. B. Kosten- und Erlössynergien (73,3 %, h = 11), Gewinn (60,0 %, h = 9) und Umsatz (46,7 %, h = 7). Der Unternehmenswert und der EVA wurden nur vereinzelt (jeweils 6,7 %, h = 1) betrachtet, jedoch forderten zwei Experten eine ausgeprägtere Wertorientierung der Messgrößen. Demzufolge kann hinsichtlich der Wertorientierung der Messgrößen ein klares Defizit in der Unternehmenspraxis konstatiert werden. Als Gestaltungsempfehlung für die Unternehmenspraxis ist daher festzuhalten, dass wertorientierte Messgrößen zwingend genutzt werden sollten. Welche wertorientierte Kennzahl hierzu herangezogen wird, sollte nicht nur vor dem Hintergrund der im Rahmen dieser Arbeit erfolgten literaturgeleiteten Überlegungen, sondern vor allem unter Anbetracht der praktischen Umsetzbarkeit im individuellen Unternehmens- und M&A-Projektkontext entschieden werden. Diese Kennzahl sollte ggf. M&A-projektabhängig durch einzelne Messgrößen ergänzt werden, welche untergeordnete formale, wertorientierte Ziele, wie z. B. die Erlangung von Marktmacht bzw. die Verbesserung der Wettbewerbsposition oder die Erzielung operativer Synergien, sowie übergreifende sachliche Prozessziele, wie z. B. die organisationale Integration, abbilden.

Als Informationsquellen für die Messung der Zielerreichung von M&A-Projekten wurden literaturgeleitet vor allem das institutionalisierte Unternehmens- sowie das ergänzende M&A-Projektberichtswesen identifiziert.[1073] Dabei wurde auch eine weitestgehende Verknüpfung der Informationsquellen gefordert und auf eine möglichst simultane bzw. integrierende Nutzung des internen und externen Berichtswesens hingewiesen. Die empirische Untersuchung ergab Ähnliches hinsichtlich der Art der Informationsquellen. So wurden die zur Erfolgsmessung notwendigen Informationen vorwiegend aus dem internen Berichtswesen (93,3 %, h = 14), dem M&A-Projektberichtswesen (80,0 %,

---

1072 Vgl. die Ausführungen zu den Messgrößen der Zielerreichung in Kap. 3.3.2 dieser Arbeit.

1073 Vgl. die Ausführungen im Rahmen der Erläuterungen zu den verschiedenen Messkonzepten in Kap. 3.3.1 dieser Arbeit.

h = 12) und aus der externen Rechnungslegung (73,3 %, h = 11) bezogen. Vereinzelt wurde von den befragten Experten eine stärkere Berücksichtigung der Informationen der externen Rechnungslegung für die Erfolgsmessung gefordert. Als Gestaltungsempfehlung für die Unternehmenspraxis kann daher allgemein und mit Bezug auf die im Einzelfall genutzten Messgrößen eine fortschreitende Harmonisierung des internen und externen Berichtswesens sowie dessen weitgehende Nutzung für das M&A-Projektberichtswesen abgeleitet werden.

Hinsichtlich des zeitlichen Bezugs der Erfolgsmessung von M&A-Projekten wurde im theoretischen Teil dieser Arbeit die Forderung nach einer phasenübergreifenden, den gesamten M&A-Prozess begleitenden Messung begründet, welche bereits in der Vorbereitungsphase beginnt und nach Abschluss der Integrationsphase endet.[1074] Zudem sollte die Messung regelmäßig und entsprechend der M&A-projektindividuellen Steuerungserfordernisse erfolgen. Die Regelmäßigkeit sollte dabei ab der Vorbereitungsphase von M&A-Projekten durch eine meilensteinorientierte Messung und ab der Integrationsphase von M&A-Projekten ergänzend durch eine Messung in festen Zeitintervallen von deutlich weniger als einem Jahr umgesetzt werden. Abweichend vom entwickelten Ansatz ergab die empirische Untersuchung, dass die Messung der Zielerreichung in der Regel erst mit der Integrationsplanung frühestens gegen Ende der Transaktionsphase des jeweiligen M&A-Projektes begann und in oder zum Ende der Integrationsphase des jeweiligen M&A-Projektes endete. Die Messung erstreckte sich M&A-projektindividuell über eine Dauer von einem Jahr bis zu fünf Jahren. Bei fast allen M&A-Projekten (92,3 %, h = 14) wurde die Zielerreichung in festen Zeitintervallen gemessen. Jene betrugen bei einem Großteil der M&A-Projekte (80,0 %, h = 12) längstens ein Quartal. Bei fast der Hälfte der M&A-Projekte (46,7 %, h = 7) fand die Messung anfangs in kürzeren Zeitintervallen statt. Es kann somit von einem Defizit in der Unternehmenspraxis hinsichtlich der M&A-prozessgebundenen Dauer und auch hinsichtlich der zeitlichen Regelmäßigkeit der Erfolgsmessung ausgegangen werden. Als Gestaltungsempfehlungen für die Unternehmenspraxis werden daher die literaturgeleitet entwickelten Anforderungen vollständig übernommen und durch das empirisch ermittelte feste Messintervall von einem Quartal konkretisiert. Ergänzend ist noch einmal darauf hinzuweisen, dass die Bestimmung der Messzeitpunkte M&A-projektindividuell ent-

[1074] Vgl. insb. die Ausführungen zu Zeitpunkt und -raum der Messung in Kap. 3.3.3 dieser Arbeit.

sprechend der jeweiligen Steuerungserfordernisse und der zugrundeliegenden Meilensteinplanung erfolgen sollte.

5.5.2 Ausgestaltung des Controllings von M&A-Projekten

Nachdem praxisorientierte Gestaltungsempfehlungen zur Definition und Messung des Erfolgs von M&A-Projekten abgeleitet wurden, werden nun ebenfalls durch Gegenüberstellung der theoretischen und empirischen Erkenntnisse derartige Empfehlungen zur zielorientierten Steuerung des M&A-Erfolgs und damit zur Ausgestaltung des Controllings von M&A-Projekten entwickelt. Hierbei stehen wiederum Ziele, Aufgaben, Instrumente und Organisation des Controllings von M&A-Projekten im Zentrum des Interesses.

Die Notwendigkeit eines Controllings von M&A-Projekten wurde bereits im theoretischen Teil dieser Arbeit begründet.[1075] Allerdings wurde dieses nicht bei allen (81,3 %, h = 13) in der empirischen Untersuchung betrachteten M&A-Projekten (n = 16) durchgeführt. Auch sahen die Experten derjenigen M&A-Projekte, bei denen kein M&A-projektbezogenes Controlling vorhanden war (18,8 %, n = 3), keine Notwendigkeit für die Implementierung, was auf ein wesentliches Defizit in Teilen der Unternehmenspraxis hinweist. Grundsätzlich ist der Unternehmenspraxis die Einrichtung eines Controllings von M&A-Projekten zu empfehlen. Hinsichtlich des Umfangs sollte dieses Controlling allerdings den M&A-projektspezifischen Steuerungsanforderungen entsprechen. Eine genauere Betrachtung der Konzeption, d. h. der Zielsetzungen und Aufgaben, des Controllings scheint daher angebracht.

Auf Basis literaturgeleiteter Überlegungen wurde die Zielsetzung des Controllings von M&A-Projekten als Managementunterstützung durch Koordination und Sicherstellung der Zielorientierung definiert. Die empirische Untersuchung derjenigen M&A-Projekte, für die ein Controlling durchgeführt wurde (n = 13), ergab ein sehr differenziertes Bild. So lag im Rahmen der untersuchten M&A-Projekte zum einen ein sehr enges grundlegendes Verständnis von Controlling als Kontrolle und zum anderen ein eher umfassendes Verständnis von Controlling als Managementunterstützung vor. Um den Erfolg

---

[1075] Vgl. die Ausführungen zur Problemstellung und Zielsetzung dieser Arbeit in Kap. 1.1 sowie die einführenden Anmerkungen zum Controlling von M&A-Projekten zu Beginn des Kap. 4 dieser Arbeit.

von M&A-Projekten jedoch durch ein Controlling aktiv steuern zu können, ist in der Unternehmenspraxis ein enges Verständnis von Controlling als Kontrolle nicht ausreichend. Vielmehr sollte die in dieser Arbeit literaturgeleitet entwickelte umfassende Zielsetzung des Controllings von M&A-Projekten, d. h. die wertorientierte Managementunterstützung durch Koordination und Sicherstellung der Zielorientierung, durch die Unternehmenspraxis übernommen werden.

Als zentrale Aufgaben des Controllings von M&A-Projekten konnten die Informationsversorgung, Planung, Kontrolle, Verhaltenssteuerung und Koordination literaturbezogen hergeleitet werden.[1076] Diese Aufgaben sollten sich über den gesamten M&A-Prozess, von Beginn der Vorbereitungsphase bis zum Ende der Integrationsphase, erstrecken. Empirisch zeigte sich, dass die „klassischen“ Controlling-Aufgaben Informationsversorgung und Kontrolle im Rahmen des Controllings von allen M&A-Projekten (100 %, h = 13) wahrgenommen wurden – bei dem Großteil (76,9 %, h = 10) ebenso die Planung. In etwa der Hälfte der betrachteten M&A-Projekte wurden auch die Aufgaben Gegensteuerung (53,8 %, h = 7), Verifikation/Disziplinierung (46,2 %, h = 6) und Koordination (38,5 %, h = 5) erfüllt. Die verschiedenen Controlling-Aufgaben wurden jedoch bei fast allen M&A-Projekten (92,3 %, h = 12) grundsätzlich erst ab Mitte bzw. Ende der Transaktionsphase wahrgenommen. Ab Beginn der Transaktionsphase geschah dies nur bei einem M&A-Projekt. Die Vorbereitungsphase fand hier keine Berücksichtigung. Demnach lag kein den ganzen M&A-Prozess umfassendes Controlling vor. Zudem waren bei etwa einem Viertel der M&A-Projekte (23,1 %, h = 3) ausschließlich Synergien Objekt des Controllings. Ein umfassendes Controlling anderer formal-, sach- oder prozesszielorientierter Aspekte, wie im theoretischen Teil dieser Arbeit begründet, fand bei weniger als der Hälfte der M&A-Projekte statt. Auch hinsichtlich des Aufgabenspektrums des Controllings von M&A-Projekten sind somit Defizite in Teilen der Unternehmenspraxis zu verzeichnen (vgl. zusammenfassend Abb. 94).

[1076] Vgl. hier und folgend die Ausführungen zu den grundlegenden Controlling-Aufgaben im Rahmen von M&A-Projekten in Kap. 4.1.4 dieser Arbeit.

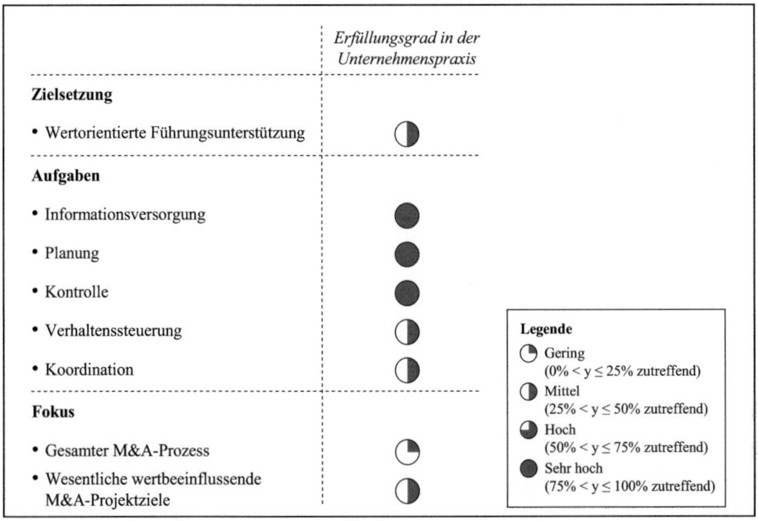

Abb. 94: Umsetzung von Zielen und Aufgaben des M&A-Controllings (Quelle: Eigene Darstellung)

Von zwei Experten wurde ein umfassenderes Aufgabenspektrum gefordert, das auch den gesamten M&A-Prozess umfasst. Einer dieser Experten bezog sich damit vorwiegend auf die Durchführung der Controlling-Aufgaben in allen Phasen des M&A-Prozesses, der andere dagegen auf die Erweiterung der Aufgaben Informationsversorgung, Planung und Kontrolle um weitere Controlling-Aufgaben im Sinne einer Managementunterstützung durch das Controlling. Das grundlegende, umfassende Controlling-Verständnis, das vor dem Hintergrund der besonderen Steuerungserfordernisse von M&A-Projekten dieser Arbeit zugrunde gelegt wurde, ist gemäß der empirischen Untersuchung zumindest hinsichtlich der Art der wahrzunehmenden Aufgaben in der Unternehmenspraxis wiederzufinden und sollte dort dementsprechend weiter ausgebaut werden. Daher sollten alle genannten Controlling-Aufgaben während des gesamten M&A-Prozesses erfüllt werden. Auch sollten nicht nur Synergien, sondern alle Einflussgrößen bzw. Treiber des Unternehmenswertes miteinbezogen werden.

Grundsätzlich lassen sich zur Erfüllung der Controlling-Aufgaben im Rahmen von M&A-Projekten verschiedene Instrumente des Unternehmens- und Projektcontrollings heranziehen, die jedoch M&A- und projektspezifisch anzupassen bzw. zu erweitern sind.[1077] Anhand der literaturgeleiteten Überlegungen dieser Arbeit wurde gezeigt, dass die Wahl von Controlling-Instrumenten, die aufgaben- und M&A-phasenübergreifend genutzt werden können oder zumindest aufgaben- und M&A-phasenspezifische Instrumente verknüpfen bzw. integrieren können, besonders zweckmäßig erscheint. Zu diesen Instrumenten zählten neben dem M&A-Projektberichtswesen insbesondere die Balanced Scorecard und Anreizsysteme, die in Kombination alle Aufgaben des Controllings von M&A-Projekten erfüllen können. Diese Instrumente sollten M&A-projektindividuell ausgestaltet und ggf. um weitere Controlling-Instrumente ergänzt werden. Die empirische Untersuchung ergab, dass im Rahmen der betrachteten M&A-Projekte in Anzahl und Art verschiedene, auf die M&A-Projekterfordernisse abgestimmte Controlling-Instrumente Anwendung fanden. Eine mehrere Controlling-Instrumente integrierende oder auch phasenübergreifende Nutzung der Controlling-Instrumente war nicht festzustellen. Vielmehr beschränkte sich deren Nutzung auf Einzelaspekte oder einzelne Phasen des jeweiligen M&A-Projektes. So wurden Wettbewerbs-, Portfolio-, SWOT- und Benchmarking-Analysen eher im Vorfeld der M&A-Transaktion eingesetzt. Eine Unternehmensbewertung wurde bei fast allen M&A-Projekten während der Transaktionsphase vorgenommen, jedoch nur in einem Fall alle drei bis sechs Monate durchgeführt und auch zur Steuerung während der Integrationsphase genutzt. Während der Integration wurden einerseits (53,8 %, h = 7) eher umfassende Instrumente, wie z. B. Kennzahlensysteme (inkl. BSC, Management Cockpits), andererseits (46,2 %, h = 6) verhältnismäßig einfache und fokussierte Instrumente, wie z. B. Meilenstein- und Synergiepläne bzw. -reports, genutzt. Dementsprechend war festzustellen, dass die genutzten Controlling-Instrumente vorwiegend (53,8 %, h = 7) M&A-Prozess- und Synergieziele im Fokus hatten und daher in der Unternehmenspraxis nur bedingt von einem Gesamtwertbezug der Controlling-Instrumente auszugehen ist. Der Verhaltenssteuerung dienten monetäre Anreizsysteme (69,2 %, h = 9), die jedoch nur teilweise M&A-zielkonform genutzt wurden (vgl. zusammenfassend Abb. 95).

[1077] Vgl. hier und im Folgenden die Ausführungen zu Controlling-Instrumenten in Kap. 4.2 dieser Arbeit.

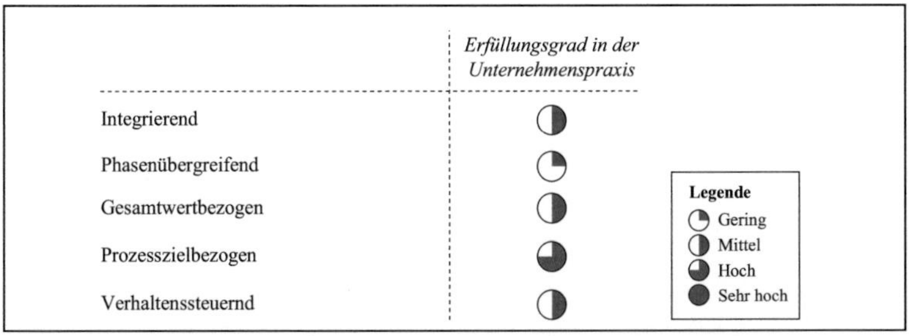

Abb. 95: Umsetzung der Eigenschaften der Instrumente für das M&A-Controlling (Quelle: Eigene Darstellung)

Vier Experten sahen Potenzial in der Verbesserung und Standardisierung bestehender Controlling-Instrumente. Andere drei Experten forderten vor allem eine Einrichtung, ein Experte eine Ausweitung von M&A-bezogenen Anreizsystemen.[1078] Die Gestaltungsempfehlungen für die Unternehmenspraxis können im Fall der Controlling-Instrumente nur sehr allgemeiner Natur sein, da insbesondere die Auswahl der Instrumente in Anzahl, Inhalt und Form grundsätzlich unternehmens- und M&A-projektspezifisch erfolgen sollte.[1079] Grundsätzlich kann jedoch die Nutzung integrierender, M&A-phasenübergreifender Controlling-Instrumente empfohlen werden. So könnte z. B. eine Balanced Scorecard, die auf einer wertorientierten Steuerungskennzahl wie dem RÖG basiert und mit spezifischen Anreizsystemen für alle am M&A-Projekt beteiligten Mitarbeiter verknüpft ist, ein solches Instrument darstellen.[1080]

Hinsichtlich der Aufbauorganisation des Controllings von M&A-Projekten wurde im theoretischen Teil dieser Arbeit eine Kombination aus Selbstcontrolling und institutionalisiertem mehrstufigen Fremdcontrolling auf den Ebenen des Gesamtunternehmens, des M&A-Projektes und der operativen Bereiche gefordert.[1081] Bei einer Trennung der fachlichen von der disziplinarischen Unterstellung sollten die Aufgabenträger des Fremdcontrollings über fachliche Weisungsrechte miteinander verbunden sein. Des Weiteren sollten die Aufgabenträger möglichst weit oben in der Gesamtunternehmens-,

1078 Über die Ausgestaltung der Anreizsysteme waren sich die Experten jedoch nicht einig.

1079 Vgl. auch hier die Ausführungen zu Controlling-Instrumenten insb. zu Beginn und Ende von Kap. 4.2 dieser Arbeit.

1080 Vgl. auch die Ausführungen in Kap. 4.2.4 dieser Arbeit.

1081 Vgl. hier und im Folgenden die Ausführungen zur Institutionalisierung des Controllings in Kap. 4.3 dieser Arbeit.

M&A-Projekt- und operativen Bereichsorganisation hierarchisch eingeordnet sein. Durch die empirische Untersuchung konnte festgestellt werden, dass bei allen M&A-Projekten, für die ein Controlling durchgeführt wurde (100 %, h = 13), dieses auch institutionalisiert war. Die Controlling-Aufgaben wurden dabei primär von Projektcontrollern (61,5 %, h = 8) und/oder Mitarbeitern des M&A-Projektbüros (38,5 %, h = 5) durchgeführt. Insgesamt lag jedoch eine heterogene Kombination aus Selbst- und Fremdcontrolling von M&A-Projekten unter Beteiligung unterschiedlicher Unternehmens- und M&A-Projektbereiche in der Unternehmenspraxis vor. Die Aufgabenträger des Controllings waren unterschiedlichen Projekt- und Unternehmensbereichen unterstellt, wobei die disziplinarische und fachliche Unterstellung nur in Einzelfällen (23,1 %, h = 3) auseinanderfiel. Eine besonders hohe hierarchische Einordnung der Aufgabenträger des Controllings der M&A-Projekte lag nicht vor (vgl. zusammenfassend Abb. 96).

	Erfüllungsgrad in der Unternehmenspraxis
Selbst- und Fremdcontrolling	◑
Kombination aus zentralem und dezentralem Controlling	◑
Trennung fachlicher und disziplinarischer Unterstellung	◔
Hohe hierarchische Einordnung	◔

Legende
◔ Gering
◑ Mittel
◕ Hoch
● Sehr hoch

Abb. 96: Umsetzung der Aufbauorganisation des M&A-Controllings (Quelle: Eigene Darstellung)

Zwei Experten forderten eine ausreichende Bereitstellung personeller Ressourcen und weitere drei Experten eine Konsistenz dieser Ressourcen über den gesamten M&A-Prozess. Als Gestaltungsempfehlung für die Unternehmenspraxis kann daher die ausreichende und konsistente Bereitstellung personeller Ressourcen zur Wahrnehmung der Controlling-Aufgaben während des gesamten M&A-Prozesses und auf allen identifizierten organisatorischen Ebenen des Selbst- und Fremdcontrollings formuliert werden. Hierbei sollten die Aufgabenträger zum einen hierarchisch möglichst hoch in der jeweiligen Organisation verankert und zum anderen über fachliche Weisungsrechte miteinander verbunden sein.

6 Zusammenfassung und Ausblick

Das Dilemma zwischen der einerseits anhaltend hohen Bedeutung von M&A in der Unternehmenspraxis und dem andererseits damit nach wie vor verbundenen geringen Erfolg aus Sicht strategischer Investoren war Anlass für diese wissenschaftliche Arbeit. Zielsetzung dieser Arbeit war es, ein ganzheitliches, zielorientiertes Controlling zu entwickeln, welches strategische Investoren bei der Erfolgssteuerung von M&A-Projekten unterstützt und somit einen nachhaltigen Beitrag zum Erfolg von M&A-Projekten leisten kann. Hierzu wurde ein umfassender und integrierter Ansatz für ein prozess- und wertorientiertes Controlling von M&A-Projekten entwickelt. Zur kritischen Reflexion und Weiterentwicklung dieses Ansatzes wurde anschließend eine empirische Untersuchung von großen M&A-Projekten deutscher börsennotierter strategischer Investoren durchgeführt.

In Kapitel zwei wurden die Grundlagen von M&A erarbeitet. Nach einer Definition des Begriffs „M&A“ und Abgrenzung von M&A strategischer Investoren, wurden der Projektstatus und die Prozessstruktur als steuerungsrelevante Merkmale von M&A identifiziert und erläutert.

Anschließend erfolgte in Kapitel drei eine umfassende Operationalisierung des Erfolgs von M&A-Projekten. Hierzu wurde zunächst der Begriff „Projekterfolg“ allgemein abgegrenzt und unter Bezug auf die Ziele von M&A-Projekten als Steigerung des Unternehmenswertes konkretisiert. Danach wurde die Messung des Erfolgs bzw. der Zielerreichung von M&A-Projekten hinsichtlich grundlegender Messkonzepte, zu nutzender Messgrößen, zu betrachtendem Zeitpunkt und -raum sowie heranzuziehendem Vergleichsmaßstab spezifiziert. Hierbei wurde die Notwendigkeit einer Verknüpfung externer und interner Konzepte der Erfolgsmessung aufgezeigt und der residuale ökonomische Gewinn (RÖG) auf Basis des Economic Value Added (EVA) als Messgröße für die wertorientierte Steuerung von M&A-Projekten vorgeschlagen. Es wurde empfohlen, den M&A-Erfolg vorwiegend anhand dieser Messgröße über den gesamten M&A-Prozess hinweg, sowohl in festen Zeitintervallen als auch projektmeilensteinbezogen, zu messen. Es wurde deutlich, dass als Vergleichsmaßstab dazu neben der impliziten Nutzung einer Alternativrendite auch individuelle Zielvorgaben bzw. Planwerte, intertemporale Vergleiche oder Benchmarks herangezogen werden können.

Die Ergänzung der Erfolgsmessung durch ein umfassendes Controlling von M&A-Projekten war Inhalt von Kapitel vier. Hierbei wurde zunächst ein konzeptioneller Aufbau des Controllings von M&A-Projekten festgelegt, in dessen Rahmen zwischen der Controlling-Konzeption und dem Controlling-System unterschieden wird. Die erarbeitete Controlling-Konzeption für M&A-Projekte umfasst zum einen die wertorientierte Führungsunterstützung als primäre Zielsetzung des Controllings sowie zum anderen die Controlling-Aufgaben Informationsversorgung, Planung, Kontrolle, Verhaltenssteuerung und Koordination. Für das M&A-bezogene Controlling-System wurden zur Erfüllung der verschiedenen Controlling-Aufgaben und daraus abgeleiteter Tätigkeiten instrumentale und institutionale Gestaltungsempfehlungen entwickelt. So wurde vor allem der Einsatz integrierter, aufgaben- und prozessübergreifender Controlling-Instrumente, wie z. B. eines obligatorischen M&A-Projektberichtswesens, einer Balanced Scorecard und M&A-bezogener Anreizsysteme, empfohlen. Diese Controlling-Instrumente sollten weitgehend mit dem Controlling des strategischen Investors verknüpft und je nach Bedarf M&A-projekt- und unternehmensspezifisch erweiterbar sein. Des Weiteren wurde erstmals ein Vorschlag für eine differenzierte Aufbauorganisation des Controllings von M&A-Projekten entwickelt, bei dessen Umsetzung ebenfalls die Spezifika des jeweiligen Unternehmens bzw. M&A-Projektes zu berücksichtigen sind. Hierbei sollten Selbst- und Fremdcontrolling kombiniert und die M&A-bezogenen Controlling-Aufgaben auf das zentrale Controlling, das M&A-Projektcontrolling und das Controlling operativer Bereiche verteilt werden. Zudem sollten diese Aufgabenträger über fachliche Weisungsrechte miteinander verbunden und hierarchisch möglichst weit oben in der jeweiligen Teilorganisation, d. h. der Gesamtunternehmens-, M&A-Projekt- und operativen Bereichsorganisation, verankert sein.

Gegenstand der in Kapitel fünf ausführlich erläuterten empirischen Untersuchung waren 16 große M&A-Projekte, die in den Jahren 2005 bis 2008 von deutschen börsennotierten Unternehmen in der Rolle strategischer Investoren durchgeführt wurden. Anhand von Experteninterviews mit den jeweiligen M&A-Projektverantwortlichen wurde zunächst untersucht, wie der Erfolg der untersuchten M&A-Projekte operationalisiert wurde und wie das Controlling dieser Projekte ausgestaltet war. Anschließend wurden diesbezügliche Verbesserungsmöglichkeiten aus Sicht der Unternehmenspraxis ermittelt.

Im Rahmen der deskriptiven Analyse wurde der Entwicklungsstand des Controllings von M&A-Projekten in der deutschen Unternehmenspraxis ermittelt. Dabei wurde festgestellt, dass die Zielsetzungen von strategischen Investoren und M&A-Projekten grundsätzlich wertorientiert waren. Des Weiteren stellte sich heraus, dass zur Messung der Zielerreichung der M&A-Projekte stets finanzwirtschaftliche, jedoch nur teilweise wertorientierte Messgrößen genutzt wurden. Die Messung der Zielerreichung wurde zwar regelmäßig, aber über eine unterschiedliche Dauer durchgeführt. Nur für etwa vier Fünftel der M&A-Projekte wurde ein Controlling angewendet, dessen Zielsetzung und Aufgaben jedoch teilweise lediglich auf „Kontrolle" beschränkt waren. Des Weiteren wurden M&A-projektbezogene Controlling-Instrumente in eher rudimentärer Form, weitgehend isoliert von anderen Steuerungsinstrumenten und fast ausschließlich in der Integrationsphase von M&A-Projekten genutzt. Die Aufbauorganisation des Controllings der M&A-Projekte bestand primär aus Mitgliedern der M&A-Projektorganisation, welche lediglich bedingt hierarchisch hoch eingeordnet und nur teilweise mit der Gesamtunternehmensorganisation sowie der operativen Bereichsorganisation verknüpft waren. Zudem wurde festgestellt, dass einige Experten Verbesserungsmöglichkeiten bei der Messung der Zielerreichung oder der Konzeption des Controllings von M&A-Projekten sahen und eine Ausweitung und stärkere Wertorientierung von Erfolgsmessung- und -steuerung andeuteten. Verbesserungspotenzial wurde von den Experten vor allem hinsichtlich der Controlling-Instrumente und der Institutionalisierung des Controllings von M&A-Projekten identifiziert. So wurde ein früherer Einsatz von Controlling-Instrumenten im M&A-Prozess sowie eine Verbesserung und Standardisierung existierender Controlling-Instrumente gefordert. Zudem wurde eine personell umfassendere und M&A-phasenübergreifende Institutionalisierung des Controllings von M&A-Projekten als wünschenswert erachtet.

Durch die Gegenüberstellung der theoretischen mit den empirischen Erkenntnissen wurden zum einen Defizite der Unternehmenspraxis identifiziert. Zum anderen konnte der im Rahmen dieser Arbeit entwickelte integrierte Ansatz eines prozess- und wertorientierten Controllings von M&A-Projekten nicht nur kritisch reflektiert, sondern in Einzelbereichen auch konkretisiert und im Sinne eines *State-of-the-Art* erweitert werden. So wurde die theoretisch-normative Forderung der Wertorientierung unternehmerischen und M&A-bezogenen Handelns und damit auch die entsprechende Ausrichtung der Erfolgsmessung und -steuerung von M&A-Projekten empirisch unterstützt. Des

Weiteren konnte festgestellt werden, dass die tatsächliche Umsetzung der Wertorientierung in der Unternehmenspraxis verbessert werden sollte – z. B. durch den konsequenten Einsatz wertorientierter Mess- und Steuerungsgrößen sowie darauf aufbauender Controlling-Instrumente. Defizite der Unternehmenspraxis wurden auch hinsichtlich der grundsätzlichen Einrichtung eines Controllings von M&A-Projekten und dessen Umsetzung in inhaltlicher und prozessualer Hinsicht identifiziert. So hat sich einerseits zwar der Umfang des Controllings, wie in der empirischen Untersuchung von einigen Experten gefordert, pragmatisch an den konkreten Steuerungsanforderungen der M&A-Projekte zu orientieren. Andererseits sollte jedoch, wie die Ausführungen dieser Arbeit gezeigt haben, die Steuerung von M&A-Projekten durch ein Controlling integrativ koordinierend erfolgen. Wichtig ist, dass sich das Controlling von M&A-Projekten – entgegen der empirisch ermittelten unternehmerischen Praxis –nicht nur auf Synergien, sondern auf alle M&A-spezifischen Werttreiber bezieht und sich zum anderen nicht nur auf die Integrationsphase beschränkt, sondern den gesamten M&A-Prozess umfasst. Im M&A-Prozess ist ein möglichst früher und integrierender Einsatz von Controlling-Instrumenten sowie eine Verbesserung und Standardisierung existierender Controlling-Instrumente notwendig. Zudem ist eine personell und hierarchisch hinreichende, M&A-phasen- und unternehmensübergreifende Institutionalisierung des Controllings von M&A-Projekten anzustreben. Um den Erfolg von M&A-Projekten besser zu steuern, sind dementsprechend umfassende Änderungen der bisherigen unternehmerischen Praxis erforderlich.

Durch diese Arbeit erfolgte eine detaillierte Systematisierung und Spezifizierung des erfolgsorientierten Controllings von M&A-Projekten. Zudem wurden Gestaltungsempfehlungen für ein umfassendes prozess- und wertorientiertes Controlling von M&A-Projekten entwickelt. Die Erkenntnisse dieser Arbeit wurden vorwiegend theoretisch-deduktiv erarbeitet und durch die Untersuchung von M&A-Projekten in der Unternehmenspraxis empirisch-induktiv reflektiert und ergänzt. Für die weitere Forschung erscheint eine weitergehende theoretische und empirische Auseinandersetzung mit Einzelaspekten der im Rahmen dieser Arbeit behandelten Fragestellungen sinnvoll. So könnte z. B. die dieser Arbeit zugrunde liegende Zielsetzung der Wertorientierung um Aspekte der Nachhaltigkeit erweitert werden.[1082] Des Weiteren könnte, wie vereinzelt von befragten Experten angeregt, auch ein rechnerischer Ansatz zur Separierung M&A-bedingter Wirkungen von sonstigen Wirkungen auf den Unternehmenswert im Rahmen der M&A-Erfolgsmessung nach Closing einer M&A-Transaktion entwickelt werden. Zudem könnte die Ausgestaltung und Nutzung einzelner Controlling-Instrumente, wie z. B. Anreizsysteme, ebenso wie verschiedene Formen der Controlling-Organisation Gegenstand weiterer empirischer Analysen sein.

Diese Arbeit leistet einen ersten umfassenden Beitrag zur Auflösung des Dilemmas zwischen der einerseits anhaltend hohen Bedeutung von M&A in der Unternehmenspraxis und dem andererseits damit nach wie vor verbundenen geringen Erfolg aus Sicht strategischer Investoren, kann jedoch nicht das Ende der wissenschaftlichen Auseinandersetzung über den *State-of-the-Art* der erfolgsorientierten Steuerung von M&A-Projekten darstellen. Insofern ist auch zukünftig eine intensive Diskussion zwischen Theorie und Praxis nicht nur zu erwarten, sondern auch wünschenswert.

1082 Vgl. auch die Ausführungen zu Unternehmenszielen in Kap. 3.1.1 dieser Arbeit.

ANHANG

Anhangverzeichnis

Anhang 1: Inhaltlich dieser Arbeit ähnliche empirische Untersuchungen

Untersuchung	Inhalte	Methode	Ausgangspopulation	Stichprobe	Datenerhebung	Datenanalyse
BACHMANN, C. W. R. (2001) (zugl. Dissertation)	Art und Ablauf der Integration	Schriftliche Befragung	Internationale Aluminium-Unternehmen – M&A-Verantwortliche	27 Unternehmen	Fragebogen	Strukturiert
BARK, C./KÖTZLE, A. (2003)	Bedeutung von M&A-Phasen und -Motiven, Erfolgsmessung, Erfolgsfaktoren	Schriftliche Befragung	Akquisitionserfahrene deutsche Beratungskunden unterschiedlicher hierarchischer Ebenen – M&A-erfahrene Mitarbeiter	55 aus 89 Beteiligten (Streuung bzgl. Funktionsbereichen und Hierarchie-ebenen)	Direkte Ansprache, Fragebogen	Strukturiert (weiteres nicht ersichtlich)
GATES, S./VERY, P. (2003)	Integrationsplanung, Messung Integrations-erfolg	Zweistufig: (1) Schriftliche Befragung (2) Mündliche Befragung	(1) Mitglieder von The Conference Board (Fortune 500 & Europe 500) – Top-Management (2) Integrationsexperten M&A-erfahrener Mitglieder	(1) 53 aus 400 Unternehmen (2) 20 Experten	(1) Direkte Ansprache, Fragebogen (2) 1,5-stündige Interviews, offene Fragen	Strukturiert (weiteres nicht ersichtlich)
EULERICH, M. (2009) (zugl. Dissertation)	M&A-Strategie	Mündliche Befragung	Unternehmenseigentümer, Geschäftsführer, Unternehmensberater, Anwälte mit M&A-Erfahrung	9 Experten	1-3-stündige Interviews, teilstrukturiert, eher offene Fragen	Strukturiert (weiteres nicht ersichtlich)
PELLENS, B./ TOMASZEWSKI, C./WEBER, N. (2000)	Beteiligungscontrolling: Organisation, Unternehmens- und M&A-Ziele, M&A-Prozess, Unternehmens-bewertung, Integration, Performancemessung; Desinvestition	Mündliche Befragung	Im DAX 100 notierte Unternehmen (excl. Töchter) mit Mindest-streubesitz von 25 %, kapitalmarktorientiert – Management – Mitarbeiter verschiedener Funktionsbereiche	59 aus 89 Unter-nehmen; 22 davon Gruppeninterviews von 2 bis 4 Personen	1,5-stündige persönliche Interviews, gestützt durch vorab verschickten Interviewleitfaden	Verfahren der deskriptiven Statistik, Häufigkeits-verteilungen, Korrelations-analysen

Untersuchung	Inhalte	Methode	Ausgangspopulation	Stichprobe	Datenerhebung	Datenanalyse
REIßNER, S. (1992) (zugl. Dissertation)	Akquisitionsstrategien, Synergiepotenziale, Aufgaben des M&A-Managements	Mündliche Befragung	Deutsche Unternehmensträger, -berater und Wissenschaftler mit M&A-Erfahrung	14 Experten	1,5-stündige persönliche Interviews, gestützt durch vorab verschickten Interviewleitfaden	Strukturiert (weiteres nicht ersichtlich)
SELIM, G. M./ SUDARSANAM, S./ LAVINE, M. K. (2002)	M&A-Controlling: Rolle und Aufgaben des Internal Audit und deren Einflussfaktoren im M&A-Prozess	Fallstudienähnliche mündliche Befragung	Unternehmen, die M&A 1995-2000 durchgeführt haben (Scientific Database Corp.) – Internal Auditors und Senior Manager	22 von 25 Unternehmen (versch. Branchen und Länder); 1 bis maximal 5 Befragte pro Unternehmen	Persönliche Interviews, teilstrukturiert, halboffene Fragen	Strukturiert, Modellbeschreibungen, Abweichungsanalysen, Gestaltungsempfehlungen
WALTER, G. A./ BARNEY, J. B. (1990)	M&A-Ziele	Mündliche Befragung	M&A-Dienstleister (aus Investment Bank, Venture Capital, Finanzberatung, Rechtsberatung etc.)	32 Experten	2-stündige persönliche Interviews, strukturiert	Clusteranalysen
ZOLLO, M./MEIER, D. (2008)	M&A-Erfolgsmessung	Schriftliche Befragung (unterstützt durch Datenbankrecherche)	M&A-Projekte einer großen Strategieberatung 1994-2001 – jeweils verantwortliche Partner der Beratung	146 von 211 Projekten (verschiedene Branchen, national und international), bei 38 Projekten > 1 befragter Partner	Fragebogen	Partial least squares (PLS) approach for structural equation modeling (SEM)

Weitere Untersuchungen und vor allem Dissertationen, die sich im weiten Sinn ebenfalls in den Themenbereichen „Operationalisierung von M&A-Erfolg“ und/oder „Controlling von M&A-Projekten“ befinden, sind ausschließlich theoretischer Natur (vgl. z. B. die Dissertationen von BIBERACHER, J. (2003); ECKHOFF, J. (2006); HORZELLA, A. (2010); METZ, M. (2002); SODEIK, N. (2009); WEINMANN, M. (2004)) oder haben im jeweiligen empirischen Teil lediglich einzelne Randaspekte zum Gegenstand (vgl. z. B. die Dissertationen von KERLER, P. (1999) zur Erfolgsanalyse abgeschlossener M&A-Transaktionen; BARK, C. (2002) zur Analyse von M&A-Erfolgsfaktoren).

Anhang 2: Standardisierter Interviewleitfaden

Friedrich-Alexander-Universität Erlangen-Nürnberg

Rechts- und Wirtschaftswissenschaftliche Fakultät

FRIEDRICH-ALEXANDER-UNIVERSITÄT ERLANGEN-NÜRNBERG
RECHTS- UND WIRTSCHAFTSWISSENSCHAFTLICHE FAKULTÄT

Lehrstuhl für Betriebswirtschaftslehre,
insbesondere Rechnungswesen und Controlling (RECON)
Professor Dr. Thomas M. Fischer

Standardisierter Interviewleitfaden für Experteninterviews im Rahmen des Forschungsprojektes "Prozessorientiertes Controlling von M&A-Projekten"

unter Leitung von Herrn Prof. Dr. Thomas M. Fischer
entwickelt und anzuwenden von Herrn Dipl.-Kfm. Michael Rademacher

- Finale Interviewerfassung -

Ansprechpartner:
Dipl.-Kfm. Michael Rademacher
Mobil +49 XXX XXXXXXX I Tel.+49 XX XXXXXXXX
Fax +49 XX XXXXXXXX
E-Mail XXX@XXX.de

Leitthemen:
- Definition und Messung von M&A-Projekterfolg
- Ausgestaltung des Controllings von M&A-Projekten

Empirische Vorgehensweise:
- Persönliche leitfadengestützte strukturierte Experteninterviews (Dauer ca. 1 Stunde)
- Stichprobe umfasst M&A-Verantwortliche deutscher strategischer Investoren (Experten)

I) Einleitung

- **Begrüßung, Vorstellung und Dank für genommene Zeit** *(INT: offen formulieren, Beispiel folgend)*

  Guten Tag Frau/Herr ...,

  mein Name ist Michael Rademacher. Ich freue mich, dass Sie als Experte/in sich trotz Ihrer begrenzten Zeit für das heutige Gespräch bereit erklärt haben.

  (INT: kurz Möglichkeit geben sich gegenseitig angemessen vorzustellen sowie weitere Hintergrundinformationen über den Experten (falls noch nicht bekannt: Position/Rolle, M&A-Projekterfahrung) und das M&A-Projekt (z.B. Grad der Integration) zu gewinnen)

- **Einführende Erläuterungen zum weiterem Vorgehen**

  Frau/Herr ...,

  Bevor wir gleich mit dem eigentlichen Gespräch starten können, müssten wir noch einige formale, aber notwendige Dinge klären:

  Wichtig zu wissen wäre es, wie viel Zeit Sie für dieses Gespräch tatsächlich zur Verfügung haben. Ursprünglich war eine Stunde vereinbart. *(INT: Reaktion des Experten abwarten)*

  Es ist selbstverständlich, dass alle Ihre Angaben streng vertraulich behandelt werden. Ihre Angaben liegen alleine mir vor und werden zur Auswertung soweit anonymisiert, dass diese weder auf Sie persönlich, noch auf Ihr M&A-Projekt oder die beteiligten Unternehmen zurückzuführen sind.

  Um unser Gespräch zu vereinfachen und die wissenschaftliche Nachweisbarkeit zu gewährleisten, würde ich unser Gespräch gerne auf Tonband aufnehmen, wenn Ihnen dies recht ist. *(INT: Pause; Antwort des Experten abwarten)*

  Falls Sie zu diesem Zeitpunkt keine weiteren Fragen haben sollten, so würde ich vorschlagen ins Interview zu starten. *(INT: Reaktion des Experten abwarten)*

  Ich stelle nun das Tonband an. *(INT: Tonband anstellen)*

  Wie Sie bereits wissen, würde ich heute gerne mit Ihnen als Experte/in über das Thema "Controlling von M&A-Projekten" sprechen.

  Es ist allseits bekannt, dass nach wie vor nur eine geringe Anzahl aller M&A-Transaktionen als tatsächlich erfolgreich bezeichnet werden können. Im Rahmen meiner Dissertation an der Universität Erlangen-Nürnberg und unter Anleitung von Herrn Professor Thomas Fischer untersuche ich daher, in welcher Form Controlling zum Erfolg von M&A-Projekten beitragen kann.

  Hierbei stehen zwei Fragestellungen im Zentrum: Erstens, wie kann der Erfolg von M&A-Projekten definiert und gemessen werden? Und zweitens, wie kann dementsprechend ein Controlling von M&A-Projekten ausgestaltet werden?

II) Befragung zum tatsächlichen Vorgehen

(INT: Gesamtübersicht (Abb. 1) dem Experten vorlegen)

In der ersten Hälfte des Gesprächs würde ich gerne von Ihnen erfahren, wie im Rahmen Ihres M&A-Projektes Erfolg definiert und gemessen wurde und wie das Controlling dieses Projektes ausgesehen hat. Dazu würde ich gerne relativ schnell und unterstützt durch einen Fragebogen mit Ihnen durch folgende Themen gehen:

Im Themenbereich der "Definition und Messung von M&A-Projekterfolg" würden wir von einem mehrphasigen M&A-Prozess ausgehen und Erfolg grundsätzlich als das Ausmaß der Erreichung von Zielen definieren. Hier stellen sich demnach die Fragen: Welche Ziele lagen dem M&A-Projekt allgemein und in den einzelnen Prozessphasen zugrunde? Und wie wurde die Zielerreichung gemessen?

Im Themenbereich "Ausgestaltung des Controllings von M&A-Projekten" stellen sich die Fragen nach den grundsätzliche Zielen und Aufgaben, den Instrumenten und der Institutionalisierung des Controllings.

Im Anschluss, d.h. in der zweiten Hälfte unseres Gesprächs möchte ich einzelne Herausforderungen Ihres M&A-Projektes ansprechen und offen Verbesserungsmöglichkeiten aus Ihrer persönlichen Sicht diskutieren.

Definition und Messung von M&A-Projekterfolg

Starten wir mit dem ersten der beiden Teile des Gesprächs.

Lassen Sie uns davon ausgehen, dass man Erfolg ganz allgemein als das Ausmaß der Erreichung von Zielen bezeichnen kann. Betrachten wir demnach zunächst Ziele etwas näher.

1.	**Zu Beginn würde ich gerne von Ihnen erfahren, ob Ihr Unternehmen grundsätzlich ein primäres oder mehrere ungefähr gleich wichtige Ziele verfolgt?**	
	☐ 1 Ein primäres	⇨ Frage 2
	☐ 2 Mehrere gleich wichtige	⇨ Frage 3
	☐ 88 Weiß nicht oder keine Angabe	⇨ Frage 4

2.	**Welches der folgenden Ziele ist dieses primäre Ziel Ihres Unternehmens?** *(INT: Liste nur vorlesen)*	⇨ Frage 4
	☐ 1 Existenzsicherung	
	☐ 2 Unternehmenswertsteigerung	
	☐ 3 Umsatz- und Gewinnwachstum	
	☐ 4 Angemessene Unternehmensrendite	
	☐ 99 Ein anderes, und zwar: *(INT: Nachfragen und eintragen)*	
	☐ 88 Weiß nicht oder keine Angabe	

3.	**Nennen Sie bitte diese ungefähr gleich wichtigen Ziele Ihres Unternehmens.** *(INT: Offen abfragen)*

4. Lassen Sie uns nun die Ziele Ihres konkreten M&A-Projektes aus Perspektive Ihres bzw. des übernehmenden Unternehmens anschauen. Wurden bei diesem M&A-Projekt ein primäres oder mehrere ungefähr gleich wichtige Ziele verfolgt?

☐ 1	Ein primäres	⇨ Frage 5
☐ 2	Mehrere gleich wichtige	⇨ Frage 6
☐ 88	Weiß nicht oder keine Angabe	⇨ Frage 7

5. Welches war das primäre Ziel dieses M&A-Projektes? Bitte wählen Sie ein Ziel aus dieser Auflistung aus oder nennen Sie eines, falls es nicht auf der Liste stehen sollte. ⇨ Frage 7

(INT: Auswahlliste 1 dem Experten vorlegen)

- ☐ 1 Erlangung von Marktmacht *(INT: auch Verbesserung der Wettbewerbsposition)*
- ☐ 2 Erzielung finanzieller Synergien
- ☐ 3 Erzielung operativer Synergien
- ☐ 4 Austausch eines ineffizienten Managements
- ☐ 5 Ausnutzung von Informations- bzw. Bewertungsdifferenzen
- ☐ 6 Diversifikation *(INT: auch Risikoreduktion)*
- ☐ 7 Persönliche Ziele des Managements (z.B. Ansehen, Vergütung, Jobsicherheit, Macht, etc.)
- ☐ 99 Ein anderes, und zwar:

(INT: Nachfragen und eintragen)

6. Wählen Sie bitte die ungefähr gleich wichtigen Ziele dieses M&A-Projektes aus dieser Liste. Vermissen Sie hier ein Ziel, so möchte ich Sie bitten, mir dieses zu nennen.

(INT: Auswahlliste 1 dem Experten vorlegen; Mehrfachnennungen möglich)

- ☐ 1 Erlangung von Marktmacht *(INT: auch Verbesserung der Wettbewerbsposition)*
- ☐ 2 Erzielung finanzieller Synergien
- ☐ 3 Erzielung operativer Synergien
- ☐ 4 Austausch eines ineffizienten Managements
- ☐ 5 Ausnutzung von Informations- bzw. Bewertungsdifferenzen
- ☐ 6 Diversifikation *(INT: auch Risikoreduktion)*
- ☐ 7 Persönliche Ziele des Managements (z.B. Ansehen, Vergütung, Jobsicherheit, Macht, etc.)
- ☐ 99 Ein anderes, und zwar:

(INT: Nachfragen und eintragen)

Ich habe hier einen kurzen Fragebogen zur Wichtigkeit der einzelnen Ziele für Ihr M&A-Projekt vorbereitet. Ich möchte Sie nun bitten, das jeweils für Ihr M&A-Projekt Zutreffende anzukreuzen. *(INT: Kurzfragebogen vorlegen und komplett zusammen mit dem Experten ausfüllen)*

7. Auf einer Skala von 1 (gar nicht wichtig) bis 5 (sehr wichtig), wie wichtig waren die folgenden Ziele für Ihr M&A-Projekt? Bitte kreuzen Sie das jeweils Zutreffende an.

		Gar nicht wichtig				Sehr wichtig
1	Erlangung von Marktmacht	☐ 1	☐ 2	☐ 3	☐ 4	☐ 5
2	Erzielung finanzieller Synergien	☐ 1	☐ 2	☐ 3	☐ 4	☐ 5
3	Erzielung operativer Synergien	☐ 1	☐ 2	☐ 3	☐ 4	☐ 5
4	Austausch eines ineffizienten Managements	☐ 1	☐ 2	☐ 3	☐ 4	☐ 5
5	Ausnutzung von Informations- bzw. Bewertungsdifferenzen	☐ 1	☐ 2	☐ 3	☐ 4	☐ 5
6	Diversifikation / Risikoreduktion	☐ 1	☐ 2	☐ 3	☐ 4	☐ 5
7	Persönliche Ziele des Managements (z.B. Ansehen, Vergütung, Jobsicherheit, Macht, etc.)	☐ 1	☐ 2	☐ 3	☐ 4	☐ 5
99	Ein anderes, und zwar: *(INT: Nachfragen und eintragen)*	☐ 1	☐ 2	☐ 3	☐ 4	☐ 5
88	Weiß nicht oder keine Angabe	☐				

8. Hat sich die Wichtigkeit der Ziele des M&A-Projektes im Verlauf des Projektes verändert?

☐ 1	Ja	⇨ Frage 9
☐ 2	Nein	⇨ nach Frage 9
☐ 88	Weiß nicht oder keine Angabe	⇨ nach Frage 9

Lassen Sie uns dem M&A-Projekt nun dieses allgemeine 3-phasige Prozessdarstellung zugrunde legen. *(INT: M&A-Prozessdarstellung (Abb. 2) vorlegen und ggf. erläutern)*

9. Auf einer Skala von 1 (gar nicht wichtig) bis 5 (sehr wichtig), wie wichtig waren die folgenden Ziele für jede der einzelnen drei Phasen Ihres M&A-Projekts? Bitte kreuzen Sie das jeweils Zutreffende an. Dabei können Sie auch Ziele berücksichtigen, die noch nicht genannt wurden, da diese u.U. nicht für das gesamte M&A-Projekt wichtig, jedoch in einzelnen Phasen von besonderer Relevanz sind.

(INT: Fragebogen zu allen Phasen komplett ausfüllen)

Vorbereitungsphase

		Gar nicht wichtig				Sehr wichtig
1	Erlangung von Marktmacht	☐ 1	☐ 2	☐ 3	☐ 4	☐ 5
2	Erzielung finanzieller Synergien	☐ 1	☐ 2	☐ 3	☐ 4	☐ 5
3	Erzielung operativer Synergien	☐ 1	☐ 2	☐ 3	☐ 4	☐ 5
4	Austausch eines ineffizienten Managements	☐ 1	☐ 2	☐ 3	☐ 4	☐ 5
5	Ausnutzung von Informations- bzw. Bewertungsdifferenzen	☐ 1	☐ 2	☐ 3	☐ 4	☐ 5
6	Diversifikation / Risikoreduktion	☐ 1	☐ 2	☐ 3	☐ 4	☐ 5
7	Persönliche Ziele des Managements (z.B. Macht, Ansehen, Vergütung, Jobsicherheit, etc.)	☐ 1	☐ 2	☐ 3	☐ 4	☐ 5
99	Ein anderes, und zwar:	☐ 1	☐ 2	☐ 3	☐ 4	☐ 5
88	Weiß nicht oder keine Angabe	☐				

Transaktionsphase

		Gar nicht unwichtig				Sehr wichtig
1	Erlangung von Marktmacht	☐ 1	☐ 2	☐ 3	☐ 4	☐ 5
2	Erzielung finanzieller Synergien	☐ 1	☐ 2	☐ 3	☐ 4	☐ 5
3	Erzielung operativer Synergien	☐ 1	☐ 2	☐ 3	☐ 4	☐ 5
4	Austausch eines ineffizienten Managements	☐ 1	☐ 2	☐ 3	☐ 4	☐ 5
5	Ausnutzung von Informations- bzw. Bewertungsdifferenzen	☐ 1	☐ 2	☐ 3	☐ 4	☐ 5
6	Diversifikation / Risikoreduktion	☐ 1	☐ 2	☐ 3	☐ 4	☐ 5
7	Persönliche Ziele des Managements (z.B. Macht, Ansehen, Vergütung, Jobsicherheit, etc.)	☐ 1	☐ 2	☐ 3	☐ 4	☐ 5
99	Ein anderes, und zwar:	☐ 1	☐ 2	☐ 3	☐ 4	☐ 5
88	Weiß nicht oder keine Angabe	☐				

Integrationsphase

		Gar nicht wichtig				Sehr wichtig
1	Erlangung von Marktmacht	☐ 1	☐ 2	☐ 3	☐ 4	☐ 5
2	Erzielung finanzieller Synergien	☐ 1	☐ 2	☐ 3	☐ 4	☐ 5
3	Erzielung operativer Synergien	☐ 1	☐ 2	☐ 3	☐ 4	☐ 5
4	Austausch eines ineffizienten Managements	☐ 1	☐ 2	☐ 3	☐ 4	☐ 5
5	Ausnutzung von Informations- bzw. Bewertungsdifferenzen	☐ 1	☐ 2	☐ 3	☐ 4	☐ 5
6	Diversifikation / Risikoreduktion	☐ 1	☐ 2	☐ 3	☐ 4	☐ 5
7	Persönliche Ziele des Managements (z.B. Macht, Ansehen, Vergütung, Jobsicherheit, etc.)	☐ 1	☐ 2	☐ 3	☐ 4	☐ 5
99	Ein anderes, und zwar:	☐ 1	☐ 2	☐ 3	☐ 4	☐ 5
88	Weiß nicht oder keine Angabe	☐				

Nachdem wir über die Ziele Ihres M&A-Projektes gesprochen haben, lassen Sie uns nun darüber reden, wie die Erreichung dieser Ziele und damit der Erfolg gemessen wurde.

10. Zunächst würde ich gerne wissen, ob die Zielerreichung Ihres M&A-Projektes grundsätzlich gemessen wurde.

☐ 1	Ja	⇨ Frage 11
☐ 2	Nein	⇨ Frage 18
☐ 88	Weiß nicht oder keine Angabe	⇨ Frage 18

11. Woher wurden die zur Messung notwendigen Informationen bezogen? Lassen Sie mich Ihnen hierzu kurz eine Liste vorlesen und antworten Sie bitte jeweils mit ja oder nein.
(INT: Liste vorlesen; Mehrfachnennungen möglich)

ja	nein	
☐ 11	☐ 12	Kapitalmarkt
☐ 21	☐ 22	Externe Rechnungslegung
☐ 31	☐ 32	Allgemeines internes Berichtswesen
☐ 41	☐ 42	Projektberichtswesen
☐ 51	☐ 52	Mitglieder der Projektorganisation
☐ 61	☐ 62	Management
☐ 71	☐ 72	Mitarbeiter
☐ 81	☐ 82	Experten (intern/extern)
☐ 991	☐ 992	Andere, und zwar: *(INT: Nachfragen und eintragen)*
☐ 881	☐ 882	Weiß nicht oder keine Angabe

12. Jetzt würde mich noch interessieren, wie viele Messgrößen bei Ihrem M&A-Projekt genutzt wurden?
(INT: Lediglich ungefähre Anzahl eintragen, evtl. zählen und später nachtragen)
☐ Anzahl

13. Welche Messgrößen wurden genau bei Ihrem M&A-Projekt verwendet?
(INT: Möglichst offen abfragen und später einordnen; Mehrfachnennungen möglich)

☐ 1 **Finanzwirtschaftliche Messgrößen**

☐ 11 Traditionelle gewinnorientierte, und zwar:

(INT: Nachfragen und eintragen)

☐ 12 Wertorientierte, und zwar:

(INT: Nachfragen und eintragen)

☐ 13 Andere, und zwar:

(INT: Nachfragen und eintragen)

☐ 2 **Markt-/Ressourcenorientierte Messgrößen**

☐ 21 Marktanteile/-position, und zwar:

(INT: Nachfragen und eintragen)

☐ 22 Ressourcenausstattung, und zwar:

(INT: Nachfragen und eintragen)

☐ 23 Andere, und zwar:

(INT: Nachfragen und eintragen)

☐ 3 **Soziale und ökologische Messgrößen**

☐ 31 Ökologische, und zwar:

(INT: Nachfragen und eintragen)

☐ 32 Soziale, und zwar:

(INT: Nachfragen und eintragen)

☐ 33 Andere, und zwar:

(INT: Nachfragen und eintragen)

☐ 4 **Prozessuale Messgrößen**

☐ 41 Und zwar Folgende:

(INT: Nachfragen und eintragen)

☐ 99 **Andere, und zwar:**

(INT: Nachfragen und eintragen)

☐ 88 **Weiß nicht oder keine Angabe**

14. Kommen wir nun zur Frage des Erfolgsmaßstabes. An welchen Maßstäben wurde die Zielerreichung Ihres M&A-Projektes gemessen? Lassen Sie mich Ihnen dazu wieder eine Liste mit diversen Maßstäben vorlesen. Antworten Sie bitte je Maßstab entsprechend mit ja oder nein.
(INT: Liste vorlesen; Mehrfachnennungen möglich)

ja	nein	
☐ 11	☐ 12	Zielvorgaben bzw. Planwerte
☐ 21	☐ 22	Werte der vorangegangen Perioden (z.B. Vorjahreswerte)
☐ 31	☐ 32	Unternehmensinterne Best Practice-Werte (andere M&A-Projekte)
☐ 41	☐ 42	Unternehmensexterne Best Practice-Werte (M&A-Projekte)
☐ 51	☐ 52	Unternehmensdurchschnitt
☐ 61	☐ 62	Branchendurchschnitt
☐ 991	☐ 992	Andere, und zwar: *(INT: Nachfragen und eintragen)*
☐ 881	☐ 882	Weiß nicht oder keine Angabe

15. Lassen Sie uns nun die zeitliche Dimension anschauen. Wie regelmäßig wurde die Zielerreichung Ihres M&A-Projektes gemessen?
(INT: Antwortmöglichkeiten einzeln nennen und besprechen; Mehrfachnennungen möglich)

- ☐ 0 Nicht regelmäßig bzw. sporadisch
- ☐ 1 Nach Aufforderung (z.B. durch das Management)
- ☐ 2 In festen Zeitintervallen (z.B. Tag, Woche, Monat, Quartal, Jahr), und zwar:

  (INT: Nachfragen und eintragen)
- ☐ 3 Gebunden an Projektmeilensteine/-ereignisse, und zwar folgende:

  (INT: Nach Meilensteinen fragen, in M&A-Prozess einordnen und eintragen)
- ☐ 99 Anders, und zwar:

  (INT: Nachfragen und eintragen)
- ☐ 88 Weiß nicht oder keine Angabe

16. Über welchen Zeitraum wurde die Zielerreichung Ihres M&A-Projektes gemessen?
(INT: Möglichst offen abfragen und anschließend einordnen)

- ☐ 0 Einmalig, und zwar:

  (INT: Nachfragen, in M&A-Prozess einordnen und eintragen)
- ☐ 99 Anfang- und Endzeitpunkt:

  (INT: Nachfragen, in M&A-Prozess einordnen und eintragen)

  Gesamtdauer:

  (INT: Nachfragen und eintragen)
- ☐ 88 Weiß nicht oder keine Angabe

17. Nachdem wir die Zielerreichung von M&A-Projekten und deren Messung besprochen haben, habe ich nur noch die Frage: Gibt es von Ihrer Seite weitere wichtige Punkte oder Themen, die wir zu dieser Fragestellung noch nicht angesprochen haben?
(INT: Offen abfragen, aber kurz möglichst kurz halten, verbleibende Zeit überprüfen)

Ausgestaltung des Controllings des M&A-Projektes

Lassen Sie uns nun zur zweiten zentralen Fragestellung übergehen, der Ausgestaltung des Controllings Ihres M&A-Projektes. *(INT: Gesamtübersicht (Abb. 1) noch einmal dem Experten vorlegen)*

18. Gab es ein Controlling oder Ähnliches für Ihr M&A-Projekt?

☐ 1	Ja	⇨ Frage 19
☐ 2	Nein	⇨ nächster Abschnitt
☐ 88	Weiß nicht oder keine Angabe	⇨ nächster Abschnitt

19. Was war die Zielsetzung dieses Controllings?
(INT: Offen abfragen)

20. Welche zentralen 3-5 Aufgaben hatte dieses Controlling zu erfüllen?
(INT: Offen abfragen, nur zentrale 3-5 Aufgaben)

21. Beschäftigen wir uns nun etwas eingehender mit den Controlling-Instrumenten, die im Rahmen Ihres M&A-Projektes Anwendung gefunden haben. Welche Controlling-Instrumente wurden im Rahmen Ihres M&A-Projektes genutzt?
(INT: Offen abfragen, Antwortmöglichkeiten lediglich als Stütze für Interviewer, ggf. Stichworte notieren und im Nachhinein zuordnen; Mehrfachantworten möglich)

☐ 0 Keine
☐ 1 Wettbewerbsanalyse
☐ 2 Portfolioanalyse (BCG, McKinsey, Marakon Profitability, Leaning Brick Pile, etc.)
☐ 3 SWOT-Analyse
☐ 4 Scoring-Modelle
☐ 5 Nutzwertanalyse
☐ 6 Anreiz-Beitrags-Analyse
☐ 7 Fit-Analyse
☐ 8 Szenario-Analyse
☐ 9 Unternehmensbewertung
☐ 10 Goodwill-Amortisationsrechnung
☐ 11 Kennzahlensysteme (wertorientierte und sonstige)
☐ 12 Balanced Scorecard
☐ 13 Management Cockpit/Dashboard
☐ 14 Abweichungsanalysen
☐ 15 Projektstandsrechnung
☐ 16 Sonstige Budget- und Planungssysteme
☐ 99 Andere, und zwar:

(INT: Nachfragen und eintragen)

☐ 88 Weiß nicht oder keine Angabe

22. Bitte beschreiben Sie kurz die Nutzung der einzelnen Controlling-Instrumente. D.h., wann, wozu, in welcher Form und warum wurden diese Instrumente eingesetzt?
(INT: Offen abfragen, Abbildung 2 zum M&A-Prozess zur Hilfe nehmen)

23. Lassen Sie uns nun abschließend kurz über die organisatorische Verankerung bzw. Institutionalisierung des Controllings von M&A-Projekten sprechen. War das Controlling des M&A-Projekts in irgendeiner Form institutionalisiert?

☐ 1	Ja	⇨ Frage 24
☐ 2	Nein	⇨ Frage 26
☐ 88	Weiß nicht oder keine Angabe	⇨ Frage 26

24. Wer hat die Aufgaben des Controllings des M&A-Projekts durchgeführt?
(INT: Auswahlliste 2 vorlegen, Mehrfachantworten möglich)

☐ 0 Niemand
☐ 1 Teilprojektcontroller
☐ 2 Projektcontroller
☐ 3 Zentrale M&A- bzw. Beteiligungscontroller (separates M&A-/Beteiligungscontrolling)
☐ 4 Zentrale Controller
☐ 5 Mitarbeiter der einzelnen Teilprojekte/Arbeitsstränge (*INT: nur wenn nicht vollzeitige Beschäftigung*)
☐ 6 Mitarbeiter des Projektbüros (*INT: nur wenn nicht vollzeitige Beschäftigung*)
☐ 7 Mitarbeiter der zentralen M&A-Abteilung
☐ 8 Mitarbeiter der Unternehmensentwicklung
☐ 9 Mitarbeiter der operativen Bereiche
☐ 99 Andere, und zwar:

(INT: Nachfragen und eintragen)
☐ 88 Weiß nicht oder keine Angabe (*INT: nicht vorlesen*)
Ergänzende Notizen:

25. Wem war(en) diese Person(en) fachlich und disziplinarisch unterstellt?
(INT: Auswahlliste 3 vorlegen, Mehrfachantworten möglich)

Diszipli-narisch	Fachlich	
☐ 01	☐ 02	Niemand
☐ 11	☐ 12	Leitung der einzelnen Teilprojekte/Arbeitsstränge
☐ 21	☐ 22	Leitung des Projektbüros
☐ 31	☐ 32	Projektleitung
☐ 41	☐ 42	Mitarbeiter des zentralen M&A-/Beteiligungscontrollings
☐ 51	☐ 52	Leitung des zentralen M&A-/Beteiligungscontrollings
☐ 61	☐ 62	Mitarbeiter des zentralen Controllings
☐ 71	☐ 72	Leitung des zentralen Controllings
☐ 81	☐ 82	Mitarbeiter der zentralen M&A-Abteilung
☐ 91	☐ 92	Leitung der zentralen M&A-Abteilung
☐ 101	☐ 102	Mitarbeiter der Unternehmensentwicklung
☐ 111	☐ 112	Leitung der Unternehmensentwicklung
☐ 121	☐ 122	Mitarbeiter operativer Bereiche
☐ 131	☐ 132	Leitung operativer Bereiche
☐ 141	☐ 142	Geschäftsführung *(INT: ggf. unterscheiden übernehmendes/übernommenes Unternehmen bzw. wem in Geschäftsführung, Bsp. CEO/CFO)*
☐ 991	☐ 992	Andere, und zwar: *(INT: Nachfragen und eintragen)*
☐ 881	☐ 882	Weiß nicht oder keine Angabe *(INT: nicht vorlesen)*

26. Wurden im Zusammenhang mit Ihrem M&A-Projekt monetäre Anreizsysteme genutzt?

☐ 1	Ja	⇨ Frage 27
☐ 2	Nein	⇨ Frage 28
☐ 88	Weiß nicht oder keine Angabe	⇨ Frage 28

27. Welche monetären Anreizsysteme wurden im Zusammenhang mit Ihrem M&A-Projekt genutzt?
(INT: Offen abfragen)

28. Welche Bezugsgröße lag hierbei der variablen Vergütung zugrunde?
(INT: Offen abfragen)

29. Bestanden zwischen dem Controlling Ihres M&A-Projektes und dem Controlling des Gesamtunternehmens Schnittstellen bzgl. Aufgaben, Instrumente und Ressourcen?

☐ 1	Ja	⇨ Frage 30
☐ 2	Nein	⇨ Frage 31
☐ 88	Weiß nicht oder keine Angabe	⇨ Frage 31

30. Welche Schnittstellen bzgl. Aufgaben, Instrumente und Ressourcen bestanden zwischen dem Controlling Ihres M&A-Projektes und dem Controlling des Gesamtunternehmens?
(INT: Offen abfragen)

31. Wurde das Controlling Ihres M&A-Projektes zu einem bestimmten Zeitpunkt in das Controlling des Gesamtunternehmens überführt?

☐ 1	Ja	⇨ Frage 32
☐ 2	Nein	⇨ Frage 34
☐ 88	Weiß nicht oder keine Angabe	⇨ Frage 34

32. Wann ist dies geschehen?
(INT: Offen abfragen)

33. Wie ist dies geschehen?
(INT: Offen abfragen)

34. Zum Controlling Ihres M&A-Projektes wäre dies nun meine letzte Frage gewesen. Da bleibt mir nur noch zu fragen: Gibt es aus Ihrer Sicht noch wichtige Aspekte, die wir bisher zu wenig oder gar nicht berücksichtigt haben?
(INT: weitere Anmerkung des Interviewten hier einfügen)

III) Diskussion von Herausforderungen und Verbesserungsmöglichkeiten

In der zweiten Hälfte des Gesprächs würde ich nun mit Ihnen auf Basis dieser Übersicht *(INT: Gesamtübersicht (Abb. 1) vorlegen)* einzelne Herausforderungen Ihres M&A-Projektes ansprechen und Verbesserungsmöglichkeiten aus Ihrer persönlichen Sicht diskutieren. Wenn wir nun die einzelnen Bereiche durchgehen, ...

35. Welche Ziele hätten im Rahmen des M&A-Projektes idealerweise verfolgt werden sollen?
(INT: Themenbereich offen abfragen)

36. Wie hätte die Erreichung dieser Ziele idealerweise gemessen werden sollen?
(INT: Themenbereich offen abfragen)

37. Hätte es idealerweise eine Controlling für Ihr M&A-Projekt geben sollen?
(INT: Nur fragen, wenn kein Controlling für M&A-Projekt vorhanden)

- ☐ 1 Ja
- ☐ 2 Nein
- ☐ 88 Weiß nicht oder keine Angabe

38. Welche Ziele sollten einem Controlling von M&A-Projekten idealerweise zugrunde liegen?
(INT: Themenbereich offen abfragen)

39. Welche Aufgaben leiten sich daraus ab?
(INT: Themenbereich offen abfragen)

40. Welche Instrumente hätten idealerweise genutzt werden sollen?
(INT: Themenbereich offen abfragen)

41. Wie hätte das Controlling von M&A-Projekten idealerweise institutionalisiert werden sollen (Organisation, Anreizsysteme, Schnittstellen, etc.)?
(INT: Themenbereich offen abfragen)

IV) Allgemeine Angaben und Gesprächsabschluss

Zum Abschluss möchte ich Sie noch um ein paar formale Angaben bitten.
(Int: Angaben, soweit möglich, vor sowie nach dem Interview eintragen; nur fehlende Informationen kurz abfragen.)

Erwerbendes Unternehmen	
42. Name (incl. Rechtsform)	
43. Firmensitz	
44. Börsennotierung	
45. Rechnungslegungsvorschrift	
46. Branchenzugehörigkeit	
47. Umsatz	
48. Anzahl Mitarbeiter	
49. Marktkapitalisierung	

Erworbenes Unternehmen	
50. Name (incl. Rechtsform)	
51. Firmensitz	
52. Börsennotierung	
53. Rechnungslegungsvorschrift	
54. Branchenzugehörigkeit	

M&A-Transaktion	
55. Wert der Transaktion	
56. Erworbener Kapitalanteil	
57. Umfang der Integration	
58. Tag der Ankündigung	
59. Tag des off. Abschlusses	

Befragter Experte	
60. Name	
61. Position im Unternehmen	
62. Position im M&A-Projekt	
63. Relevante Ausbildung	
64. Relevante Berufserfahrung	

Interviewsituation	
65. Lfd. Nummer des Interviews	
66. Name des Interviewers	
67. Datum	
68. Ort	
69. Uhrzeit (zu Beginn)	
70. Dauer (in Minuten)	
71. Tonbandaufnahme ☐ 1 Ja ☐ 0 Nein. Andere Aufzeichnung, und zwar:	
72. Rekrutierung des Interviewpartners ☐ 1 Freie Ansprache ☐ 2 Lehrstuhlkontakte (Prof. Dr. Thomas M. Fischer) ☐ 3 Persönliche Kontakte des Interviewers	

73.	Persönliche Einschätzung des Interviewers zur Bereitwilligkeit des Befragten zum Interview ☐ 1 hoch ☐ 2 mittel ☐ 3 niedrig
74.	Persönliche Einschätzung des Interviewers zum Interesse des Befragten am Befragungsthema ☐ 1 hoch ☐ 2 mittel ☐ 3 niedrig
75.	Sonstige Anmerkungen zur Interviewsituation

Ich bedanke mich für die sehr gute und erkenntnisreiche Diskussion mit Ihnen und vor allem die Zeit, die Sie sich hierfür genommen haben!

Wenn Sie möchten, schicke ich Ihnen gerne den Auswertungsbericht dieser Untersuchung zu.

76. Auswertungsbericht

☐ Ja ☐ Nein

77. Darf Ihr Name im Auswertungsbereicht genannt werden?

☐ Ja ☐ Nein

78. Darf der Name Ihres und des übernommen Unternehmens im Auswertungsbereicht genannt werden?

☐ Ja ☐ Nein

Anhang A: Abbildungen

Abb. 1 – Gesamtübersicht

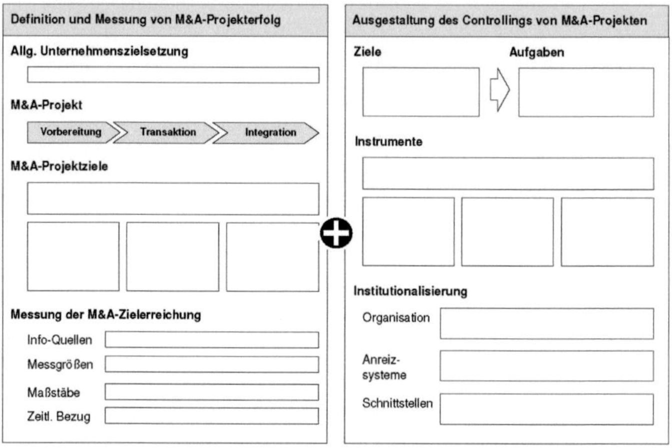

Abb. 2 – M&A-Prozessdarstellung

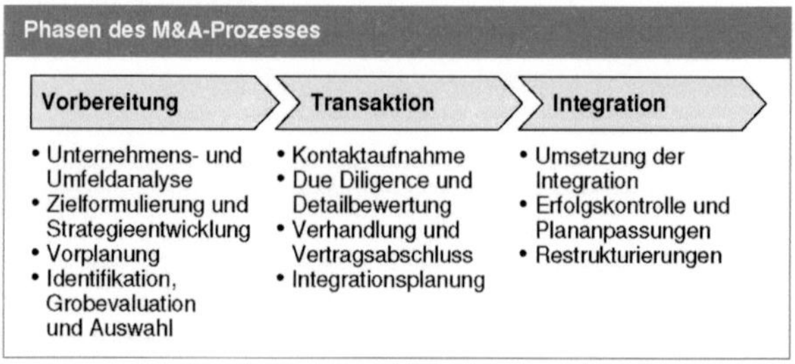

Anhang B: Auswahllisten

Auswahlliste 1 – Ziele eines M&A-Projektes (zu Fragen 5 und 6)

- ☐ Erlangung von Marktmacht bzw. Verbesserung der Wettbewerbsposition
- ☐ Erzielung finanzieller Synergien
- ☐ Erzielung operativer Synergien
- ☐ Austausch eines ineffizienten Managements
- ☐ Ausnutzung von Informations- bzw. Bewertungsdifferenzen
- ☐ Diversifikation
- ☐ Persönliche Ziele des Managements (z.B. Ansehen, Vergütung, Jobsicherheit, Macht, etc.)
- ☐ Ein anderes, und zwar:

Auswahlliste 2 – Wer hat die Aufgaben des Controllings des M&A-Projekts durchgeführt? (zu Frage 24)

- ☐ Niemand
- ☐ Teilprojektcontroller
- ☐ Projektcontroller
- ☐ Zentrale M&A- bzw. Beteiligungscontroller
- ☐ Zentrale Controller
- ☐ Mitarbeiter der einzelnen Teilprojekte/Arbeitsstränge
- ☐ Mitarbeiter des Projektbüros
- ☐ Mitarbeiter der zentralen M&A-Abteilung
- ☐ Mitarbeiter der Unternehmensentwicklung
- ☐ Mitarbeiter der operativen Bereiche
- ☐ Andere, und zwar:
- ☐ Weiß nicht oder keine Angabe

Auswahlliste 3 – Wem war(en) diese Person(en) fachlich und disziplinarisch unterstellt? (zu Frage 25)

Diszipli-narisch	Fachlich	
☐	☐	Niemand
☐	☐	Leitung der einzelnen Teilprojekte/Arbeitsstränge
☐	☐	Leitung des Projektbüros
☐	☐	Projektleitung
☐	☐	Mitarbeiter des zentralen M&A-/Beteiligungscontrollings
☐	☐	Leitung des zentralen M&A-/Beteiligungscontrollings
☐	☐	Mitarbeiter des zentralen Controllings
☐	☐	Leitung des zentralen Controllings
☐	☐	Mitarbeiter der zentralen M&A-Abteilung
☐	☐	Leitung der zentralen M&A-Abteilung
☐	☐	Mitarbeiter der Unternehmensentwicklung
☐	☐	Leitung der Unternehmensentwicklung
☐	☐	Mitarbeiter operativer Bereiche
☐	☐	Leitung operativer Bereiche
☐	☐	Geschäftsführung
☐	☐	Andere, und zwar:
☐	☐	Weiß nicht oder keine Angabe

Anhang C: Kurzfragebogen

Auf einer Skala von 1 (gar nicht wichtig) bis 5 (sehr wichtig), wie wichtig waren die folgenden Ziele für Ihr M&A-Projekt? Bitte kreuzen Sie das jeweils Zutreffende an.

	Gar nicht wichtig				Sehr wichtig
Erlangung von Marktmacht	☐ 1	☐ 2	☐ 3	☐ 4	☐ 5
Erzielung finanzieller Synergien	☐ 1	☐ 2	☐ 3	☐ 4	☐ 5
Erzielung operativer Synergien	☐ 1	☐ 2	☐ 3	☐ 4	☐ 5
Austausch eines ineffizienten Managements	☐ 1	☐ 2	☐ 3	☐ 4	☐ 5
Ausnutzung von Informations- bzw. Bewertungsdifferenzen	☐ 1	☐ 2	☐ 3	☐ 4	☐ 5
Diversifikation / Risikoreduktion	☐ 1	☐ 2	☐ 3	☐ 4	☐ 5
Persönliche Ziele des Managements (z.B. Ansehen, Vergütung, Jobsicherheit, Macht, etc.)	☐ 1	☐ 2	☐ 3	☐ 4	☐ 5
Ein anderes, und zwar:	☐ 1	☐ 2	☐ 3	☐ 4	☐ 5
Weiß nicht oder keine Angabe:	☐				

Hat sich die Wichtigkeit der Ziele des M&A-Projektes im Verlauf des Projektes verändert?

☐ 1	Ja	⇨ Nächste Frage
☐ 2	Nein	⇨ Ende
☐ 88	Weiß nicht oder keine Angabe	⇨ Ende

Lassen Sie uns dem M&A-Projekt eine dreiphasige Prozessdarstellung zugrunde legen.

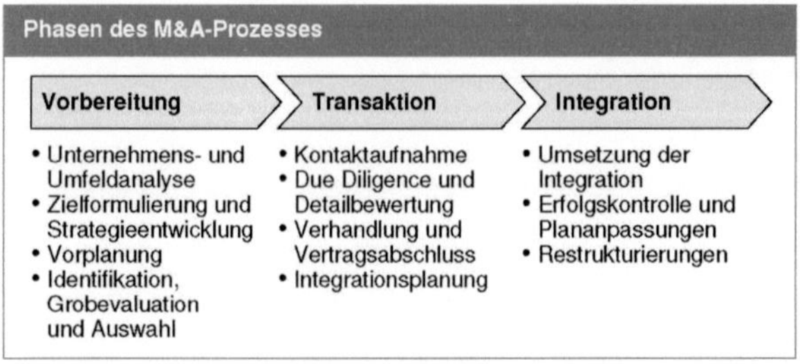

Auf einer Skala von 1 (gar nicht wichtig) bis 5 (sehr wichtig), wie wichtig waren die folgenden Ziele für jede der einzelnen drei Phasen Ihres M&A-Projekts? Bitte kreuzen Sie das jeweils Zutreffende an. Dabei können Sie auch Ziele berücksichtigen, die noch nicht genannt wurden, da diese u.U. nicht für das gesamte M&A-Projekt wichtig, jedoch in einzelnen Phasen von besonderer Relevanz sind.

Vorbereitungsphase

	Gar nicht wichtig				Sehr wichtig
Erlangung von Marktmacht	☐ 1	☐ 2	☐ 3	☐ 4	☐ 5
Erzielung finanzieller Synergien	☐ 1	☐ 2	☐ 3	☐ 4	☐ 5
Erzielung operativer Synergien	☐ 1	☐ 2	☐ 3	☐ 4	☐ 5
Austausch eines ineffizienten Managements	☐ 1	☐ 2	☐ 3	☐ 4	☐ 5
Ausnutzung von Informations- bzw. Bewertungsdifferenzen	☐ 1	☐ 2	☐ 3	☐ 4	☐ 5
Diversifikation / Risikoreduktion	☐ 1	☐ 2	☐ 3	☐ 4	☐ 5
Persönliche Ziele des Managements (z.B. Ansehen, Vergütung, Jobsicherheit, Macht, etc.)	☐ 1	☐ 2	☐ 3	☐ 4	☐ 5
Ein anderes, und zwar:	☐ 1	☐ 2	☐ 3	☐ 4	☐ 5
Weiß nicht oder keine Angabe	☐				

Transaktionsphase

	Gar nicht wichtig				Sehr wichtig
Erlangung von Marktmacht	☐ 1	☐ 2	☐ 3	☐ 4	☐ 5
Erzielung finanzieller Synergien	☐ 1	☐ 2	☐ 3	☐ 4	☐ 5
Erzielung operativer Synergien	☐ 1	☐ 2	☐ 3	☐ 4	☐ 5
Austausch eines ineffizienten Managements	☐ 1	☐ 2	☐ 3	☐ 4	☐ 5
Ausnutzung von Informations- bzw. Bewertungsdifferenzen	☐ 1	☐ 2	☐ 3	☐ 4	☐ 5
Diversifikation / Risikoreduktion	☐ 1	☐ 2	☐ 3	☐ 4	☐ 5
Persönliche Ziele des Managements (z.B. Ansehen, Vergütung, Jobsicherheit, Macht, etc.)	☐ 1	☐ 2	☐ 3	☐ 4	☐ 5
Ein anderes, und zwar:	☐ 1	☐ 2	☐ 3	☐ 4	☐ 5
Weiß nicht oder keine Angabe	☐				

Integrationsphase

	Gar nicht unwichtig				Sehr wichtig
Erlangung von Marktmacht	☐ 1	☐ 2	☐ 3	☐ 4	☐ 5
Erzielung finanzieller Synergien	☐ 1	☐ 2	☐ 3	☐ 4	☐ 5
Erzielung operativer Synergien	☐ 1	☐ 2	☐ 3	☐ 4	☐ 5
Austausch eines ineffizienten Managements	☐ 1	☐ 2	☐ 3	☐ 4	☐ 5
Ausnutzung von Informations- bzw. Bewertungsdifferenzen	☐ 1	☐ 2	☐ 3	☐ 4	☐ 5
Diversifikation / Risikoreduktion	☐ 1	☐ 2	☐ 3	☐ 4	☐ 5
Persönliche Ziele des Managements (z.B. Ansehen, Vergütung, Jobsicherheit, Macht, etc.)	☐ 1	☐ 2	☐ 3	☐ 4	☐ 5
Ein anderes, und zwar:	☐ 1	☐ 2	☐ 3	☐ 4	☐ 5
Weiß nicht oder keine Angabe	☐				

Anhang 3: Erstes Anschreiben

Sehr geehrte Frau .../Sehr geehrter Herr ...,

vielen Dank für das heutige sehr freundliche Telefonat. Wie angesprochen, möchten wir mit Ihnen als ausgewiesenem/er Experten/in ein persönliches Interview zum Thema „Controlling von M&A-Projekten" führen.

Im Rahmen eines Forschungsprojektes am Lehrstuhl für Rechnungswesen und Controlling der Friedrich-Alexander-Universität Erlangen-Nürnberg wird untersucht, in welcher Form Controlling zum Erfolg von M&A-Projekten beitragen kann. Im Vordergrund stehen hierbei zwei Fragestellungen:
- Wie lässt sich der Erfolg von M&A-Projekten definieren und messen?
- Wie kann das Controlling von M&A-Projekten zielkonform ausgestaltet werden?

Diese Fragestellungen sollen im Rahmen einer empirischen Studie näher untersucht werden. Da Sie nach Aussage und Empfehlung von Frau/Herrn ... an einem der größten M&A-Projekte eines deutschen Unternehmens der letzten Jahre, dem Zusammenschluss von ... und ..., verantwortlich mitgewirkt haben, würden wir sehr gerne mit Ihnen ein Experteninterview führen.

Wir hoffen, dass Sie uns an Ihrer Expertise teilhaben lassen und Sie mit diesem Interview unser empirisches Forschungsprojekt unterstützen. Selbstverständlich senden wir Ihnen am Ende dieser empirischen Studie auch den Auswertungsbericht zu.

Wir wären Ihnen sehr verbunden, wenn Sie sich trotz Ihrer begrenzten Zeit zu diesem Gespräch bereit erklären und möglichst im ... ein Zeitfenster für ein ca. einstündiges Interview vorschlagen würden. Es wäre schön, wenn Sie dem Projektbetreuer, Herrn Dipl.-Kfm. Michael Rademacher (E-Mail: XXX@XXX.de, Tel. +49 XX XXXXXXX, Fax +49 XX XXXXXXX), Ihren Terminvorschlag möglichst bis zum ... übermitteln würden.

Mit bestem Dank und freundlichen Grüßen

Prof. Dr. Thomas M. Fischer　　　　　　　　Dipl.-Kfm. Michael Rademacher

Anhang 4: Befragte Experten

Strategischer Investor	Übernahmeobjekt	Interviewpartner	Position des Interviewpartners im Unternehmen
(anonym)	(anonym)	(anonym)	(anonym)
BASF SE	Ciba Specialty Chemicals Holding Inc.	Friedrich Christ	Senior Vice President M&A
Commerzbank AG	Bank Forum OAO	RA Dr. Andreas Muschter	Leiter M&A
Deutsche Bank AG	Berliner Bank Niederlassung der Landesbank Berlin AG	Philipp von Girsewald / Barbara Heen	Deputy Head of Corporate Development / Deputy Head of Strategic Controlling
Deutsche Lufthansa AG	(anonym)	Holger Bremes	Integrationsmanager
Deutsche Post AG	Exel plc	Ragnar Geerdts	Senior Associate M&A
Deutsche Telekom AG	OTE Hellenic Telecommunications Organization S.A.	Frank Uhland	M&A-Projektmanager
Henkel KGaA	National Starch & Chemical Co (Adhesives and electronic materials businesses)	Christoph Neufeldt / Björn Lorenz	Integrationsmanager / Projektmanager
KarstadtQuelle AG/ Thomas Cook Group plc	MyTravel Group plc	Dr. Peter Waller	Group Director M&A
MAN AG	Volkswagen Caminhoes e Unibus Industria e Comercio de Veiculos Comerciais Ltda (VW Truck & Bus)	Richard von Braunschweig	M&A-Projektleiter
Merck KGaA	Serono S.A.	Andreas Stickler / Jens Rohne	Vice President Corporate Finance/M&A, Head of M&A / Senior Director Controlling, Head of Subsidiary Controlling
Münchener Rückversicherungs-gesellschaft AG	HSB Group Inc. (Hartford Steam Boiler)	Ronald Kargl	Senior Project Manager Reinsurance Strategy
Norddeutsche Affinerie AG/ Aurubis AG	Cumerio NA/SA	Dr. Thomas Sturm	Senior Manager Corporate Development
Siemens AG	CTI Molecular Imaging Inc.	Dr. Jochen Schmitz	Chief Financial Officer (Siemens Healthcare Imaging & IT)
Software AG	webMethods, Inc.	Daniel Kraft	Director Corporate Controlling
TUI AG	First Choice Holidays plc	Dr. Bernd Kaiser / Bernd Schütte	Director Corporate Development/M&A / Head of M&A

Anhang 5: Terminbestätigung

Sehr geehrte Frau …/Sehr geehrter Herr …,

herzlichen Dank für Ihre Bereitschaft, mit uns ein Expertengespräch zu dem Thema „Controlling von M&A-Projekten" zu führen. Herr Dipl.-Kfm. Michael Rademacher wird Sie hierzu am …, den …, um … Uhr in Ihrem Hause aufsuchen.

Wie bereits angekündigt, möchten wir Sie im Vorfeld unseres Gespräches über dessen Inhalte näher informieren. Anbei finden Sie daher eine kurze Übersicht der Fragen, die wir gerne mit Ihnen diskutieren möchten.

Wir freuen uns auf das Gespräch und verbleiben

mit freundlichem Gruß aus Nürnberg

Prof. Dr. Thomas M. Fischer

Dipl.-Kfm. Michael Rademacher

Anhang 6: Vorab-Fragenübersicht für Experten

Friedrich-Alexander-Universität Erlangen-Nürnberg
Rechts- und Wirtschaftswissenschaftliche Fakultät

FRIEDRICH-ALEXANDER-UNIVERSITÄT ERLANGEN-NÜRNBERG
RECHTS- UND WIRTSCHAFTSWISSENSCHAFTLICHE FAKULTÄT

Lehrstuhl für Betriebswirtschaftslehre,
insbesondere Rechnungswesen und Controlling (RECON)
Professor Dr. Thomas M. Fischer

Experteninterview "Controlling von M&A-Projekten"
- Vorab-Fragenübersicht für Experten -

I. Fragen zum tatsächlichen Vorgehen im Rahmen Ihres M&A-Projektes

Definition und Messung von M&A-Erfolg
Ausgangspunkt: Erfolg definiert als das Ausmaß der Erreichung von Zielen
- Welche grundsätzlichen Ziele verfolgt Ihr Unternehmen?
- Welche Ziele wurden aus Managementperspektive bei Ihrem M&A-Projekt verfolgt?
- Wie wichtig waren diese Ziele für Ihr M&A-Projekt?
- Hat sich die Wichtigkeit dieser Ziele im Verlauf des M&A-Projektes verändert?
- Wurde die Zielerreichung Ihres M&A-Projektes grundsätzlich gemessen?
- Woher wurden die zur Messung notwendigen Informationen bezogen?
- Welche Messgrößen wurden verwendet?
- Welche Erfolgsmaßstäbe wurden herangezogen?
- Wie regelmäßig und über welchen Zeitraum wurde gemessen?

Ausgestaltung des Controllings Ihres M&A-Projektes
- Gab es ein Controlling oder Ähnliches für Ihr M&A-Projekt?
- Was war die Zielsetzung dieses Controllings?
- Welche zentralen Aufgaben hat dieses Controlling erfüllt?
- Welche Controlling-Instrumente wurden genutzt?
- Wer hat die Aufgaben des Controllings durchgeführt?
- Wem war(en) diese Person(en) fachlich und disziplinarisch unterstellt?
- Welche Anreizsysteme wurden im Zusammenhang mit dem M&A-Projekt genutzt?
- Welche Schnittstellen bestanden bzgl. Aufgaben, Instrumente und Ressourcen zwischen dem Controlling Ihres M&A-Projektes und dem Gesamtcontrolling der beteiligten Unternehmen?
- Wie und wann wurde das Controlling Ihres M&A-Projektes in das Gesamtcontrolling Ihres Unternehmens überführt?

II. Offene Diskussion von Herausforderungen und Verbesserungsmöglichkeiten

(entlang der unter I. aufgeworfenen Fragestellungen)

Ihr Interviewpartner:
Herr Dipl.-Kfm. Michael Rademacher
Mobil +49 XXX XXXXXXX
E-Mail XXX@XXX.de

Verzeichnis der Gesetze, Verordnungen und Normen

AktG (2009): Aktiengesetz vom 06.09.1965 (BGBl. I S. 1089) mit allen späteren Änderungen einschließlich der Änderung durch Art. 1 des Gesetzes zur Angemessenheit der Vorstandsvergütung vom 31.07.2009, in: BGBl. I, S. 2509.

BGB (2010): Bürgerliches Gesetzbuch vom 18.08.1896 (RGBl. S. 604) in der Fassung der Bekanntmachung vom 02.01.2002 (BGBl. I S. 42) mit allen späteren Änderungen einschließlich der Änderung durch Art. 1 des Gesetzes zur Einführung einer Musterwiderrufsinformation für Verbraucherdarlehensverträge, zur Änderung der Vorschriften über das Widerrufsrecht bei Verbraucherdarlehensverträgen und zur Änderung des Darlehensvermittlungsrechts vom 24.07.2010, in: BGBl. I, S. 977.

BilMoG (2009): Gesetz zur Modernisierung des Bilanzrechts vom 25.05.2009 (BGBl. I S. 1102).

GmbHG (2009): Gesetz betreffend die Gesellschaften mit beschränkter Haftung vom 20.04.1892 (RGBl. S. 477) mit allen späteren Änderungen einschließlich der Änderung durch Art. 5 des Gesetzes zur Angemessenheit der Vorstandsvergütung vom 31.07.2009, in: BGBl. I, S. 2509.

HGB (2009): Handelsgesetzbuch vom 10.05.1897 (RGBl. S. 219) mit allen späteren Änderungen einschließlich der Änderung durch Art. 6a des Gesetzes zur Neuregelung der Rechtsverhältnisse bei Schuldverschreibungen aus Gesamtemissionen und zur verbesserten Durchsetzbarkeit von Ansprüchen von Anlegern aus Falschberatung vom 31.07.2009, in: BGBl. I, S. 2512.

IDW S 1 (2008): Grundsätze zur Durchführung von Unternehmensbewertungen des Instituts der Wirtschaftsprüfer in Deutschland e. V. (vom 02.04.2008), Düsseldorf 2008.

INTERNATIONAL ACCOUNTING STANDARD 27 (IAS 27) (2009): Consolidated and Separate Financial Statements (revised 2008), London 2009.

INTERNATIONAL ACCOUNTING STANDARD 36 (IAS 36) (2009): Impairment of Assets (revised 2004), London 2009.

UmwG (2009): Umwandlungsgesetz vom 28.10.1994 (BGBl. I, S. 3210) mit allen späteren Änderungen einschließlich der Änderung durch Art. 5 des Gesetzes zur Erleichterung elektronischer Anmeldungen zum Vereinsregister und anderer vereinsrechtlicher Änderungen vom 24.09.2009, in: BGBl. I, S. 3145.

Literaturverzeichnis

ACHLEITNER, A.-K./BASSEN, A. (2002): Entwicklungsstand des Shareholder Value-Ansatzes in Deutschland – Empirische Befunde, in: SIEGWART, H./ MAHARI, J./RUFFNER, M. (Hrsg.) (2002): Corporate Governance, Shareholder Value & Finance, Basel u. a. 2002, S. 611-635.

ACHLEITNER, A.-K./DRESIG, T. (2001): Mergers & Acquisitions, in: GERKE, W./ STEINER, M. (Hrsg.) (2001): Handwörterbuch des Bank- und Finanzwesens, 3. Aufl., Stuttgart 2001, Sp. 1559-1570.

ACHLEITNER, A.-K./WECKER, R. M./WIRTZ, B. W. (2004): Akteure und Phasen des M&A-Managements (II), in: Das Wirtschaftsstudium (WISU), 33. Jg., Heft 12, S. 1504-1509.

ACHLEITNER, A.-K./WIRTZ, B. W./WECKER, R. M. (2004): M&A-Management, in: Das Wirtschaftsstudium (WISU), 33. Jg., Heft 4, S. 476-486.

ACHLEITNER, P. (2000): Bewertung von Akquisitionen, in: PICOT, A./NORDMEYER, A./PRIBILLA, P. (Hrsg.) (2000): Management von Akquisitionen – Akquisitionsplanung und Integrationsmanagement, Kongress-Dokumentation 53. Deutscher Betriebswirtschafter-Tag 1999, Stuttgart 2000, S. 93-104.

ADAM, D. (2001): Investitionsrechnungen bei Unsicherheit, in: GERKE, W./ STEINER, M. (Hrsg.) (2001): Handwörterbuch des Bank- und Finanzwesens, 3. Aufl., Stuttgart 2001, Sp. 1140-1157.

ADERS, C./HEBERTINGER, M./SCHAFFER, C./WIEDEMANN, F. (2003): Shareholder Value-Konzepte – Umsetzung bei den DAX100-Unternehmen, in: Finanz Betrieb, 5. Jg., Heft 11, S. 719-725.

AEBERHARD, K. (1992): Beispiel einer Akquisition – AMI-Kliniken Schweiz, in: SPREMANN, K./ZUR, E. (Hrsg.) (1992): Controlling – Grundlagen, Informationssysteme, Anwendungen, Wiesbaden 1992, S. 395-412.

AEBERHARD, K. (1996): Strategische Analyse – Empfehlungen zum Vorgehen und zu sinnvollen Methodenkombinationen, Bern u. a. 1996.

AK „WERTORIENTIERTE FÜHRUNG IN MITTELSTÄNDISCHEN UNTERNEHMEN“ DER SCHMALENBACH-GESELLSCHAFT FÜR BETRIEBSWIRTSCHAFT E. V. (2006): Gestaltung wertorientierter Vergütungssysteme für mittelständische Unternehmen, in: Betriebs-Berater (BB), 61. Jg., Heft 38, S. 2066-2076.

ALBIZZATTI, N. J./CHRISTOFFERSON, S. A./SIAS, D. L. (2005): Smoothing Postmerger Integration, in: McKinsey on Finance, o. Jg., Heft 17, S. 11-16.

ALBRECHT, S. (1994): Erfolgreiche Zusammenschlußstrategien – Eine empirische Untersuchung deutscher Unternehmen, Wiesbaden 1994.

AMIHUD, Y./LEV, B. (1981): Risk Reduction as a Managerial Motive for Conglomerate Mergers, in: Bell Journal of Economics, 12. Jg., Heft 2, S. 605-617.

ANBARI, F. T. (2003): Earned Value Project Management – Method and Extensions, in: Project Management Journal, 34. Jg., Heft 4, S. 12-23.

ANSOFF, H. I. (1965): Corporate Strategy – An Analytic Approach to Business Policy for Growth and Expansion, New York u. a. 1965.

ARNEGGER, M./FELDHAUS, C. (2007): Relevanz des Goodwill-Impairment-Tests nach IAS 36 für die Verhaltenssteuerung, in: Zeitschrift für Internationale Rechnungslegung (IRZ), 2. Jg., Heft 3, S. 205-213.

ATTESLANDER, P. (2010): Methoden der empirischen Sozialforschung, 13. Aufl., Berlin 2010.

BACHMANN, C. W. R. (2001): Synergie- und Nutzungspotenziale von Unternehmenszusammenschlüssen – Definition, Realisierung, Messung, Wiesbaden 2001.

BAECKER, P. N./GLEIßNER, W./HOMMEL, U. (2007): Unternehmensbewertung: Grundlage rationaler M&A-Entscheidungen? – Eine Auswahl zwölf wesentlicher Fehlerquellen aus praktischer Sicht, in: MENZ, M./EBERSBACH, L./MENGES, J. (Hrsg.) (2007): Mergers & Acquisitions – Von der Strategie zur Integration, Tagungsband zum 5. DocNet Management Symposium, Bern u. a. 2007, S. 105-126.

BAETGE, J. (1997): Akquisitionscontrolling – Wie ist der Erfolg einer Akquisition zu ermitteln?, in: CLAUSSEN, C. P./HAHN, O./KRAUS, W. (Hrsg.) (1997): Umbruch und Wandel – Herausforderungen zur Jahrhundertwende, Festschrift für Prof. Dr. Carl Zimmerer zum 70. Geburtstag, München/Wien 1997, S. 448-468.

BAETGE, J./KRUMBHOLZ, M. (1991a): Überblick über Akquisition und Unternehmensbewertung, in: BAETGE, J. (Hrsg.) (1991): Akquisition und Unternehmensbewertung, Düsseldorf 1991, S. 1-30.

BAETGE, J./KRUMBHOLZ, M. (1991b): Überblick über Akquisition und Unternehmensbewertung, in: BAETGE, J. (Hrsg.) (1991): Akquisition und Unternehmensbewertung, Schriften des Instituts für Revisionswesen der Westfälischen Wilhelms-Universität Münster, Düsseldorf 1991, S. 1-30.

BAETGE, J./NIEMEYER, K./KÜMMEL, J. (2005): Darstellung der Discounted-Cashflow-Verfahren (DCF-Verfahren) mit Beispiel, in: PEEMÖLLER, V. H. (Hrsg.) (2005): Praxishandbuch der Unternehmensbewertung, 3. Aufl., Herne/ Berlin 2005, S. 265-362.

BALDENIUS, T./FUHRMANN, G./REICHELSTEIN, S. (1999): Zurück zu EVA, in: Betriebswirtschaftliche Forschung und Praxis (BFuP), 49. Jg., Heft 1, S. 53-65.

BALLWIESER, W. (2001): Unternehmensbewertung aus Sicht der Betriebswirtschaftslehre, in: BAETGE, J. (Hrsg.) (2001): Unternehmensbewertung im Wandel – Vorträge und Diskussionen zum 16. Münsterischen Tagesgespräch des Münsteraner Gesprächskreises Rechnungslegung und Prüfung e.V. am 11. Mai 2000, Düsseldorf 2001, S. 1-24.

BALLWIESER, W. (2011): Unternehmensbewertung – Prozeß, Methoden und Probleme, 3. Aufl., Stuttgart 2011.

BALSER, T. H. (1998): Projektmanagement, in: BORSZCZ, A./PIECHOTA, S. (Hrsg.) (1998): Controlling-Praxis erfolgreicher Unternehmen – Von den Besten lernen, Wiesbaden 1998, S. 115-135.

BALZ, U. (2007): M&A – Marktteilnehmer und Motive, in: BALZ, U./ARLINGHAUS, O. (Hrsg.) (2007): Praxisbuch Mergers & Acquisitions, 2. Aufl., Landsberg am Lech 2007, S. 11-40.

BAMBERGER, B. (1994): Der Erfolg von Unternehmensakquisition in Deutschland – Eine theoretische und empirische Untersuchung, Bergisch Gladbach/Köln 1994.

BAREIS, P. (1992): Verbundene Unternehmen – Abgrenzung, in: COENENBERG, A. G./WYSOCKI, K. v. (Hrsg.) (1992): Handwörterbuch der Revision, 2. Aufl., Stuttgart 1992, Sp. 2062-2081.

BARK, C. (2002): Integrationscontrolling bei Unternehmensakquisitionen – Ein Ansatz zur Einbindung der Post-Merger-Integration in die Planung, Steuerung und Kontrolle von Unternehmensakquisitionen, Frankfurt am Main u. a. 2002.

BARK, C. (2011): Der Kapitalisierungszinssatz in der Unternehmensbewertung, Wiesbaden 2011.

BARK, C./KÖTZLE, A. (2001): Integrationscontrolling – Das PMI-Dashboard als Instrument zur Steuerung von Post-Merger-Integrations-Prozessen, in: Controlling – Zeitschrift für erfolgsorientierte Unternehmenssteuerung, 13. Jg., Heft 7, S. 337-346.

BARK, C./KÖTZLE, A. (2003): Erfolgsfaktoren der Post-Merger-Integrations-Phase – Ergebnisse einer empirischen Untersuchung, in: Finanz Betrieb, 5. Jg., Heft 3, S. 133-146.

BARNEY, J. B. (2007): Gaining and Sustaining Competitive Advantage, Upper Saddle River (New Jersey) 2007.

BARTHEL, C. W. (1996): Unternehmenswert – Die vergleichsorientierten Bewertungsverfahren, in: Der Betrieb (DB), 49. Jg., Heft 4, S. 149-163.

BARTKE, G. (1981): Zur Bedeutung des Liquidationswertes als Wertuntergrenze – Ein Beitrag zur realitätsnäheren Weiterentwicklung der Lehre von der Unternehmensbewertung, in: Betriebswirtschaftliche Forschung und Praxis (BFuP), 33. Jg., Heft 5, S. 393-406.

BAUM, H.-G./COENENBERG, A. G./GÜNTHER, T. (1999): Strategisches Controlling, 2. Aufl., Stuttgart 1999.

BAUM, H.-G./COENENBERG, A. G./GÜNTHER, T. (2007): Strategisches Controlling, 4. Aufl., Stuttgart 2007.

BEA, F. X./SCHEURER, S./HESSELMANN, S. (2008): Projektmanagement, Stuttgart 2008.

BECK, P. (1996): Unternehmensbewertung bei Akquisitionen – Methoden, Anwendungen, Probleme, Wiesbaden 1996.

BECK, R./VERA, A. (2003): Vom Controller zum Spezialisten für Mergers & Acquisitions – Einsatzmöglichkeiten von Controllern im M&A-Bereich, in: Controller Magazin (CM), 28. Jg., Heft 1, S. 35-40.

BECKER, W./KUNZ, C. (2009): Earned Value Methode, in: Die Betriebswirtschaft (DBW), 69. Jg., Heft 3, S. 419-422.

BEHRINGER, S. (1999): Methoden der wertorientierten Unternehmensführung – Ein Überblick, in: Betrieb und Wirtschaft (BuW), 53. Jg., Heft 21, S. 805-809.

BERENS, W./BRAUNER, H. U./STRAUCH, J. (2008a): Checkliste zur Due Diligence, in: BERENS, W./BRAUNER, H. U./STRAUCH, J. (Hrsg.) (2008): Due Diligence bei Unternehmensakquisitionen, 5. Aufl., Stuttgart 2008, S. 851-882.

BERENS, W./BRAUNER, H. U./STRAUCH, J. (Hrsg.) (2008b): Due Diligence bei Unternehmensakquisitionen, 5. Aufl., Stuttgart 2008.

BERENS, W./MERTES, M./STRAUCH, J. (2008): Unternehmensakquisitionen, in: BERENS, W./BRAUNER, H. U./STRAUCH, J. (Hrsg.) (2008): Due Diligence bei Unternehmensakquisitionen, 5. Aufl., Stuttgart 2008, S. 23-69.

BERENS, W./STRAUCH, J. (2008): Herkunft und Inhalt des Begriffes Due Diligence, in: BERENS, W./BRAUNER, H. U./STRAUCH, J. (Hrsg.) (2008): Due Diligence bei Unternehmensakquisitionen, 5. Aufl., Stuttgart 2008, S. 3-21.

BERGER, P. G./OFEK, E. (1995): Diversification's Effect on Firm Value, in: Journal of Financial Economics, 37. Jg., Heft 1, S. 39-65.

BERGGREN, C. (2003): Mergers, MNES and Innovation – The Need for New Research Approaches, in: Scandinavian Journal of Management, 19. Jg., Heft 2, S. 173-191.

BERGH, D. D. (1997): Predicting Divestiture of Unrelated Acquisitions – An Integrative Model of Ex Ante Conditions, in: Strategic Management Journal, 18. Jg., Heft 9, S. 715-731.

BERGH, D. D. (2001): Executive Retention and Acquisition Outcomes – A Test of Opposing Views on the Influence of Organizational Tenure, in: Journal of Management, 27. Jg., Heft 5, S. 603-622.

BERKOVITCH, E./NARAYANAN, M. P. (1993): Motives for Takeovers – An Empirical Investigation, in: Journal of Financial and Quantitative Analysis, 28. Jg., Heft 3, S. 347-362.

BHOJRAJ, S./LEE, C. M. C. (2002): Who Is My Peer? – A Valuation-Based Approach to the Selection of Comparable Firms, in: Journal of Accounting Research, 40. Jg., Heft 2, S. 407-439.

BIBERACHER, J. (2003): Synergiemanagement und Synergiecontrolling, München 2003.

BIBERACHER, J./WOTSCHOFSKY, S. (2003): Mergers & Acquisitions als Instrument einer wertorientierten Strategie? – Planung, ein zweites Problemfeld jenseits der Integration, in: Unternehmensbewertung & Management (UM), 1. Jg., Heft 1, S. 20-27.

BIERICH, M. (1988): Der wirtschaftliche Erfolg von Auslandsgesellschaften – Aufgabentypische Erfolgskonzeptionen in einem Unternehmensverbund, in: DOMSCH, M./EISENFÜHR, F./ORDELHEIDE, D./PERLITZ, M. (Hrsg.)

(1988): Unternehmungserfolg – Planung, Ermittlung, Kontrolle, Festschrift für Walther Busse von Colbe zum 60. Geburtstag, Wiesbaden 1988, S. 43-51.

BINDER, C. U. (1994): Beteiligungsstrategien in der Konzernpraxis, in: Die Aktiengesellschaft, 39. Jg., Heft 9, S. 391-396.

BINDER, P. M. (2006): Mergers & Acquisitions in der Praxis, Zürich 2006.

BIRCHARD, B. (1995): How Many Masters Can You Serve?, in: CFO, 11. Jg., Heft 7, S. 48.

BISCHOFF, J. (1994): Das Shareholder Value-Konzept – Darstellung, Probleme, Handhabungsmöglichkeiten, Wiesbaden 1994.

BISHOP, O./MARTENS, K. (2006): Post-Merger-Integration, in: Das Wirtschaftsstudium (WISU), 35. Jg., Heft 8-9, S. 1048-1051.

BLEICHER, K. (1994): Leitbilder – Orientierungsrahmen für eine integrative Managementphilosophie, 2. Aufl., Stuttgart 1994.

BLEX, W./MARCHAL, G. (1990): Risiken im Akquisitionsprozeß – Ein Überblick, in: Betriebswirtschaftliche Forschung und Praxis (BFuP), 42. Jg., Heft 2, S. 85-103.

BLOME, M./REUTER, M. (2009): Auswirkungen von IFRS-Neuerungen zu Unternehmenserwerben auf die Unternehmenssteuerung mit dem EVA – Akquisitionen im IFRS-basierten Controlling nach Änderung von IFRS 3 und IAS 27, in: Finanz Betrieb, 11. Jg., Heft 11, S. 625-634.

BÖCKING, H.-J./NOWAK, K. (2000): Die Bedeutung des Börsenkurses bei Unternehmensbewertungen, in: Finanz Betrieb, 2. Jg., Heft 1, S. 17-24.

BÖCKLI, M.-A. (2003): Megafusionen – Erfolgs- und Prozessaspekte, Bern u. a. 2003.

BOGNER, A./MENZ, W. (2009a): Das theoriegenerierende Experteninterview – Erkenntnisinteresse, Wissensformen, Interaktion, in: BOGNER, A./LITTIG, B./ MENZ, W. (Hrsg.) (2009): Experteninterviews – Theorien, Methoden, Anwendungsfelder, 3. Aufl., Wiesbaden 2009, S. 61-98.

BOGNER, A./MENZ, W. (2009b): Experteninterviews in der qualitativen Sozialforschung – Zur Einführung in eine sich intensivierende Methodendebatte, in: BOGNER, A./LITTIG, B./MENZ, W. (Hrsg.) (2009): Experteninterviews – Theorien, Methoden, Anwendungsfelder, 3. Aufl., Wiesbaden 2009, S. 7-31.

BÖHMER, E./LÖFFLER, Y. (1999): Kursrelevante Ereignisse bei Unternehmensübernahmen – Eine empirische Analyse des deutschen Kapitalmarktes, in: Schmalenbachs Zeitschrift für betriebswirtschaftliche Forschung (zfbf), 51. Jg., Heft 4, S. 299-324.

BOLAND, R. J./PONDY, L. R. (1983): Accounting in Organizations – A Union of Natural and Rational Perspectives, in: Accounting, Organizations and Society, 8. Jg., Heft 2/3, S. 223-234.

BOONE, A. L./MULHERIN, J. H. (2008): Do Auctions Induce a Winner's Curse? – New Evidence from the Corporate Takeover Market, in: Journal of Financial Economics, 89. Jg., Heft 1, S. 1-19.

BORCHERS, S. (2000): Beteiligungscontrolling in der Management-Holding – Ein integratives Konzept, Wiesbaden 2000.

BORGHESE, R. J./BORGESE, P. F. (2002): M&A from Planning to Integration – Executing Acquisitions and Increasing Shareholder Value, New York u. a. 2002.

BOROWICZ, F. (2006a): M&A-Management zwischen Stakeholder-Erwartungen und Shareholder-Ansprüchen, in: BOROWICZ, F./MITTERMAIR, K. (Hrsg.) (2006): Strategisches Management von Mergers & Acquisitions – State of the Art in Deutschland und Österreich, Wiesbaden 2006, S. 3-20.

BOROWICZ, F. (2006): Wenn gute Manager schlechte Unternehmen kaufen – Interessenkonflikte und deren Management bei Akquisitionen, in: KEUPER, F./ HÄFNER, M./GLAHN, C. v. (Hrsg.) (2006): Der M&A-Prozess – Konzepte, Ansätze und Strategien für die Pre- und Post-Phase, Wiesbaden 2006, S. 34-60.

BOTTA, V. (1994): Ausgewählte Probleme des Beteiligungscontrollings, in: SCHULTE, C. (Hrsg.) (1994): Beteiligungscontrolling – Grundlagen, Strategische Allianzen und Akquisitionen, Erfahrungsberichte, Wiesbaden 1994, S. 25-40.

BOWER, J. L. (2001): Not All M&As Are Alike – And That Matters, in: Harvard Business Review (HBR), 79. Jg., Heft 3, S. 93-101.

BRADLEY, M./DESAI, A./KIM, E. H. (1983): The Rationale Behind Interfirm Tender Offers – Information or Synergy?, in: Journal of Financial Economics, 11. Jg., Heft 1-4, S. 183-206.

BRANDENBERG, A. (2001): Anreizsysteme zur Unternehmenssteuerung – Gestaltungsoptionen, motivationstheoretische Herausforderungen und Lösungsansätze, Wiesbaden 2001.

BREDE, H. (1975): Kontrolle, betriebliche, in: GROCHLA, E./WITTMANN, W. (Hrsg.) (1975): Handwörterbuch der Betriebswirtschaft, Band 2, 4. Aufl., Stuttgart 1975, Sp. 2218-2220.

BRESSMER, C./MOSER, A. C./SERTL, W. (1989): Vorbereitung und Abwicklung der Übernahme von Unternehmen, Stuttgart u. a. 1989.

BRINK, A. (2000): Holistisches Shareholder-Value-Management – Eine regulative Idee für globales Management in ethischer Verantwortung, München/Mering 2000.

BROCK, D. M. (2005): Multinational Acquisition Integration – The Role of National Culture in Creating Synergies, in: International Business Review, 14. Jg., Heft 3, S. 269-288.

BROCKHAUS ENZYKLOPÄDIE ONLINE (2009): Erfolg, in: http://www.brockhaus-enzyklopaedie.de, nicht öffentlich verfügbar, Stand 14.01.2009.

BROKEMPER, A./HERRMANN, T. (2007): Mit gebotener Sorgfalt – Due Diligence im Rahmen des Akquisitionscontrollings, in: Zeitschrift für Controlling & Management (ZfCM), 51. Jg., Heft 1, S. 37-42.

BRÖSEL, G./KLASSEN, T. R. (2006): Zu möglichen Auswirkungen des IFRS 3 und des IAS 36 auf das M&A-Management, in: KEUPER, F./HÄFNER, M./ GLAHN, C. v. (Hrsg.) (2006): Der M&A-Prozess – Konzepte, Ansätze und Strategien für die Pre- und Post-Phase, Wiesbaden 2006, S. 445-476.

BROUTHERS, K. D./HASTENBURG, P. v./VEN, J. v. d. (1998): If Most Mergers Fail Why Are They so Popular?, in: Long Range Planning, 31. Jg., Heft 3, S. 347-353.

BRUNE, J. W. (1995): Der Shareholder-Value-Ansatz als ganzheitliches Instrument strategischer Planung und Kontrolle – Eine Untersuchung unter Beachtung besonderer Rahmenbedingungen in der Bundesrepublik Deutschland, Diss., Universität zu Köln, Wirtschafts- und Sozialwissenschaftliche Fakultät, Köln 1995.

BRUNER, R. F. (2002): Does M&A Pay? – A Survey of Evidence for the Decision-Maker, in: Journal of Applied Finance, 12. Jg., Heft 1, S. 48-68.

BRUNER, R. F. (2004): Applied Mergers and Acquisitions, Hoboken (New Jersey) 2004.

BÜHNER, R. (1989): Bestimmungsfaktoren und Wirkungen von Unternehmenszusammenschlüssen, in: Wirtschaftswissenschaftliches Studium (WiSt), 18. Jg., Heft 4, S. 158-165.

BÜHNER, R. (1990): Das Management-Wert-Konzept – Strategien zur Schaffung von mehr Wert im Unternehmen, Stuttgart 1990.

BÜHNER, R. (2002a): Akquisitionsplanung, in: KÜPPER, H.-U./WAGENHOFER, A. (Hrsg.) (2002): Handwörterbuch Unternehmensrechnung und Controlling, 4. Aufl., Stuttgart 2002, Sp. 40-48.

BÜHNER, R. (2002b): Fusionen aus betriebswirtschaftlicher Sicht, in: FRANZ, W./ RAMSER, H. J./STADLER, M. (Hrsg.) (2002): Fusionen, Wissenschaftliches Seminar Ottobeuren, Band 31, Tübingen 2002, S. 53-65.

BÜHNER, R./STILLER, P./TUSCHKE, A. (2004): Legitimität und Innovation – Einführung wertorientierten Managements in Deutschland, in: Schmalenbachs Zeitschrift für betriebswirtschaftliche Forschung (ZfbF), 56. Jg., Heft 12, S. 715-736.

BURGER, A./ULBRICH, P./AHLEMEYER, N. (2010): Beteiligungscontrolling, 2. Aufl., München/Wien 2010.

BURGHARDT, M. (2008): Projektmanagement – Leitfaden für die Planung, Überwachung und Steuerung von Projekten, 8. Aufl., Erlangen 2008.

CAMARA, D. D./RENJEN, P. (2004): The Secrets of Successful Mergers – Dispatches from the Front Lines, in: Journal of Business Strategy, 25. Jg., Heft 3, S. 10-14.

CAMPA, J. M./HERNANDO, I. (2004): Shareholder Value Creation in European M&As, in: European Financial Management, 10. Jg., Heft 1, S. 47–81.

CAMPBELL, A./GOOLD, M. (1997): Building Core Skills, in: CAMPBELL, A./ SOMMERS LUCHS, K. (Hrsg.) (1997): Core Competency-Based Strategy, London 1997, S. 163-187.

CANNELLA JR., A. A./HAMBRICK, D. C. (1993): Effects of Executive Departures on the Performance of Acquired Firms, in: SCHENDEL, D. (Hrsg.) (1993): Corporate Restructuring, Strategic Management Journal Sonderheft 1/1993, 14. Jg., Chichester u. a. 1993, S. 137-152.

CAPALDO, A./DOBBS, R./SUONIO, H. (2008): Deal Making in 2007 – Is the M&A Boom Over?, in: McKinsey on Finance, o. Jg., Heft 26, S. 8-13.

CAPRON, L. (1999): The Long-term Performance of Horizontal Acquisitions, in: Strategic Management Journal, 20. Jg., Heft 11, S. 987-1018.

CARROLL, A. B. (1991): The Pyramid of Corporate Social Responsibility – Toward the Moral Management of Organizational Stakeholders, in: Business Horizons, 34. Jg., Heft 4, S. 39-48.

CARTWRIGHT, S./SCHOENBERG, R. (2006): Thirty Years of Mergers and Acquisitions Research – Recent Advances and Future Opportunities, in: CARTWRIGHT, S./SCHOENBERG, R. (Hrsg.) (2006): Thirty Years of Mergers and Acquisitions Research – Recent Advances and Future Opportunities, British Journal of Management Sonderheft 1/2006, 17. Jg., Oxford 2006, S. S1-S5.

CHAPMAN, C. S. (1998): Accountants in Organisational Networks, in: Accounting, Organizations and Society, 23. Jg., Heft 8, S. 737-766.

CHRISTINER, M. (2007): Asset Deal versus Share Deal – Ertragssteuerliche Aspekte für Verkäufer und Käufer, in: POLSTER-GRÜLL, B./ZÖCHLING, H./ KRANEBITTER, G. (Hrsg.) (2007): Handbuch Mergers & Acquisitions – Rechtliche und steuerliche Optimierung, Ausgewählte Fragen der Bewertung und Finanzierung, Wien 2007, S. 133-170.

CLEVER, H. (1993a): Fusionen erfolgreich gestalten – Prozeß eines erfolgreichen Post-Merger-Management, in: FRANK, G.-M./STEIN, I. (Hrsg.) (1993): Management von Unternehmensakquisitionen, Stuttgart 1993, S. 121-132.

CLEVER, H. (1993b): Post-Merger-Management, Stuttgart u. a. 1993.

CLIFFORD, D. K./BRIDGEWATER, B. A./HARDY, T. (1975): The Game Has Changed, in: McKinsey Quarterly, o. Jg., Heft Herbst, S. 2-21.

COENENBERG, A. G. (1995): Einheitlichkeit oder Differenzierung von internem und externem Rechnungswesen – Die Anforderungen der internen Steuerung, in: Der Betrieb (DB), 48. Jg., Heft 42, S. 2077-2083.

COENENBERG, A. G./BIBERACHER, J. (2003): Akquisitionscontrolling – Grundfragen und Lösungskonzeptionen, in: HOLTBRÜGGE, D. (Hrsg.) (2003): Management Multinationaler Unternehmungen, Festschrift zum 60. Geburtstag von Martin K. Welge, Heidelberg 2003, S. 327-344.

COENENBERG, A. G./FISCHER, T. M./GÜNTHER, T. (2009): Kostenrechnung und Kostenanalyse, 7. Aufl., Stuttgart 2009.

COENENBERG, A. G./HALLER, A./MATTNER, G./SCHULTZE, W. (2009): Einführung in das Rechnungswesen – Grundzüge der Buchführung und Bilanzierung, 3. Aufl., Stuttgart 2009.

COENENBERG, A. G./HALLER, A./SCHULTZE, W. (2009): Jahresabschluss und Jahresabschlussanalyse – Betriebswirtschaftliche, handelsrechtliche, steuerrechtliche und internationale Grundsätze – HGB, IFRS, US-GAAP, 21. Aufl., Stuttgart 2009.

COENENBERG, A. G./JACOBY, S. (2000): Akquisitionen und Unternehmensbewertung, in: BUSSE VON COLBE, W./COENENBERG, A. G./KAJÜTER, P./LINNHOFF, U. (Hrsg.) (2000): Betriebswirtschaft für Führungskräfte – Eine Einführung in wirtschaftliches Denken und Handeln für Ingenieure, Naturwissenschaftler, Juristen und Geisteswissenschaftler, 1. Aufl., Stuttgart 2000, S. 177-206.

COENENBERG, A. G./MATTNER, G./SCHULTZE, W. (2003): Wertorientierte Steuerung – Anforderungen, Konzepte, Anwendungsprobleme, in: RATHGEBER, A./TEBROKE, H.-J./WALLMEIER, M. (Hrsg.) (2003): Finanzwirtschaft, Kapitalmarkt und Banken, Festschrift für Prof. Dr. Manfred Steiner zum 60. Geburtstag, Stuttgart 2003, S. 1-24.

COENENBERG, A. G./SALFELD, R. (2007): Wertorientierte Unternehmensführung – Vom Strategieentwurf zur Implementierung, 2. Aufl., Stuttgart 2007.

COENENBERG, A. G./SAUTTER, M. T. (1988): Strategische und finanzielle Bewertung von Unternehmensakquisitionen, in: Die Betriebswirtschaft (DBW), 48. Jg., Heft 6, S. 691-710.

COENENBERG, A. G./SCHULTZE, W. (2002): Unternehmensbewertung – Konzeption und Perspektiven, in: Die Betriebswirtschaft (DBW), 62. Jg., Heft 6, S. 597-621.

COENENBERG, A. G./SCHULTZE, W. (2005): Mergers & Acquisitions im globalen Umfeld – Analyse und Entscheidungsmodelle, in: OESTERLE, M.-J./WOLF, J. (Hrsg.) (2005): Internationalisierung und Institution, Festschrift für Klaus Macharzina zur Emeritierung, Wiesbaden 2005, S. 51-81.

COENENBERG, A. G./SCHULTZE, W. (2006): Methoden der Unternehmensbewertung, in: WIRTZ, B. W. (Hrsg.) (2006): Handbuch Mergers & Acquisitions Management, Wiesbaden 2006, S. 471-500.

COENENBERG, A. G./SCHULTZE, W. (2007): Akquisition und Unternehmensbewertung, in: BUSSE VON COLBE, W./COENENBERG, A. G./KAJÜTER, P./LINNHOFF, U./PELLENS, B. (Hrsg.) (2007): Betriebswirtschaft für Führungskräfte – Eine Einführung für Ingenieure, Naturwissenschaftler, Juristen und Geisteswissenschaftler, 3. Aufl., Stuttgart 2007, S. 339-370.

COOLS, K./GELL, J./KENGELBACH, J./ROOS, A. (2007): The Brave New World of M&A – How to Create Value from Mergers and Acquisitions, Report, The Boston Consulting Group, o. O. 2007.

COPELAND, T. E./KOLLER, T./MURRIN, J. (1990): Valuation – Measuring and Managing the Value of Companies, 1. Aufl., New York 1990.

COPELAND, T. E./KOLLER, T./MURRIN, J. (1994): Valuation – Measuring and Managing the Value of Companies, 2. Aufl., New York 1994.

CORDING, M./CHRISTMANN, P./KING, D. R. (2008): Reducing Causal Ambiguity in Acquisition Integration – Intermediate Goals as Mediators of Integration Decisions and Acquisition Performance, in: Academy of Management Journal, 51. Jg., Heft 4, S. 744-767.

CORSTEN, H./CORSTEN, H./GÖSSINGER, R. (2008): Projektmanagement – Einführung, 2. Aufl., München 2008.

COVALESKI, M./AIKEN, M. (1986): Accounting and Theories of Organizations – Some Preliminary Considerations, in: Accounting, Organizations and Society, 11. Jg, Heft 4/5, S. 297-319.

CRASSELT, N./PELLENS, B./SCHREMPER, R. (2000): Konvergenz wertorientierter Erfolgskennzahlen (II), in: Das Wirtschaftsstudium (WISU), 29. Jg., Heft 2, S. 205-208.

CROUCH, A./WIRTH, A. (1989): Managerial Retention and Performance Under Conditions of Organisational Merger, in: Journal of Managerial Psychology, 4. Jg., Heft 5, S. 3-5.

CROYLE, R./KAGER, P. (2002): Giving Mergers a Head Start – By Tapping Former Employees, Companies Can Get a Jump on the All-important Integration Process, in: Harvard Business Review (HBR), 80. Jg., Heft 10, S. 20-21.

DABUI, M. (1998): Postmerger-Management – Zielgerichtete Integration bei Akquisitionen und Fusionen, Nachdruck 2000, Wiesbaden 1998.

DAMODARAN, A. (2001): The Dark Side of Valuation – Valuing Old Tech, New Tech, and New Economy Companies, Upper Saddle River (New Jersey) 2001.

DATTA, D. K. (1991): Organizational Fit and Acquisition Performance – Effects of Post-Acquisition Integration, in: Strategic Management Journal, 12. Jg., Heft 4, S. 281-297.

DAVID, U./PRENZLER, C. (2003): Gestaltung von Controllerbereichen – Fallstudien in deutschen Unternehmen, in: WEBER, J./KUNZ, J. (Hrsg.) (2003): Empirische Controllingforschung – Begründung, Beispiele, Ergebnisse, Wiesbaden 2003, S. 321-355.

DAVIS, E./FLANDERS, S./STAR, J. (1991): Who Are the World's Most Successful Companies?, in: Business Strategy Review, 2. Jg., Heft 2, S. 1-26.

DAVIS, E./KAY, J. (1990): Assessing Corporate Performance, in: Business Strategy Review, 1. Jg., Heft 2, S. 1-16.

DAY, G. S./FAHEY, L. (1990): Putting Strategy into Shareholder Value Analysis, in: Harvard Business Review (HBR), 68. Jg., Heft 2, S. 156-162.

DEALOGIC (HRSG.) (2008): Mergers & Acquisitions Dealogic Official Ranking Criteria 2008, Report, Dealogic, London 2008.

DEALOGIC (HRSG.) (2009): M&A Analytics, in: http://www.dealogic.com/en/mergers.htm, nicht öffentlich verfügbar, Stand 05.02.2009.

DEEKE, A. (1995): Experteninterviews – Ein methodologisches und forschungspraktisches Problem, in: BRINKMANN, C./DEEKE, A./VÖLKEL, B. (Hrsg.) (1995): Experteninterviews in der Arbeitsmarktforschung – Diskussionsbeiträge zu methodischen Fragen und praktischen Erfahrungen, Nürnberg 1995, S. 7-22.

DELLMANN, K. (1992): Eine Systematisierung der Grundlagen des Controlling, in: SPREMANN, K./AEBERHARD, K. (Hrsg.) (1992): Controlling – Grundlagen, Informationssysteme, Anwendungen, Wiesbaden 1992, S. 113-140.

DELOITTE (HRSG.) (2007): Auf Erfolgskurs: M&A in Deutschland – Trends, Aktivitäten, Zielsetzungen, Strategien, Erfolgsfaktoren, Report, Deloitte, o. O. 2007.

DENZIN, N. K. (1978): The Research Act – A Theoretical Introduction to Sociological Methods, 2. Aufl., New York u. a. 1978.

DEPAMPHILIS, D. (2001): Mergers, Acquisitions, and other Restructuring Activities – An Integrated Approach to Process, Tools, Cases, and Solutions, San Diego u. a. 2001.

DIECKHAUS, O.-T. (1993a): Beteiligungs-Controlling auf der Basis des Beteiligungslebenszyklus, in: Zeitschrift für Planung, 4. Jg., Heft 2, S. 163-190.

DIECKHAUS, O.-T. (1993b): Management und Controlling im Beteiligungslebenszyklus, Bergisch Gladbach/Köln 1993.

DIEKMANN, A. (2007): Empirische Sozialforschung – Grundlagen, Methoden, Anwendungen, 17. Aufl., Reinbek bei Hamburg 2007.

DIETHELM, G. (2000): Projektmanagement, Band 1 Grundlagen, Herne/Berlin 2000.

DIETL, H. M./ROYER, S. (2002): Unternehmenszusammenschlüsse, in: KÜPPER, H.-U./WAGENHOFER, A. (Hrsg.) (2002): Handwörterbuch Unternehmensrechnung und Controlling, 4. Aufl., Stuttgart 2002, Sp. 2054-2064.

DILLERUP, R./STOI, R. (2008): Unternehmensführung, 2. Aufl., München 2008.

DIN DEUTSCHES INSTITUT FÜR NORMUNG E.V. (HRSG.) (2009): DIN 69901-5 Projektmanagement - Projektmanagementsysteme – Teil 5: Begriffe, Report, DIN Deutsches Institut für Normung e.V., Normenausschuss Qualitätsmanagement, Statistik und Zertifizierungsgrundlagen (NQSZ), Berlin 2009.

DIRRIGL, H. (1994): Konzepte, Anwendungsbereiche und Grenzen einer strategischen Unternehmensbewertung, in: Betriebswirtschaftliche Forschung und Praxis (BFuP), 46. Jg., Heft 5, S. 409-432.

DOBBS, R./GOEDHART, M./SUONIO, H. (2007): Are Companies Getting Better at M&A?, in: McKinsey on Finance, o. Jg., Heft 22, S. 7-11.

DODD, P./RUBACK, R. (1977): Tender Offers and Stockholder Returns – An Empirical Analysis, in: Journal of Financial Economics, 5. Jg., Heft 3, S. 351-373.

DODD, P./WARNER, J. B. (1983): On Corporate Governance – A Study of Proxy Contests, in: Journal of Financial Economics, 11. Jg., Heft 1-4, S. 401-438.

DORFS, J. (2000): Eine Fusion unter Gleichen ist eine Illusion, in: Handelsblatt v. 29.11.2000, S. 2.

DÖRR, T. (2000): Grenzüberschreitende Unternehmensakquisitionen – Erfolg und Einflussfaktoren, Wiesbaden 2000.

DREHER, M. (2010): Unternehmenswertorientiertes Beteiligungscontrolling, Lohmar 2010.

DROSTE, V./HERRMANN, Y./NIEBERL, M./SCHMIDT, S./WEIß, A. (2006): Wertorientierung in den DAX30-Unternehmen – Eine empirische Studie, Lohmar/Köln 2006.

DÜLFER, E. (1982): Projekte und Projektmanagement im internationalen Kontext – Eine Einführung, in: DÜLFER, E. (Hrsg.) (1982): Projektmanagement International, Stuttgart 1982, S. 1-30.

EBERHARDT, S. (1998): Wertorientierte Unternehmungsführung – Der modifizierte Stakeholder-Value-Ansatz, Wiesbaden 1998.

EBERL, S. (2009): Der M&A-Prozess – Struktur, Rationalitätsdefizite und die Rolle des Controllings, in: HACHMEISTER, D. (Hrsg.) (2009): M&A-Aktivitäten und Controlling, Zeitschrift für Controlling & Management (ZfCM) Sonderheft 1/2009, 53. Jg., Wiesbaden 2009, S. 80-87.

EBERLE, M. (2008): Wie man Amerika nicht erobert, in: Handelsblatt v. 28.05.2008, S. 11.

ECKBO, B. E. (1983): Horizontal Mergers, Collusion, and Stockholder Wealth, in: Journal of Financial Economics, 11. Jg., Heft 1-4, S. 241-273.

ECKER, M. (2008): Die sechste M&A-Welle im Vergleich zu vorangegangenen Fusionswellen, in: M&A Review, o. Jg., Heft 11, S. 509-512.

ECKER, M./HECKEMÜLLER, C. (2005): M&A als Instrument der strategischen Unternehmensführung für den Mittelstand, in: M&A Review, o. Jg., Heft 10, S. 421-426.

ECKERT, R. (2004): Strategieorientiertes Transaktionsmanagement zur Minimierung von Akquisitionsrisiken, in: M&A Review, o. Jg., Heft 4, S. 148-153.

ECKEY, M. (2006): Kontrolle von Beteiligungen als Aufgabe des Controllings – Bestandsaufnahme, Determinanten, Erfolgsauswirkungen, Wiesbaden 2006.

ECKHOFF, J. (2006): Synergiecontrolling im Rahmen von Mergers & Acquisitions, München 2006.

ELKINGTON, J. (1999): Cannibals with Forks – The Triple Bottom Line of 21st Century Business, Oxford 1999.

ELLIS, M. (2001): Goodwill Accounting – Everything Has Changed and Nothing Has Changed, in: Journal of Applied Corporate Finance, 14. Jg., Heft 3, S. 103-112.

ENGEL, T./BEHR, M. (2008): Das Eine tun, ohne das Andere zu lassen – Experteninterviews mit Managern am Telefon – Nutzen, Anforderungen, Praxis, in: MARTENS, B./RITTER, T. (Hrsg.) (2008): Eliten am Telefon – Neue Formen von Experteninterviews in der Praxis, Baden-Baden 2008, S. 75-93.

EPSTEIN, M. J. (2005): The Determinants and Evaluation of Merger Success, in: Business Horizons, 48. Jg., Heft 1, S. 37-46.

EPSTEIN, R./PELLENS, B./RUHWEDEL, P. (2005): Goodwill bilanzieren und steuern – Anwendung der neuen IFRS-Regeln in der Praxis, Report, Deloitte, o. O. 2005.

ERNST & YOUNG (HRSG.) (2006): Handeln wider besseres Wissen – Warum viele Transaktionen scheitern, ohne es zu müssen., Report, Ernst & Young, o. O. 2006.

ESCHEN, E. (2002): Der Erfolg von Mergers & Acquisitions – Unternehmenszusammenschlüsse aus der Sicht des ressourcenbasierten Ansatzes, Wiesbaden 2002.

ESSER, J./MÜLLER, M. (2007): Empirische Erkenntnisse zur Organisation des Controlling, in: GLEICH, R./MICHEL, U. (Hrsg.) (2007): Organisation des

Controlling – Grundlagen, Praxisbeispiele und Perspektiven, Freiburg u. a. 2007, S. 33-54.

EULERICH, M. (2009): Strategische Planung, Steuerung und Kontrolle von Mergers & Acquisitions – M&A-Controlling, M&A-Risikomanagement, Praxiswissen, Frankfurt am Main u. a. 2009.

FAMA, E. F./FISHER, L./JENSEN, M. C./ROLL, R. (1969): The Adjustment of Stock Prices to New Information, in: International Economic Review, 10. Jg., Heft 1, S. 1-21.

FAUL, K. (2005): Wertorientiertes Controlling – Ein Ansatz zur Unternehmens- und Verhaltenssteuerung in dezentralen Organisationen, Hamburg 2005.

FAUPEL, C./RÖPKE, H.-J./SCHÜMER, O. (2010): Vorstellung und Beurteilung verschiedener wertorientierter Steuerungsgrößen, in: Zeitschrift für Controlling & Management (ZfCM), 54. Jg., Heft 1, S. 55-61.

FELDMAN, M. L./SPRATT, M. F. (2000): Speedmanagement für Fusionen – Schnell entscheiden, handeln, integrieren – Über Frösche, Hasenfüße und Hasardeure, Wiesbaden 2000.

FIEDLER, R. (2005): Projektcontrolling, in: LITKE, H.-D. (Hrsg.) (2005): Projektmanagement – Handbuch für die Praxis – Konzepte, Instrumente, Umsetzung, München/Wien 2005, S. 508-539.

FIEDLER, R. (2010): Controlling von Projekten – Mit konkreten Beispielen aus der Unternehmenspraxis – Alle Aspekte der Projektplanung, Projektsteuerung und Projektkontrolle, 5. Aufl., Wiesbaden 2010.

FIELDING, N./THOMAS, H. (2008): Qualitative Interviewing, in: GILBERT, N. (Hrsg.) (2008): Researching Social Life, 3. Aufl., Los Angeles (California) 2008, S. 245-265.

FIGGE, F./SCHALTEGGER, S. (2000): Was ist „Stakeholder Value"? – Vom Schlagwort zur Messung, Lüneburg 2000.

FINKELSTEIN, S./HALEBLIAN, J. (2002): Understanding Acquisition Performance – The Role of Transfer Effects, in: Organization Science, 13. Jg., Heft 1, S. 36-47.

FISCHER, J./WIRTGEN, J. (2000): Post Merger Integration Management, Berlin 2000.

FISCHER, T. M. (1999): Economic Value Added (EVA®) – Informationen aus der externen Rechnungslegung zur internen Unternehmenssteuerung, HHL-Arbeitspapier Nr. 27, Handelshochschule Leipzig, Leipzig 1999.

FISCHER, T. M. (2000): Erfolgspotentiale und Erfolgsfaktoren im Strategischen Management, in: WELGE, M. K./AL-LAHAM, A./KAJÜTER, P. (Hrsg.) (2000): Praxis des strategischen Managements, Wiesbaden 2000, S. 71-94.

FISCHER, T. M. (2001): Economic Value Added (EVA), in: Controlling – Zeitschrift für erfolgsorientierte Unternehmenssteuerung, 13. Jg., Heft 3, S. 169-170.

FISCHER, T. M./RÖDL, K. (2007): Unternehmensziele und Anreizsysteme – Theoretische Grundlagen und empirische Befunde aus deutschen Unternehmen, in:

Controlling – Zeitschrift für erfolgsorientierte Unternehmenssteuerung, 19. Jg., Heft 1, S. 5-14.

FISCHER, T. M./WENZEL, J. (2000): Wertorientierte Unternehmenssteuerung und internationale Rechnungslegung – Ermittlung des Economic Value Added (EVA®) auf Basis des HGB, der US-GAAP und der IAS, HHL-Arbeitspapier Nr. 34, Handelshochschule Leipzig, Leipzig 2000.

FLICK, U. (1987): Methodenangemessene Gütekriterien in der qualitativ-interpretativen Forschung, in: BERGOLD, J. B./FLICK, U. (Hrsg.) (1987): Ein-Sichten – Zugänge zur Sicht des Subjekts mittels qualitativer Forschung, Tübingen 1987, S. 247-262.

FLICK, U. (1999): Qualitative Forschung – Theorie, Methoden, Anwendung in Psychologie und Sozialwissenschaften, 4. Aufl., Reinbek bei Hamburg 1999.

FOCKENBROCK, D. (2008): Zeitenwende in der Unternehmensführung, in: Handelsblatt v. 23.-28.12.2008, S. 19.

FRANCIS, J./OLSSON, P./OSWALD, D. R. (2000): Comparing the Accuracy and Explainability of Dividend, Free Cash Flow, and Abnormal Earnings Equity Value Estimates, in: Journal of Accounting Research, 38. Jg., Heft 1, S. 45-70.

FRANK, G.-M. (1993): Probleme und Erfolgsfaktoren bei der Übernahme von Unternehmen, in: FRANK, G.-M./STEIN, I. (Hrsg.) (1993): Management von Unternehmensakquisitionen, Stuttgart 1993, S. 133-145.

FRANKE, G./HAX, H. (2009): Finanzwirtschaft des Unternehmens und Kapitalmarkt, 6. Aufl., Berlin u. a. 2009.

FRANZ, K.-P./WINKLER, C. (2006): IFRS und wertorientiertes Controlling, in: Controlling – Zeitschrift für erfolgsorientierte Unternehmenssteuerung, 18. Jg., Heft 8/9, S. 417-423.

FREEMAN, R. E. (1984): Strategic Management – A Stakeholder Approach, Boston 1984.

FREEMAN, R. E./REED, D. L. (1983): Stockholders and Stakeholders – A New Perspective on Corporate Governance, in: California Management Review, 25. Jg., Heft 3, S. 88-106.

FRESE, E. (2005): Grundlagen der Organisation – Entscheidungsorientiertes Konzept der Organisationsgestaltung, 9. Aufl., Wiesbaden 2005.

FREUDENBERG, T. (2010): Fallstricke bei Übernahmen, in: Handelsblatt v. 19.01.2010, S. 20.

FRIEBERTSHÄUSER, B. (2003): Interviewtechniken – Ein Überblick, in: FRIEBERTSHÄUSER, B./PRENGEL, A. (Hrsg.) (2003): Handbuch Qualitative Forschungsmethoden in der Erziehungswissenschaft, Weinheim/München 2003, S. 371-395.

FRIEDL, B. (2003): Controlling, Stuttgart 2003.

FRIEDRICHS, J. (1990): Methoden empirischer Sozialforschung, 14. Aufl., Opladen 1990.

FUNK, J. (1995): Aspekte der Unternehmensbewertung in der Praxis, in: Zeitschrift für betriebswirtschaftliche Forschung (ZfbF), 47. Jg., Heft 5, S. 491-514.

GALPIN, T. J./HERNDON, M. (2007): The Complete Guide to Mergers and Acquisitions – Process Tools to Support M&A Integration at Every Level, 2. Aufl., Hoboken (New Jersey) 2007.

GÄLWEILER, A. (2005): Strategische Unternehmensführung, 3. Aufl., Frankfurt am Main u. a. 2005.

GATES, S. (2000): Performance Measurement During Merger and Acquisition Integration, Report, The Conference Board, New York u. a. 2000.

GATES, S./VERY, P. (2003): Measuring Performance During M&A Integration, in: Long Range Planning, 36. Jg., Heft 2, S. 167-185.

GAUGHAN, P. A. (2005): Mergers – What Can Go Wrong and How to Prevent It, Hoboken (New Jersey) 2005.

GAUGHAN, P. A. (2007): Mergers, Acquisitions, and Corporate Restructurings, 4. Aufl., Hoboken (New Jersey) 2007.

GAUGHAN, P. A. (2010): M&A Outlook, in: Journal of Corporate Accounting & Finance, 21. Jg., Heft 2, S. 3-10.

GELL, J./KENGELBACH, J./ROOS, A. (2008): The Return of the Strategist – Creating Value with M&A in Downturns, Report, The Boston Consulting Group, o. O. 2008.

GERDS, J. (2000): Post-Merger-Integration – Eine empirische Untersuchung zum Integrationsmanagement, Wiesbaden 2000.

GERPOTT, T. J. (1993): Integrationsgestaltung und Erfolg von Unternehmensakquisitionen, Stuttgart 1993.

GINTENREITER, P./KHINAST-SITTENTHALER, C. (2002): Due Diligence und Bewertung im Fusionsprozess, in: PERNSTEINER, H./MITTERMAIR, K. (Hrsg.) (2002): Handbuch Fusionen – Allgemeine, betriebswirtschaftliche, rechtliche und Branchen-Aspekte, Wien 2002, S. 315-350.

GLÄSER, J./LAUDEL, G. (2008): Experteninterviews und qualitative Inhaltsanalyse – Als Instrumente rekonstruierender Untersuchungen, 3. Aufl., Wiesbaden 2008.

GLAUM, M./LINDEMANN, J./FRIEDRICH, N. (2006): Erfolg von Mergers & Acquisitions – Ergebnisse empirischer Forschung, in: WIRTZ, B. W. (Hrsg.) (2006): Handbuch Mergers & Acquisitions Management, Wiesbaden 2006, S. 287-314.

GLEICH, R./TEMMEL, P. (2007): Organisation des Controlling – Impulse aus der Wissenschaft, in: GLEICH, R./MICHEL, U. (Hrsg.) (2007): Organisation des Controlling – Grundlagen, Praxisbeispiele und Perspektiven, Freiburg u. a. 2007, S. 13-32.

GLUCK, F. W. (1980): Strategic Choice and Resource Allocation, in: McKinsey Quarterly, o. Jg., Heft 1, S. 22-33.

GOERGEN, M./MANJON, M. C./RENNEBOOG, L. (2008): Recent Developments in German Corporate Governance, in: International Review of Law & Economics, 28. Jg., Heft 3, S. 175-193.

GOLDBERG, S. R./GODWIN, J. H. (2001): Your Merger – Will It Really Add Value?, in: Journal of Corporate Accounting & Finance, 12. Jg., Heft 2, S. 27-35.

GOMEZ, P. (1989): Wertsteigerung durch Akquisition, in: Die Unternehmung, 43. Jg., Heft 6, S. 441-452.

GOMEZ, P./GANZ, M. (1992): Diversifikation mit Konzept – Den Unternehmenswert steigern, in: Harvard-Manager, o. Jg., Heft 1, S. 44-54.

GOMEZ, P./WEBER, B. (1989a): Akquisitionsstrategie – Wertsteigerung durch Übernahme von Unternehmungen, Entwicklungstendenzen im Management, Band 3, Stuttgart 1989a.

GOMEZ, P./WEBER, B. (1989b): Akquisitionsstrategien – Die Führung des Übernahmeprozesses, in: Die Unternehmung, 43. Jg., Heft 2, S. 66-77.

GOMEZ, P./WEBER, B. (1990): Akquisitionsstrategien zur Steigerung des Unternehmungswertes, in: SIEGWART, H./MAHARI, J. I./CAYTAS, I. G./RUMPF, B.-M. (Hrsg.) (1990): Mergers & Acquisitions, Basel u. a. 1990, S. 181-202.

GOMEZ, P./WUNDERLIN, G. (2000): Stakeholder Value-orientierte Unternehmensführung – Das Konzept des Performance Management, in: HINTERHUBER, H. H./FRIEDRICH, S. A./AL-ANI, A./HANDLBAUER, G. (Hrsg.) (2000): Das Neue Strategische Management – Perspektiven und Elemente einer zeitgemäßen Unternehmensführung, 2. Aufl., Wiesbaden 2000, S. 425-446.

GÖRLITZ, J. (2007): Die Bedeutung des Anspruchsgruppenkonzepts im strategischen Management, in: Zeitschrift für Planung & Unternehmenssteuerung, 17. Jg., Heft 4, S. 411-431.

GORT, M. (1969): An Economic Disturbance Theory of Mergers, in: Quarterly Journal of Economics, 83. Jg., Heft 4, S. 624-642.

GREGORIOU, G. N./RENNEBOOG, L. (2007): Understanding Mergers and Acquisitions – Activity Since 1990, in: GREGORIOU, G. N./RENNEBOOG, L. (Hrsg.) (2007): International Mergers and Acquisitions Activity Since 1990 – Recent Research and Quantitative Analysis, Amsterdam u. a. 2007, S. 1-20.

GRINBLATT, M./TITMAN, S. (2002): Financial Markets and Corporate Strategy, 2. Aufl., Boston u. a. 2002.

GROCHLA, E. (1976): Praxeologische Organisationstheorie durch sachliche und methodische Integration, in: Zeitschrift für betriebswirtschaftliche Forschung (ZfbF), 28. Jg., Heft 10/11, S. 617-637.

GROCHLA, E. (1978): Einführung in die Organisationstheorie, Stuttgart 1978.

GRUBE, R./TÖPFER, A. (2002): Post Merger Integration – Erfolgsfaktoren für das Zusammenwachsen von Unternehmen, Stuttgart 2002.

GÜNTHER, E. (1994): Ökologieorientiertes Controlling – Konzeption eines Systems zur ökologieorientierten Steuerung und empirische Validierung, München 1994.

GÜNTHER, T. (1991): Erfolg durch strategisches Controlling? – Eine empirische Studie zum Stand des strategischen Controlling in deutschen Unternehmen und dessen Beitrag zu Unternehmenserfolg und -risiko, München 1991.

GÜNTHER, T. (1997): Unternehmenswertorientiertes Controlling, München 1997.

GÜNTHER, T./ZURWEHME, A. (2008): Harmonisierung des Rechnungswesens – Stellschrauben, Informationswirkung und Nutzenbewertung, in: Betriebswirtschaftliche Forschung und Praxis (BFuP), 60. Jg., Heft 2, S. 101-121.

GUSERL, R. (2002): Schlüsselfaktoren erfolgreicher M&A-Transaktionen, in: PERNSTEINER, H./MITTERMAIR, K. (Hrsg.) (2002): Handbuch Fusionen – Allgemeine, betriebswirtschaftliche, rechtliche und Branchen-Aspekte, Wien 2002, S. 113-149.

GUSERL, R. (2006): Controlling von M&A, in: BOROWICZ, F./MITTERMAIR, K. (Hrsg.) (2006): Strategisches Management von Mergers & Acquisitions – State of the Art in Deutschland und Österreich, Wiesbaden 2006, S. 349-365.

GUT-VILLA, C. (1997): Human Resource Management bei Mergers & Acquisitions, Bern u. a. 1997.

HACHMEISTER, D. (2009): Methoden der Unternehmensbewertung im Überblick, in: HACHMEISTER, D. (Hrsg.) (2009): M&A-Aktivitäten und Controlling, Zeitschrift für Controlling & Management (ZfCM) Sonderheft 1/2009, 53. Jg., Wiesbaden 2009, S. 64-74.

HACKHAUSEN, J. (2009): Der große Hunger, in: Handelsblatt v. 15.10.2009, S. 25.

HAFNER, R. (1989): Grenzpreisermittlung bei mehrfacher Zielsetzung – Ein Beitrag zur Bewertung strategischer Unternehmensakquisitionen, Bergisch Gladbach/ Köln 1989.

HAGEMANN, S. (1996): Strategische Unternehmensentwicklung durch Mergers & Acquisitions, Frankfurt am Main 1996.

HAHN, D. (1995): Unternehmensziele im Wandel, in: GOMEZ, P./HAHN, D./ MÜLLER-STEWENS, G./WUNDERER, R. (Hrsg.) (1995): Unternehmerischer Wandel – Konzepte zur organisatorischen Erneuerung, Festschrift für Knut Bleicher zum 65. Geburtstag, Nachdruck, Wiesbaden 1995, S. 59-83.

HAHN, D. (2006): Strategische Unternehmungsführung – Grundkonzept, in: HAHN, D./TAYLOR, B. (Hrsg.) (2006): Strategische Unternehmungsplanung, Strategische Unternehmungsführung – Stand und Entwicklungstendenzen, 9. Aufl., Berlin u. a. 2006, S. 29-50.

HAHN, D./HUNGENBERG, H. (2001): PuK – Planung und Kontrolle, Planungs- und Kontrollsysteme, Planungs- und Kontrollrechnung – Wertorientierte Controllingkonzepte, 6. Aufl., Wiesbaden 2001.

HALEBLIAN, J./DEVERS, C. E./MCNAMARA, G./CARPENTER, M. A./ DAVISON, R. B. (2009): Taking Stock of What We Know About Mergers and Acquisitions – A Review and Research Agenda, in: Journal of Management, 35. Jg., Heft 3, S. 469-502.

HALPERN, P. (1983): Corporate Acquisitions: A Theory of Special Cases? – A Review of Event Studies Applied to Acquisitions, in: Journal of Finance, 38. Jg., Heft 2, S. 297-317.

HAMEL, G./PRAHALAD, C. K. (1994): Competing for the Future, Boston 1994.

HANSMANN, K.-W./KEHL, M. (2000): Studie zum Shareholder Value in deutschen Unternehmen, Report, Universität Hamburg, Institut für Industriebetriebslehre und Organisation, Hamburg 2000.

HASE, S. (2002): Integration akquirierter Unternehmen – Planung, Konzeption, Bewertung und Kontrolle, 2. Aufl., Sternenfels 2002.

HASPESLAGH, P. C./JEMISON, D. B. (1987): Acquisitions – Myths and Reality, in: Sloan Management Review, 28. Jg., Heft 2, S. 53-58.

HASPESLAGH, P. C./JEMISON, D. B. (1991): Managing Acquisitions – Creating Value Through Corporate Renewal, New York 1991.

HASSELBERG, F. (1989): Strategische Kontrolle im Rahmen strategischer Unternehmensführung, Frankfurt am Main u. a. 1989.

HAUSCHILDT, J. (1980): Zielsysteme, in: GROCHLA, E. (Hrsg.) (1980): Handbuch der Organisation, 2. Aufl., Stuttgart 1980, Sp. 2419-2430.

HAWRANEK, F. (2004): Schnittstellenmanagement bei M&A-Transaktionen, Wiesbaden 2004.

HAX, K. (1966): Planung als Kontrollinstrument in Unternehmungswirtschaft und Gesamtwirtschaft, in: ENGELEITER, H.-J. (Hrsg.) (1966): Gegenwartsfragen der Unternehmensführung, Festschrift zum 65. Geburtstag von Wilhelm Hasenack, Herne/Berlin 1966, S. 187-206.

HEBERTINGER, M. (2002a): Substanzwert, in: BALLWIESER, W./COENENBERG, A. G./WYSOCKI, K. v. (Hrsg.) (2002): Handwörterbuch der Rechnungslegung und Prüfung, 3. Aufl., Stuttgart 2002, Sp. 2330-2336.

HEBERTINGER, M. (2002b): Wertsteigerungsmaße – Eine kritische Analyse, Frankfurt am Main u. a. 2002.

HEDLEY, B. (1977): Strategy and the "Business Portfolio", in: Long Range Planning, 10. Jg., Heft 1, S. 9-15.

HEINEMANN, B./GRÖNIGER, B. (2005): Shareholder Value – Warum es auf den Unternehmenswert ankommt, in: HUNGENBERG, H./MEFFERT, J. (Hrsg.) (2005): Handbuch Strategisches Management, 2. Aufl., Wiesbaden 2005, S. 231-253.

HEINEN, E. (1966): Das Zielsystem der Unternehmung – Grundlagen betriebswirtschaftlicher Entscheidungen, Wiesbaden 1966.

HEINZE, T./THIEMANN, F. (1982): Kommunikative Validierung und das Problem der Geltungsbegründung, in: Zeitschrift für Pädagogik, 27. Jg., Heft 4, S. 635-642.

HELFFERICH, C. (2005): Die Qualität qualitativer Daten – Manual für die Durchführung qualitativer Interviews, 2. Aufl., Wiesbaden 2005.

HENSELMANN, K. (2000): Der Restwert in der Unternehmensbewertung - eine "Kleinigkeit"? , in: Finanz Betrieb, 2. Jg., Heft 3, S. 151-157.

HENSELMANN, K. (2002): Organisation des Controlling, in: KÜPPER, H.-U./ WAGENHOFER, A. (Hrsg.) (2002): Handwörterbuch Unternehmensrechnung und Controlling, 4. Aufl., Stuttgart 2002, Sp. 1357-1365.

HERING, T. (2008): Investitionstheorie, 3. Aufl., München 2008.

HERTER, R. N. (2003): Post Merger Integration Controlling, in: Controlling – Zeitschrift für erfolgsorientierte Unternehmenssteuerung, 15. Jg., Heft 9, S. 451-457.

HERTER, R. N. (2004): Unternehmenswertsteigerung durch M&A?, in: HORVÁTH, P. (Hrsg.) (2004): Werte schaffen, Werte managen – Erfolgreiche Konzepte wertorientierter Unternehmenssteuerung, Bonn 2004, S. 91-110.

HERZOG, P. W. (1983): Die Beteiligungspolitik als Bestandteil einer entscheidungsorientierten Konzernpolitik, Frankfurt am Main 1983.

HESSELMANN, C./KUNATH, O. (2009): M&A-Controlling bei der Verlagsgruppe Georg von Holtzbrinck, in: HACHMEISTER, D. (Hrsg.) (2009): M&A-Aktivitäten und Controlling, Zeitschrift für Controlling & Management (ZfCM) Sonderheft 1/2009, 53. Jg., Wiesbaden 2009, S. 5-16.

HILL, W. (1996): Der Shareholder Value und die Stakeholder, in: Die Unternehmung, 50. Jg., Heft 6, S. 411-420.

HINTERHUBER, H. H./FRIEDRICH, S. A. (1999): Markt- und ressourcenorientierte Sichtweise zur Steigerung des Unternehmenswerts, in: HAHN, D./TAYLOR, B. (Hrsg.) (1999): Strategische Unternehmensplanung, Strategische Unternehmensführung – Stand und Entwicklungstendenzen, 8. Aufl., Heidelberg 1999, S. 988-1016.

HINTERHUBER, H. H./FRIEDRICH, S. A./HANDLBAUER, G./STUHEC, U. (1998): The Company as a Cognitive System of Core Competences and Strategic Business Units, in: HUSSEY, D. (Hrsg.) (1998): The Strategic Decision Challenge, Chichester 1998, S. 145-167.

HITT, M. A./HARRISON, J. S./IRELAND, R. D. (2001): Mergers and Acquisitions – A Guide to Creating Value for Stakeholders, New York 2001.

HOFER, C. W./SCHENDEL, D. (1978): Strategy Formulation – Analytical Concepts, St. Paul 1978.

HOFFJAN, A./ELTZE, C. (1998): Beteiligungscontrolling im merger & acquisition-Prozeß, in: Zeitschrift für Planung, 9. Jg., Heft 2, S. 145-160.

HOFFMANN, W. H./FRIEDINGER, A. (1998): Integrationsmanagement im Zuge von Akquisitionen – Ziele, Strategien und Controllingaufgaben, in: Controlling – Zeitschrift für erfolgsorientierte Unternehmenssteuerung, 10. Jg., Heft 1, S. 20-28.

HOFMANN, C. (2002): Anreizsysteme, in: KÜPPER, H.-U./WAGENHOFER, A. (Hrsg.) (2002): Handwörterbuch Unternehmensrechnung und Controlling, 4. Aufl., Stuttgart 2002, Sp. 69-79.

HOFMANN, E. (2005): Realisierung von Synergien und Vermeidung von Dyssynergien – Eine zentrale Herausforderung für das Pre und Post Merger Controlling, in: Controlling – Zeitschrift für erfolgsorientierte Unternehmenssteuerung, 17. Jg., Heft 8/9, S. 483-489.

HOLDERNESS, C. G./SHEEHAN, D. P. (1985): Raiders or Saviors? – The Evidence on Six Controversial Investors, in: Journal of Financial Economics, 14. Jg., Heft 4, S. 555-579.

HOLST, J./HOLTKAMP, W. (2000): Risikoquantifizierung und Frühwarnsystem auf Basis der Value at Risk-Konzeption, in: Betriebs-Berater (BB), 55. Jg., Heft 16, S. 815-820.

HORNUNG, F. A. (1998): Integrationsmanagement – Die Integration von Banken im M&A-Prozeß unter besonderer Berücksichtigung der Behandlung von Dissynergien, Bern u. a. 1998.

HORVÁTH, P. (1995): Controlling und Führung, in: KIESER, A./REBER, G./ WUNDERER, R. (Hrsg.) (1995): Handwörterbuch der Führung, 2. Aufl., Stuttgart 1995, Sp. 211-226.

HORVÁTH, P. (1997): Internationales Beteiligungscontrolling – Das Controllingthema für die kommenden Jahre, in: Controller Magazin, 22. Jg., Heft 2, S. 81-88.

HORVÁTH, P. (2007): Ansätze der Organisationstheorien und ihr Beitrag zur Gestaltung der Controlling-Organisation, in: GLEICH, R./MICHEL, U. (Hrsg.) (2007): Organisation des Controlling – Grundlagen, Praxisbeispiele und Perspektiven, Freiburg u. a. 2007, S. 55-72.

HORVÁTH, P. (2009): Controlling, 11. Aufl., München 2009.

HORZELLA, A. (2010): Wertsteigerung im M&A-Prozess – Erfolgsfaktoren, Instrumente, Kennzahlen, Wiesbaden 2010.

HOSTETTLER, S. (1997): Das Konzept des Economic Value Added (EVA) – Massstab für finanzielle Performance und Bewertungsinstrument im Zeichen des Shareholder Value – Darstellung und Anwendung auf Schweizer Aktiengesellschaften, Bern u. a. 1997.

HOSTETTLER, S./STERN, H. J. (2007): Das Value Cockpit – Sieben Schritte zur wertorientierten Führung für Entscheidungsträger, 2. Aufl., Weinheim 2007.

HUEMER, F. (1991): Mergers & Acquisitions – Strategische und finanzielle Analyse von Unternehmensübernahmen, Frankfurt am Main u. a. 1991.

HUNGENBERG, H. (2011): Strategisches Management in Unternehmen – Ziele, Prozesse, Verfahren, 6. Aufl., Wiesbaden 2011.

HUNGENBERG, H./WULF, T. (2011): Grundlagen der Unternehmensführung, 4. Aufl., Berlin u. a. 2011.

IVANCEVICH, J. M./SCHWEIGER, D. M./POWER, F. R. (1987): Strategies for Managing Human Resources During Mergers and Acquisitions, in: Human Resource Planning, 10. Jg., Heft 1, S. 19-35.

JAKOBY, S. (2000): Erfolgsfaktoren von Management Buyouts in Deutschland, Lohmar/Köln 2000.

JANISCH, M. (1993): Das strategische Anspruchsgruppenmanagement – Vom Shareholder Value zum Stakeholder Value, Bern u. a. 1993.

JANSEN, S. A. (2001a): Mergers & Acquisitions, 4. Aufl., Wiesbaden 2001.

JANSEN, S. A. (2001b): Pre- und Post Merger-Integration bei grenzüberschreitenden Zusammenschlüssen – Trends, Tools, Thesen und empirische Tests von Old und New Economy Deals, in: JANSEN, S. A./PICOT, G./SCHIERECK, D. (Hrsg.) (2001): Internationales Fusionsmanagement, Stuttgart 2001, S. 3-33.

JANSEN, S. A. (2002): Post Merger Audit: Übernehmenstraining – Kontrolle von Unternehmenszusammenschlüssen, in: M&A Review, o. Jg., Heft 5, S. 265-271.

JANSEN, S. A. (2004): Management von Unternehmenszusammenschlüssen – Theorien, Thesen, Test und Tools, Stuttgart 2004.

JANSEN, S. A. (2008): Mergers & Acquisitions – Unternehmensakquisitionen und -kooperationen – Eine strategische, organisatorische und kapitalmarkttheoretische Einführung, 5. Aufl., Wiesbaden 2008.

JANSEN, S. A./BRUGGER, C. (2008): Trends, Tools, Thesen und empirische Tests zum Integrationsmanagement bei Unternehmenszusammenschlüssen, in: PICOT, G. (Hrsg.) (2008): Handbuch Mergers & Acquisitions – Planung, Durchführung, Integration, 4. Aufl., Stuttgart 2008, S. 565-598.

JARRELL, G. A./BRICKLEY, J. A./NETTER, J. M. (1988): The Market for Corporate Control – The Empirical Evidence Since 1980, in: Journal of Economic Perspectives, 2. Jg., Heft 1, S. 49-68.

JAUCH, L. R./GLUECK, W. F. (1988): Business Policy and Strategic Management, 5. Aufl., New York 1988.

JEMISON, D. B./SITKIN, S. B. (1986): Corporate Acquisitions – A Process Perspective, in: Academy of Management Review, 11. Jg., Heft 1, S. 145-163.

JENSEN, M. C. (1984): Takeovers – Folklore and Science, in: Harvard Business Review (HBR), 62. Jg., Heft 6, S. 109-121.

JENSEN, M. C. (1986): Agency Costs of Free Cash Flow, Corporate Finance, and Takeovers, in: American Economic Review, 76. Jg., Heft 2, S. 323-329.

JENSEN, M. C. (1989): Active Investors, LBOs, and the Privatization of Bankruptcy, in: Journal of Applied Corporate Finance, 2. Jg., Heft 1, S. 35-44.

JENSEN, M. C. (2001): Value Maximisation, Stakeholder Theory, and the Corporate Objective Function, in: European Financial Management, 7. Jg., Heft 3, S. 297-317.

JENSEN, M. C./MECKLING, W. H. (1976): Theory of the Firm – Managerial Behavior, Agency Costs and Ownership Structure, in: Journal of Financial Economics, 3. Jg., Heft 4, S. 305-360.

JENSEN, M. C./RUBACK, R. S. (1983): The Market for Corporate Control – The Scientific Evidence, in: Journal of Financial Economics, 11. Jg., Heft 1-4, S. 5-50.

JICK, T. D. (1979): Process and Impacts of a Merger – Individual and Organizational Perspectives, Diss., Cornell University, ILR School, Ithaca 1979.

JOHNSON, G./SCHOLES, K./WHITTINGTON, R. (2008): Exploring Corporate Strategy, 8. Aufl., Harlow 2008.

JONAS, M. (2009): Unternehmensbewertung in der Krise, in: Finanz Betrieb, 11. Jg., Heft 10, S. 541-546.

JUNG, H. (1993): Erfolgsfaktoren von Unternehmensakquisitionen, Stuttgart 1993.

KAHN, H./WIENER, A. J. (1968): Ihr werdet es erleben – Voraussagen der Wissenschaft bis zum Jahre 2000, Wien u. a. 1968.

KAJÜTER, P. (2007): Wertorientierte Performancemessung, in: BUSSE VON COLBE, W./COENENBERG, A. G./KAJÜTER, P./LINNHOFF, U. (Hrsg.) (2007): Betriebswirtschaft für Führungskräfte – Eine Einführung in wirtschaftliches Denken und Handeln für Ingenieure, Naturwissenschaftler, Juristen und Geisteswissenschaftler, Stuttgart 2007, S. 437-456.

KAPLAN, R. S./NORTON, D. P. (1996): The Balanced Scorecard – Translating Strategy into Action, Boston (Massachusetts) 1996.

KAPLAN, S. N./WEISBACH, M. S. (1992): The Success of Acquisitions – Evidence from Divestitures, in: Journal of Finance, 47. Jg., Heft 1, S. 107-138.

KASSNER, K./WASSERMANN, P. (2005): Nicht überall, wo Methode draufsteht, ist auch Methode drin – Zur Problematik der Fundierung von ExpertInneninterviews, in: BOGNER, A./LITTIG, B./MENZ, W. (Hrsg.) (2005): Das Experteninterview – Theorie, Methode, Anwendung, 2. Aufl., Wiesbaden 2005, S. 95-111.

KAY, I. T./SHELTON, M. (2000): The People Problem in Mergers, in: McKinsey Quarterly, o. Jg., Heft 4, S. 27-37.

KEITZ, I. v. (2007): Der Akquisitionsprozess – Unternehmenskauf aus prozessualer Sicht, in: BALZ, U./ARLINGHAUS, O. (Hrsg.) (2007): Praxisbuch Mergers & Acquisitions, 2. Aufl., Landsberg am Lech 2007, S. 41-61.

KERLER, P. (1999): Mergers & Acquisitions und Shareholder Value, Bern u. a. 1999.

KERN, B./KERN, H./SCHUMANN, M. (1988): Industriesoziologie als Katharsis, in: Soziale Welt, 39. Jg., Heft 1, S. 86-96.

KESTEN, R. (2005): ERIC versus EVA – Zwei wertorientierte Controllingkennzahlen im kritischen Vergleich, Arbeitspapier der Nordakademie Nr. 2005-02, Nordakademie Hochschule der Wirtschaft, Elmshorn 2005, abrufbar unter: http://www.nordakademie.de/index.php?id=ap.

KIESER, A. (2006): Der Situative Ansatz, in: KIESER, A./EBERS, M. (Hrsg.) (2006): Organisationstheorien, 6. Aufl., Stuttgart 2006, S. 215-245.

KING, D. R./DALTON, D. R./DAILY, C. M./COVIN, J. G. (2004): Meta-Analyses of Post-acquisition Performance – Indications of Unidentified Moderators, in: Strategic Management Journal, 25. Jg., Heft 2, S. 187-200.

KIRCHNER, M. (1991): Strategisches Akquisitionsmanagement im Konzern, Wiesbaden 1991.

KIRSCH, W. (1990): Unternehmenspolitik und strategische Unternehmensführung, München 1990.

KITCHING, J. (1967): Why Do Mergers Miscarry? – Useful Lessons Can Be Learned from the "Track Record" of Companies with Acquisition Programs, in: Harvard Business Review (HBR), 45. Jg., Heft 6, S. 84-101.

KIYMAZ, H./BAKER, H. K. (2008): Short-term Performance, Industry Effects, and Motives – Evidence from Large M&As, in: Quarterly Journal of Finance & Accounting, 47. Jg., Heft 2, S. 17-44.

KLEIN, C. (2009): Akquisitionen und der Winner's Curse – Warum der Sieger oft der Verlierer ist, in: HACHMEISTER, D. (Hrsg.) (2009): M&A-Aktivitäten und Controlling, Zeitschrift für Controlling & Management (ZfCM) Sonderheft 1/2009, 53. Jg., Wiesbaden 2009, S. 88-92.

KLEIN, K.-G./JONAS, M. (2008): Due Diligence und Unternehmensbewertung, in: BERENS, W./BRAUNER, H. U./STRAUCH, J. (Hrsg.) (2008): Due Diligence bei Unternehmensakquisitionen, 5. Aufl., Stuttgart 2008, S. 163-184.

KLEINSCHNITTGER, U. (1993): Beteiligungs-Controlling, München 1993.

KLESSE, H.-J. (2009): Russisches Roulette, in: Wirtschaftswoche, o. Jg., Heft 26, S. 58-61.

KLOOCK, J. (1981): Mehrperiodige Investitionsrechnungen auf der Basis kalkulatorischer und handelsrechtlicher Erfolgsrechnungen, in: Zeitschrift für betriebswirtschaftliche Forschung (ZfbF), 33. Jg., Heft 10, S. 873-890.

KNAPP, A./LEDERER, I. (2008): Instrumente des Controlling bei der Steuerung von Projektportfolios, in: STEINLE, C./EßELING, V./EICHENBERG, T. (Hrsg.) (2008): Handbuch Multiprojektmanagement und -controlling – Projekte erfolgreich strukturieren und steuern, Berlin 2008, S. 241-254.

KÖHLER, P. (2009): Fusionsgeschäft springt an, in: Handelsblatt v. 16.07.2009, S. 22.

KOLLER, T./GOEDHART, M./WESSELS, D. (2005): Valuation – Measuring and Managing the Value of Companies, Hoboken (New Jersey) 2005.

KOSIOL, E. (1978): Die Unternehmung als wirtschaftliches Aktionszentrum – Einführung in die Betriebswirtschaftslehre, 11. Aufl., Reinbek bei Hamburg 1978.

KOSSBIEL, H. (1994): Überlegungen zur Effizienz betrieblicher Anreizsysteme, in: Die Betriebswirtschaft (DBW), 54. Jg., Heft 1, S. 75-93.

KPMG (HRSG.) (1999): Unlocking Shareholder Value – The Keys to Success, Mergers & Acquisitions, Report, KPMG, o. O. 1999.

KREIKEBAUM, H. (1997): Strategische Unternehmensplanung, 6. Aufl., Stuttgart u. a. 1997.

KREILKAMP, E. (1987): Strategisches Management und Marketing – Markt- und Wettbewerbsanalyse, strategische Frühaufklärung, Portfolio-Management, Berlin/New York 1987.

KROGH, G. V. (1994): Implementing Strategy in a Newly Acquired Firm, in: KROGH, G. V./SINATRA, A./SINGH, H. (Hrsg.) (1994): The Management of Corporate Acquisitions – International Perspectives, Basingstoke/London 1994, S. 307-336.

KRUG, J. A./HEGARTY, W. H. (2001): Predicting Who Stays and Leaves after an Acquisition – A Study of Top Managers in Multinational Firms, in: Strategic Management Journal, 22. Jg., Heft 2, S. 185-196.

KRÜGER, A. (2002): Projektcontrolling, in: KÜPPER, H.-U./WAGENHOFER, A. (Hrsg.) (2002): Handwörterbuch Unternehmensrechnung und Controlling, 4. Aufl., Stuttgart 2002, Sp. 1582-1590.

KRÜGER, W. (1979): Controlling – Gegenstandsbereich, Wirkungsweise und Funktionen im Rahmen der Unternehmungspolitik, in: Betriebswirtschaftliche Forschung und Praxis (BFuP), 31. Jg., Heft 2, S. 158-169.

KRÜGER, W./HOMP, C. (1997): Kernkompetenz-Management – Steigerung von Flexibilität und Schlagkraft im Wettbewerb, Wiesbaden 1997.

KRYSTEK, U. (1995): Entwicklungsrichtungen eines zukunftsorientierten Controllings – Auf dem Weg zum Selbst-Controlling?, in: Gabler's Magazin, 9. Jg., Heft 9, S. 26-30.

KÜBLER, R. (1996): Management strategisch motivierter Akquisitionsprojekte – Ein prozessorientierter Ansatz zur Durchführung von Unternehmenskäufen, Bergisch Gladbach/Köln 1996.

KUMMER, C. (2008): Motivation and Retention of Key People in Mergers and Acquisitions, in: Strategic HR Review, 7. Jg., Heft 6, S. 5-10.

KÜMPEL, T./FISCHEDICK, N. (2004): Erfolgsfaktoren eines Integrationskonzeptes im Rahmen internationaler Mergers & Acquisitions (Teil 1), in: Controller Magazin (CM), 29. Jg., Heft 1, S. 47-56.

KUMPFMÜLLER, H.-G./STOER, E. (2006): Erfahrungen in Akquisition und Integration von unterschiedlichen Firmen und Zusammenführung zu einem führenden Anbieter der Prozessinstrumentierung, in: SEIDENSCHWARZ, W. (Hrsg.) (2006): Prozessorientiertes M&A-Management, München 2006, S. 103-124.

KUNZ, H./TEUSCHER, T. (2007): Kennzahlen zur Wertorientierten Unternehmensführung - Ein kritischer Vergleich, Studien zum Finanz-, Bank- und Versicherungsmanagement, Band 12, Technische Universität Kaiserslautern, Lehrstuhl für Finanzdienstleistungen und Finanzmanagement, Kaiserslautern 2007, abrufbar unter: http://lff.wiwi.uni-kl.de/fileadmin/Publikationen/Studien/LFF_Studien_Band_12_Vergleichende_Darstellung_von_Kennzahlen_zur_wertorientierten_Unternehmensfuehrung.pdf.

KÜPPER, H.-U. (1988): Koordination und Interdependenz als Bausteine einer konzeptionellen und theoretischen Fundierung des Controlling, in: LÜCKE, W. (Hrsg.) (1988): Betriebswirtschaftliche Steuerungs- und Kontrollprobleme – Wissenschaftliche Tagung des Verbandes der Hochschullehrer für Betriebswirtschaft e.V. an der Universität Göttingen 1987, Wiesbaden 1988, S. 163-183.

KÜPPER, H.-U. (2007): Betriebswirtschaftslehre als Wertschöpfungstheorie – Perspektiven für die Entwicklung einer mehrdimensionalen Theorie der Unternehmung, in: GERUM, E./SCHREYÖGG, G. (Hrsg.) (2007): Zukunft der Betriebswirtschaftslehre, Zeitschrift für betriebswirtschaftliche Forschung (ZfbF) Sonderheft 56/07, 59. Jg., Düsseldorf 2007, S. 1-26.

KÜPPER, H.-U. (2008): Controlling – Konzeption, Aufgaben, Instrumente, 5. Aufl., Stuttgart 2008.

KÜPPER, H.-U./WEBER, J./ZÜND, A. (1990): Zum Verständnis und Selbstverständnis des Controlling, in: Zeitschrift für Betriebswirtschaft (ZfB), 60. Jg., Heft 3, S. 281-293.

KÜPPER, W./LÜDER, K./STREITFERDT, L. (1975): Netzplantechnik, Würzburg/Wien 1975.

KUPSCH, P. (1979): Unternehmungsziele, Stuttgart/New York 1979.

KÜRSTEN, W. (2003): Synergetische Merger, Co-Insurance und Shareholder Value – Oder: Wer profitiert von „wertschaffenden" Fusionen in: Die Betriebswirtschaft (DBW), 63. Jg., Heft 3, S. 239-256.

KÜRSTEN, W./MECKL, R./KROSTEWITZ, A. (2007): Value-Based M&A-Management – Der M&A-Prozess im Lichte des Shareholder Value-Prinzips, in: Die Unternehmung, 61. Jg., Heft 2, S. 157-178.

KUSTER, J./HUBER, E./LIPPMANN, R./SCHMID, A./SCHNEIDER, E./WITSCHI, U./WÜST, R. (2006): Handbuch Projektmanagement, Berlin/Heidelberg 2006.

KÜTING, K. (1981): Zur Bedeutung und Analyse von Verbundeffekten im Rahmen der Unternehmensbewertung, in: Betriebswirtschaftliche Forschung und Praxis (BFuP), 33. Jg., Heft 2, S. 175-189.

KÜTING, K./SEEL, C. (2010): Neukonzeption des Mutter-Tochter-Verhältnisses nach HGB – Auswirkungen des BilMoG auf die handelsrechtliche Bilanzierung, in: Betriebs-Berater (BB), 65. Jg., Heft 24, S. 1459-1464.

KÜTING, K./WEBER, C.-P. (2010): Der Konzernabschluss – Praxis der Konzernrechnungslegung nach HGB und IFRS, 12. Aufl., Stuttgart 2010.

LAMNEK, S. (2010): Qualitative Sozialforschung – Lehrbuch, 5. Aufl., Weinheim/Basel 2010.

LANDGRAF, R./CÜNNEN, A. (2010): Müdes Geschäft mit M&A, in: Handelsblatt v. 25.06.2010, S. 30.

LANE, P. J./CANNELLA, A. A./LUBATKIN, M. H. (1998): Agency Problems as Antecedents to Unrelated Mergers and Diversification – Amihud and Lev Reconsidered, in: Strategic Management Journal, 19. Jg., Heft 6, S. 555-578.

LANG, L. H. P./STULZ, R. M. (1994): Tobin's q, Corporate Diversification, and Firm Performance, in: Journal of Political Economy, 102. Jg., Heft 6, S. 1248-1280.

LANGE, D. (2008): Mitwirkung und Funktionen des Controlling bei der Konzeption des Projektportfolios, in: STEINLE, C./EßELING, V./EICHENBERG, T. (Hrsg.) (2008): Handbuch Multiprojektmanagement und -controlling – Projekte erfolgreich strukturieren und steuern, Berlin 2008, S. 79-91.

LANGENSTEIN, K. (2007): Post Merger Integration Management, Lohmar/Köln 2007.

LANGGUTH, H. (1994): Strategisches Controlling, Ludwigsburg/Berlin 1994.

LATTWEIN, J. (2002): Wertorientierte strategische Steuerung – Ganzheitlich-integrativer Ansatz zur Implementierung, Wiesbaden 2002.

LAUX, H. (2006): Unternehmensrechnung, Anreiz und Kontrolle – Die Messung, Zurechnung und Steuerung des Erfolges als Grundprobleme der Betriebswirtschaftslehre, 3. Aufl., Berlin u. a. 2006.

LAUX, H./LIERMANN, F. (2005): Grundlagen der Organisation – Die Steuerung von Entscheidungen als Grundproblem der Betriebswirtschaftslehre, 6. Aufl., Berlin u. a. 2005.

LAWRENCE, P. R./LORSCH, J. W. (1969): Developing Organizations – Diagnosis and Action, Reading (Massachusetts) 1969.

LECHLER, T. (1997): Erfolgsfaktoren des Projektmanagements, Frankfurt am Main u. a. 1997.

LECHNER, H./MEYER, A. (2003): Quantifizierung von Synergiepotenzialen bei Unternehmenszusammenschlüssen, in: M&A Review, o. Jg., Heft 8, S. 367-372.

LEUNIG, M. (1970): Die Bilanzierungen von Beteiligungen – Eine bilanztheoretische Untersuchung, Düsseldorf 1970.

LEWIS, T. G. (1995): Steigerung des Unternehmenswertes – Total Value Management, 2. Aufl., Landsberg am Lech 1995.

LEWIS, T. G./LEHMANN, S. (1992): Überlegene Investitionsentscheidungen durch CFROI, in: Betriebswirtschaftliche Forschung und Praxis (BFuP), 44. Jg., Heft 1, S. 1-13.

LIEBETRUTH, T./OTTO, A. (2006): Ein formales Modell zur Auswahl von Kennzahlen, in: Controlling – Zeitschrift für erfolgsorientierte Unternehmenssteuerung, 18. Jg., Heft 1, S. 13-23.

LIEKEFETT, K. H. (2005): Due Diligence bei M&A-Transaktionen – Voraussetzungen und Grenzen bei Börsengängen, Fusionen, Übernahmen, Beteiligungskäufen, Private Equity und Joint Ventures, Berlin 2005.

LINDQVIST, T./STENNEK, J. (2005): The Insiders' Dilemma – An Experiment on Merger Formation, in: Experimental Economics, 8. Jg., Heft 3, S. 267-284.

LINDSTÄDT, H. (2006): Ziele, Motive und Kriterien für Unternehmenszusammenschlüsse, in: WIRTZ, B. W. (Hrsg.) (2006): Handbuch Mergers & Acquisitions Management, Wiesbaden 2006, S. 57-78.

LITTKEMANN, J. (2004): Beteiligungsspezifisches Konzerncontrolling – Ergebnisse einer empirischen Untersuchung, in: Zeitschrift für Controlling & Management (ZfCM), 48. Jg., Heft 1, S. 33-46.

LITTKEMANN, J./MICHALIK, C. (2004): Instrumente des operativen Beteiligungscontrollings, in: LITTKEMANN, J./ZÜNDORF, H. (Hrsg.) (2004): Beteiligungscontrolling – Ein Handbuch für die Unternehmens- und Beratungspraxis, Herne/Berlin 2004, S. 145-167.

LÖHNERT, P. (1996): Shareholder Value – Reflexion der Adaptionsmöglichkeiten in Deutschland – Eine Untersuchung unter Berücksichtigung strategischer Implikationen, München 1996.

LÖHNERT, P. G./BÖCKMANN, U. J. (2009): Multiplikatorverfahren in der Unternehmensbewertung, in: PEEMÖLLER, V. H. (Hrsg.) (2009): Praxishandbuch der Unternehmensbewertung, 4. Aufl., Herne 2009, S. 567-589.

LOOSLEY, C. (2007): The Importance of Measurements, updated 07.05.2007, in: http://www.webperformancematters.com/journal/2007/5/7/the-importance-of-measurements.html, verfügbar, Stand 01.08.2010.

LORENZ, J.-T. (2006): European Banking M&A – Die Kapitalmarktperspektive – Definition und Abgrenzung, Wiesbaden 2006.

LORENZ, M. (2009): Unternehmensbewertungsverfahren – Theoretische Verbesserungen, empirische Evidenz und Strategieimplikationen, Wiesbaden 2009.

LUBATKIN, M. H./CHATTERJEE, S. (1991): The Strategy-Shareholder Value Relationship – Testing Temporal Stability Across Market Cycles, in: Strategic Management Journal, 12. Jg., Heft 4, S. 251-270.

LUBATKIN, M. H./LANE, P. J. (1996): Psst... The Merger Mavens Still Have It Wrong!, in: Academy of Management Executive, 10. Jg., Heft 1, S. 21-39.

LÜCKE, W. (1955): Investitionsrechnung auf der Basis von Ausgaben oder Kosten?, in: Zeitschrift für handelswissenschaftliche Forschung (ZfhF), 7. Jg., o. Heft, S. 310-324.

LUCKS, K. (2003): Project Management for Mergers & Acquisitions, Heft Nr. 1 aus der Reihe „Arbeitsberichte - Working Papers“, Fachhochschule Ingolstadt, Ingolstadt 2003, abrufbar unter: http://www.fh-ingolstadt.de/ABWP_01.PDF.

LUCKS, K. (2007): Management komplexer M&A-Projekte – Ein Zwischenbericht aus industrieller Anwendungsentwicklung, in: MENZ, M./EBERSBACH, L./ MENGES, J. (Hrsg.) (2007): Mergers & Acquisitions – Von der Strategie zur Integration, Tagungsband zum 5. DocNet Management Symposium, Bern u. a. 2007, S. 41-60.

LUCKS, K./MECKL, R. (2002): Internationale Mergers & Acquisitions – Der prozessorientierte Ansatz, Berlin u. a. 2002.

LÜDENBACH, N./FREIBERG, J. (2009): Mutter-Tochter-Verhältnisse durch beherrschenden Einfluss nach dem BilMoG, in: Betriebs-Berater (BB), 64. Jg., Heft 23, S. 1230-1234.

MACHARZINA, K./WOLF, J. (2008): Unternehmensführung – Das internationale Managementwissen – Konzepte, Methoden, Praxis, 6. Aufl., Wiesbaden 2008.

MACHARZINA, K./WOLF, J. (2010): Unternehmensführung – Das internationale Managementwissen – Konzepte, Methoden, Praxis, 7. Aufl., Wiesbaden 2010.

MADAUSS, B. J. (2000): Handbuch Projektmanagement – Mit Handlungsanleitungen für Industriebetriebe, Unternehmensberater und Behörden, 6. Aufl., Stuttgart 2000.

MADRIAN, J./KRÖBER, T. (2005): Akquisitionscontrolling bei der RWE AG, in: SCHÄFFER, U./WEBER, J. (Hrsg.) (2005): Bereichscontrolling – Funktionsspezifische Anwendungsfelder, Methoden und Instrumente, Stuttgart 2005, S. 456-473.

MADRIAN, J./KRÖBER, T./JAIS, S.-D. (2005): Ausgewählte Spannungsfelder des Akquisitionscontrollings – Leitfaden aus der Praxis, in: Zeitschrift für Controlling & Management (ZfCM), 49. Jg., Heft 5, S. 359-365.

MAGENHEIM, E. B./MUELLER, D. C. (1988): Are Acquiring-Firm Shareholders Better Off After an Acquisition?, in: COFFEE, J. C. J./LOWENSTEIN, L./ROSE-ACKERMAN, S. (Hrsg.) (1988): Knights, Raiders, and Targets – The Impact of the Hostile Takeover, New York/Oxford 1988, S. 171-193.

MALATESTA, P. H. (1983): The Wealth Effect of Merger Activity and the Objective Functions of Merging Firms, in: Journal of Financial Economics, 11. Jg., Heft 1-4, S. 155-181.

MANN, R. (1973): Die Praxis des Controlling – Instrumente, Einführung, Konflikte, München 1973.

MARKELEVICH, A. (2003): Examining the Performance of Corporate Acquisitions Based on the Motive for the Acquisition, Working Paper, The City University of New York, Graduate Faculty in Business, Baruch College, New York 2003, abrufbar unter: http://myweb.cwpost.liu.edu/amarkele/papers/Markelevich2003.pdf.

MARKIDES, C. C./BERG, N. A. (1992): Good and Bad Divestment – The Stock Market Verdict, in: Long Range Planning, 25. Jg., Heft 2, S. 10-15.

MARKOWITZ, H. (1952): Portfolio Selection, in: Journal of Finance, 7. Jg., Heft 1, S. 77-91.

MARKS, M. L. (1982): Merging Human Resources – A Review of Current Research, in: Mergers and Acquisitions, 17. Jg., Heft 2, S. 38-44.

MARTENS, B. (2008): Wenn beim Chef angerufen wird – Telefonische Experteninterviews mit ökonomischen Funktionseliten, in: MARTENS, B./RITTER, T. (Hrsg.) (2008): Eliten am Telefon – Neue Formen von Experteninterviews in der Praxis, Baden-Baden 2008, S. 57-74.

MARTENS, B./RITTER, T. (2008): Durchaus Anschluss unter dieser Nummer – Telefonische Befragungen von Eliten und Experten, in: MARTENS, B./ RITTER, T. (Hrsg.) (2008): Eliten am Telefon – Neue Formen von Experteninterviews in der Praxis, Baden-Baden 2008, S. 9-19.

MARTIN, K. J./MCCONNELL, J. J. (1991): Corporate Performance, Corporate Takeovers, and Management Turnover, in: Journal of Finance, 46. Jg., Heft 2, S. 671-687.

MARTYNOVA, M./OOSTING, S./RENNEBOOG, L. (2007): The Long-term Operating Performance in European Mergers and Acquisitions, in: GREGORIOU, G. N./RENNEBOOG, L. (Hrsg.) (2007): International Mergers and Acquisitions Activity Since 1990 – Recent Research and Quantitative Analysis, Amsterdam u. a. 2007, S. 79-116.

MARTYNOVA, M./RENNEBOOG, L. (2005): Takeover Waves – Triggers, Performance and Motives, CentER Discussion Paper No. 2005–107, Tilburg University, Center for Economic Research, Tilburg 2005, abrufbar unter: http://ideas.repec.org/p/dgr/kubcen/2005107.html.

MARTYNOVA, M./RENNEBOOG, L. (2008): A Century of Corporate Takeovers – What Have We Learned and Where Do We Stand?, in: Journal of Banking & Finance, 32. Jg., Heft 10, S. 2148-2177.

MATTHES, J. (2000): Das deutsche Corporate-Governance-System – Wandel von der Stakeholder-Orientierung zum Shareholder-Value-Denken, Köln 2000.

MATZLER, K./RIER, M./HINTERHUBER, H./RENZL, B./STADLER, C. (2005): Methods and Concepts in Management – Significance, Satisfaction and Suggestions for Further Research – Perspectives from Germany, Austria and Switzerland, in: Strategic Change, 14. Jg., Heft 1, S. 1-13.

MAYER, H. O. (2009): Interview und schriftliche Befragung – Entwicklung, Durchführung, Auswertung, 5. Aufl., München/Wien 2009.

MAYRING, P. (2002): Einführung in die qualitative Sozialforschung – Eine Anleitung zu qualitativem Denken, 5. Aufl., Weinheim/Basel 2002.

MCLEISH, D. L. (2005): Monte Carlo Simulation and Finance, Hoboken (New Jersey) 2005.

MECKL, R. (2004): Organising and Leading M&A Projects, in: International Journal of Project Management, 22. Jg., Heft 6, S. 455-462.

MECKL, R. (2006): Organisation und Steuerung des Akquisitionsprozesses, in: WIRTZ, B. W. (Hrsg.) (2006): Handbuch Mergers & Acquisitions Management, Wiesbaden 2006, S. 405-428.

MECKL, R./HAWRANEK, F. (2006): Eine M&A-Balanced-Scorecard als Managementinstrument für M&A-Prozesse, in: BOROWICZ, F./MITTERMAIR, K. (Hrsg.) (2006): Strategisches Management von Mergers & Acquisitions – State of the Art in Deutschland und Österreich, Wiesbaden 2006, S. 89-117.

MECKL, R./HORZELLA, A. (2010a): Wertorientiertes Controlling im M&A-Prozess – Erfolgsfaktoren, Instrumente, Kennzahlen, in: Controlling – Zeitschrift für erfolgsorientierte Unternehmenssteuerung, 22. Jg., Heft 6, S. 314-321.

MECKL, R./HORZELLA, A. (2010b): Wertsteigerung bei Unternehmensakquisitionen durch ein M&A-Controlling-System, in: Die Betriebswirtschaft (DBW), 70. Jg., Heft 5, S. 425-442.

MECKL, R./SODEIK, N./FISCHER, L.-J. (2006): Erfolgsfaktoren für Mergers & Acquisitions – Ergebnisse einer empirischen Studie, in: SEIDENSCHWARZ, W. (Hrsg.) (2006): Prozessorientiertes M&A-Management, München 2006, S. 163-181.

MEIER-SCHERLING, P. (1996): Shareholder Value Analyse vs. Stakeholder Management – Unternehmenspolitische Grundkonzeptionen als Ansätze zur Erweiterung der Theorie der Unternehmung, Diss., Universität Freiburg (Schweiz), Freiburg (Schweiz) 1996.

MEIER, H. (2001): Wertorientiertes Beteiligungs-Controlling – Planung, Realisierung und Kontrolle von Unternehmensakquisitionen, Wiesbaden 2001.

MELWANI, A./REHM, W. (2010): A Singular Moment for Merger Value?, in: McKinsey on Finance, o. Jg., Heft 36, S. 8-9.

MENSCH, G. (1999): Economic Value Added (EVA) – Ein Shareholder-Value-orientiertes Erfolgsmaß, in: Betrieb und Wirtschaft (BuW), 53. Jg., Heft 12, S. 441-447.

MENTE, M. (1995): Zielbildung und -sicherung als Grundlage eines ergebnisorientierten Projektmanagements, in: STEINLE, C./BRUCH, H./LAWA, D. (Hrsg.) (1995): Projektmanagement – Instrument moderner Dienstleistung, Frankfurt am Main 1995, S. 106-127.

MERKENS, H. (2003): Stichproben bei qualitativen Studien, in: FRIEBERTSHÄUSER, B./PRENGEL, A. (Hrsg.) (2003): Handbuch Qualitative Forschungsmethoden in der Erziehungswissenschaft, Weinheim/München 2003, S. 97-106.

METZ, M. (2002): Controlling des Integrationsprozesses bei Mergers & Acquisitions, Wiesbaden 2002.

MEUSER, M./NAGEL, U. (1991): ExpertInnenninterviews - Vielfach erprobt, wenig bedacht – Ein Beitrag zur qualitativen Methodendiskussion, in: GARZ, D./KAIMER, K. (Hrsg.) (1991): Qualitativ-empirische Sozialforschung – Konzepte, Methoden, Analysen, Opladen 1991, S. 441-471.

MEUSER, M./NAGEL, U. (1994): Expertenwissen und Experteninterview, in: HITZLER, R./HONER, A./MAEDER, C. (Hrsg.) (1994): Expertenwissen – Die institutionalisierte Kompetenz zur Konstruktion von Wirklichkeit, Opladen 1994, S. 180-192.

MEUSER, M./NAGEL, U. (2003): Das ExpertInneninterview – Wissenssoziologische Voraussetzungen und methodische Durchführung, Weinheim/München 2003.

MEUSER, M./NAGEL, U. (2009): Experteninterview und der Wandel der Wissensproduktion, in: BOGNER, A./LITTIG, B./MENZ, W. (Hrsg.) (2009): Experteninterviews – Theorien, Methoden, Anwendungsfelder, 3. Aufl., Wiesbaden 2009, S. 35-60.

MEUSER, M./NAGEL, U. (2010): Experteninterview, in: BOHNSACK, R./ MAROTZKI, W./MEUSER, M. (Hrsg.) (2010): Hauptbegriffe Qualitativer Sozialforschung, 3. Aufl., Opladen/Farmington Hills 2010, S. 57-58.

MICHEL, R. M. (1996): Projektcontrolling und Reporting, 2. Aufl., Heidelberg/Zürich 1996.

MICHEL, U. (1997): Strategien zur Wertsteigerung erfolgreich umsetzen – Wie die Balanced Scorecard ein wirkungsvolles Shareholder Value Management unterstützt, in: HORVÁTH, P. (Hrsg.) (1997): Das neue Steuerungssystem des Controllers – Von Balanced Scorecard bis US GAAP, Stuttgart 1997, S. 273-287.

MIDDELMANN, U. (2000): Akquisitionsmanagement – Integration von Rechnungswesen und Controlling, in: PICOT, A./NORDMEYER, A./PRIBILLA, P. (Hrsg.) (2000): Management von Akquisitionen – Akquisitionsplanung und Integrationsmanagement, Kongress-Dokumentation 53. Deutscher Betriebswirtschafter-Tag 1999, Stuttgart 2000, S. 105-120.

MILLS, R./WEINSTEIN, B. (2000): Beyond Shareholder Value – Reconciling the Shareholder and Stakeholder Perspectives, in: Journal of General Management, 25. Jg., Heft 3, S. 80-94.

MITCHELL, R. K./AGLE, B. R./WOOD, D. J. (1997): Toward a Theory of Stakeholder Identification and Salience – Defining the Principle of Who and What Really Counts, in: Academy of Management Review, 22. Jg., Heft 4, S. 853-886.

MÖHRING, W./SCHLÜTZ, D. (2003): Die Befragung in der Medien- und Kommunikationswissenschaft, Wiesbaden 2003.

MOIR, L./KENNERLEY, M./FERGUSON, D. (2007): Measuring the Business Case – Linking Stakeholder and Shareholder Value, in: Corporate Governance – The International Journal of Effective Board Performance, 7. Jg., Heft 4, S. 388-401.

MÖLLER, W.-P. (1983): Der Erfolg von Unternehmenszusammenschlüssen – Eine empirische Untersuchung, München 1983.

MONTGOMERY, C. A./WILSON, V. A. (1986): Mergers That Last – A Predictable Pattern?, in: Strategic Management Journal, 7. Jg., Heft 1, S. 91-96.

MOROSINI, P. (2001): Managing Cross-Cultural M&As – Today's Organizational Imperative Is How to Win in Execution (1. Teil), in: M&A Review, o. Jg., Heft 10, S. 456-462.

MÖRSDORF, M. (1998): Konzeption und Aufgaben des Projektcontrollings, Wiesbaden 1998.

MUELLER, D. C. (1969): A Theory of Conglomerate Mergers, in: Quarterly Journal of Economics, 83. Jg., Heft 4, S. 643-659.

MUELLER, D. C. (1997): Merger Policy in the United States – A Reconsideration, in: Review of Industrial Organization, 12. Jg., Heft 5/6, S. 655-685.

MUKHERJEE, T. K./KIYMAZ, H./BAKER, H. K. (2004): Merger Motives and Target Valuation – A Survey of Evidence from CFOs, in: Journal of Applied Finance, 14. Jg., Heft 2, S. 7-24.

MÜLLER-STEWENS, G./SCHREIBER, K. (1993): Zur organisatorischen Anbindung des Akquisitionsprozesses im Käuferunternehmen, in: Die Unternehmung, 47. Jg., Heft 4, S. 275-292.

MÜLLER-STEWENS, G./SPICKERS, J./DEISS, C. (1999): Mergers & Acquisitions – Markttendenzen und Beraterprofile, Stuttgart 1999.

NABER, G. (1987): Strategische Planung von Unternehmensakquisitionen – Organisatorische Anbindung und Aufgabenverteilung, in: Zeitschrift Führung + Organisation (zfo), 56. Jg., Heft 1, S. 43-46.

NADLER, D. A./LIMPERT, T. M. (1994): Akquisitionsmanagement – Der erfolgreiche Weg von der Entscheidung bis zur Integration, in: NADLER, D. A./ GERSTEIN, M. S./SHAW, R. B. (Hrsg.) (1994): Organisations-Architektur – Optimale Strukturen für Unternehmen im Wandel, Frankfurt am Main/New York 1994, S. 71-88.

NAHAVANDI, A./MALEKZADEH, A. R. (1988): Acculturation in Mergers and Acquisitions, in: Academy of Management Review, 13. Jg., Heft 1, S. 79-90.

NAPIER, N. K. (1989): Mergers and Acquisitions, Human Resource Issues and Outcomes – A Review and Suggested Typology, in: Journal of Management Studies, 26. Jg., Heft 3, S. 271-290.

NEUS, W. (1998): Shareholder-Value aus Sicht der Theorie, Tübinger Diskussionsbeitrag Nr. 142, Eberhard-Karls-Universität Tübingen, Wirtschaftswissenschaftliches Seminar, Tübingen 1998, abrufbar unter: http://www.wiwi.uni-tuebingen.de/cms/fileadmin/Uploads/Lehrstuehle/Bankwirtschaft/Manuskipte/Shareholder-Value.pdf.

NIEMAND, S./RIEDRICH, T./BRETZ, K. G. (2003): Earned Value-Management – Effiziente Steuerung großer Entwicklungsprojekte, in: Zeitschrift für Controlling & Management (ZfCM), 47. Jg., Heft 5, S. 324-330.

NOELLE-NEUMANN, E./PETERSEN, T. (2005): Alle, nicht jeder – Einführung in die Methoden der Demoskopie, 4. Aufl., Berlin u. a. 2005.

NOWAK, K. (2003): Marktwertorientierte Unternehmensbewertung – Discounted Cash Flow, Realoption, Economic Value Added und der Direct Comparison Approach, 2. Aufl., Wiesbaden 2003.

O'HANLON, J./PEASNELL, K. (1998): Wall Street's Contribution to Management Accounting – The Stern Stewart EVA® Financial Management System, in: Management Accounting Research, 9. Jg., Heft 4, S. 421-444.

O'HANLON, J./PEASNELL, K. (2002): Residual Income and Value-Creation – The Missing Link, in: Review of Accounting Studies, 7. Jg., Heft 2, S. 229-245.

O. V. (2009): Bodenbildung bei M&A-Aktivitäten deutet sich an, in: Finanz Betrieb, 11. Jg., Heft 11, S. 603.

OETKEN, P./FRANK, R. (2009): Das Schattendasein der Small Caps, in: die bank – Zeitschrift für Bankpolitik und Praxis, 49. Jg., Heft 7, S. 8-11.

OLIVER WYMAN (HRSG.) (2002): Integriertes M&A-Management – Ein ganzheitlicher Ansatz zum erfolgreichen Management von M&A-Prozessen bei mittelgroßen Transaktionen, Report, Oliver Wyman, o. O. 2002.

OOGHE, H./LAERE, E. V./LANGHE, T. D. (2006): Are Acquisitions Worthwhile? – An Empirical Study of the Post-Acquisition Performance of Privately Held Belgian Companies, in: Small Business Economics, 27. Jg., Heft 2/3, S. 223-243.

OSSADNIK, W. (1995): Die Aufteilung von Synergieeffekten bei Verschmelzungen, in: Zeitschrift für Betriebswirtschaft (ZfB), 65. Jg., Heft 1, S. 69-88.

OSSADNIK, W. (2009): Controlling, 4. Aufl., München 2009.

PACK, H. (2005): Due Diligence, in: PICOT, G. (Hrsg.) (2005): Handbuch Mergers & Acquisitions – Planung, Durchführung, Integration, 3. Aufl., Stuttgart 2005, S. 287-319.

PAPE, U. (2000): Theoretische Grundlagen und praktische Umsetzung wertorientierter Unternehmensführung, in: Betriebs-Berater (BB), 55. Jg., Heft 14, S. 711-717.

PAUSENBERGER, E. (1989): Zur Systematik von Unternehmenszusammenschlüssen, in: Das Wirtschaftsstudium (WISU), 18. Jg., Heft 11, S. 621-626.

PAUSENBERGER, E. (1993): Unternehmenszusammenschlüsse, in: WITTMANN, W./KERN, W./KÖHLER, R./KÜPPER, H.-U./WYSOCKI, K. v. (Hrsg.) (1993): Handwörterbuch der Betriebswirtschaft, Band 3, 5. Aufl., Stuttgart 1993, Sp. 4436-4448.

PAUSENBERGER, E. (1997): Über den Nutzen und Schaden von Unternehmensakquisitionen, in: CLAUSSEN, C. P./HAHN, O./KRAUS, W. (Hrsg.) (1997): Umbruch und Wandel – Herausforderungen zur Jahrhundertwende, Festschrift für Prof. Dr. Carl Zimmerer zum 70. Geburtstag, München/Wien 1997, S. 367-376.

PEEMÖLLER, V. H. (2009): Wert und Werttheorien, in: PEEMÖLLER, V. H. (Hrsg.) (2009): Praxishandbuch der Unternehmensbewertung, 4. Aufl., Herne 2009, S. 1-15.

PEEMÖLLER, V. H./KUNOWSKI, S. (2005): Ertragswertverfahren nach IDW, in: PEEMÖLLER, V. H. (Hrsg.) (2005): Praxishandbuch der Unternehmensbewertung, 3. Aufl., Herne/Berlin 2005, S. 201-263.

PELLENS, B./CRASSELT, N./SELLHORN, T. (2002): Bedeutung der neuen Goodwill-Bilanzierung nach US-GAAP für die wertorientierte Unternehmensführung, in: HORVÁTH, P. (Hrsg.) (2002): Performance Controlling – Strategie, Leistung und Anreizsystem effektiv verbinden, Stuttgart 2002, S. 131-152.

PELLENS, B./FÜLBIER, R. U./GASSEN, J./SELLHORN, T. (2011): Internationale Rechnungslegung – IFRS 1 bis 9, IAS 1 bis 41, IFRIC-Interpretationen, Standardentwürfe – Mit Beispielen, Aufgaben und Fallstudie, 8. Aufl., Stuttgart 2011.

PELLENS, B./TOMASZEWSKI, C./WEBER, N. (2000): Beteiligungscontrolling in Deutschland – Eine empirische Untersuchung der DAX 100 Unternehmen, Arbeitsbericht Nr. 85, Ruhr-Universität Bochum, Institut für Unternehmensführung und Unternehmensforschung, Bochum 2000.

PENMAN, S. H./SOUGIANNIS, T. (1998): A Comparison of Dividend, Cash Flow, and Earnings Approaches to Equity Valuation, in: Contemporary Accounting Research, 15. Jg., Heft 3, S. 343-383.

PENROSE, E. T. (1995): The Theory of the Growth of the Firm, 3. Aufl., Oxford 1995.

PENZEL, H.-G. (2000): Klare Strategie und Zielausrichtung – Erfolgsfaktoren für das Post Merger-Management in Banken, in: Zeitschrift Führung + Organisation (zfo), 69. Jg., Heft 1, S. 25-36.

PERIN, S. (1996): Synergien bei Unternehmensakquisitionen – Empirische Untersuchung von Finanz-, Markt- und Leistungssynergien, Wiesbaden 1996.

PETERSEN, M. C. (1995): Erfolgreiche Unternehmensakquisition durch strategisches Wert-Management – Analyse, Planung und Steuerung von Unternehmenskäufen, Zürich 1995.

PETRI, M. (1992): Strategisches Akquisitionsmanagement – Neuere Perspektiven des strategisch motivierten Unternehmenserwerbs, Diss., Freie Universität Berlin, Fachbereich Wirtschaftswissenschaft, Berlin 1992.

PFADENHAUER, M. (2009): Auf gleicher Augenhöhe – Das Experteninterview – Ein Gespräch zwischen Experte und Quasi-Experte, in: BOGNER, A./LITTIG, B./ MENZ, W. (Hrsg.) (2009): Experteninterviews – Theorien, Methoden, Anwendungsfelder, 3. Aufl., Wiesbaden 2009, S. 99-116.

PFAFF, D./SCHULTZE, W. (2006): Beteiligungscontrolling, in: WAGENHOFER, A. (Hrsg.) (2006): Controlling und IFRS-Rechnungslegung – Konzepte, Schnittstellen, Umsetzung, Berlin 2006, S. 123-142.

PICOT, G. (2004): Teil I. Vertragsrecht, in: PICOT, G. (Hrsg.) (2004): Unternehmenskauf und Restrukturierung – Handbuch zum Wirtschaftsrecht, 3. Aufl., München 2004, S. 1-246.

PICOT, G. (2008): Wirtschaftliche und wirtschaftsrechtliche Parameter bei der Planung der Mergers & Acquisitions, in: PICOT, G. (Hrsg.) (2008): Handbuch Mergers & Acquisitions – Planung, Durchführung, Integration, 4. Aufl., Stuttgart 2008, S. 2-47.

PIETSCH, G./SCHERM, E. (2000): Die Präzisierung des Controlling als Führungs- und Führungsunterstützungsfunktion, in: Die Unternehmung, 54. Jg., Heft 5, S. 395-412.

PIETSCH, G./SCHERM, E. (2001): Neue Controlling-Konzeptionen, in: Das Wirtschaftsstudium (WISU), 30. Jg., Heft 2, S. 206-213.

PINKENBURG, H. F. W. (1980): Projektmanagement als Führungskonzeption in Prozessen tiefgreifenden organisatorischen Wandels – Theoretische Perspektiven und praktische Erfahrungen bei der Reorganisation dargestellt am Beispiel der Einführung von EDV-Systemen, Diss., Ludwig-Maximilians-Universität München, München 1980.

PLATH, H.-E. (1995): Zum „Experteninterview" – Fragen und Anmerkungen zur Diskussion, in: BRINKMANN, C./DEEKE, A./VÖLKEL, B. (Hrsg.) (1995): Experteninterviews in der Arbeitsmarktforschung – Diskussionsbeiträge zu methodischen Fragen und praktischen Erfahrungen, Nürnberg 1995, S. 85-89.

PLATZ, J. (1989): Produkt- und Projektstrukturpläne als Basis der Projektplanung, in: RESCHKE, H./SCHELLE, H./SCHNOPP, R. (Hrsg.) (1989): Handbuch Projektmanagement, Band 1, Köln 1989, S. 229-259.

PODDIG, T./VARMAZ, A. (2005): Fusionen im Bankensektor, in: Das Wirtschaftsstudium (WISU), 34. Jg., Heft 2, S. 207-212.

PORTER, M. E. (1987): From Competitive Advantage to Corporate Strategy, in: Harvard Business Review (HBR), 65. Jg., Heft 3, S. 43-59.

PORTER, M. E. (1999): Wettbewerbsstrategie – Methoden zur Analyse von Branchen und Konkurrenten, 10. Aufl., Frankfurt am Main 1999.

PORTER, M. E. (2000): Wettbewerbsvorteile – Spitzenleistungen erreichen und behaupten, 6. Aufl., Frankfurt am Main/New York 2000.

PORTER, M. E./KRAMER, M. R. (2007): Corporate Social Responsibility – Wohltaten mit System, in: Harvard Business Manager, 85. Jg., Heft 1, S. 16-34.

POST, J. E./PRESTON, L. E./SACHS, S. (2002a): Managing the Extended Enterprise – The New Stakeholder View, in: California Management Review, 45. Jg., Heft 1, S. 6-28.

POST, J. E./PRESTON, L. E./SACHS, S. (2002b): Redefining the Corporation – Stakeholder Management and Organizational Wealth, Stanford (California) 2002.

PREINREICH, G. A. D. (1937): Valuation and Amortization, in: Accounting Review, 12. Jg., Heft 3, S. 209-226.

PREIßLER, P. R. (2007): Controlling – Lehrbuch und Intensivkurs, 13. Aufl., München 2007.

PRIBILLA, P. (2000): Personelle und kulturelle Integration, in: PICOT, G. (Hrsg.) (2000): Handbuch Mergers & Acquisitions – Planung, Durchführung, Integration, 1. Aufl., Stuttgart 2000, S. 377-418.

QUAH, P./YOUNG, S. (2005): Post-Acquisition Management – A Phases Approach for Cross-Border M&As, in: European Management Journal, 23. Jg., Heft 1, S. 65-75.

QUICK, R./KNOCINSKI, M. (2006): Nachhaltigkeitsberichterstattung – Empirische Befunde zur Berichterstattungspraxis von HDAX-Unternehmen, in: Zeitschrift für Betriebswirtschaft (ZfB), 76. Jg., Heft 6, S. 615-650.

RAMASWAMY, K. (1997): The Performance Impact of Strategic Similarity in Horizontal Mergers – Evidence from the U.S. Banking Industry, in: Academy of Management Journal, 40. Jg., Heft 3, S. 697-715.

RAPPAPORT, A. (1986): Creating Shareholder Value – The New Standard for Business Performance, New York u. a. 1986.

RAPPAPORT, A. (1999): Shareholder Value – Ein Handbuch für Manager und Investoren, 2. Aufl., Stuttgart 1999.

RATH, O. (2007): Die Bilanzierung von Unternehmenszusammenschlüssen – Aktuelle und zukünftige Entwicklung, Saarbrücken 2007.

RAVENSCRAFT, D. J./SCHERER, F. M. (1987): Mergers, Sell-Offs, and Economic Efficiency, Washington, D.C. 1987.

REED LAJOUX, A./ELSON, C. M. (2010): The Art of M&A Due Diligence – Navigating Critical Steps and Uncovering Crucial Data, 2. Aufl., New York u. a. 2010.

REED, S. F./REED LAJOUX, A./NESVOLD, H. P. (2007): The Art of M&A – A Merger Acquisition Buyout Guide, 4. Aufl., New York u. a. 2007.

REHM, W./BUCH SIVERTSEN, C. (2010): A Strong Foundation for M&A in 2010, in: McKinsey on Finance, o. Jg., Heft 34, S. 17-22.

REICHMANN, T. (2006): Controlling mit Kennzahlen und Managementberichten – Die systemgestützte Controlling-Konzeption, 7. Aufl., München 2006.

REICHMANN, T. (2011): Controlling mit Kennzahlen und Managementberichten – Die systemgestützte Controlling-Konzeption mit Analyse- und Reportinginstrumenten, 8. Aufl., München 2011.

REIMANN, B. C. (1990): Managing for Value – A Guide to Value-Based Strategic Management, 2. Aufl., Oxford 1990.

REINKE, B. (1996): Synergiemanagement im Handel – Grundzüge einer handelsbetrieblichen Synergiekonzeption unter Berücksichtigung empirischer Untersuchungen im deutschen Konsumgüterhandel, Frankfurt am Main u. a. 1996.

REIßNER, S. (1992): Synergiemanagement und Akquisitionserfolg, Wiesbaden 1992.

RICHTER, F. (1999): Konzeption eines marktwertorientierten Steuerungs- und Monitoringsystems, 2. Aufl., Frankfurt am Main u. a. 1999.

RICHTER, F. (2005a): Mergers & Acquisitions – Investmentanalyse, Finanzierung und Prozessmanagement, München 2005.

RICHTER, F. (2005b): Unternehmensbewertung, in: PICOT, G. (Hrsg.) (2005): Handbuch Mergers & Acquisitions – Planung, Durchführung, Integration, 3. Aufl., Stuttgart 2005, S. 321-351.

RICHTER, H. J. (1987): Theoretische Grundlagen des Controlling – Strukturkriterien für die Entwicklung von Controlling-Konzeptionen, Frankfurt am Main u. a. 1987.

RIEDRICH, T. (2007): Die Bedeutung der Earned Value Methode für die Steuerung von Produktentwicklungsprojekten, Hamburg 2007.

RINZA, P. (1998): Projektmanagement – Planung, Überwachung und Steuerung von technischen und nichttechnischen Vorhaben, 4. Aufl., Berlin/Heidelberg 1998.

ROCKHOLTZ, C. (1999): Marktwertorientiertes Akquisitionsmanagement – Due diligence-Konzeption zur Identifikation, Beurteilung und Realisation akquisitionsbedingter Synergiepotentiale, Frankfurt am Main u. a. 1999.

ROCKHOLTZ, C. (2008): Due Diligence-Konzeption zum synergieorientierten Akquisitionsmanagement, in: BERENS, W./BRAUNER, H. U./STRAUCH, J. (Hrsg.) (2008): Due Diligence bei Unternehmensakquisitionen, 5. Aufl., Stuttgart 2008, S. 185-206.

RODERMANN, M. (1999): Strategisches Synergiemanagement, Wiesbaden 1999.

RÖDL, K. (2006): Auswirkungen von Unternehmenskultur und Unternehmenszielen auf die Gestaltung von Anreizsystemen – Theoretische Grundlagen und empirische Erkenntnisse, Hamburg 2006.

RÖDL, M. (2002): Strategische Unternehmensbewertung im Rahmen des Akquisitionsprozesses, München 2002.

ROLL, R. (1986): The Hubris Hypothesis of Corporate Takeovers, in: Journal of Business, 59. Jg., Heft 2, Teil 1, S. 197-216.

ROLL, R. (1988): Empirical Evidence on Takeover Activity and Shareholder Wealth, in: COFFEE, J. C. J./LOWENSTEIN, L./ROSE-ACKERMAN, S. (Hrsg.) (1988): Knights, Raiders, and Targets – The Impact of the Hostile Takeover, New York/Oxford 1988, S. 241-252.

ROOS, A./STELTER, D. (1999): Die Komponenten eines integrierten Wertmanagementsystems, in: Controlling – Zeitschrift für erfolgsorientierte Unternehmenssteuerung, 11. Jg., Heft 7, S. 301-307.

ROSE, C. (2004): Stakeholder Orientation vs. Shareholder Value – A Matter of Contractual Failures, in: European Journal of Law and Economics, 18. Jg., Heft 1, S. 77-98.

ROSENAU, M. D./GITHENS, G. D. (2005): Successful Project Management – A Step-by-Step Approach with Practical Examples, 4. Aufl., Hoboken (New Jersey) 2005.

RÖTTGER, B. (1994): Das Konzept des Added Value als Maßstab für finanzielle Performance – Darstellung und Anwendung auf deutsche Aktiengesellschaften, Kiel 1994.

ROVIT, S./HARDING, D./LEMIRE, C. (2004): A Simple M&A Model for All Seasons, in: Strategy and Leadership, 32. Jg., Heft 5, S. 18-24.

RUHWEDEL, F./SCHULTZE, W. (2002): Value Reporting – Theoretische Konzeption und Umsetzung bei den DAX 100-Unternehmen, in: Schmalenbachs Zeitschrift für betriebswirtschaftliche Forschung (ZfbF), 54 Jg., Heft 11, S. 602-632.

SALES, A. L./MIRVIS, P. H. (1984): When Cultures Collide – Issues in Acquisition, in: KIMBERLY, J. R./QUINN, R. E. (Hrsg.) (1984): Managing Organizational Transitions, Homewood (Illinois) 1984, S. 107-133.

SALTER, M. S./WEINHOLD, W. A. (1979): Diversification Through Acquisition – Strategies for Creating Economic Value, New York 1979.

SÁNCHEZ, C. M./GOLDBERG, S. R. (2009): Strategic M&As – Stronger in Tough Times?, in: Journal of Corporate Accounting & Finance, 20. Jg., Heft 2, S. 3-7.

SÁNCHEZ, C. M./NOWAK, A./GOLDBERG, S. R. (2010): Are There Opportunities for Strategic Buyers?, in: Journal of Corporate Accounting & Finance, 21. Jg., Heft 2, S. 19-24.

SATHE, V. (1978): The Relevance of Modern Organization Theory for Managerial Accounting, in: Accounting, Organizations and Society, 3. Jg., Heft 1, S. 89-92.

SAUERMANN, S. (2000): Unternehmensinternes M&A-Management, Wiesbaden 2000.

SCHABEL, M. M. (2004): Investitionssteuerung, Periodenerfolgsrechnung und Economic Value Added, Wiesbaden 2004.

SCHÄFER, M. (2001): Integrationscontrolling – Bausteine zur Beobachtung der Integration von Akquisitionen, Diss., Universität St. Gallen, St. Gallen 2001.

SCHÄFER, T. F. (2008): Stakeholderorientiertes Integrationsmanagement bei Fusionen und Akquisitionen, Wiesbaden 2008.

SCHEFFNER, J./HOFMANN, N. (2007): Die Controlling-Organisation als Baustein zu Finance Excellence – Ansatzpunkte zur Steigerung von Effektivität und Effizienz, in: Controlling – Zeitschrift für erfolgsorientierte Unternehmenssteuerung, 19. Jg., Heft 1, S. 21-29.

SCHEITER, D. (1989): Die Integration akquirierter Unternehmungen, Bamberg 1989.

SCHERER, F. M. (2006): A New Retrospective on Mergers, in: Review of Industrial Organization, 28. Jg., Heft 4, S. 327-341.

SCHEWE, G./GERDS, J. (2001): Erfolgsfaktoren von Post Merger Integrationen – Ergebnisse einer pfadanalytischen Untersuchung, in: ALBACH, H. (Hrsg.) (2001): Personalmanagement, Zeitschrift für Betriebswirtschaft (ZfB) Ergänzungsheft 1/2001, 71. Jg., Wiesbaden 2001, S. 75-103.

SCHIERENBECK, H./WÖHLE, C. B. (2008): Grundzüge der Betriebswirtschaftslehre, 17. Aufl., München 2008.

SCHLAGHECK, B. (2000): Objektorientierte Referenzmodelle für das Prozess- und Projektcontrolling – Grundlagen, Konstruktion, Anwendungsmöglichkeiten, Wiesbaden 2000.

SCHMALENBACH, E./BAUER, R. (1966): Die Beteiligungsfinanzierung, 9. Aufl., Köln 1966.

SCHMELZER, H. J. (1992): Organisation und Controlling von Produktentwicklungen – Praxis des wettbewerbsorientierten Entwicklungsmanagement, Stuttgart 1992.

SCHMID, S. (1998): Shareholder-Value-Orientierung als oberste Maxime der Unternehmungsführung? – Kritische Überlegungen aus der Perspektive des Strategischen Managements, in: Zeitschrift für Planung, 9. Jg., Heft 3, S. 219-238.

SCHMIDT, A. (1986): Das Controlling als Instrument zur Koordination der Unternehmungsführung – Eine Analyse der Koordinationsfunktion des Controlling unter entscheidungsorientierten Gesichtspunkten, Frankfurt am Main u. a. 1986.

SCHMIDT, A. (1989): Beteiligungscontrolling – Wie man seine Tochtergesellschaften organisatorisch in den Griff bekommt, in: Controlling – Zeitschrift für erfolgsorientierte Unternehmenssteuerung, 1. Jg., Heft 5, S. 270-275.

SCHMIDT, M. (2001): Unternehmensbewertung in der Akquisitionspraxis, in: BAETGE, J. (Hrsg.) (2001): Unternehmensbewertung im Wandel – Vorträge und Diskussionen zum 16. Münsterischen Tagesgespräch des Münsteraner Gesprächskreises Rechnungslegung und Prüfung e.V. am 11. Mai 2000, Düsseldorf 2001, S. 91-106.

SCHMIDT, S. L./SCHETTLER, M. A. (1999): Ziele von Unternehmenszusammenschlüssen – Theorie und Praxis, in: Zeitschrift Führung + Organisation (zfo), 68. Jg., Heft 6, S. 312-317.

SCHMIDT, S. L./VOGT, P./SCHRIBER, S. (2005): Ansätze und Ergebnisse angloamerikanischer M&A-Forschung, in: Journal für Betriebswirtschaft (JfB), 55. Jg., Heft 4, S. 297-319.

SCHMOLKE, G. (2002): Projektmanagement, in: KÜPPER, H.-U./WAGENHOFER, A. (Hrsg.) (2002): Handwörterbuch Unternehmensrechnung und Controlling, 4. Aufl., Stuttgart 2002, Sp. 1601-1611.

SCHMUSCH, M. (1998): Unternehmensakquisitionen und Shareholder Value, Wiesbaden 1998.

SCHNEIDER, R. (2007): Instrumente eines erfolgreichen Projektcontrolling, in: Controller Magazin (CM), 32. Jg., Heft 2, S. 125-130.

SCHNELL, C. (2008): Die Krisengewinnler, in: Handelsblatt v. 18./19./20.04.2008, S. 32.

SCHNELL, R./HILL, P. B./ESSER, E. (2008): Methoden der empirischen Sozialforschung, 8. Aufl., München/Wien 2008.

SCHOENBERG, R. (2006): Measuring the Performance of Corporate Acquisitions – An Empirical Comparison of Alternative Metrics, in: British Journal of Management, 17. Jg., Heft 4, S. 361-370.

SCHOLZ, J. (2000): Wert und Bewertung internationaler Akquisitionen, Wiesbaden 2000.

SCHRECKENEDER, B. C. (2005): Projektcontrolling – Projekte überwachen, steuern und präsentieren, 2. Aufl., Planegg 2005.

SCHREYÖGG, G./STEINMANN, H. (1985): Strategische Kontrolle, in: Zeitschrift für betriebswirtschaftliche Forschung (ZfbF), 37. Jg., Heft 5, S. 391-410.

SCHRÖDER, R. W. (2009): Zwischen Stakeholder- und Shareholder-Orientierung – Anforderungen an umfassende Steuerungsinstrumente für das Controlling, in: WALL, F./SCHRÖDER, R. W. (Hrsg.) (2009): Controlling zwischen Shareholder Value und Stakeholder Value – Neue Anforderungen, Konzepte und Instrumente, München 2009, S. 365-379.

SCHÜLLER, S. (1984): Organisation von Controllingsystemen in Kreditinstituten, Frankfurt am Main 1984.

SCHULTE, C. (1994): Beteiligungscontrolling, in: SCHULTE, C. (Hrsg.) (1994): Beteiligungscontrolling – Grundlagen, Strategische Allianzen und Akquisitionen, Erfahrungsberichte, Wiesbaden 1994, S. 3-24.

SCHULTE, H./STUMME, G. (1998): Projektmanagement, in: KLEINALTENKAMP, M./PLINKE, W. (Hrsg.) (1998): Auftragsmanagement und Projektmanagement, Berlin u. a. 1998, S. 227-266.

SCHULTZE, W./HIRSCH, C. (2005): Unternehmenswertsteigerung durch wertorientiertes Controlling – Goodwill-Bilanzierung in der Unternehmenssteuerung, München 2005.

SCHULTZE, W./STEEGER, L./SCHABERT, B. (2009): Wertorientierte Berichterstattung (Value Reporting) – Konzeptioneller Rahmen und Anwendung bei deutschen börsennotierten Unternehmen, in: Controlling – Zeitschrift für erfolgsorientierte Unternehmenssteuerung, 21. Jg., Heft 1, S. 13-22.

SCHULTZE, W./WEILER, A. (2007): Performancemessung und Wertgenerierung – Entlohnung auf Basis des Residualen Ökonomischen Gewinns, in: Zeitschrift für Planung & Unternehmenssteuerung, 18. Jg., Heft 2, S. 133-159.

SCHULTZE, W./WEILER, A. (2010): Goodwill Accounting and Performance Measurement, in: CARLIN, T. M./FINCH, N. (Hrsg.) (2010): Asset Impairment, Managerial Finance Sonderheft 9/2010, 36. Jg., Bradford 2010, S. 768-784.

SCHUMACHER, T. (2005): Beteiligungscontrolling in der Management-Holding – Optimierung der Rationalitätssicherung durch Nutzung des Eigenkapitalmarktes, Wiesbaden 2005.

SCHUSTER, P./JAMESON, M. (2003): The Past Performance and Future Value of Companies, in: Management Accounting Quarterly, 4. Jg., Heft 4, S. 41-52.

SCHWARZ, C. (2004): Erfolgsfaktoren im Post-Merger-Management – Zielorientierte Unternehmensintegration nach M&A mittels Integrationsscorecard, Stuttgart/ Berlin 2004.

SCHWARZE, J. (2010): Projektmanagement mit Netzplantechnik, 10. Aufl., Herne 2010.

SCHWEIZER, L. (2001): Post-Acquisition Integration of Small Biotechnology Firms in the Structure of Large Pharmaceutical Companies, Diss., Otto-Friedrich-Universität Bamberg, Fakultät Sozial- und Wirtschaftswissenschaften, Bamberg 2001.

SEIDENSCHWARZ, W. (2006): Sicherstellung eines nachhaltigen Akquisitionserfolges durch die Anwendung des Ansatzes *from idea to value®*, in: SEIDENSCHWARZ, W. (Hrsg.) (2006): Prozessorientiertes M&A-Management, München 2006, S. 1-42.

SELIM, G. M./SUDARSANAM, S./LAVINE, M. K. (2002): Mergers, Acquisitions, and Divestitures – Control and Audit Best Practices, Report, The Institute of Internal Auditors Research Foundation, Altamonte Springs (Forida) 2002.

SERFLING, K./PAPE, U. (1995): Theoretische Grundlagen und traditionelle Verfahren der Unternehmensbewertung, in: Das Wirtschaftsstudium (WISU), 24. Jg., Heft 10, S. 808-820.

SERVAES, H. (1996): The Value of Diversification During the Conglomerate Merger Wave, in: Journal of Finance, 51. Jg., Heft 4, S. 1201-1225.

SETH, A./SONG, K. P./PETTIT, R. (2000): Synergy, Managerialism or Hubris? – An Empirical Examination of Motives for Foreign Acquisitions of U. S. Firms, in: Journal of International Business Studies, 31. Jg., Heft 3, S. 387-405.

SETH, A./SONG, K. P./PETTIT, R. (2002): Value Creation and Destruction in Cross-Border Acquisitions – An Empirical Analysis of Foreign Acquisitions of U. S. Firms, in: Strategic Management Journal, 23. Jg., Heft 10, S. 921-940.

SEWING, N. (1996): Akquisitionserfolg durch Integration der Mitarbeiter, Wiesbaden 1996.

SHAHRUR, H. (2005): Industry Structure and Horizontal Takeovers – Analysis of Wealth Effects on Rivals, Suppliers, and Corporate Customers, in: Journal of Financial Economics, 76. Jg., Heft 1, S. 61-98.

SHARPE, W. F. (1964): Capital Asset Prices – A Theory of Market Equilibrium under Conditions of Risk, in: Journal of Finance, 19. Jg., Heft 3, S. 425-442.

SIEBEN, G. (1993): Unternehmensbewertung, in: WITTMANN, W./KERN, W./ KÖHLER, R./KÜPPER, H.-U./WYSOCKI, K. v. (Hrsg.) (1993): Handwörterbuch der Betriebswirtschaft, Band 3, 5. Aufl., Stuttgart 1993, Sp. 4315-4331.

SIEBEN, G./DIEDRICH, R. (1992): Aspekte der Wertfindung bei strategisch motivierten Unternehmensakquisitionen, in: BUSSE VON COLBE, W./ COENENBERG, A. G. (Hrsg.) (1992): Unternehmensakquisition und Unternehmensbewertung – Grundlagen und Fallstudien, Stuttgart 1992, S. 219-235.

SIEBEN, G./MALTRY, H. (2005): Der Substanzwert der Unternehmung, in: PEEMÖLLER, V. H. (Hrsg.) (2005): Praxishandbuch der Unternehmensbewertung, 3. Aufl., Herne/Berlin 2005, S. 377-401.

SIEFKE, M. (1999): Externes Rechnungswesen als Datenbasis der Unternehmenssteuerung – Vergleich mit der Kostenrechnung und Shareholder-Value-Ansätzen, Wiesbaden 1999.

SIEGEL, T. (1994): Unternehmensbewertung, Unsicherheit und Komplexitätsreduktion, in: Betriebswirtschaftliche Forschung und Praxis (BFuP), 46. Jg., Heft 5, S. 457-476.

SIEGWART, H. (1986): Controlling-Konzepte und Controller-Funktionen in der Schweiz, in: MAYER, E./LANDSBERG, G. V./THIEDE, W. (Hrsg.) (1986): Controlling-Konzepte im internationalen Vergleich, 1. Kölner Kolloquium zu 15 Jahre AWW Köln (1971), Freiburg im Breisgau 1986, S. 105-131.

SIMMONS, R. (2008): Questionnaires, in: GILBERT, N. (Hrsg.) (2008): Researching Social Life, 3. Aufl., Los Angeles (California) u. a. 2008, S. 182-205.

SKRZIPEK, M. (2005): Shareholder Value versus Stakeholder Value – Ein Vergleich des US-amerikanischen Raums mit Österreich, Wiesbaden 2005.

SMEDT, S. D./TORTORICI, V./OCKENBURG, E. v. (2005): Reducing the Risks of Early M&A Discussions, in: McKinsey on Finance, o. Jg., Heft 17, S. 5-10.

SODEIK, N. (2009): Projektmanagement wertorientierter Mergers & Acquisitions, Lohmar/Köln 2009.

SOMMER, S. (1996): Integration akquirierter Unternehmen – Instrumente und Methoden zur Realisierung von leistungswirtschaftlichen Synergiepotentialen, Frankfurt am Main u. a. 1996.

SOMMER, U./KLAMAR, N. (2009): Der Impairment-Test als Informationslieferant für Controlling, Wertschöpfung und M&A-Prozess, in: Zeitschrift für Internationale Rechnungslegung (IRZ), 4. Jg., Heft 11, S. 489-493.

SPREMANN, K./PFEIL, O. P./WECKBACH, S. (2001): Lexikon Value-Management, München/Wien 2001.

STADLER, C./MATZLER, K./HINTERHUBER, H./RENZL, B. (2006): The CEO's Attitude towards the Shareholder Value and the Stakeholder Model – A Comparison between the Continental European and the Anglo-Saxon Perspectives, in: Problems & Perspectives in Management, 4. Jg., Heft 3, S. 41-48.

STAEHLE, W. H. (1999): Management – Eine verhaltenswissenschaftliche Perspektive, 8. Aufl., München 1999.

STAHL, G. K./VOIGT, A. (2008): Do Cultural Differences Matter in Mergers and Acquisitions? – A Tentative Model and Examination, in: Organization Science, 19. Jg., Heft 1, S. 160-176.

STEIN, I. (1992): Motive für internationale Unternehmensakquisitionen, Wiesbaden 1992.

STEINBOCK, H.-J. (2000): Management in Zeiten der Diskontinuität – Postmerger-Management der UBS AG, in: Zeitschrift Führung + Organisation (zfo), 69. Jg., Heft 1, S. 37-40.

STEINER, P. O. (1975): Mergers – Motives, Effects, Policies, Ann Arbor 1975.

STEINLE, C./LAWA, D./KRAEGE, R. (1995): Projektcontrolling – Konzept, Instrumente und Formen, in: STEINLE, C./BRUCH, H./LAWA, D. (Hrsg.) (1995): Projektmanagement – Instrument moderner Dienstleistung, Frankfurt am Main 1995, S. 131-149.

STEINMANN, H./SCHREYÖGG, G./KOCH, J. (2005): Management – Grundlagen der Unternehmensführung – Konzepte, Funktionen, Fallstudien, 6. Aufl., Wiesbaden 2005.

STEINÖCKER, R. (1998): Mergers and Acquisitions – Strategische Planung von Firmenübernahmen – Konzeption, Transaktion, Controlling, Düsseldorf/Regensburg 1998.

STERN, J. M./SHIELY, J. S./ROSS, I. (2001): The EVA Challenge – Implementing Value-Added Change in an Organization, New York 2001.

STEWART, G. B. (1991): The Quest for Value – The EVA™ Management Guide, 1. Aufl., New York 1991.

STEWART, G. B. (1994): EVA – Fact and Fantasy, in: Journal of Applied Corporate Finance, 7. Jg., Heft 2, S. 71-84.

STILLMAN, R. (1983): Examining Antitrust Policy towards Horizontal Mergers, in: Journal of Financial Economics, 11. Jg., Heft 1-4, S. 225-240.

STRACK, R./VILLIS, U. (2001): RAVE™ – Die nächste Generation im Shareholder Value Management, in: Zeitschrift für Betriebswirtschaft (ZfB), 71. Jg., Heft 1, S. 67-84.

STRASSER, B. (2000): Informationsasymmetrien bei Unternehmensakquisitionen, Frankfurt am Main u. a. 2000.

STRAUB, T. (2007): Reasons for Frequent Failure in Mergers and Acquisitions – A Comprehensive Analysis, Wiesbaden 2007.

SUDARSANAM, S. (2003): Creating Value from Mergers and Acquisitions – The Challenges – An Integrated and International Perspective, Harlow 2003.

SUNDARAM, A. K./INKPEN, A. C. (2004): The Corporate Objective Revisited, in: Organization Science, 15. Jg., Heft 3, S. 350-363.

THIEDE, W. W. (2009): Jenseits der Normalität, in: Finance – Das Finanzmagazin für Unternehmer, 10. Jg., Heft 3, S. 80-81.

THOMMEN, J.-P./SAUERMANN, S. (1999): Organisatorische Lösungskonzepte des M&A-Managements – Neuere Entwicklungen des ganzheitlichen Managements von M&A-Prozessen, in: Zeitschrift Führung + Organisation (zfo), 68. Jg., Heft 6, S. 318-322.

TICHY, G. (1990): Die wissenschaftliche Aufarbeitung der Merger-Mania. Neue Erkenntnisse für die Wettbewerbspolitik?, in: Kyklos, 43. Jg., Heft 3, S. 437-471.

TICHY, G. (2001): What Do We Know about Success and Failure of Mergers?, in: Journal of Industry, Competition and Trade, 1. Jg., Heft 4, S. 347-394.

TÖPFER, A./LINDSTÄDT, G. (2000): Der Einsatz der Balanced Score Card bei Mergers & Acquisitions, in: TÖPFER, A. (Hrsg.) (2000): Das Management der Werttreiber – Die Balanced Score Card für die Wertorientierte Unternehmenssteuerung Frankfurt am Main 2000, S. 333-348.

TOWERS PERRIN (HRSG.) (2006): Current M&A Cycle Continues to Create Shareholder Value and Medium-sized Deals Outperform Megadeals, in:

http://www.towersperrin.com/tp/jsp/hrservices_webcache_html.jsp?webc=HR_Services/United_States/Press_Releases/2006/20061207/2006_12_07.htm&language_code=global, verfügbar, Stand 07.01.2008.

TRACIA, R. (2003): Rekonfigurationsmanagement – Unternehmensentwicklung durch Akquisitionen und Desinvestitionen, Diss., Universität St. Gallen, St. Gallen 2003.

TRAUTWEIN, F. (1989): Zur Bewertung von Unternehmenszusammenschlüssen, in: Die Betriebswirtschaft (DBW), 49. Jg., Heft 4, S. 537-539.

TRAUTWEIN, F. (1990): Merger Motives and Merger Prescriptions, in: Strategic Management Journal, 11. Jg., Heft 4, S. 283-295.

TRINCZEK, R. (1995): Experteninterviews mit Managern – Methodische und methodologische Hintergründe, in: BRINKMANN, C./DEEKE, A./VÖLKEL, B. (Hrsg.) (1995): Experteninterviews in der Arbeitsmarktforschung – Diskussionsbeiträge zu methodischen Fragen und praktischen Erfahrungen, Nürnberg 1995, S. 59-68.

TRINCZEK, R. (2009): Wie befrage ich Manager? – Methodische und methodologische Aspekte des Experteninterviews als qualitativer Methode empirischer Sozialforschung, in: BOGNER, A./LITTIG, B./MENZ, W. (Hrsg.) (2009): Experteninterviews – Theorien, Methoden, Anwendungsfelder, 3. Aufl., Wiesbaden 2009, S. 225-238.

UDER, H. L./KRAMARSCH, M. H. (2001): Buying is Fun, Merging is Hell – Mergers & Acquisitions managen durch erfolgreiche Integration der Human Resources, in: M&A Review, o. Jg., Heft 7, S. 324-331.

ULRICH, H. (1970): Die Unternehmung als produktives soziales System – Grundlagen der allgemeinen Unternehmungslehre, 2. Aufl., Bern u. a. 1970.

ULRICH, H. (1990): Unternehmungspolitik, 3. Aufl., Bern/Stuttgart 1990.

UNGER, M. (2007): Post-Merger-Integration, in: POLSTER-GRÜLL, B./ZÖCHLING, H./KRANEBITTER, G. (Hrsg.) (2007): Handbuch Mergers & Acquisitions – Rechtliche und steuerliche Optimierung – Ausgewählte Fragen der Bewertung und Finanzierung, Wien 2007, S. 871-897.

VARAIYA, N. P. (1988): The 'Winner's Curse' Hypothesis and Corporate Takeovers, in: Managerial and Decision Economics, 9. Jg., Heft 3, S. 209-219.

VELTHUIS, L. J. (2004): Value Based Management auf Basis von E_RIC, Working Paper Series Finance & Accounting No. 127, Johann Wolfgang Goethe-Universität Frankfurt am Main, Fachbereich Wirtschaftswissenschaften, Frankfurt am Main 2004.

VELTHUIS, L. J./WESNER, P. (2005): Value Based Management – Bewertung, Performancemessung und Managemententlohnung mit E_RIC®, Stuttgart 2005.

VERY, P./LUBATKIN, M./CALORI, R./VEIGA, J. (1997): Relative Standing and the Performance of Recently Acquired European Firms, in: Strategic Management Journal, 18. Jg., Heft 8, S. 593-614.

VOGEL, D. H. (2002): M&A – Ideal und Wirklichkeit, Wiesbaden 2002.

VOGEL, J. (1998): Marktwertorientiertes Beteiligungscontrolling – Shareholder Value als Maß der Konzernsteuerung, Wiesbaden 1998.

VOLKART, R. (1999): Unternehmensbewertung und Akquisitionen, Zürich 1999.

VOSS, I. (2007): M&A-Boom in Deutschland – Übernahmen erreichen neues Rekordniveau im ersten Halbjahr 2007, in: M&A Review, o. Jg., Heft 7, S. 317-323.

WADDOCK, S./GRAVES, S. B. (2006): The Impact of Mergers and Acquisitions on Corporate Stakeholder Practices, in: Journal of Corporate Citizenship, o. Jg., Heft 22, S. 91-109.

WAGENHOFER, A. (2006): Zusammenwirken von Controlling und Rechnungslegung nach IFRS, in: WAGENHOFER, A. (Hrsg.) (2006): Controlling und IFRS-Rechnungslegung – Konzepte, Schnittstellen, Umsetzung, Berlin 2006, S. 1-20.

WAGNER, S. M./BOUTELLIER, R. (2004): Balanced Scorcard-unterstützte Strategieprozesse – Theoretische Aspekte und praktische Erfahrungen bei der Integration der Beschaffung nach M&A, in: Zeitschrift für Planung & Unternehmenssteuerung, 15. Jg., Heft 2, S. 211-238.

WALL, F. (2008): Controlling zwischen Entscheidungs- und Verhaltenssteuerungsfunktion, in: Die Betriebswirtschaft (DBW), 68. Jg., Heft 4, S. 463-482.

WALL, F./SCHRÖDER, R. W. (2009): Zwischen Shareholder Value und Stakeholder Value – Neue Herausforderungen für das Controlling?!, in: WALL, F./SCHRÖDER, R. W. (Hrsg.) (2009): Controlling zwischen Shareholder Value und Stakeholder Value – Neue Anforderungen, Konzepte und Instrumente, München 2009, S. 3-18.

WALL, S. J./WALL, S. R. (2001): Post-Merger Management – Die optimale Integrationsstrategie – Gemeinsam zu einem neuen, starken Unternehmen, Landsberg/ Lech 2001.

WALSH, J. P. (1989): Doing a Deal – Merger and Acquisition Negotiations and Their Impact Upon Target Company Top Management Turnover, in: Strategic Management Journal, 10. Jg., Heft 4, S. 307-322.

WALTER, G. A./BARNEY, J. B. (1990): Management Objectives in Mergers and Acquisitions, in: Strategic Management Journal, 11. Jg., Heft 1, S. 79-86.

WASSERHESS, J. (2006): IFRS 3 Business Combinations – Kaufpreisallokation und immaterielle Vermögenswerte, Saarbrücken 2006.

WEBER, B. (1991): Beurteilung von Akquisitionen auf der Grundlage des Shareholder Value, in: Betriebswirtschaftliche Forschung und Praxis (BFuP), 43. Jg., Heft 3, S. 221-232.

WEBER, B./SIEGERT, T./GOMEZ, P. (2007): Firmen kaufen und verkaufen – Ein M&A-Leitfaden für Unternehmer und Manager, Zürich 2007.

WEBER, J. (1992): Strategisches Beteiligungscontrolling, in: Zeitschrift für Planung, 3. Jg., Heft 2, S. 95-111.

WEBER, J. (1993): Beteiligungscontrolling, in: SCHEER, A.-W. (Hrsg.) (1993): Rechnungswesen und EDV – 14. Saarbrücker Arbeitstagung – Controlling bei fließenden Unternehmensstrukturen, Heidelberg 1993, S. 391-417.

WEBER, J. (1995): Einführung in das Controlling, 6. Aufl., Stuttgart 1995.

WEBER, J./BRAMSEMANN, U./HEINECKE, C./HIRSCH, B. (2004): Wertorientierte Unternehmenssteuerung – Konzepte, Implementierung, Praxisstatements, Wiesbaden 2004.

WEBER, J./DIALLO, A./GERDEMANN, R./HOFFMANN, M./KLINGMANN, P./ LAMMERDING, V. (2008): Post-Merger Finance Integration – Ein Praxisleitfaden, Weinheim 2008.

WEBER, J./HIRSCH, B./RAMBUSCH, R./SCHLÜTER, H./SILL, F./SPATZ, A. (2006): Controlling 2006 – Stand und Perspektiven, Vallendar 2006.

WEBER, J./HUNOLD, C./PRENZLER, C./THUST, S. (2001): Controllerorganisation in deutschen Unternehmen, Schriftenreihe Advanced Controlling, Bd. 18, Vallendar 2001.

WEBER, J./SCHÄFFER, U. (2006): Einführung in das Controlling, 11. Aufl., Stuttgart 2006.

WEBER, J./SCHÄFFER, U. (2011): Einführung in das Controlling, 13. Aufl., Stuttgart 2011.

WEBER, Y. (1996): Corporate Cultural Fit and Performance in Mergers and Acquisitions, in: Human Relations, 49. Jg., Heft 9, S. 1181-1202.

WEIDNER, M. (2010): Raus aus dem Tal, in: Finance – Das Finanzmagazin für Unternehmer, 11. Jg., Heft 4, S. 66-67.

WEINMANN, M. (2004): Wertorientiertes Management von Unternehmenszusammenschlüssen, Frankfurt am Main u. a. 2004.

WEISMÜLLER, A. (1997): Akquisitionscontrolling bei Mannesmann, in: Schmalenbachs Zeitschrift für betriebswirtschaftliche Forschung (zfbf), 49. Jg., Heft 10, S. 892-911.

WEISMÜLLER, A. (2000): Controlling von Synergieeffekten, in: PICOT, A./NORDMEYER, A./PRIBILLA, P. (Hrsg.) (2000): Management von Akquisitionen – Akquisitionsplanung und Integrationsmanagement, Kongress-Dokumentation 53. Deutscher Betriebswirtschafter-Tag 1999, Stuttgart 2000, S. 195-204.

WEISMÜLLER, A. (2005): Akquisitionscontrolling – Integration und Nachrechnung, in: PEEMÖLLER, V. H. (Hrsg.) (2005): Praxishandbuch der Unternehmensbewertung, 3. Aufl., Herne/Berlin 2005, S. 671-698.

WEIßENBERGER, B. E. (2009): Shareholder Value und finanzielle Zielvorgaben im Unternehmen, in: WALL, F./SCHRÖDER, R. W. (Hrsg.) (2009): Controlling zwischen Shareholder Value und Stakeholder Value – Neue Anforderungen, Konzepte und Instrumente, München 2009, S. 39-60.

WELGE, M. K. (1989): Organisation des Controlling, in: Controlling – Zeitschrift für erfolgsorientierte Unternehmenssteuerung, 1. Jg., Heft 3, S. 140-149.

WELGE, M. K./AL-LAHAM, A. (2008): Strategisches Management – Grundlagen, Prozess, Implementierung, 5. Aufl., Wiesbaden 2008.

WELLNER, K.-U. (2001): Shareholder Value und seine Weiterentwicklung zum Market Adapted Shareholder Value Approach – Entwicklungslinien, Probleme und Lösungsansätze einer Shareholder Value orientierten Unternehmensführung, Marburg 2001.

WESTON, J. F. (1989): Divestitures – Mistakes or Learning, in: Journal of Applied Corporate Finance, 2. Jg., Heft 2, S. 68-76.

WIESSKIRCHEN, C./NAUJOKS, H./MATOUSCHEK, G. (2003): Post-Merger-Integration, in: BALZ, U./ARLINGHAUS, O. (Hrsg.) (2003): Das Praxisbuch Mergers & Acquisitions – Von der strategischen Überlegung zur erfolgreichen Integration, 1. Aufl., München 2003, S. 305-336.

WILD, J. (1973): Organisation und Hierarchie, in: Zeitschrift für Organisation, 42. Jg., Heft 1, S. 45-54.

WILD, J. (1974): Grundlagen der Unternehmungsplanung, 1. Aufl., Reinbek bei Hamburg 1974.

WILDEMANN, H. (2002): Produktionscontrolling – Controlling von Verbesserungskonzepten in Unternehmen, 4. Aufl., München 2002.

WILMS, S. (2004): Der Einsatz der Balanced Scorecard im Beteiligungscontrolling, in: LITTKEMANN, J./ZÜNDORF, H. (Hrsg.) (2004): Beteiligungscontrolling – Ein Handbuch für die Unternehmens- und Beratungspraxis, Herne/Berlin 2004, S. 497-520.

WINTERHALTER, A. (1981): Strategisches Controlling – Konzept zur Ergänzung der strategischen Führung, Diss., Universität St. Gallen, St. Gallen 1981.

WIRTZ, B. W. (2003): Mergers & Acquisitions Management, Wiesbaden 2003.

WIRTZ, B. W./SCHILKE, O. (2006): Struktur und Ablauf des Akquisitionsmanagements, in: WIRTZ, B. W. (Hrsg.) (2006): Handbuch Mergers & Acquisitions Management, Wiesbaden 2006, S. 317-337.

WIRTZ, B. W./WECKER, R. M. (2006): Struktur und Ablauf des Post Merger Integrationsmanagements, in: WIRTZ, B. W. (Hrsg.) (2006): Handbuch Mergers & Acquisitions Management, Wiesbaden 2006, S. 707-731.

WÖHE, G./DÖRING, U. (2008): Einführung in die Allgemeine Betriebswirtschaftslehre, 23. Aufl., München 2008.

WÖHE, G./DÖRING, U. (2010): Einführung in die Allgemeine Betriebswirtschaftslehre, 24. Aufl., München 2010.

WURL, H.-J. (2002): Joint Ventures, in: BALLWIESER, W./COENENBERG, A. G./WYSOCKI, K. v. (Hrsg.) (2002): Handwörterbuch der Rechnungslegung und Prüfung, 3. Aufl., Stuttgart 2002, Sp. 1256-1266.

WURL, H.-J. (2003): Industrielles Beteiligungscontrolling als strategischer Erfolgsfaktor, in: WURL, H.-J. (Hrsg.) (2003): Industrielles Beteiligungscontrolling, Stuttgart 2003, S. 3-12.

WURL, H.-J./KUHNERT, M./HEBELER, C. (2001): Traditionelle Formen der kurzfristigen Erfolgsrechnung und der „Economic Value Added"-Ansatz – Ein kritischer Vergleich unter dem Aspekt der Unternehmenssteuerung, in: Die Wirtschaftprüfung, 54. Jg., Heft 23, S. 1361-1372.

YOO, Y. K. (2006): The Valuation Accuracy of Equity Valuation Using a Combination of Multiples, in: Review of Accounting and Finance, 5. Jg., Heft 2, S. 108-123.

YOOK, K. C. (2004): The Measurement of Post-Acquisition Performance Using EVA, in: Quarterly Journal of Business & Economics, 43. Jg., Heft 3/4, S. 67-83.

ZAHN, E. (1997): Planung und Controlling, in: GLEICH, R./SEIDENSCHWARZ, W. (Hrsg.) (1997): Die Kunst des Controlling, Festschrift für Prof. Dr. Péter Horváth zum 60. Geburtstag, München 1997, S. 290-301.

ZIEGLER, M. (2000): Kennzahlengestütztes Beteiligungscontrolling, in: Kostenrechnungspraxis (KRP), 44. Jg., Heft 4, S. 217-222.

ZOLLO, M./MEIER, D. (2008): What Is M&A Performance?, in: Academy of Management Perspectives, 22. Jg., Heft 3, S. 55-77.